재미있는 식품미생물학

FOOD MICROBIOLOGY

재미있는 식품미생물학 개정판

감수 이한창 · 조좌형

강옥주 · 김영목 · 김정목 · 엄성환

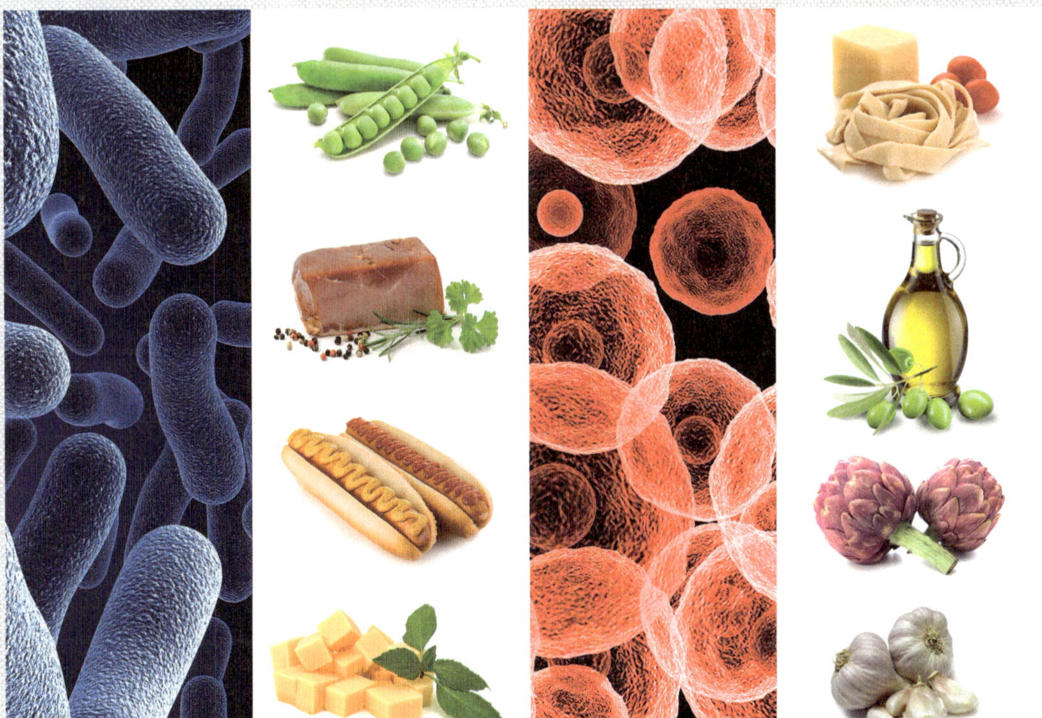

수학사

머리말

인류가 살고 있는 지구는 물이 70%, 육지가 30%를 차지하고 있으며 그 물과 육지에는 아직도 밝혀지지 않은 미생물이 수만 종 이상 살고 있습니다. 이미 분류되어 있는 미생물도 변하는 환경에 따라 신종 미생물과 유전자 조작에 따른 새로운 균주로 이용되고 있습니다.

미생물은 세균, 효모, 곰팡이, 바이러스, 방선균, 버섯, 조류로 분류되며, 크게 유용한 측면과 유해한 측면의 두 가지 특징을 가지고 있습니다. 유용한 측면에서는 다양한 유기물을 분해하여 그 원소들이 생물계를 순환하면서 많은 에너지로 작용함은 물론이고, 발효나 양조 등 식품의 가공과 저장에도 매우 중요한 역할을 합니다. 그러나 유해한 측면에서는 식품을 부패시키고 식중독을 유발하여 많은 생명체에 위협이 되기도 합니다.

『재미있는 식품미생물학』은 제1장 미생물의 인식과 미생물학, 제2장 미생물의 분류와 종류, 제3장 미생물의 생리, 제4장 미생물의 대사, 제5장 식품 중의 미생물상, 제6장 식품 저장과 식품 위생, 제7장 균체의 이용, 제8장 발효 식품, 제9장 미생물 대사산물의 이용과 생산, 제10장 미생물과 자연환경, 제11장 미생물의 유전과 육종, 제12장 미생물 실험법, 그리고 부록으로는 식품제조기사 관련 실기 실험법과 미생물 실험을 쉽게 배울 수 있도록 정리하였습니다.

이 책은 2011년 초판을 발간한 후 우수학술도서로 선정되었고, 지금까지 '식품미생물학' 교재로서 널리 활용되어 왔습니다. 이 자리를 빌려 이 책에 관심을 갖고 활용해 주신 여러분께 감사의 뜻을 전합니다. 그럼에도 수업 교재로 활용하는 동안 부족하고 미비한 부분이 눈에 띄어 이를 수정 보완하여 이번에 개정판을 출간하게 되었습니다. 앞으로도 저희 저자들은 변해 가는 지구환경에 따라서 식품미생물에 대하여 지속적으로 연구 노력함은 물론 꾸준히 그 내용들을 보강하도록 하겠습니다. 끝으로 책을 출간하고 개정하느라 애써 주신 수학사의 이영호 사장님과 편집진 여러분께도 감사드립니다.

저자 일동

차례

CHAPTER 12 미생물 실험법

미생물의 인식과 미생물학

CHAPTER 1

1. 미생물의 존재 확인
2. 미생물 취급 기법의 향상
3. 미생물학의 발전
4. 식품과 미생물의 관계

1. 미생물의 존재 확인

미생물은 인간의 눈으로는 식별할 수 없는 미세한 생물체를 말한다. 과학이 발달하기 이전에 인류는 미생물의 존재를 알지 못하였으므로 발효 현상 등 미생물학적 현상에 대하여 온갖 추측이나 가설들이 난무하였다. 그리스·로마 시대를 거쳐 중세와 르네상스 시대까지 생명은 물, 불, 공기, 흙, 산소에서 기원했다는 등 다양한 가설들이 등장하였으며, 히포크라테스Hippocrates는 4액(혈액, 점액, 황담액黃膽液, 흑담액黑膽液)설을 주장하기도 하였다. 이는 생명은 4원소만 갖추면 저절로 탄생한다는 자연발생설Spontaneous generation에 기초한다. 당시에는 인간이 눈으로 보는 것만을 생명체로 여겼으므로 진흙 속에서 구더기가 생기고, 물속에서 물고기가 나타나는 등 생명은 자연적으로 탄생하는 것이라 생각하였다.

그러다가 미생물을 최초로 현미경을 통해 관찰한 사람은 레벤후크Antonie Van Leeuwenhoek, 1632~1723이다. 그는 자신이 고안한 현미경으로 곰팡이, 기생충, 머리카락, 모세혈관, 정액 등을 관찰하였는데, 이는 당시로서는 매우 획기적인 사건이었다. 처음 그는 빗물을 관찰하던 중에 빗물 속에 작은 생물체들이 들어 있을 뿐 아니라 이들이 활발하게 운동하는 것을 확인하였다. 이 생물체들을 'animalcules小動物'이라 이름 붙이고, 관찰한 내용을 영국 왕립학회Royal Society of London에 보고하였다. 이것이 근대 미생물학의 효시라 할 수 있다. 그 후에도 효모, 구강 내 세균, 스피로헤타Spirochaeta 등을 발견하였다. 같은 시기에 훅Robert Hook, 1635~1703은 현미경을 통해 세포의 미세 구조와 형태를 관찰하는 등 본격적으로 과학이 발달하였다.

그림 1-1 레벤후크(왼쪽)와 그가 1756년에 제작한 현미경의 설계도(오른쪽)

그림 1-2 파스퇴르(왼쪽)와 그가 고안한 S자형 플라스크

그 후 파스퇴르Louis Pasteur, 1822~1895의 실험을 통해 자연발생설은 완전히 부인되고 기존 학설이 생물 발생과 관계없음이 증명되었다. 파스퇴르는 1864년 거위목처럼 S자 모양goose neck으로 된 플라스크를 만들고, 여기에 액체를 넣어 한번 가열해 놓으면 오랫동안 두어도 아무런 변화가 없다는 사실을 발견하였다. 내용물이 변질되는 것은 미생물 때문이며, 미생물을 사멸시키면 변질되지 않는다는 것을 증명한 셈이다. 나아가 소독이나 식품의 장기적 보존 방법 등도 연구하였으며, 포도주를 60°C 전후로 가열 처리하면 산패를 방지할 수 있다는 것도 발견하여 당시 프랑스의 포도주업계에 큰 기여를 하였다. 오늘날 그의 업적을 기념하여 이 열처리 방법을 파스퇴르 살균법Pasteurization(저온살균법)이라고 부른다.

그는 발효의 생리적 메커니즘에 대해서도 고찰하였다. 알코올 발효는 효모가 무산소 상태에서 생물의 에너지를 획득하기 위한 수단으로 일어나는 현상이라 생각하였으며, 여기에 공기를 주입하면 산소에 의한 능률적 호흡이 되어 균체 증식이 현저히 증가한다는 것도 발견하였다. 이 현상을 파스퇴르 효과Pasteur effect라고 한다. 또 누에의 미립자병을 연구하여 병원체가 미생물임을 알아내고 그 예방법을 고안해서 양잠업 발전에 지대한 공을 세웠다. 이것은 병이 미생물에 기인한다는 사실을 최초로 발견하였다는 점에서 의미가 크다. 그 후로도 광견병, 탄저병, 닭 콜레라 등의 백신을 개발하여 예방 목적으로 접종한 결과 효과를 확인함으로써 예방접종의 가치를 증명하였다.

1867년 이탈리아의 외과의사인 리스터Joseph Lister, 1827~1912는 파스퇴르의 발효 및 부패에 관한 세균감염설을 토대로 화농성 질환을 연구하였다. 그때까지 상처는 세균이 아니라 독소 성분에 감염된다는 가설을 믿었는데 석탄산phenol으로 소독하면서 수술한 결과 수

술 후 염증이 생기지 않는 것을 확인하여 무균수술법을 개발하였다. 이는 사회에 엄청난 파장을 일으킬 만한 일로 의학계의 혁명이라고도 할 수 있었다. 2년 후 그는 부패가 미생물에 의한 것임을 알게 되었으며, 동물의 모든 질병이 미생물에 의해 발생할 수 있다는 가능성도 암시하였다.

2. 미생물 취급 기법의 향상

파스퇴르가 태어난 지 21년 뒤 독일에서는 코흐R. Koch, 1843~1910가 태어났다. 병원을 개업한 코흐는 젤라틴(후에는 한천) 평판배양법을 개발하여 미생물의 순수 분리에 성공하였고, 그 기법을 이용하여 동물에서 탄저병균을 분리한 뒤 그 균으로 탄저병을 재현해 분리균이 틀림없는 탄저병균임을 입증까지 하였다. 이 방법은 그 후 많은 병원균을 확인하는 원칙으로 적용되었다. 그는 소위 코흐Koch 학파의 중심인물이 되어 의학·세균학 분야에서 눈부신 업적을 쌓았는데, 그의 최대 공적은 미생물학에 관한 실험 기법의 확립이라 할 수 있다.

오늘날 미생물 실험에서 균의 순수 분리는 아주 기본적인 조작의 하나이다. 파스퇴르는 균의 순수 분리 방법을 몰랐기 때문에 실험의 비재현성으로 고생하였다. 후일 코흐와 공동 연구자들은 순수 분리법을 개발함으로써 파스퇴르와 같은 고생을 하지 않게 되었을 뿐만 아니라 다양한 기법을 고안하였는데, 이는 오늘날에도 널리 이용되고 있다.

이와 같이 연구 기법이 발전함에 따라 1876년 이후 많은 병원균이 발견되고, 그 성질이나 치료, 예방법의 연구가 활발하게 진행되었다. 코흐와 그 학파가 발견하거나 분리해 낸 병원균은 표 1-1과 같다.

1878년 덴마크의 한센E.C. Hansen, 1842~1909은 맥주 효모를 순수 분리하였는데 이때 사용한

표 1-1 코흐와 그 학파의 병원균 발견

병원균	발견자	연대	병원균	발견자	연대
탄저균	Koch	1876	폐렴균	Frenkel	1886
결핵균	Koch	1882	파상풍균	Kitasato	1889
콜레라균	Koch	1883	페스트균	Kitasato, Yersin	1894
티프스균	Gaffky	1884	이질균	Shiga	1898
디프테리아균	Löffler	1884			

방법은 '한센의 희석법'이라고 한다. 1892년 린드너Lindner는 이 방법을 개량하여 소위 점적배양법drop culture을 고안해 냈다. 한센은 맥주 양조 과정을 안정화하려면 유해 세균의 오염을 방지해야 하며, 효모 중에도 여러 가지로 유해 작용을 하는 것이 있으므로 좋은 맥주를 만들기 위해서는 반드시 우량 효모를 분리해서 이용해야 한다고 생각했다. 그래서 그가 고안한 방법으로 우량 효모를 선택해서 사용해 본 결과 효과가 좋음을 확인하였다. 이리하여 발효 분야에서도 비로소 자연 발효법에서 순수 배양균을 이용하는 시대가 열리게 되었다.

3. 미생물학의 발전

파스퇴르나 코흐의 시대에 이르러서야 미생물학은 비로소 자연과학의 한 분야로 확립되었다. 다른 과학 분야와 비교하면 그 역사가 100여 년밖에 안 되는 극히 새로운 학문 분야이지만 그동안의 미생물학 진보는 실로 눈부신 결과를 낳았다.

1) 바이러스와 박테리오파지의 발견

의학 분야에서 새로운 세균이 차례로 발견되고, 백신에 의한 질병 예방법에 이어 바이러스virus의 존재가 확인되면서 바이러스학virology이 탄생하였다. 바이러스는 광학 현미경으로는 볼 수 없으며 챔버랜드Chamberland의 세균 여과기(1884)를 통과하는 여과성 병원체로 세상에 알려졌다. 사람이 그 모양을 처음으로 볼 수 있게 된 것은 전자 현미경이 등장한 후였다.

1892년 이바노프스키Ivanowski는 담배모자이크병균이 여과성임을 발견하였으며, 1899년 바이에링크M.W. Beijerinck도 이바노프스키와는 별도로 이 사실을 확인하였다. 또 독일의 세균학자 뢰플러F. Löffler와 1898년 프로쉬P. Frosch는 구제역의 병원체도 여과성임을 밝힌 업적을 세웠는데, 이것은 바이러스를 발견하는 배경이 되었다.

이와 같이 동식물에 기생하는 바이러스가 있는가 하면, 세균에 기생하는 바이러스도 있는데 이런 것을 특별히 '박테리오파지bacteriophage(줄여서 '파지'라고도 함)'라고 한다. 박테리오파지는 1915년 영국의 트워트F.W. Twort와 1917년 프랑스의 데렐F. d'Hérelle이 발견하였다. 이들은 이질 환자의 대변을 세균 여과기로 여과한 여액 중에 이질균을 용균시키는 어떤 존재가 있다는 것을 알아내고 이것을 박테리오파지라 명명하였다. 그 후 1935년 스탠리Stanley

는 담배모자이크병 바이러스를 결정 상태(단백질 95%, RNA 5%)로 만드는 데 성공하였다. 파지의 세포가 독립된 생명을 영위하기 위한 도구를 갖추기 위해서는 최소한 0.2 μm 정도 크기는 되어야 한다고 짐작되는 데 반해서 실지로 파지의 두부는 0.1 μm 이하의 크기를 가지고 있을 뿐이다. 바이러스나 파지는 생물과 무생물의 중간적 존재로 생각된다.

바이러스나 파지는 생명이나 유전의 본질을 규명하는 열쇠로서 미생물 유전학이나 분자생물학 분야에서 활발하게 연구되고 있다. 최근에는 동물에 암을 유발하는 바이러스도 발견되어 발암 기구나 발암 유전자 등의 연구가 활발히 진행되고 있다.

한편, 미생물 응용 분야에서는 종종 파지 때문에 피해를 보고 있으며, 그 대책으로 파지 저항성 변이주의 육성이나 파지를 퇴치하기 위한 항생물질, 기타 약제를 이용하는 방법을 연구하고 있다.

2) 발효 화학

파스퇴르나 코흐 이후 미생물학은 연구 영역을 차츰 넓혀 여러 방향으로 분화되며 발달하고 있다. 첫째로 주목할 만한 것은 알코올 발효 메커니즘의 규명이다. 이것은 효소화학을 중심으로 하는 생화학의 진보를 배경으로 해서 동물 조직에서 일어나는 해당 작용glycolysis과 더불어 발전했는데, 그 실마리는 1897년 독일의 부흐너E. Buchner가 치마아제zymase를 발견하면서 풀게 되었다.

파스퇴르는 알코올 발효는 살아 있는 효모가 혐기적으로 에너지를 획득하는 하나의 형식이라고 주장하였다. 그런데 부흐너는 의학적 목적으로 효모에 모래를 섞어서 마쇄 압착하여 효모즙을 얻은 후 이 즙을 보존하기 위해 보존재로 설탕을 넣어 두었는데 여기서 발효 현상이 일어나는 것을 발견하였다. 그러나 50°C로 열처리를 하면 이 현상이 없어지는 것을 확인하고는 이는 어떤 효소의 작용임을 깨닫고 이 효소를 치마아제라 명명하였다.

이 발견을 계기로 이 문제는 많은 학자의 연구 대상이 되어 1940년경에는 현재의 EMP 경로Embden-Meyerhof-Parnas Pathway가 거의 확립되기에 이르렀다. 이 시대를 발효 화학의 전성기라 할 수 있으며, 이 무렵에 오탄당-인산 회로, TCA 회로, 글리옥실산 회로glyoxylic acid cycle가 확립되었으며, 이를 바탕으로 대사의 회로가 상세하게 설명되어 그려지게 되었다. 최근의 아미노산이나 핵산 관련 물질의 직접 발효 등은 이들 회로도를 배경으로 연구되고 있다.

3) 미생물의 분류와 미세 구조

미생물 분류학은 처음에는 형태 위주의 자연 분류학에서 점차 생화학적 성질을 중시하는 쪽으로 변화해 왔다. 최근의 경향을 보면 분자생물학적 분류 방법molecule biological taxonomy이 나오고 있는데, 이것은 DNA의 염기 조성, DNA 잡종 형성에 의한 DNA 염기배열의 상동성 등을 배경으로 한다.

컴퓨터가 발달함에 따라 수치적 분류법numerical taxonomy이 발전하게 될 전망인데, 이것은 미생물이 나타내는 여러 가지 성질을 통계적으로 비교·검토해서 유사성이 높은 것끼리 모으는 방법이다. 이 방법은 1757년 아당송M. Adanson이 최초로 시도하여 아당송 시스템Adansonian system이라고도 하는데, 이것은 형태를 중시하는 자연 분류학과는 정반대의 분류법이라 할 수 있다. 또 세포를 구성하는 성분이나 대사산물을 지표로 하는 화학적 분류법chemotaxonomy에 대한 연구도 활발하다.

최근에는 전자 현미경이 매우 발달하여 세포의 미세 구조가 차례로 밝혀지고 있다. 편모, 세포벽, 세포막, 미토콘드리아mitochondria, 리보솜ribosome, 메소솜mesosome, 엽록체chloroplast 등의 세포 내 과립의 분획법이 발달한 결과 미생물 세포의 미세 구조와 그 기능에 관한 식견도 높아지고 있다.

4) 미생물 유전학과 분자생물학

유전학은 생물의 형질 발현에 대한 원인을 규명하고 유전자 본체, 정보 발현 방법을 연구하는 것을 목적으로 한다. 유전학의 기본적인 형태는 멘델G.J. Mendel, 1822~1884을 거쳐 모건T.H. Morgan, 1866~1945이 멘델-모건Mendel-Morgan 학설로서 틀을 잡았다.

1941년 비들G.W. Beadle과 테이텀E.L. Tatum은 붉은빵 곰팡이속*Neurospora*으로 유전자와 효소의 관계를 연구하여 1954년 1유전자 1효소설one gene one enzyme theory을 제창함으로써 새로운 유전학, 즉 유전생화학이 탄생하였다. 이어서 에이버리O.T. Avery, 맥클레오드C.M. MacLeod, 맥카티M. McCarty 등은 유전자의 화학적 본체가 DNA라는 것을 알게 되었고(1944), 왓슨J.D. Watson은 DNA의 이중나선 구조의 모형을 제시하였다(1953). 그로부터 DNA와 상보적인 뉴클레오타이드 배열을 가지는 m-RNA, 아미노산을 운반하는 t-RNA의 기능을 규명하게 되어 분자생물학은 1950년대부터 급진적으로 발달하였다.

또 효소 생합성의 유전적 제어에 대해서는 1961년에 제이콥F. Jacob과 모노드J.L. Monod가 대장균의 락토오스 오페론lactose operon을 이용한 연구로 오페론 이론operon theory을 제시하였다. 노무라Nomura 등은 단백질 생합성 장소인 리보솜을 해체·재조립하였으며 그 조립 순서를 재조립도assembly map로 제시하였다.

이상과 같이 분자생물학은 오늘날의 생물학에서 가장 기본적인 분야이며 세포의 발생·분화·면역, 나아가서는 발암 기구 등 생명의 기본적 현상을 분자 수준에서 규명하기 위하여 발전을 거듭하고 있다. 특히 동물학, 식물학 등 생물학의 가장 기본적인 분야는 세균·곰팡이·효모·바이러스 등의 미생물을 연구 재료로 하는 분자생물학이 발전하면서 최근 20년간 큰 변혁을 이루었다.

5) 신생명공학

분자생물학의 연구는 눈부시게 발전하여 복제동물을 손쉽게 만들어 낼 수 있는 단계에 이르렀으며 생명 현상의 내부적 구조도 차례로 규명되고 있다. 이들 성과는 미생물에도 응용되어 동물이나 식물만이 가지는 것으로 알려진 기능을 보유한 미생물이 만들어지기에 이르렀다.

그 결과 인슐린이나 인터페론, 성장호르몬을 비롯한 물질, 즉 원래 동물만이 생산한다고 알려진 물질들이 미생물을 이용해서 공업적으로 대량 생산되고 있다.

이와 같은 결과로 종래 분자미생물학은 영역이 한층 넓어졌으며, 한편으로는 신생명공학New Biotechnology이라는 새로운 학문 영역이 형성되어 가고 있다.

6) 유전자 조작

분자생물학의 발전은 1970년대에 들어서면서 더욱 혁신적인 연구 기술을 탄생시켰다. 특히 유전자 조작gene manipulation, 유전자 공학genetic engineering 또는 재조합 DNArecombinant DNA 등의 분야에서 현저한 발전을 보이고 있으며, 이를 바탕으로 세포 융합cell fusion, 분자 육종molecule breeding 분야에서도 지속적인 연구가 진행되고 있다.

1972년 미국의 버그P. Berg는 처음으로 재조합 DNA를 만들었는데 대단히 복잡한 방법으로 구현하였다. 오늘날 널리 이용되는 제한효소restriction enzyme를 이용하는 방법은 다음 해인 1973년 코헨S. Cohen과 보이어H. Boyer 등이 발표하였다. 그들은 플라스미드 DNAplasmid DNA에 특정한 유전자를 함유하는 DNA 조각을 결합시킨 재조합 DNA를 시험관 내에서 만들고, 이것을 이용해서 대장균의 형질을 전환시켰다. 이듬해에는 개구리의 유전자를 대장균에 이식하는 데 성공하여 어떠한 생물체의 DNA도 미생물 세포 내에서 복제할 수 있다는 것을 암시하였다.

유전자 조작의 최대 특징은 종species의 벽을 초월해서 재조합체recombinant를 만들어 낼 수 있다는 점이며, 이로써 동식물이나 미생물을 불문하고 어떤 생물의 DNA라도 서로 짝맞춤을 해서 키메라chimera(2종 이상의 합체) DNA를 만들고 그 기능을 발현시키는 일이 가능하게 되었다. 이리하여 소마토스타틴somatostatin, 인슐린insulin, 사람의 성장호르몬, 인터페론interferon 등을 유전자 조작으로 대장균에서 생산할 수 있게 되었다.

최근은 유전자를 특수한 효소로 전달 또는 연결하기도 하며 그것을 세포 내에서 증식시키는 수준까지 왔으며, 유전자 조작으로 인슐린, 혈관생성 억제제 등의 대량 생산, 인플루엔자 및 간염 백신 개발, 유전병 환자의 원인 규명과 치료제 개발 등 산업적으로 널리 이용되고 있다.

7) 미생물생태학

미생물생태학Microbial ecology이라는 분야는 오래전부터 있었지만 최근 들어 더욱 주목을 받고 있다. 질소나 황 같은 무기물의 순환, 동식물 유체의 분해 등 자연계 물질의 순환에서 미생물의 역할 등은 옛날부터 연구되어 왔으며, 특히 토양 미생물이 주요 연구 대상이 되기도 하였다.

미생물은 동물, 식물과 더불어 생물권biosphere을 형성하고 있으며 인간의 생활은 이 생물권에 크게 의존하고 있다. 그중에서도 특히 미생물 생태계microbial ecosystem가 수행하는 역할은 매우 중요하다. 만일 미생물이 없다면 지구는 동식물의 유체로 뒤덮이게 되고, 또 그렇게 되면 동식물이 더 이상 살아갈 수 없게 되기 때문이다. 오늘날 인간에 의한 환경파괴가 극심해짐에 따라 인류의 존망을 걱정하게 된 상황에서 지구의 청소부로서 묵묵히 꾸준하게 일해 온 미생물에 새로운 관심과 기대가 돌려지는 것은 당연한 일이다.

미생물은 생물의 생존을 허용하는 모든 장소, 심지어는 남극 대륙 등 극한적 장소에도 존재한다는 보편성omnipresence, ubiquity을 가짐과 동시에, 그 자신도 생물이므로 생태적 환경生態的環境, niche을 요구한다. 또 미생물 교대의 현상phenomenon of succession은 미생물 생태계의 한 가지 특징이기도 하다.

하천을 자연 정화하는 세균은 각종 산업 폐수 처리에 이용되고 있다. 나아가 토양 중의 유기 농약과 유기 수은 화학물의 분해 등에 관한 연구는 미생물을 이용한 환경 정화에 새로이 기대되는 부분이며, 심지어는 원자력발전소 주변의 방사성 물질 정화까지도 미생물의 도움이 기대되고 있다.

미생물생태학은 지금까지 특정 기구 내에서의 순수 배양을 중심으로 한 미생물학을 다시 자연으로 되돌려서 혼합 배양계로 재음미해 보고자 하는 것으로 볼 수 있다.

4. 식품과 미생물의 관계

식품은 지구상에 인류가 존재하면서부터 필수 불가결한 것으로, 인간의 성장과 발달, 활동 등 생명 현상을 유지하는 데 가장 기본적인 요소이다. 미생물은 매우 작아서 눈으로는 볼 수 없는 미세한 생물체이며, 우리 주변 어디에나 항상 존재한다. 인간은 이 미생물을 적절히 이용하여 식품을 만드는 한편, 그 미생물 때문에 식품이 변질·부패되기도 한다.

식품은 크게 동물성과 식물성으로 나뉘며, 동물성 식품 중에서도 그 종류에 따라 함유되어 있는 성분들이 상이하다. 따라서 식품마다 증식하는 미생물의 종류도 다르다. 식물성 식품 역시 마찬가지 양상을 띤다. 식품은 생육에서부터 원재료, 제조, 가공, 저장, 유통 등의 여러 단계로 나눌 수 있는데, 각각 단계별로 미생물의 종류나 양이 다르고, 인간이 이를 적절히 조절하여 인체에 해가 되지 않도록 유지해 이용하지 않으면 각종 질병이나 식중독을 일으키는 것은 물론이고, 심지어는 사망에 이르게 할 수도 있다.

일반적으로 미생물이 살아가는 데 필요한 조건들은 다음과 같다.

① 영양분

② 온도

③ 수분

④ 산소

⑤ pH

⑥ 삼투압

이러한 조건은 미생물의 종류에 따라서 다소 차이가 있으며, 조건이 갖추어지기만 하면 미생물은 왕성하게 증식할 수 있다. 식품을 저온 저장(냉장)하는 것은 미생물의 증식 속도를 늦출 뿐 미생물 자체가 없어지거나 양이 줄어드는 것은 아니다. 저온으로 장기간 두면 미생물로부터 안전하다는 생각은 그릇된 것이며, 오히려 저온을 좋아하는 미생물도 있음을 유념해야 한다. 이러한 위험성을 예방하기 위해서 인간은 식품을 좀 더 안전하게 보관하는 방법들을 개발하였다. 0°C 이하의 동결 원리를 이용하는 방법도 그중 하나로, 급속동결 등의 냉동법을 다양하게 개발하여 식품의 신선도를 장기적으로 유지하고 영양 성분의 변화를 저지하는 기술들이 고안되었다.

인간이 식품의 특성과 미생물의 공생 관계를 유용하게 이용한 대표적인 식품이 발효식품이다. 발효식품은 식품이 가지고 있는 영양소, 산도, 점성, 물성 등에 미생물이 작용하여 다양한 변화를 일으켜, 이들을 인체에 유효한 성분으로 변화시키고 섭취하기 좋은 상태로 만든 것이다. 미생물은 그 균체 자체를 대량으로 증식시켜 식량자원으로 활용할 수 있을 뿐만 아니라 각종 영양소를 만들어 의약용으로 적절히 활용할 수도 있으며 동물의 사료로 사용하기도 한다.

따라서 인류는 앞으로도 미생물을 이용하여 다양한 제품을 생산 또는 제조할 것이며 자연 훼손 등으로 식량자원이 점점 고갈되는 불안한 미래에 미생물은 유일한 희망의 등불이 될 수 있다.

요약

1. 미생물은 레벤후크와 파스퇴르를 통해서 본격적인 실체가 규명되었고, 그 후 많은 연구자의 노력으로 바이러스와 박테리오파지까지 발견되었다. 또한 미생물을 식품에 이용 또는 응용하는 기술도 개발되었다.
2. 미생물은 식품의 각종 성분을 화학적으로 변화시켜 식품의 맛과 향을 좋게 하고 인간의 건강에 이로운 영양 성분을 만들어 냈으며 식품의 저장성도 높여 주었다.
3. 앞으로 식품과 미생물의 작용 및 영향에 대한 연구는 더욱 활발해질 것이며, 그 가능성 역시 무한하다.

연습문제

1 다음 중 생명체에 대한 자연발생설을 최초로 과학적 근거를 제시하여 부정한 사람을 고르시오.

가. 히포크라테스　나. 레벤후크　다. 파스퇴르
라. 코흐　마. 멘델

2 다음 중 현미경을 최초로 개발한 사람을 고르시오.

가. 레벤후크　나. 파스퇴르　다. 코흐
라. 리스터　마. 이바노프스키

미생물의 분류와 종류

CHAPTER 2

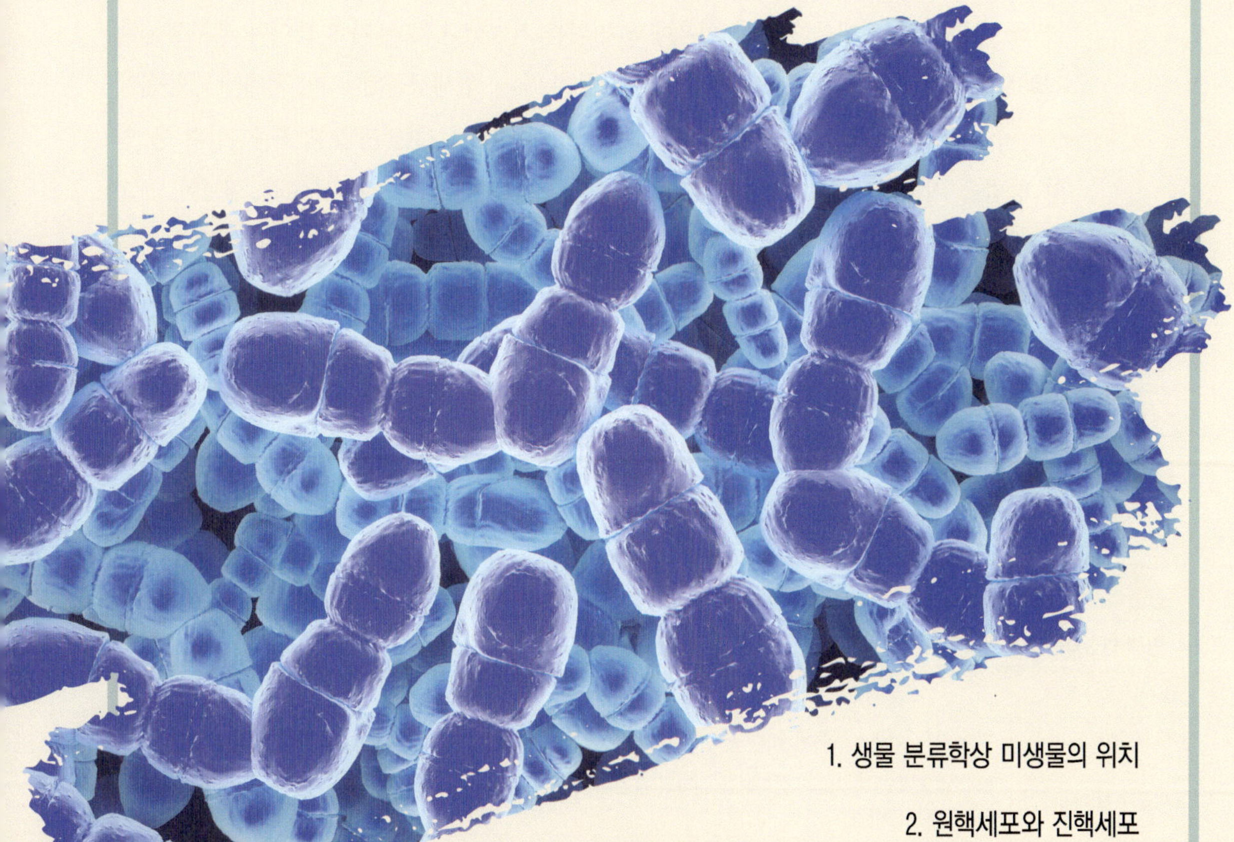

1. 생물 분류학상 미생물의 위치

1) 생물계와 미생물

미생물microorganisms, microbe은 이름이 나타내는 바와 같이 작은 현미경적 생물이지만 형태나 성상은 각양각색이다. 현미경이 발명되기 이전까지는 생명체를 동물계Animalia와 식물계Plantae 두 가지 계Kingdom로 인식해 왔다. 미생물에 대한 레벤후크의 보고서가 발표된 후 과학자들은 미생물의 존재는 알게 되었으나 정확히 어디에 속하는지 확신하지 못했다. 미생물의 분류 체계는 1866년 독일의 자연과학자 헤켈Ernst H. Heckel이 미생물이 포함되는 또 다른 생물 체제를 제안한 이후에도 논의를 거듭했다. 20세기에 들어와 세포생물학, 진화생물학의 발전과 더불어 생물을 원핵생물계Monera, 원생생물계Protista, 균계Fungi, 동물계Animalia, 식물계Plantae로 분류하게 되었다(그림 2-1). 이 다섯 계는 광합성, 흡수, 섭취 등 영양 방법을 기준으로 분류하며, 세균은 원핵생물계로 분류되고 진균류(효모, 곰팡이, 버섯)는 균계에 포함된다. 다섯 계의 분류 체계는 생물체 간의 진화적 연계를 보여 주며, 원핵생물계에서 시작해 원생생물계로 진화되고 원생생물 가운데 일부가 고등생물(식물, 동물)의 조상이 되었다고 생각한다.

이후 생물계의 다섯 분류 체계는 분자생물학, 특히 유전자 분석과 이를 이용한 생물정보학Bioinformatics의 발달과 함께 현재는 진정세균계Eubacteria, 고세균계Archaea, 진핵생물계Eukarya로 분류하고 있다(표 2-1, 그림 2-2). 그러나 미생물 가운데 생물과 무생물의 중간적 위치에 존재하는 바이러스는 여기에 속하지 않는다.

표 2-1 현재 인정되는 생물계의 분류 및 특성

분류(세포 구조)	특성	종류
진핵생물계(Eukarya)	핵을 가지고 있는 진핵생물	동물, 식물, 원생생물(Protists), 조류(Algae), 균류(Fungi)
고세균계(Archaea)	핵이 없으며 원핵생물과 진핵생물 진화의 중간 단계에 위치한 세균	호산성 고온균, 메탄생성균, 극호염균 등
진정세균계(Eubacteria)	핵이 없는 원핵생물로 고세균을 제외한 전형적인 세균	대장균, 황색포도상구균 등의 세균

2) 미생물 명명법

자연계에 오랫동안 존재했던 균이라 하더라도 아직 보고되지 않은 것을 발견했을 때는

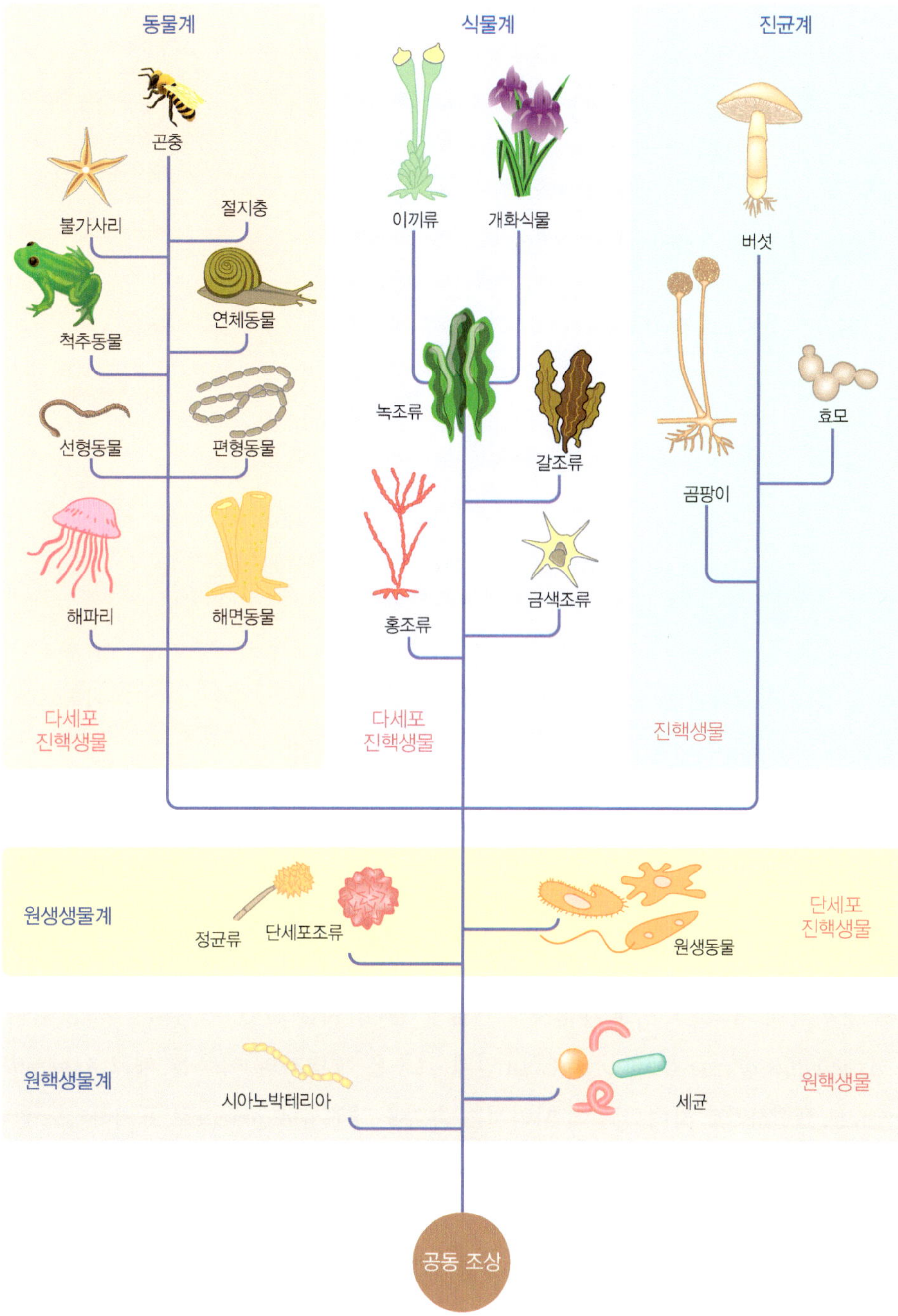

그림 2-1 다섯 계의 분류 체계
자료 : 미생물학 입문, 월드사이언스, 2009

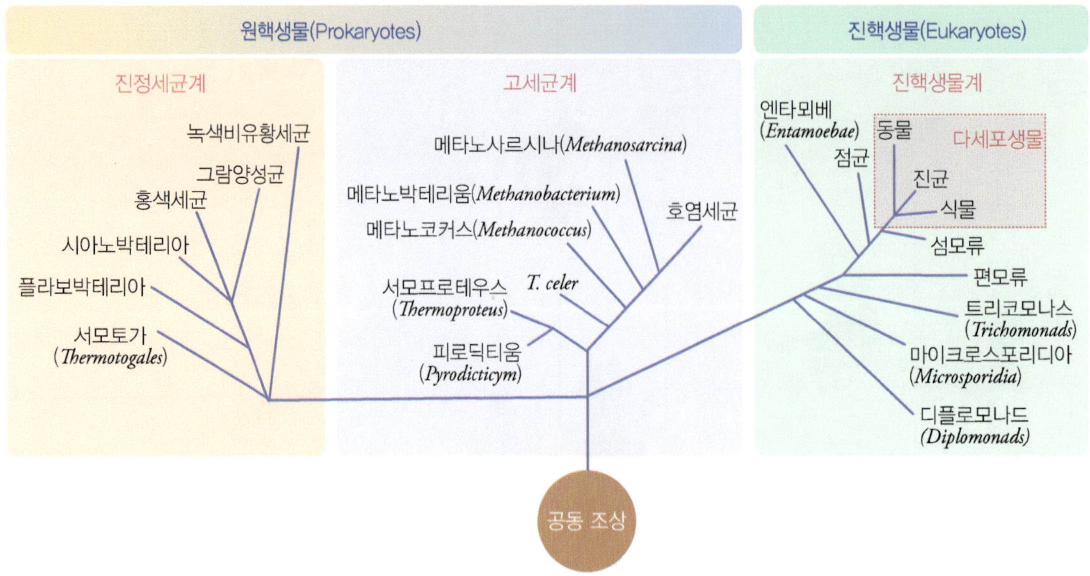

그림 2-2 3계의 분류 체계
자료 : 미생물학 입문, 월드사이언스, 2009

이름을 붙여서 학회에 보고해야 한다. 이때의 이름 짓기nomenclature는 강아지 이름처럼 아무렇게나 지을 수는 없다.

미생물의 학명scientific name은 원칙적으로 라틴어를 사용하고, 앞에 대문자로 시작하는 속genus명과 뒤에 소문자로 시작하는 종species명의 두 단어로 표시하게 되어 있다(이명법binomial nomenclature). 미생물명은 이탤릭체로 표기하거나 밑줄을 그어 표시한다. 정식 표현은 균명 뒤에 명명자의 이름을 부기하고 나중에 학명이 변경되면 최초 명명자의 이름을 ( ) 안에 넣고 그 뒤에 개명자의 이름을 쓴다. 예를 들면, 황국koji균의 정식 이름은 *Aspergillus oryzae* (Ahlburg) Cohn인데 보통은 명명자의 이름을 빼고 *Aspergillus oryzae*로 표현하기도 하며 경우에 따라서는 속명을 약해서 *A. oryzae*로 표기하기도 한다.

진균은 국제식물명명규약International Rule of Botanical Nomenclature에 따라 명명하고, 세균과 방선균은 국제세균명명규약International Code of Nomenclature of Bacteria에 따라 명명한다. 위 두 규약은 공통점이 많으며, 이 규약에서 균 분류를 계급 순으로 표시하면 표 2-2와 같다.

속의 상위의 계급에는 표 2-2에서와 같이 일정한 어미를 붙인다. 속명은 그 속에 소속되는 여러 균의 공통적인 특징을 나타내는 것으로 하고, 종명은 그 균의 성상·기원·내력·분리 또는 발견과 관계 깊은 지명이나 인명을 라틴어적으로 나타낸다. 예를 들면

표 2-2 **균 분류의 계급과 어미**

계급 \ 미생물	조류	세균	곰팡이	원생동물
문(division, phylum)	-phyta*		-mycota	
아문(subdivision)	-phytina*		-mycotina*	
강(class)	-phyceae*		-mycetes*	
아강(subclass)	-phycidae*		-mycetidae*	
목(order)	-ales	-ales	-alse	
아목(suborder)	-ineae	ineae	-ineae	
상과(superfamily)				-oides*
과(family)	-aceae	-aceae	-aceae	-idae
아과(subfamily)	-oideae	-oideae	-oideae	-inae
족(tribe)	-eae	-eae	-eae	-ini*
아족(subtribe)	-inae	-inae	-inae	
속(genus)				

*규약상의 강요는 아니지만 이와 같은 어미 사용을 권장한다.

*Aspergillus*는 성수를 끼얹는 성수채(성수 뿌리개)라는 뜻인데 이 속의 포자 착생 부위인 정낭이 성수채와 닮은 데서 따온 이름이며, 종명인 *oryzae*는 벼의 학명 *Oryza sativa*에서 따온 것으로 처음 이 균을 쌀로 만든 코지koji에서 발견하여 이렇게 붙인 것이다. *Escherichia coli*(대장균)의 속명 *Escherichia*는 에셔리히Escherich 교수의 이름에서 따온 것이고, 종명 *coli*는 대장이란 뜻이다. *Saccharomyces cerevisiae*(맥주 효모균)의 속명은 당균이라는 뜻이고 종명은 맥주를 뜻한다.

균명(속명과 종명)이 같은 것이라도 분리한 곳이 다르고 세세한 부분적 성질이 차이나는 균의 순수 배양을 균주strain라 부르며, 종명 뒤에 기호(균주 보존 기관명 등)나 숫자(보존 균주 번호 등)를 달아서 각각을 구별한다. 예를 들면, *Aspergillus oryzae* HCC 11489가 있는데 여기에서 HCC는 보존 기관명이고 11489는 보존 번호이다.

학명이 만국 공통이지만 흔히 *Bacillus subtilis*를 고초균hay bacillus, *Escherichia coli*를 대장균colitis germs 하는 식의 통칭common name으로 부르기도 하고, 성질이나 용도가 공통적인 한 무리를 젖산균(또는 젖산균류), 아세트산균(또는 아세트산균류) 등으로 집단 호칭을 붙이기도 한다.

2. 원핵세포와 진핵세포

미생물의 세포는 크게 진핵세포eucaryotic cell와 원핵세포procaryotic cell로 나뉜다. 진핵세포는 세포가 비교적 크고(지름 2 μm 이상) 핵막, 인, 미토콘드리아를 가지며, 고등 동식물에서 볼 수 있는 것과 같은 복잡한 구조를 하고 있다(그림 2-3). 그에 반해서 원핵세포는 소형(지름 2 μm 이하)이며 핵막, 인, 미토콘드리아를 가지지 않는 단순한 구조로, 좀 더 원시적인 세포라고 할 수 있다(그림 2-4).

미생물 분류상으로 볼 때 곰팡이·효모·버섯 등의 진균류, 원생동물 및 일반 조류(남조류 제외)는 진핵세포로 되어 있으며 이들은 고등 원생생물higher protista이라고도 한다. 반면, 세균·방선균 및 남조류는 원핵세포를 가지며 하등 원생생물lower protista이라 한다.

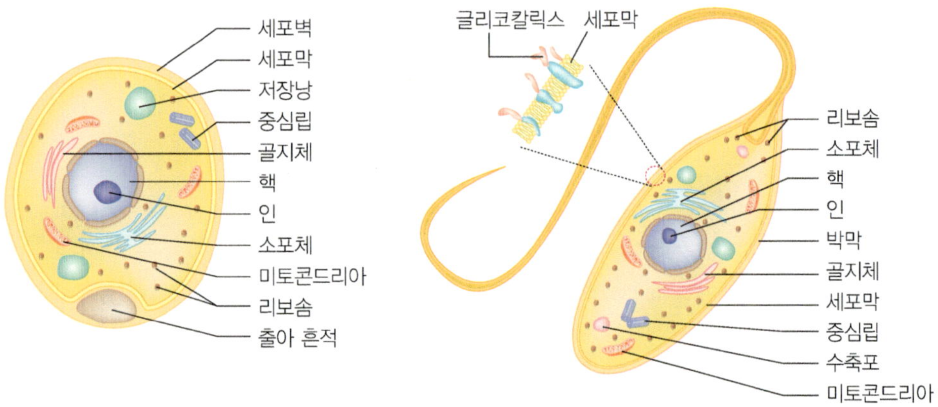

(a) 균류(효모) 세포 (b) 원생동물 세포

그림 2-3 진핵세포의 구조

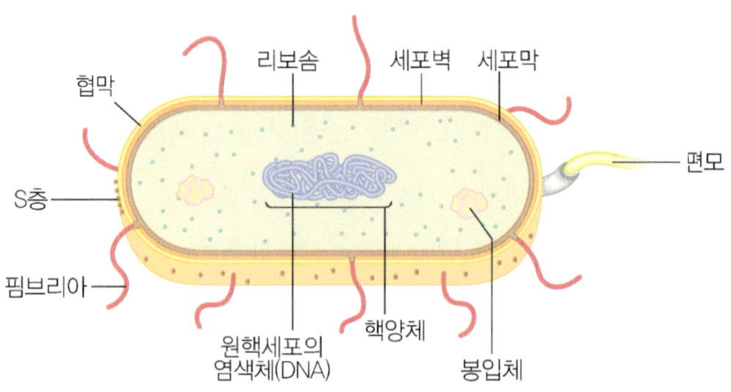

그림 2-4 원핵세포의 구조

세균bacterium, bacteria이라 불리는 미생물은 원핵생물인데 이는 진정세균계와 고세균계로 나뉘며, 진핵생물은 균류fungi나 조류algae 및 원생동물protozoa로 나뉜다. 세균은 수적인 면에서나 생태학적 지위 그리고 인간 생활과의 밀접한 연관성에서 매우 중요한 미생물의 하나이다.

실제로 생화학적·유전학적·분자생물학적 업적들은 세균 연구에서 시작된 것이 많다.

표 2-3 **원핵세포(하등 미생물)와 진핵세포(고등 미생물)의 비교**

	원핵세포	진핵세포
1. 핵의 구조와 기능		
1) 핵막	없음	있음
2) 인	없음	있음
3) DNA	단일 분자, 히스톤(histone)과 결합하지 않음	복수의 염색체 중에 존재. 보통 히스톤과 결합하고 있음
4) 분열	무사분열	유사분열. 미세소관상의 방추사를 가진 유사분열의 기관
5) 생식	감수분열 없음	규칙적인 과정으로 감수분열을 함 대부분 염색체의 조합이 일어남
2. 세포질의 구조와 기구		
1) 원형질막	보통은 섬유소가 없음	보통 스테롤(sterol)을 함유함
2) 내막	비교적 간단, 메소솜(mesosome)	복잡, 소포체, 골지체
3) 리보솜	70S	80S(70S인 미토콘드리아와 엽록체의 리보솜을 제외함) 있음
4) 간단한 막상 세포기관	없음	[공포, 리소좀, 미소체(peroxisome)]
5) 호흡계	원형질막 또는 메소솜의 일부 미토콘드리아는 없음	미토콘드리아 중에 존재
6) 광합성 기관	발달된 내막 또는 소기포, 엽록체는 없음	엽록체 중에 존재
3. 운동성		
1) 편모운동	현미경적 크기보다 미세한 편모. 각 편모는 분자 차원의 1개 섬유로 구성되어 있음	편모 또는 섬모, 현미경적 크기, 중앙에 2개의 쌍으로 된 중심 섬유와 외측에 2개의 쌍으로 된 9개조의 외위 섬유로 형성된 미세소관으로 구성되어 있음
2) 비편모운동	활주운동	원형질 유동과 아메바 운동, 활주운동
4. 미세소관	대부분 없음	여러 종류가 있음(편모, 섬모, 기부체 유사분열의 방추사, 중심체)
5. 크기	일반적으로 작음 지름 2 μm 이하	일반적으로 큼 2 μm보다 크고 100 μm 이하

표 2-4 세포 구성물의 구조와 기능

구성물	구조	기능
원형질막	이중층의 인지질과 단백질	세포 형태 유지와 물질 이동
세포질	세포막과 핵 사이의 유동 성분	생명활동에 관련된 반응이 일어남
소포체	소관	활면소포체(비극성 물질대사)
		조면소포체(단백질 합성)
리보솜	단백질과 RNA로 구성된 입자	단백질 합성
골지체	납작한 낭(주머니)덩어리	탄수화물 합성과 가공, 지질 분비
미토콘드리아	이중막	ATP합성
리소좀	막주머니	이물질 분해
퍼옥시좀	막주머니	과산화수소 분해
중심체	두 개의 막대 모양 중심소체	핵분열
액포	막주머니	물질 저장과 방출
미세섬유와 미세소관	얇고 빈 관	세포질 지지 및 세포질 내에서 물질 수송
섬모와 편모	미소한 세포질 돌기	세포 표면을 따른 입자의 이동과 세포 이동
핵막	핵을 둘러싼 이중막	핵을 지지하고 핵과 세포질 사이의 물질 이동 통제
인	단백질과 RNA로 구성된 덩어리	리보솜 합성
염색질	단백질과 DNA로 된 섬유상 가닥	유전 암호

따라서 원핵생물을 이루는 원핵세포의 구조와 기능을 이해하는 것은 미생물 연구의 기본적인 출발점이 된다. 이들은 구조적으로 진핵세포보다는 간단하고 바이러스보다는 복잡하다. 원핵세포의 구조물이 여러 종류 밝혀져 있는데, 이 구조물들의 주요 기능은 표 2-4와 같으나 모든 종류의 세균이 예시한 구조물을 모두 갖고 있지는 않다. 그람음성균, 그람양성균의 세포벽 구성과 성분에 특이한 차이점이 있으며, 고세균과 진정세균 간에는 더 많은 차이가 있다. 진핵세포에는 인간에게 유용하게 이용되는 것도 있고 질병을 일으키는 병원성균도 있다.

3. 세균

세균은 하등 미생물의 분열균류에 해당하며 폭이 대략 1 μm 이하의 작은 단세포 생물로, 대부분 세포분열에 의해 증식한다. 이 중에는 모양이 단순한 일반 세균 외에 형상이 다른 점액세균, 스피로헤타spirochaeta가 포함된다. 세균과 곰팡이의 중간적 성상을 가지는 방선균도 넓은 의미에서 세균류에 포함시키기도 한다. 그러나 식품 미생물로서 중요한 것은 거의 일반 세균에 한정되어 있다.

세균 세포는 효모에 비해서 1/5~1/10 정도로 작고 핵에는 막이나 인이 없으며 전자 현미경으로 보면 다른 부분보다 희게 보이는 부분이 있는데 이런 범위를 핵부위nuclear region라 한다. 미토콘드리아가 없는 대신 세포막 부분이나 메소솜mesosome에는 호흡 효소가 있어서 미토콘드리아의 기능을 대신한다. 메소솜은 세포막 근처나 핵부위에 가깝게 있고 핵분열 시 격벽 합성이나 핵의 신생 세포 분리와 밀접한 관계가 있는 것으로 보인다.

1) 세균 세포의 미세 구조

(1) 세포벽과 세포질막

세균의 겉껍질은 바깥쪽의 세포벽과 안쪽의 세포질막으로 구성되어 있다. 세포벽의 두께는 표 2-5에서 보는 바와 같이 균종에 따라 각기 다르지만 원형질막의 두께는 거의 일정(75 Å 정도)하다. 그람양성균의 세포벽은 일반적으로 두껍고(800 Å 정도) 세포벽에는

표 2-5 **세포벽의 두께와 건물 중의 함량**

균종	세포벽의 두께(Å)	세포벽의 함량(%)
Escherichia coli	100	15
Staphylococcus aureus	150~200	20
Streptococcus faecalis	200	27(대수기), 38(정상기)
Halobacterium halobium	75	
Lactobacillus acidophilus	800	
Chlorella pyrenoidosa	210	14
yeast	1,600	15

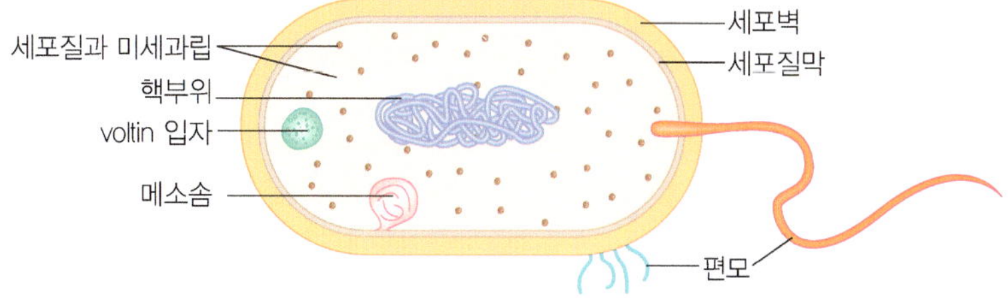

그림 2-5 세균 세포의 미세 구조

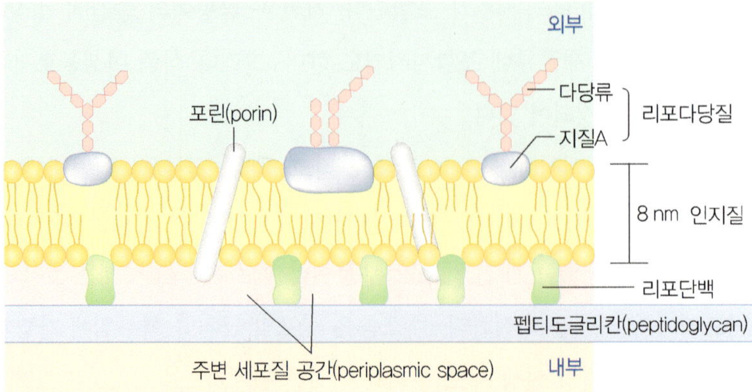

그림 2-6 그람음성인 살모넬라균 세포 외벽의 물질 배열

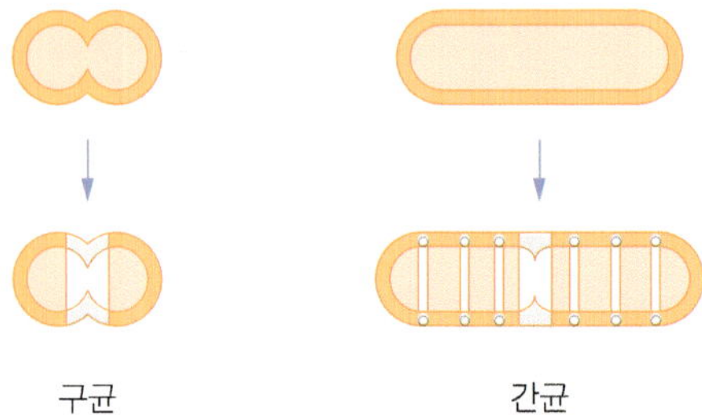

그림 2-7 세포 격벽의 형성

미세 구조가 없으나, 그람음성균에는 미세 구조가 있다. *Halobacterium halobium* 등의 호염균이나 *Mycoplasma*는 그 겉이 75 Å 안팎의 단일막으로 되어 있어서 이것이 세포벽과 세포질막의 두 가지 기능을 맡고 있는 것으로 보인다. 그람음성균의 세포벽에서는 리포 다당류가 최외층을 형성하고 있는데 이것을 세포 외피cell envelope라고 한다(그림 2-6).

그람양성균의 세포벽에서는 테이코산teichoic acid이 겉층을 형성해서 세포 표면에 ⊖전하를 띠게 한다. 테이코산은 글리세린 인산 에스테르 또는 리비톨ribitol 인산 에스테르의 고중합 화합물에 당류나 D-알라닌alanine이 결합한 물질로 세균의 종류에 따라서 그 조성이나 구조가 달라진다. 세균이 세포분열할 때는 세포벽의 거대 분자 물질이 라이소자임lysozyme의 세포벽 용해 효소에 의해서 작은 구멍이 생기고 이 구멍에 새로운 세포벽 물질이 첨가되어 세포벽이 새로 만들어진다.

(2) 핵부위 DNA

원핵 미생물은 진핵 미생물과 같은 완전한 핵의 형태를 가지지 않기 때문에 유전 형질의 전달 인자인 DNA의 분자가 핵막에 싸이지 않은 상태로 원형질 내에 존재한다. DNA의 염기 배열은 A-Tadenine-thymine, G-Cguanine-cytosine로서 그 사슬이 대단히 길어 대장균(몸길이 2 μm)의 경우 DNA 분자 길이는 1,100~1,400 μm 정도 된다. 이 길이 속에는 5×10^6의 염기대와 3×10^9의 분자량이 담길 수 있다. EH A-T/G-C의 비는 균종에 따라 차이가 있으나 대략 0.5~2.0의 범위에 있다. DNA는 핵부위에 다수(12~18개)의 코일coil 형태로 존재하는 것으로 보인다(그림 2-8).

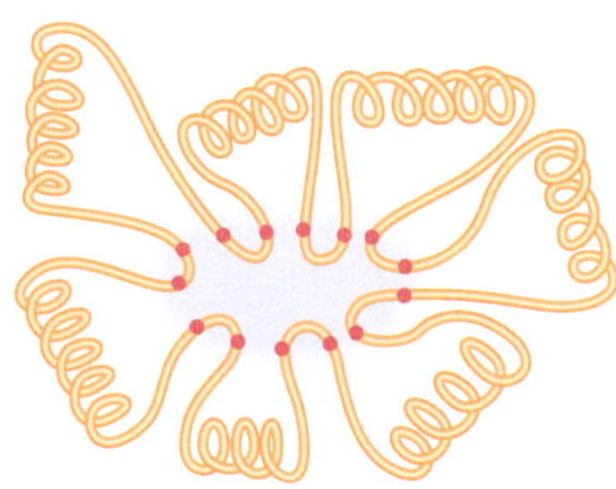

그림 2-8 대장균 DNA의 코일 모양(그림에서는 코일이 7개이나 실레로는 12~18개가 있음)

(3) 리보솜

대장균의 리보솜ribosome은 RNA 60%, 단백질 40%로 구성되며 보통 상태에서는 지름이 200 Å 정도 된다. 세포 내에서 때로는 폴리리보솜polyribosome이라 불리는 여러 가지 크기의 입자로 존재하며 세포를 파괴하면 쉽게 낱개로 분리된다.

(4) 협막

어떤 세균은 세포의 둘레가 협막capsule 또는 점질층slime layer이라고 불리는 물질의 층으로 둘러싸인 것이 있는데, 이 점질층이 단단하게 형성된 것을 협막이라 한다. 협막은 세포의 생활에 필수적인 것은 아닌 것으로 보인다. 즉, *Leuconostoc mesenteroides*는 설탕(자당) 공장에서는 점질층을 생성하여 관이 막히게 하는 균인데 자당이 존재하지 않는 조건에서는 협막을 생성하지 않으며, 폐렴연쇄구균인 *Pneumococcus*는 돌연변이로 협막 생성능을 상실한 상태에서도 건전하게 생육한다. 협막의 화학 성분은 균종에 따라 차이가 많아서 균종 동정의 한 수단으로 이용되기도 한다. 그러나 대체로 다당류를 주성분으로 하는 것과 폴리펩타이드를 주성분으로 하는 두 가지로 나뉜다. 폐렴연쇄구균이나 탄저병균*Bacillus anthracis*은 협막이 있을 때에 한해서 감염 능력, 즉 병원성을 가진다.

(5) 편모

세균에는 편모flagella가 있는 것과 없는 것이 있으며, 그 수와 착생 상태는 균종에 따라 다르다. 편모의 길이는 10 μm 전후이며 폭은 10~20 μm이다. 편모는 세균의 운동기관으로 여겨진다. 세균은 이것을 회전시키면서 운동하는데 주모균은 천천히, 극모균은 회

표 2-6 편모균의 운동 속도

미생물	편모	세포 길이 (μ)	운동 속도 (μ/sec)	운동 속도 (μ/sec/세포길이)
Pseudomonas aeruginosa	극모	1.5	55.8	37
Chromatium okenii	속모	10	45.9	5
Thiospirillum jenense	속모	35	86.5	2
Escherichia coli	주모	2	16.5	8
Bacillus licheniformis	주모	3	21.4	7
Sarcina ureae	주모	4	28.1	7

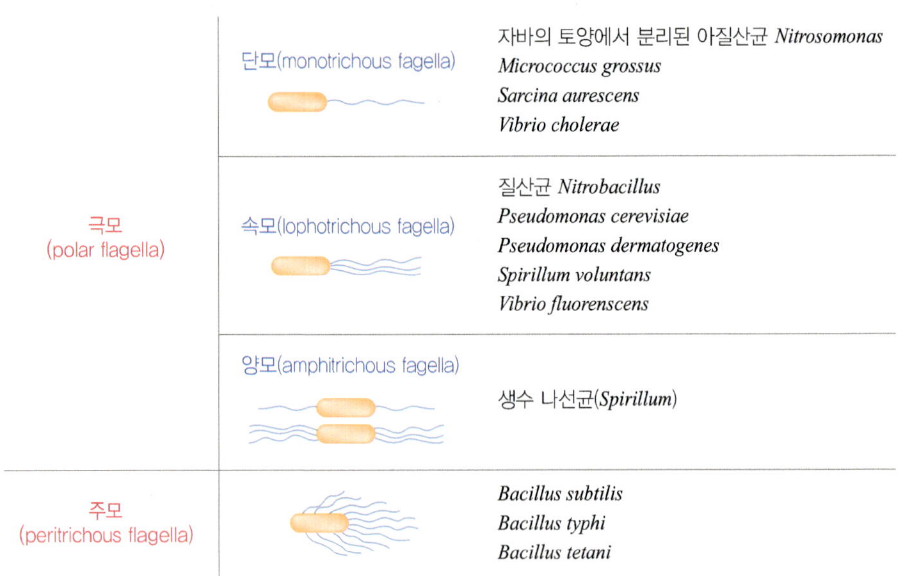

그림 2-9 세균의 편모

전spin하면서 신속히 운동한다(표 2-6). 편모는 화학적으로 플라겔린 단백flagellin protein으로 구성되어 있으며 광학 현미경으로는 특수한 염색법을 써야만 볼 수 있다. 뿌리는 세포질에 있고 세포벽을 관통해서 밖으로 나와 있다. 편모의 유무, 착생 부위와 그 수는 세균을 분류하는 데 중요한 지표가 된다. 편모의 착생 방법에는 극모polar flagella와 주모peritrichous flagella가 있으며, 극모는 착생 상태에 따라 단모·속모·양모로 나뉜다(그림 2-9).

나선균은 거의 편모를 가지며, 간균은 편모를 가지는 것과 가지지 않는 것이 있고, 구균은 편모를 가진 것이 극히 드물다. 편모의 수는 한 가닥에서 수백 가닥이며 길이는 세포의 1.5~2배이고 지름은 10~50 μm이다. 편모는 젊은 세포에서만 볼 수 있고 세포가 늙거나 환경 조건이 불리해지면 탈락하게 된다.

(6) 섬모

섬모는 그람음성균을 포함한 많은 세균에서 볼 수 있는 실 모양絲狀의 부속 기관으로 pili 또는 fimbriae라고 한다. 체표면에 편모보다 짧은 섬모가 수백 가닥씩 있다. 이것은 운동성 세균뿐 아니라 비운동성 균에서도 발견되며 운동성과는 무관하다.

섬모는 영양 공급원(동식물의 세포 표면)의 부착 기관으로, 두 세포 내의 접합(유성생식) 시 DNA 이동의 통로(접합관) 구실을 하는 것으로 여겨진다.

2) 세균 포자의 미세 구조

포자는 휴지세포이며 영양세포에 비해서 열, 방사능, 약제 등에 대한 저항성이 훨씬 크다. 이와 같은 저항력의 원인은 포자의 미세 구조 및 세포 성분의 특이한 분자 배열에 있는 것으로 짐작되지만 정확한 기구에 대해서는 거의 알려지지 않았다.

(1) 세균 포자의 형상

세균은 세포 내에서 포자가 형성될 때 균종에 따라서 세포 내에서의 위치가 달라지고

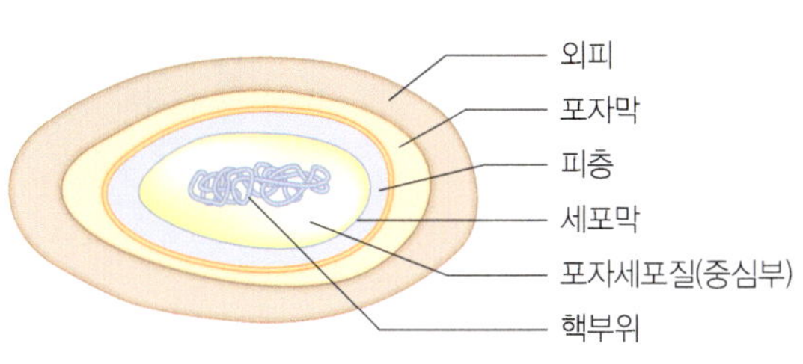

그림 2-10 *Bacillus*속 포자의 초박편의 미세 구조

모양도 구형, 타원형, 원추형 등을 나타낸다. 예를 들면 *Bacillus*속은 세포의 중앙 부근에 타원형의 포자를 만든다. *Clostridium*속의 포자도 타원형인데 이것은 모세포보다 폭이 넓기 때문에 포자 형성 시에 간상의 모세포는 부풀어서 방추형이나 곤봉형을 나타낸다. 포자는 광선 굴절률이 크기 때문에 광학 현미경으로 쉽게 식별된다. 영양세포와는 달리 보통의 염색법으로는 물들지 않는 반면에 한번 물든 것은 쉽게 탈색되지 않는다.

(2) 세균 포자의 미세 구조

세균 포자는 몇 겹의 피막으로 싸인 복잡한 구조를 하고 있다(그림 2-11).

① 외피

세균 포자의 가장 바깥쪽은 외피exosporium로 싸여 있다. 모든 포자에 외피가 있는 것은 아니며 *Bacillus cereus*, *Bacillus polymyxa*, *Clostridium sporogenes* 등에서만 확인된다.

② 포자막

포자막spore coat은 외피의 안쪽에 있다. 외피가 없는 포자는 이것이 가장 바깥이 된다. 이 막은 두 층으로 되어 있고 외막outer coat, 내막inner coat 또는 2막coat2, 1막coat1 등으로 부른다.

③ 피층

내막inner coat의 안쪽에 피층cortex이 있는데 이것은 비염색성 구조체로 알려져 있다. 피층은 발아 도중에 소실되는 경우도 있다.

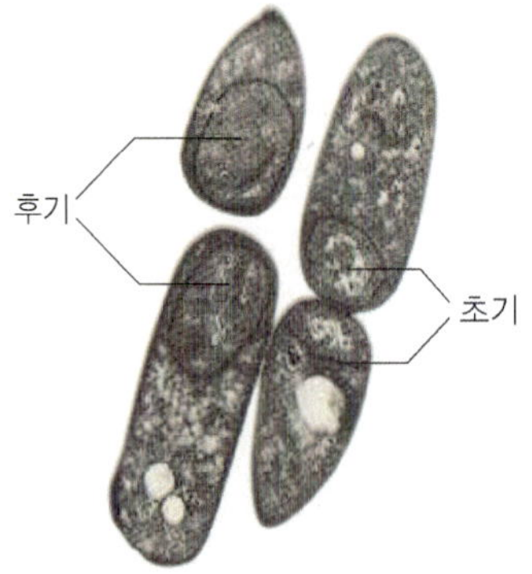

(a) *Bacillus megaterium*의 영양형 세포 내에서의 포자 형성

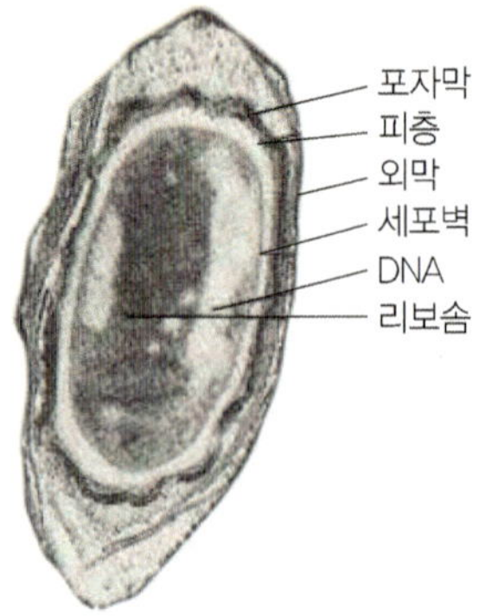

(b) *Bacillus megaterium*의 포자

그림 2-11 세균 포자

④ 포자 고유막

포자 고유막spore wall은 피층의 안쪽에 밀착해서 존재한다. 막은 얇지만 발아 후에 세포벽이 된다.

⑤ 심부

포자 고유막에 싸인 내부가 심부core이다. 세포질과 핵부위nuclear-site로 구성된다.

(3) 세균 포자의 화학적 구성

① 수분

포자의 강력한 물리화학적 저항력의 원인으로 포자의 수분 함량, 특히 결합수結合水의 함량이 종종 주목된다. 즉, 포자와 영양세포가 가지는 수분의 존재 형태에는 큰 차이가 있는데, 포자는 대부분 결합수인 반면에 영양세포는 대부분 유리수이다.

② 다이피콜린산

다이피콜린산dipicolinic acid, pyridine-2,6-dicarboxylic acid은 칼슘염이 되어 세균 포자 내에 건물비로 10~15%나 들어 있다. 이 물질은 영양세포에서는 발견되지 않는다.

③ 핵산

세균 포자의 RNA와 DNA 함량은 영양세포의 50% 수준이다. 발아할 때는 RNA의 합성이 제일 먼저 시작되고 다음에 DNA와 핵의 단백질이 서서히 증가한다.

④ 포자의 효소

포자가 발아하면 각종 효소가 활성을 나타내고 급속히 발육한다. 휴면 시에도 최소한의 효소만 가지고 있는 것으로 보인다.

⑤ 포자의 비염색성과 세포 구조

세균 포자는 염색에 저항성이 있다. 염색 저항성은 피층이 완성되었을 때 나타난다. 피층에는 다이피콜린산이 많은데 이 물질이 염색 저항성의 원인으로 보인다.

3) 일반 세균의 형태와 크기

세균의 기본 형태는 구상, 간상, 나선상 3가지로 분류되며 각각 구균coccus, cocci, 간균rod, rods, 나선균spirillum, spirilla이라 한다.

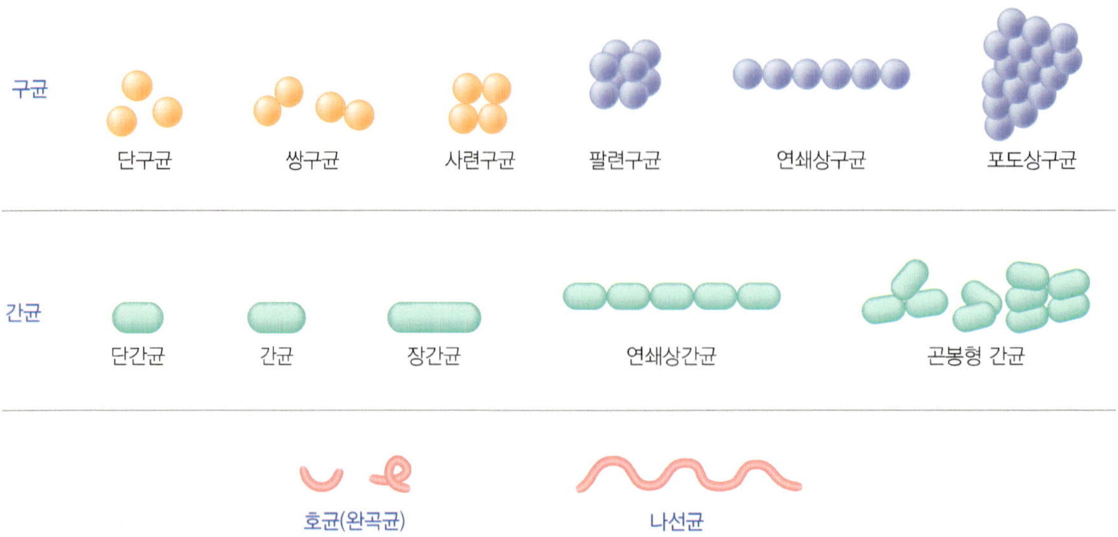

그림 2-12 세균 세포의 여러 가지 모양

구균에는 분열 후에 곧 세포가 분리되어 단구균으로 존재하는 것도 있으나, 종류에 따라서는 분열 후 세포가 분리되지 않고 특유의 분열 성장 형태를 나타내는 것도 있다.

간균에는 대장균*Escherichia coli*처럼 구균과 거의 비슷한 단간균short rod과, 불가리아 젖산균*Lactobacillus bulgaricus*과 같은 장간균long rod 등 여러 가지가 있으며, 세포의 양 끝은 보통 둥글게 되어 있다. 그러나 예외로 세포의 양끝이 각형(***Bacillus anthracis***), 방추형(***Rusobacterium***속 등), 예각형(아세트산균의 일부 등)인 것도 있다. 간균은 장축 방향으로만 분열하지만 때로는 분열 후에 분리되지 않고 연결되어 연쇄상이 되기도 하며 ***Corynebacterium***속에서 볼 수 있는 것처럼 세포가 V, Y, L자 모양으로 붙어 있는 곤봉형coryne form인 것도 있다.

나선균 중에는 그 모양이 짧아서 콤마comma 모양으로 된 것을 호균(*Vibrio*)이라 부르면서 보통의 나선균과 구별한다.

이상과 같이 세균에는 각기 일정한 모양이 있으나 때로는 어떤 자극을 받아 이상 형태를 나타내는 것도 있다. 이 중에서 증식 능력이 있는 것을 생리적 기형teratological growth form, 증식 능력이 없는 것을 병리적 기형involution form이라 한다.

세균의 크기는 광학 현미경으로 겨우 볼 수 있는 0.1~0.2 μm의 작은 것부터 폭이 10 μm, 길이 40 μm에 이르는 큰 것도 있다. 보통 구균은 0.5~1.0 μm, 간균은 0.5×1~3 μm

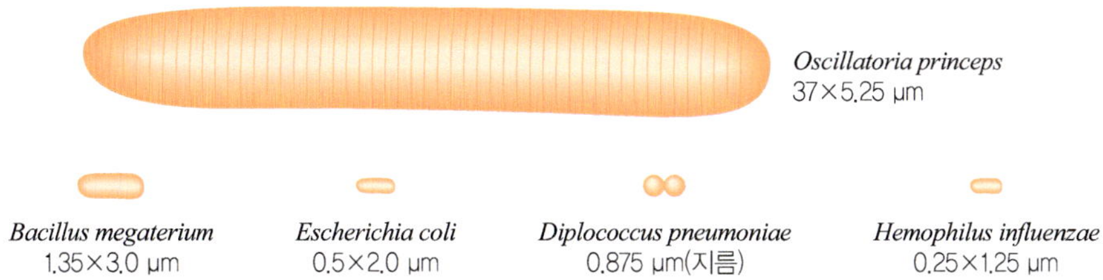

그림 2-13 여러 가지 원핵세포

표 2-7 **일반 세균의 크기**

형	균종명	크기(μm)
구균	*Streptococcus lactis*(젖산연쇄상구균) *Staphylococcus aureus*(황색포도상구균)	0.5~1.0 0.8~1.0
간균	*Escherichia coli*(대장균) *Pseudomonas fluorescens*(슈도모나스 플루오레센스) *Bacillus acidophilus*(바실러스 아시도플루스)	0.5×1.0~3.0 0.3~0.5×1.0~1.8 0.7~0.8×2.0~3.0 0.6~0.9×1.5~6.0
나선균	*Vibrio cholerae*(콜레라균) *Spirillum serpens*(스피릴룸 세르펜스)	0.3~0.6×1.0~5.0 0.6~1.1×3.5~12

정도의 것이 많다. 배양 조건이나 발육 시기에 따라서 크기는 달라진다. 표 2-7에 몇 가지 세균의 크기를 나타냈다.

어떤 종의 세균은 고분자 물질로 된 협막이나 점질층으로 싸여 있는 것도 있다. 덱스트란 생성균인 *Leuconostoc mesenteroides* 등에서 볼 수 있는 바와 같이 세포가 다량의 점질물로 싸여 있는 것을 균족zoogloea이라 한다.

(1) 포자 형성과 발아

세균 중에서 포자spore를 형성할 수 있는 것을 유포자 세균spore-forming bacteria이라 하고 그렇지 못한 것을 무포자 세균non-spore-formin bacteria이라 한다. 유포자 세균은 대부분 간균에 속하며 *Sporosarcina ureae*만이 구균인 것으로 알려져 있다. 유포자 세균은 모두 분류학상 Bacillaceae과에 포함된다. 이들 균의 포자는 어느 것이나 세포 내에서 만들어지는 내생포자endospore로서 포자가 생긴 세포를 포자낭sporangium이라 하고 성장·대사를 하는 보통의 세포를 영양세포 또는 생활 세포vegetative cell라고 한다.

포자 형성에서 세포 모양이 변하지 않는 것을 Bacillus형, 세포 중앙이 부푸는 것을

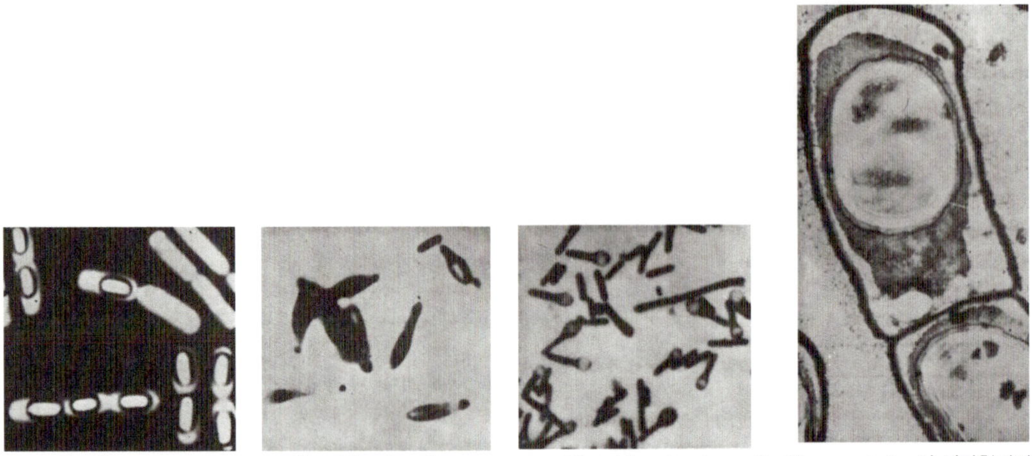

Bacillus cereus *Clostridium butyricum* *Clostridium tetani* *Bacillus megaterium*의 전자현미경 사진

그림 2-14 세균의 포자 형성

자료 : Robinow, Frazier, Pelczar · Reid, Fitz-james

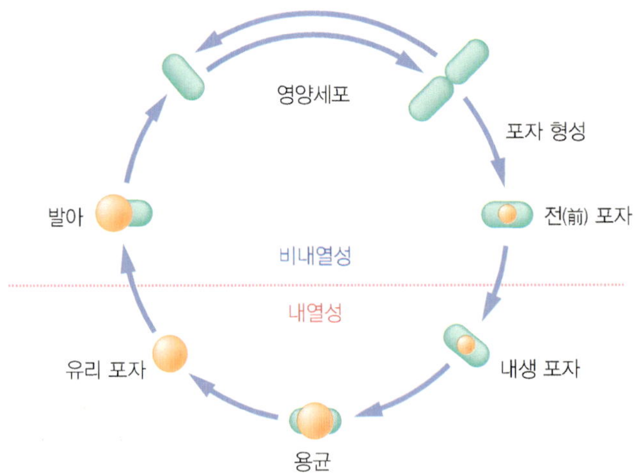

그림 2-15 유포자 세균의 생활환

Clostridium형, 끝이 부푸는 것을 Plectridium형이라 한다. 유포자 세균의 생활환은 그림 2-15와 같다.

세균이 포자를 형성하는 이유로 환경 악화에 대한 방어 수단이라는 종래의 주장이 있는가 하면 생활환의 일부로서 포자를 형성한다는 주장도 있다. 포자는 영양세포에 비해서 열, 약품, 방사선 등 불리한 환경에 대한 저항력이 큰 일종의 내구체이지만 적당한 조건에서는 발아해서 다시 영양세포가 되고 분열 증식을 계속한다.

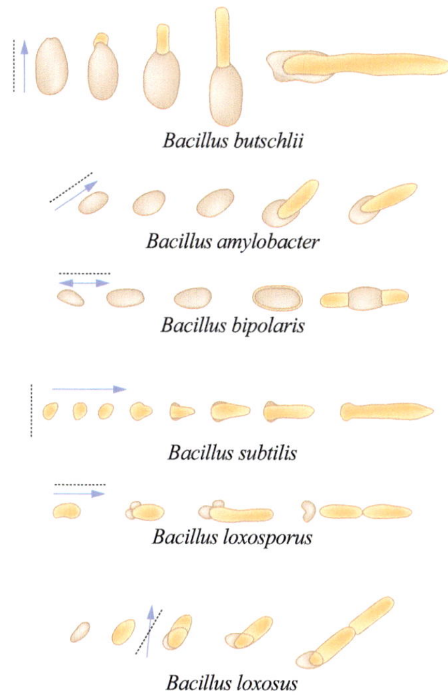

그림 2-16 세균 포자의 발아 삼형식

(2) 그람염색

그람염색Gram's stain은 세균 분류학상 대단히 중요한 염색법으로 이 방법에 따른 염색 가능 여부에 따라 그람양성균Gram positive과 그람음성균Gram negative으로 나눈다. 이것은 1884년 그람Christian Gram이 개발한 것으로 그 방법은 다음과 같다.

즉, 균체를 슬라이드 글라스slide glass에 바르고 건조, 고정한 후 겐티아나 바이올렛gentian violet액으로 염색한 후에 요오드액으로 먼저 씻어 내고 나서 알코올로 씻어 낸다. 이때 균체가 보라색으로 염색되면 그람양성균이라 하고 염색되지 않으면 그람음성균이다.

표 2-8 그람양성균과 그람음성균의 예

그람양성균	그람음성균
Streptococcus pneumoniae(폐렴연쇄구균) *Streptococcus lactis*(젖산연쇄상구균) *Staphylococcus aureus*(황색 포도상구균) *Lactobacillus bulgaricus*(불가리아 젖산균) *Bacillus subtilis*(고초균) *Clostridium tetani*(파상풍균)	*Escherichia coli*(대장균) *Salmonella typhi*(티푸스균) *Pseudomonas aeruginosa*(녹농균) *Vibrio cholerae*(콜레라균)

4) 세균의 분류

세균의 분류는 버지 편람Bergey's Manual of Systematic Bacteriology에 따르는 것이 보통인데, 편람에서는 세균을 표 2-9와 같이 23개의 문Phyla으로 나눈다. 이를 다시 형태학적·생리학적·생태학적인 성질에 따라 33section으로 나눌 수 있으며 각 section은 아래와 같다. 이 중 식품이나 기타 응용에 중요한 세균은 거의 section 2~5의 그람음성균과 section 12~15의 그람양성균 그리고 section 29에 속하는 것들이다.

- SECTION 1 : 스피로헤타
- SECTION 2 : 호기성/미호기성, 운동성 및 나선형 그람음성 세균

  주요 세균 : ***Campylobacter*** sp.
- SECTION 3 : 비운동성(드물게 운동성), 그람음성호균
- SECTION 4 : 그람음성, 호기성 간균 및 구균

  주요 세균 : ***Pseudomonos*** sp., ***Xanthomonas*** sp., ***Zoogloea*** sp., ***Azotobacter*** sp., ***Azomonas*** sp., ***Rhizobium*** sp., ***Methylomonas*** sp., ***Halobacterium*** sp., ***Halococcus*** sp., ***Acetobacter*** sp., ***Gluconobacter*** sp., ***Neisseria*** sp., ***Moraxella*** sp., ***Acinetobacter*** sp., ***Flavobacterium*** sp., ***Alcaligenes*** sp.
- SECTION 5 : 통성혐기성 그람음성 간균(장내세균과와 비브리오과 포함)

  주요 세균 : ***Escherichia*** sp., ***Shigella*** sp., ***Salmonella*** sp., ***Citrobacter*** sp., ***Klebsiella*** sp., ***Enterobacter*** sp., ***Erwinia*** sp., ***Serratia*** sp., ***Hafnia*** sp., ***Proteus*** sp., ***Vibrio*** sp., ***Photobacterium*** sp., ***Aeromonas*** sp., ***Pasteurella*** sp., ***Zymomonas*** sp., ***Chromobacterium*** sp.
- SECTION 6 : 호기성, 그람양성 간균 및 호균

  주요 세균 : ***Bacteroides*** sp.
- SECTION 7 : 이화적 황산 또는 유황 환원 세균

  주요 세균 : ***Desulfovibrio*** sp.
- SECTION 8 : 혐기성 그람음성 구균
- SECTION 9 : 리케차 및 클라미디아
- SECTION 10 : 미코플라스마
- SECTION 11 : 내부 공생균Endosymbionts
- SECTION 12 : 그람양성 구균

표 2-9 **세균 돌출의 대표적인 문**

문(phyla) 번호	이름	특징	대표 종 및 속
B1	Aquificase	그람음성, 무포자 형성, 호열성 간균 또는 사상형 세균	*Aquifex pyrophilus*
B2	Thermotogae	그람음성, 격막처럼 생긴 외막을 가진 무포자 형성 간균	*Thermotoga maritima*
B3	Thermodesulfobacteria	그람음성 간균; 외막은 돌출 부위를 형성; 호열성 황산염 환원 세균	*Thermodesulfobacterium commune*
B4	Deinococcus-Thermus	그람양성이며 방사능 내성을 가진 구균과 그람음성 호열성 세균 포함	*Deinococcus radiodurans*, *Thermus aquaticus*
B5	Chrysiogenetes	단일 종으로 이루어진 문	*Chrysiogenes arsenatis*
B6	Chloroflexi	그람음성이며 활주 운동을 보이는 사상형 세균. 일부는 산소 비발생형 광합성 세균이며 나머지는 화학 종속영양 세균	*Chloroflexus aurantiacus*
B7	Thermomicrobia	단일 종으로 이루어진 문	*Thermobacterium roseum*
B8	Nitrospirae	질산화 세균, 황산염 환원 세균, 주자기성 세균을 포함하는 대사적으로 다양한 그룹	*Nitrospora marine*, "*Candidatus*[b] *Magnetobacterium bavaricum*"
B9	Deferribacteres	혐기적으로 호흡하는 종속영양 세균. 최종 전자수용체로서 Fe^{3+}, Mn^{4+}, S, Co^{3+} 등이 있음	*Deferribacter thermophilus*
B10	Cyanobacteria	그람음성. 단세포형, 집락성 또는 사상형의 형태를 가진 산소 발생형 광합성 세균	*Nostoc punctiforme*
B11	Chlorobi	그람음성, 산소 비발생형 광종속영양 세균 ("녹색황세균")	*Chlorobium limicola*
B12	Proteobacteria	84개의 속과 1,300여 종을 포함하는 가장 큰 세균 문. 5개의 강을 가짐(아래에 나열)	
		Alphaproteobacteria	*Rickettsia rickettsii*, *Caulobacter* spp., *Rhizobium* spp., *Nitrobacter* spp.
		Betaproteobacteria	*Bordetella pertussis*, *Neisseria meningitidis*, *Nitrosomonas* spp., *Zoogloea ramigera*
		Gammaproteobacteria	*Beggiatoa* spp., *Trancisella tularensis*, *Legionella pneumophila*, *Pseudomonas aeruginosa*, *Azotobacter* spp., *Vibrio cholerae*, *Escherichia coli*, *Salmonella enterica* serovar Typhi
		Deltaproteobacteria	*Desulfovibrio* spp., *Bdellovibrio bacteriovorus*
		Epsilonproteobacteria	*Camoylobacter jenuni*, *Helicobacter pylori*

(계속)

문(phyla) 번호	이름	특징	대표 종 및 속
B13	Firmicutes	낮은 G+C 함량을 보이는 그람양성세균과 미코플라스마(mycoplasma) 포함	*Clostridium tetani, Clostridium botulinum, Mycolasma pneumoniae, Bacillus anthracis, Listeria monocytogenes, Staphylococcus aureus, Lactobacillus* spp., *Pediococcus* spp., *Oenococcus oeni, Streptococcus pneumoniae*
B14	Actinobacteria	방선균류와 미코박테리아(mycobacteria) 포함	*Corynebacterium diphtheriae, Mycobacterium tuberculosis, Nocardia* spp., *Propionibacterium acnes, Streptomyces griseus, Frankia* spp., *Bifidobacterium* spp., *Gardnerella vaginalis*
B15	Planctomycetes	그람음성. 일부는 출아법에 의해 분열하며 일부는 부속지 보유	*Planctomyces bekefii*
B16	Chlamydiae	운동성이 없음. 숙주의 세포질에 있는 액포 내에 서식하는 절대 기생성 구균	*Chlamydia trachomatis*
B17	Spirochaetes	그람음성, 나선형, 유동성 세균; 주변 세포질의 편모에 의해 운동	*Borrelia burgdorferi, Treponema pallidum, Leptospira interrogens*
B18	Fibrobacteres	초식동물의 소화관에 서식하는 그람음성 혐기성 세균	*Fibrobacter*
B19	Acidobacteria	그람음성, 호기성, 내산성 종속영양 세균 및 그람음성 혐기성 세균	*Geothrix*
B20	Bacteroidetes	호기성 간균, 혐기성 간균, 활주 운동성, 격막성, 굽은 모양의 세균을 포함하는 표현 형질이 매우 다양한 그람음성세균	*Bacteroides gingivalis, Cytophaga* spp.
B21	Fusobacteria	혐기성, 종속영양 대사를 하는 그람 음성 간균	*Fusobacterium* spp.
B22	Verrucomicrobia	그람음성, 중온성 종속영양 세균, 일부는 prostheca를 보유하며 일부는 출아법에 의해 분열	*Prosthecobacter fusiformis*
B23	Dictyoglomi	그람음성, 간균, 초호열성, 절대 혐기성 종속영양 세균의 특징을 가지는 단일 속	*Dictyoglomus*

[a]Bergey's Manual of Systematic Bacteriology 제2판(2001)에서 제시한 세균의 번호

[b]순수 배양체로 배양되지 않은 종

자료 : 박우준·강형일·성정석·전체옥·조장천, 미생물, 월드사이언스, 2010

주요 세균 : *Micrococcus* sp., *Staphylococcus* sp., *Streptococcus* sp., *Leuconostoc* sp., *Pediococcus* sp., *Aerococcus* sp., *Sarcina* sp.

- SECTION 13 : 내생포자 형성 그람양성 간균 및 구균

주요 세균 : *Bacillus* sp., *Sporolactobacillus* sp., *Clostridium* sp., *Desulfotomaculum* sp., *Sporosarcina* sp.

- SECTION 14 : 그람양성 무포자 간균

주요 세균 : *Lactobacillus* sp., *Brochothrix* sp.

- SECTION 15 : 형태가 일정하지 않은 무포자 그람양성 간균

주요 세균 : *Corynebacterium* sp., *Arthrobacter* sp., *Brevibacterium* sp., *Microbacterium* sp., *Cellulomonas* sp., *Propionibacterium* sp., *Eubacterium* sp., *Actinomyces* sp., *Bifidobacterium* sp.

- SECTION 16 : 미코박테리아

주요 세균 : *Mycobacterium* sp.

- SECTION 17 : 노카르디아형 세균

주요 세균 : *Nocardia* sp.

- SECTION 18 : 혐기적 광합성 세균
- SECTION 19 : 호기적 광합성 세균
- SECTION 20 : 호기적 화학합성 세균 및 관련 세균

주요 세균 : *Nitrobacter* sp., *Nitrosomonas* sp., *Nitrosococcus* sp., *Thiobacterium* sp., *Thiobacillus* sp.

- SECTION 21 : 출아 또는 연결 세균
- SECTION 22 : 초피세균

주요 세균 : *Sphaerotilus* sp., *Leptothrix* sp.

- SECTION 23 : 비광합성, 무자실체, 활주 세균Myxobacteria
- SECTION 24 : 자실체, 활주 세균
- SECT10N 25 : 고세균Archaebacteria
- SECTION 26 : 노카르디아형 방선균류
- SECTION 27 : 다포자낭 방선균류
- SECTION 28 : 악티노플라네트

- SECTION 29 : 스트렙토마이세테스류

  주요 세균 : *Streptomyces* sp.
- SECTION 30 : 마두로마이세테스류
- SECTION 31 : 내열성 모노스포라Thermomonospora류
- SECTION 32 : 내열성 방선균류
- SECTION 33 : 기타 세균류

5) 식품과 관계 깊은 세균

(1) 그람음성 호기성 간균과 구균

① 슈도모나스과Pseudomonadaceae

운동성을 가지는 간균이며 포자를 형성하지 않는다. 대단히 호기성이며 탄수화물이나 기타 유기 탄소원을 잘 분해하고 때로는 항생 물질 등도 분해하기 때문에 약효가 저하된다. 식품의 표면 등에서 극히 신속하게 증식하고 특유의 냄새나 색소를 생산하여 식품의 향이나 빛깔을 손상시킨다. 저온에 강하여(고온에는 약) 냉장고 안에서 증식하는 것도 있으므로 주의해야 한다. 산소가 적은 곳에서는 증식이 억제된다.

a. 슈도모나스속*Pseudomonas*

a) *Pseudomonas fluorescens* : 분포가 가장 넓은 호냉성 부패균이며, 겨울에 우유에서 쓴맛이 나게 한다. 배지에서 녹색의 형광을 띤다. 포도당에서 2-케토글루콘산을 생성하며 탄화수소도 자화資化한다.

b) *Pseudomonas aeruginosa*(녹농균) : 상처의 화농부에서 청색색소 피오시아닌pyocyanin을 생성하며 우유의 청변, 식품의 부패를 일으킨다.

c) *Pseudomonas putida* : 버지 편람의 8판(1974년) 이후에는 *Pseudomonas ovalis*도 여기에 통합되었다. 포도당에서 글루콘산을 생성한다.

d) *Pseudomonas mildenbergii* : L-이돈산L-idonic acid에서 비타민 C 합성과 관계있는 2-케토굴론산2-ketogulonic acid을 생성한다.

그 밖에도 우유의 부패에 관여하는 *P. fragi*, *P. nigrifaciens*, *P. putrefaciens*, *P. taetrolens*, *P. sapolactica*, *P. synctanea*, *P. synxantha* 등이 있으며, 달걀 부패에 관여하는 *P. fluorescens*, *P. taetrolens*, *P. mucidolens*, *P. perolens* 등이 있다.

b. 잔토모나스속*Xanthomonas*

이 속에는 주로 식물 병원균이 많다. 벼의 흰잎마름병균은 *Xanthomonas oryzae*이다.

c. 주글로에아속*Zoogloea*

하수의 플록flock(뭉글뭉글하게 뭉쳐진 침전물) 형성균으로서 세포가 젤라틴 같은 점질층으로 싸여 있다. 대표종은 *Zoogloea ramigera*이다.

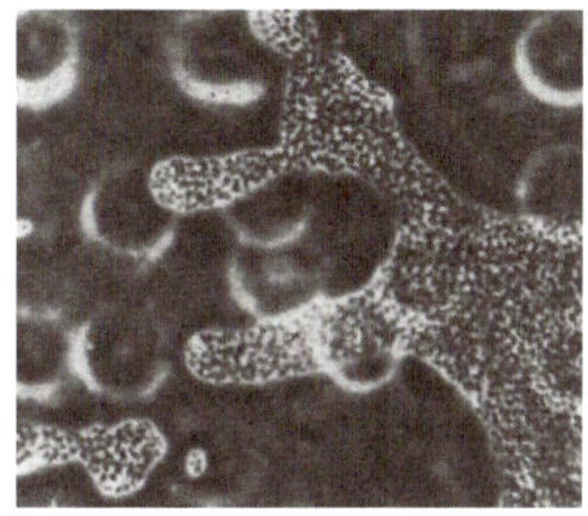

그림 2-17 *Zoogloea ramigera*
(점질층 내의 세포)

d. 글루코노박터속*Gluconobacter*

버지 편람 8판에 처음 기재된 속이며, 포도당을 산화해서 글루콘산을 생성하는 작용이 강하다. 이 속에는 5-케토글루콘산5-ketogluconic acid, 2,5-디케토글루콘산2,5-diketogluconic acid을 생성하고 디소르비톨D-sorbitol을 산화해서 엘소르보스L-sorbose를 만드는 소위 소르보스sorbose 발효에 적합한 유용한 균도 포함된다.

Gluconobacter oxydans subsp. *suboxydans*는 과거에 *Acetobacter suboxydans*로 불린 균인데 소르보스를 발효해서 비타민 C를 합성하는 전 단계에서 공업적으로 이용된다.

② 메틸로모나스과*Methylomonadaceae*

이 과의 *Methylomonas*속은 메탄균 또는 메탄산화세균이라고 부른다. 메탄이나 메탄올을 단일 탄소원으로 자화할 수 있다. *Methylomonas methanica*가 대표종이다.

③ 공중 질소 고정균

공중의 질소를 고정해서 생육하는 중요한 토양 세균이며 혐기성인 것과 호기성인 것이 있다. 전자에는 *Clostridium*속에 속하는 것이 있고, 후자에는 *Azotobacter*속과 뿌리혹박테리아속*Rhizobium*이 있다.

a. 아조토박터속*Azotobacter*

비공생적으로 유리 질소를 고정하는 간균인데 때로는 구균으로도 변한다. *Azotobacter chroococcum*이 대표종이다.

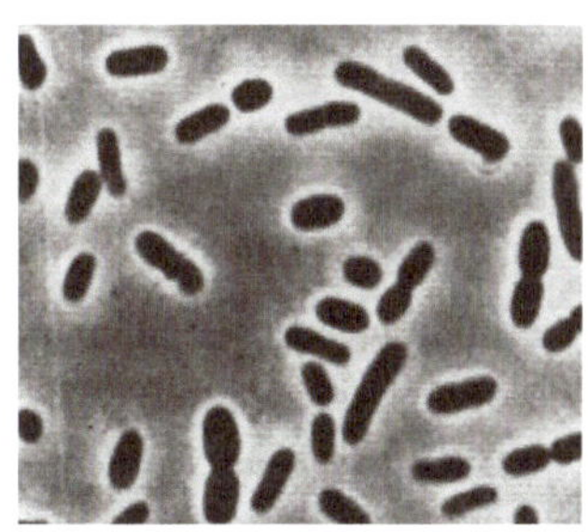

그림 2-18 *Azotobacter chroococcum*

b. 뿌리혹박테리아속*Rhizobium*

콩과 식물의 뿌리에 공생하는 뿌리혹균이며 공생하는

콩과 식물의 종류에 따라서 완두콩 뿌리에 붙는 것을 *Rhizobium leguminosarum*이라 하고 클로버의 뿌리에 붙는 것을 *R. trifolii*라 한다.

이들 균은 식량 생산과 연관해서 주목받고 있는 것들이다(그림 2-19).

그림 2-19 뿌리혹 박테리아의 점종구(왼쪽)와 비점종구(오른쪽)

④ 할로박테륨과Halobacteriaceae

식염 농도가 높은 환경에서도 잘 증식한다. 장류나 절임 식품과 관계가 깊은 균이다.

여기에는 *Halococcus*속과 *Halobacterium*속이 있으며 *Holobacterium salinarium*이 대표종이다.

⑤ 소속 관계가 확실하지 않은 속

a. 알칼리게네스속*Alcaligenes*

이 균은 증식하면서 알칼리를 생성하는데 이것 때문에 여러 가지 현상이 나타난다. 우유를 점조粘稠하게 변질시키고 치즈의 표면에 점조한 집락colony을 만든다. 종전의 *Achromobacter*속은 일부를 여기에 통합하고 나머지는 *Acinetobacter*에 통합했다(Bergey 편람의 제8판, 1974). *Alcaligenes*는 *Flavobacterium*과 마찬가지로 담수, 해수, 토양 등에서 자주 볼 수 있는 간균이며 저온에서도 식품에 부패를 일으키는 것이 많다.

b. 아세토박터속*Acetobacter*

무포자의 간균으로서 절대 호기성이며 운동성이 있는 것과 없는 것이 있다. 에틸알코올을 아세트산으로 산화시키기 때문에 식초 양조에 이용되는 균주도 있으나 알코올 음료의 제조에는 피해를 주는 경우도 있으며 과실이나 채소에서도 증식한다. 생육 적온은 약 30°C이다.

a) *Acetobacter aceti* : 여기에는 4아종이 있으며, 그중에서 *Acetobacter aceti* subsp. *aceti*가 식초 양조에 이용된다. 비교적 고농도의 주정에 견디며 8.7%까지 아세트산

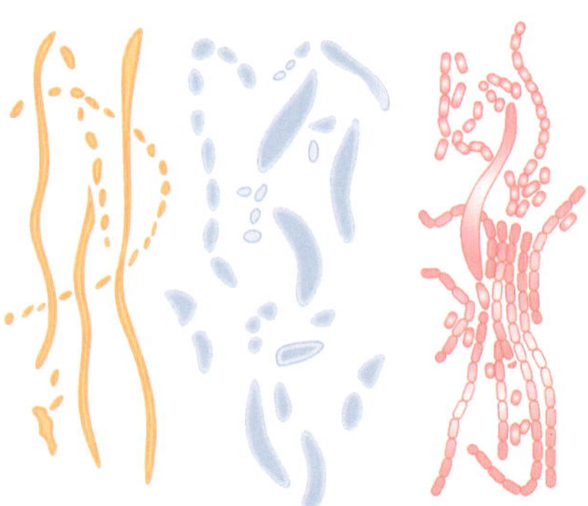

그림 2-20 *Acetobacter aceti*

을 생산한다. 요오드에 의해서 황색으로 염색된다. 세포는 단독 또는 긴 사슬로도 존재하며 크기는 0.4~0.8×1.0~2.0 μm이다. 맥아당은 자화하지 않는다. 균막은 끈끈하며 쉽게 깨진다.

b) *Acetobacter oxydans* : 세포는 단간균으로 단독 또는 연쇄하여 존재한다. 액을 혼탁시키며 약 8%의 아세트산을 생산하는 것도 있다. 아세트산을 재분해하지는 않으며 생육 적온은 18~21℃이다. 아라비노스arabinose, 과당fructose, 마니톨mannitol, 포도당glucose, 자당sucrose, 말토스maltose 등을 이용해서 아세트산을 만든다.

c) *Acetobacter vini acetati* : 주로 포도주 식초를 만드는 데 이용되는데 아세트산 생성력은 대체로 약한 편이다. 생육 적온은 28~33℃, 세포의 크기는 0.3~0.8×0.8~2.0 μm이며 단독 또는 쌍으로 존재한다.

d) *Acetobacter xylinoides* : 서구에서 주로 포도주와 포도식초 양조에 이용한다. 균막에서는 요오드 반응이 나타난다. 맥아즙 젤라틴 배지상의 집락은 물방울처럼 보이고 가운데에 담갈색 알맹이가 생긴다.

e) *Acetobacter schiitzenbachii* : 이 균은 식초 속양용速讓用으로 이용하며 균막을 형성하는 것과 형성하지 않는 것이 있다. 8~11% 아세트산을 생산하고 어떤 균주는 3%의 글루콘산을 부생副生하는 것도 있다.

f) *Acetobacter aceti* subsp. *xylinum* : 액면에 섬유소가 함유된 두꺼운 균막을 만들고 생성된 아세트산을 다시 분해해서 악취를 발생시키므로 식초 양조에서는 유해균으로 기피한다.

g) *Acetobacter kiitzingianum* : 균막은 얇은 편이며 잘 깨지고 기벽에 따라 약간 상승

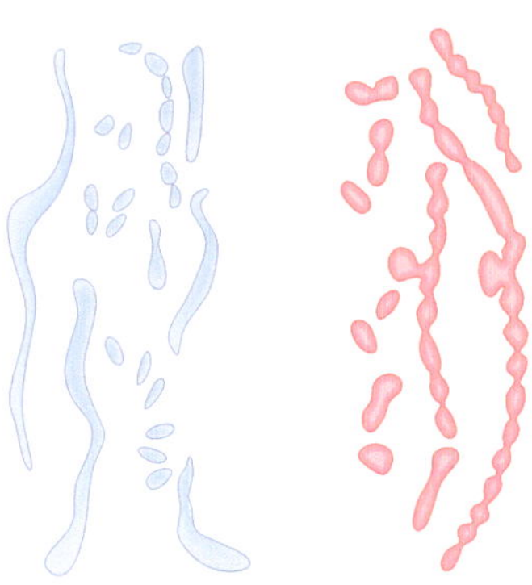

그림 2-21 *Acetobacter oxydans*

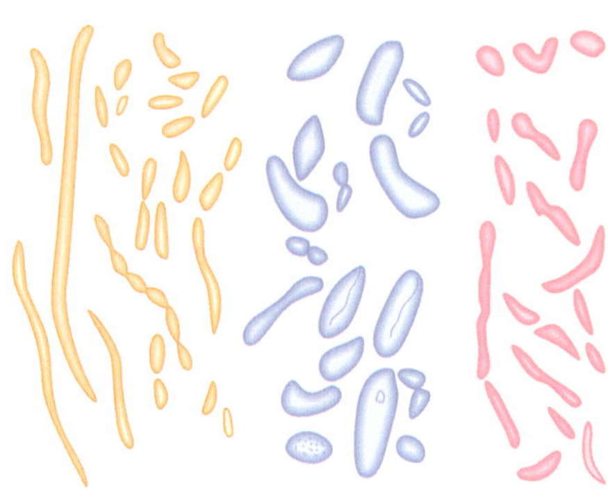

그림 2-22 *Acetobacter xylinoides*

그림 2-23 *Acetobacter schiitzenbachii*

한다. 요오드 반응이 나타나고 액을 혼탁시키며 아세트산을 재분해하기 때문에 실용성은 없다.

(2) 그람음성의 통성 혐기성 간균

① 장내세균과Enterobacteriaceae

식품과 관계가 깊은 장내세균으로는 *Escherichia*, *Salmonella*, *Klebsiella*, *Serratia*, *Proteus*, *Erwinia* 등이 있다. 이들은 무포자의 단간균이며 합성 배지에서도 잘 생육한다. 생육 적온은 30~37°C이며, 탄수화물을 혐기적으로 발효시켜서 유기산과 CO_2, H_2 등을 생성한다. *Proteus*, *Salmonella* 등은 식품을 부패시키기도 하지만 병원성도 있으므로 주의해야 한다.

a. 대장균군coliform group

대장균속*Escherichia*과 *Enterobacter*속이 여기에 속하며 다 같이 무포자의 간균이다. *Escherichia coli*(대장균 또는 전정대장균)는 사람이나 포유동물의 장내에 존재하며 분변으로 계속 배출된다. 보통의 경우 이 균 자체는 병리성이 없으나 식품이나 음료수에서 검출되었을 경우, 사람이나 동물의 배설물에 간접적으로 오염되었다고 볼 수 있다. 따라서 장내에서 번식하는 다른 병원균에 의한 오염도 의심할 수 있다. 한편 대장균은 근래에 유전자 공학이나 박테리오파지의 연구 재료로도 흔히 이용된다.

대장균 중에서 특히 근래에 그 병원성이 주목받는 것은 *E. coli* O-157 균주이다. 이 균주는 1982년 미국에서 처음 발견되었으며 일본을 거쳐 우리나라에서는 1998년 11월 서

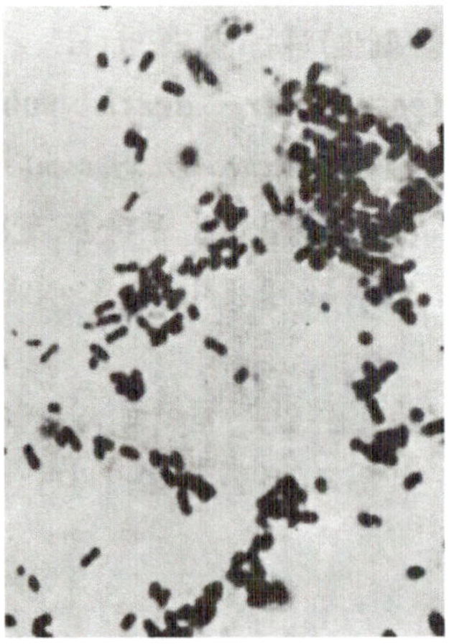

그림 2-24 *Escherichia coli*

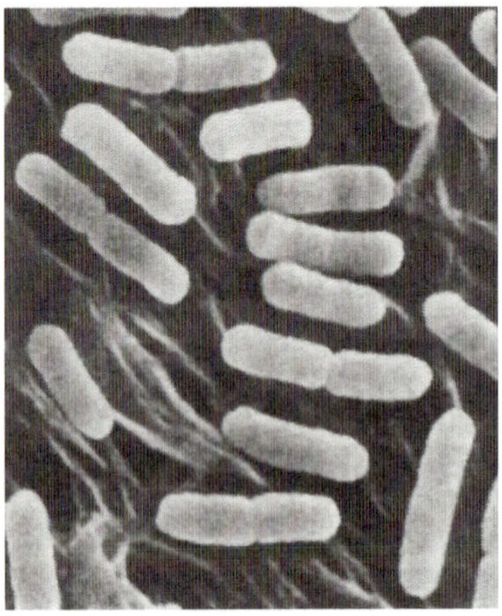

그림 2-25 *Escherichia coli* O-157:H7

울에서 처음 환자가 발생해 보건당국을 긴장케 했으며, 1999년 6월 경북 구미에서 두 번째 환자가 발생했다. 우리나라에서 문제를 일으킨 것은 *E. coli* O-157:H7 균주인데, 이 균주는 다른 병원성 대장균이 일으키는 장염과 달리 출혈성 설사, 빈혈, 용혈성 요독증후군 등을 일으키기 때문에 매우 위험하다.

*Enterobacter aerogenes*도 균학적 성질이 대장균과 유사하지만 이 균은 인축이 없는 자연계에서도 흔히 존재하는 점이 대장균과 다르다.

b. 세라티아속*Serratia*

적색 색소 프로디기오신prodigiosin을 생성하는 주모 간균이며 *Serratia marcescens*는 빵이나 고기, 우유 등에 증식해서 혈색과 같이 변색시키므로 영균靈菌이라고도 한다. 이 균은 토양, 하수, 수산물 등에 널리 분포하며 부패력이 강하다.

c. 에르위니아속*Erwinia*

이 속에 해당하는 것은 대부분 식물 병원균으로 채소류를 부패시키는 데 관여한다. 대개의 경우 ***Pseudomonas*, *Bacillus*** 등 다른 부패균과 공동으로 채소나 과일에 부착되어 수송 도중이나 시장에서 이들을 부패시키는 소위 시장병market disease의 원인이 되는 균이다.

d. 프로테우스속*Proteus*: 변형균

주모를 가지는 간균이며 *Salmonella*속과 더불어 장내 병원균이다. 고기나 해산물, 달걀 등에 증식해서 식중독의 원인이 된다. 이 속의 대표균이라 할 수 있는 *Proteus vulgaris*는 단백질을 분해해서 강한 부패취를 내며 설탕을 분해해서 산과 가스를 발생시키기도 한다. *P. morganii*는 알레르기성 식중독의 원인균으로 지목되고 있다.

e. 살모넬라속*Salmonella*

대장균과 흡사한 간균이며 장티푸스균*Salmonella typhi* 등의 전염병균과 더불어 소위 살모넬라 식중독의 원인균인 장염균*S. enteritidis*, 쥐티푸스균*S. typhimurium* 등이 여기에 속한다. 이 속의 근연균으로는 이질균인 *Shigella*속이 있다.

② 비브리오과Vibrionaceae

일반적으로 극모의 간균이며 완곡균도 여기에 속한다. 비브리오속에는 콜레라균인 *Vibrio cholerae*와 어패류에 생육하며 식중독의 원인이 되는 호염성의 *V. parahaemolyticus*(장염비브리오균) 등이 있다. 또 *Photobacterium*속에는 발광균인 *Photobacterium phosphoreum*이 있는데 이 균은 해수 중에 많고 물고기 몸에 붙어 푸른색의 빛을 내며 호냉균이어서 냉장고에서도 어육 등을 부패시킨다.

③ 그람음성의 혐기성 세균

여기에 속하는 *Bacteroides*속은 무포자의 혐기성 간균으로 동물의 장관이나 반추동물의 제1위rumen의 주요 세균의 일종으로 알려져 있다. 또 *Desulfovibrio*속은 극모로 운동하는 완곡형 간균이며 황산염을 환원해서 H_2S를 생성한다.

④ 그람음성의 독립영양 세균

a. 니트로박테리아과Nitrobacteraceae

이 과의 세균은 질화 세균nitrifying bacteria이라 하며, 아질산균(NH_3를 산화해서 아질산염으로 함)이라 불리는 *Nitrosomonas*속(그림 2-26)과 *Nitrosococcus*속이 있고, 질산균(아질산염을 질산염으로 산화함)이라 불리는 *Nitrobacter*속이 있다. 이들은 모두 호기적인 독립영양(무기영양) 세균이며 토양 내의 질소 순환에 관여하는 중요한 균이다.

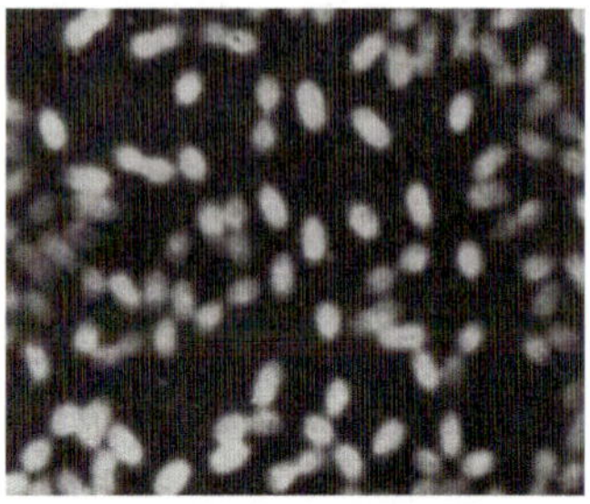

그림 2-26 *Nitrosomonas europaea*

b. 황산화 세균과sulfur-oxidizing bacteria

이 세균은 광합성의 홍색 또는 녹색 황세균과 활주 세균에 포함된다.

*Beggiatoa*속, *Thiothrix*속 등 일군의 황산화 세균이 황을 '대사하는 세균' 안에 넣어져 있다. 이 중에서 *Thiobacillus*속이 특히 중요하고 *Thiobacillus thiooxidans*는 황이나 티오황산을 산화해서 황산을 생성하고 pH 0 근처에서도 생육한다. 이 균은 원유(석유)의 탈황이나 광석의 박테리아 리칭bacterial leaching과 관련해서 주목받고 있다.

⑤ 그람양성의 구균

a. 마이크로코쿠스과Micrococcaceae

호기성 또는 통성 혐기성 구균이며 중요한 속으로는 *Micrococcus*속과 *Staphylococcus*속이 있다.

a) *Micrococcus*속 : 물, 공기, 해수, 우유(유제품), 육류 등에 널리 분포되어 있고 황~적의 색소를 생성하는 것도 있다. 호염성이며 절임식품을 부패시키는 것이 있는가 하면 탄화수소를 자화하는 것도 있다. *Micrococcus varians*는 내열성이 강하여 우유의 저온살균에서도 살아남는다. 일반적으로 육제품에서는 점질물slime을 생성한다.

b) *Staphylococcus*속 : 포도송이 모양으로 뭉쳐서 자라기 때문에 포도상구균이라 한다.

유기 질소를 필요로 하고 통성 구균으로 알려진 *Staphylococcus aureus*는 대표적인 화농균이며 장내독소enterotoxin를 가지는 식중독 원인균이다. 이외에 *S. epidermidis*, *S. saprophyticus*도 장내독소를 지니는 독소형 균으로 알려져 있다.

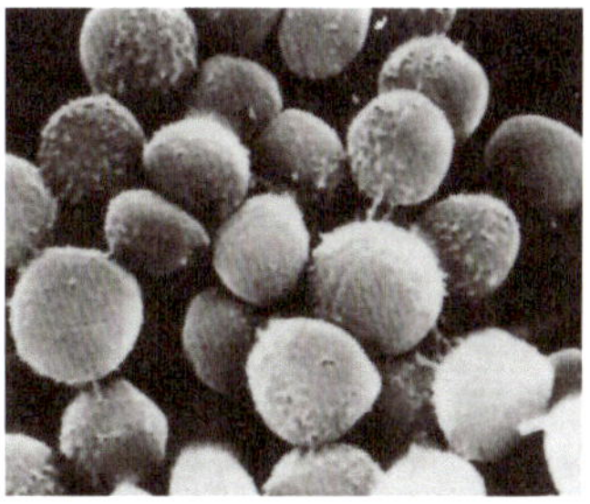

그림 2-27 *Staphylococcus* sp. 세포의 주사형 현미경 사진

b. 펩토코쿠스과Peptococcaceae

주요한 속으로는 *Ruminococcus*속과 *Sarcina*속이 있다. 전자는 섬유소를 분해하는 능력이 있고 반추동물의 제1위에 널리 분포하며, 후자는 팔련구균으로 알려져 있다.

⑥ 젖산균lactic acid bacteria

당류를 발효해서 다량(50% 이상)의 젖산lactic acid, $CH_3CH(OH)COOH$을 생성하는 세균을 총칭해서 젖산균이라 한다. 치즈, 버터, 요구르트, 젖산균 음료, 절임류, 젖산의 제조, 청주·간장의 양조, 목초 발효 등에서 중요한 역할을 하며 젖산균 제제(정장제), 덱스트란dextran의 제조, 아미노산이나 비타민의 미생물 정량에도 쓰이는 극히 중요한 균군이다.

젖산균은 모두 그람양성으로 구균과 간균이 있다. 구균은 스트렙토코쿠스과에 소속되고 *Streptococcus*속, *Leuconostoc*속, *Pediococcus*속 등이 있으며, 간균은 대부분 무포자 간균에 속하는 젖산간균과의 *Lactobacillus*속에 포함된다. 유포자 젖산간균으로는 *Sporolactobacillus*속이 있는데(버지 편람 8판에 처음 취급) section 13의 Bacillaceae에 포함되어 있다.

젖산균이 포도당을 기질로 하여 젖산을 생산할 때 부산물로 에탄올, CO_2, 수소 등을 내는 것이 있고 부산물을 전혀 내지 않는 것이 있는데, 전자를 이상발효 젖산균heterofermentative lactic acid bacteria이라 하고 후자를 정상발효 젖산균homofermentative lactic acid bacteria이라 한다.

정상형 발효 $C_6H_{12}O_6 \longrightarrow 2CH_3CH(OH)COOH$

이상형 발효 $C_6H_{12}O_6 \longrightarrow CH_3CH(OH)COOH + C_2H_5OH + CO_2$

그러나 오탄당pentose이 기질이 될 때는 정상과 이상의 구별 없이 발효한다.

$$C_5H_{12}O_5 \longrightarrow CH_3CH(OH)COOH + CH_3COOH$$

정상형에 속하는 균속은 *Streptococcus*속, *Pediococcus*속, *Sporolactobacillus*속이며,

*Leuconostoc*속은 이상형에 속한다. *Lactobacillus*속은 균종에 따라 달라진다.

생성되는 젖산의 형은 우선성, 좌선성, 라세미형이 있는데 균종이나 배지에 따라 특징적으로 결정된다.

젖산균이 식품에서 증식하면 식품의 pH를 강하시켜 부패균이나 병원균 등의 유해 세균의 생육을 억제하고 식품에 상쾌한 산미를 주어서 기호성을 높이며 식품의 보존성도 높여 준다. 젖산균 음료 등의 유제품, 김치 등의 절임식품과 기타 여러 발효식품에서 젖산균의 역할은 매우 중요하다.

a. 스트렙토코쿠스과Streptococcaceae

a) *Streptococcus*속 : 이 속에는 *Streptococcus pyogenes*와 같이 용혈 작용을 하는 화농성 연쇄구균이 있으나 유용한 젖산균도 많다. 즉, 발효 유제품에 관여하는 것, 젖산균 제제로 이용되는 것, 미생물 정량에 이용되는 것 등이 있다.

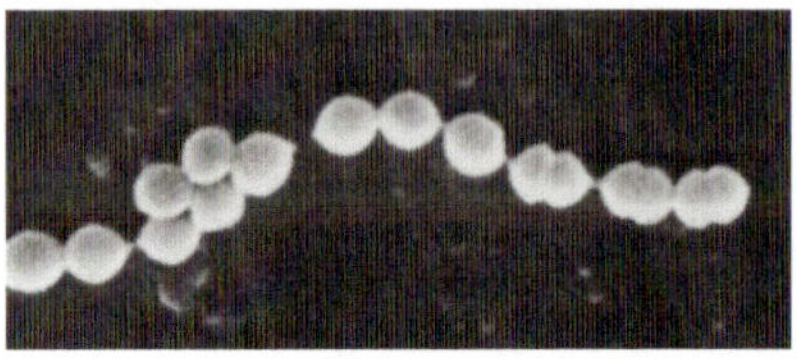

그림 2-28 *Streptococcus* sp.

- *S. pyogenes* : 화농성 병원균이며 동물의 체내, 공기, 토양 등에 널리 분포되어 있고 육류의 초기 부패에도 관여한다. 통성 혐기성이며 여러 당류를 산변酸變시킨다.
- *S. lactis* : 산패 우유, 산패 청주, 요구르트 등에서 볼 수 있고 호기성 또는 통기성이다. 포도당, 맥아당 등을 정상형으로 발효해서 우선성 젖산을 생성한다. 버터, 치즈의 숙성용으로 유용하다.
- *S. thermophilus* : 요구르트에 방향을 주는 내열성 균이다. 생육 적온은 40~45°C이며, 정상발효 젖산 외에도 포도당, 과당, 자당 등을 산변시켜서 우선성 젖산을 낸다.
- *S. faecalis* : 사람이나 동물의 장관에서 잘 생육하는 장구균의 일종이며, 젖산균 제제나 미생물 정량에 이용된다.

b) *Leuconostoc*속 : 유제품의 향기를 생성하며 젖산구균군의 생육을 촉진하는 종도 있고 절임 숙성에 도움을 주는 것도 있다. 높은 당 농도에서 생육하여 유해균이 되는 것도 있다. 식물 외피에 많이 분포되어 있고 이상형 젖산 발효를 하며 좌선성 또는 우선성의 젖산을 낸다. 그람양성 구균이다.

- *L. mesenteroides* : 자당sucrose에서 다량의 점질물을 생성해서 제당 공장의 배관을 막히게 하는 유해균이다. 이 점질물은 포도당에서 생기는 다당류, 즉 덱스트란이며

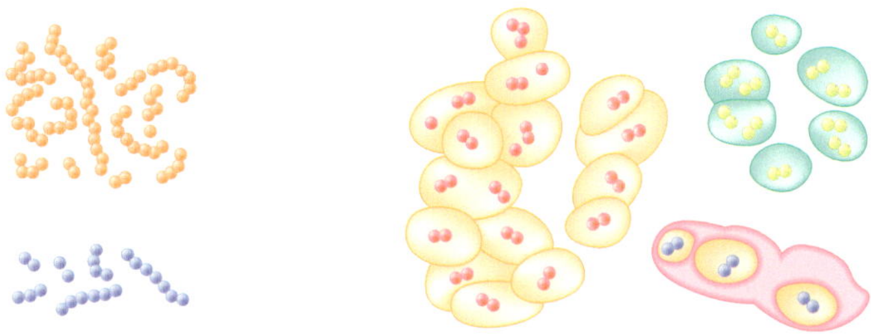

그림 2-29 *Leuconostoc mesenteroides*

대용 혈장으로 이용된다. 이상발효 젖산균이자 호기성 구균으로서 포자를 형성하지 않는다.

c) *Pediococcus*속(사연구균) : 염도가 높은 곳 또는 비교적 저온인 곳에서도 생육할 수 있다. 채소 절임, 간장·된장 숙성 중에 발견된다. 통성 혐기성 또는 미호기성이며, 정상발효로 우선성 또는 라세미형의 젖산을 생성한다. 맥주에서 주로 검출되는 맥주 변패균인 *Pediococcus cerevisiae*, 채소 절임에서 흔히 볼 수 있는 *P. pentosaceus*, 간장덧에서 간장 숙성에 관여하는 *P. halophilus* 등이 잘 알려져 있다.

b. 젖산 간균과Lactobacillaceae

a) *Lactobacillus*속

- *Lactobacillus bulgaricus* : 세포는 긴 막대 모양으로 연결되어 있다. 포도당, 젖당, 갈락토스를 잘 발효하고 3~4%의 젖산을 생성한다. 우유의 발효나 피혁의 탈석회용으로 이용되며, 의학용으로는 정장제로 쓰인다. 최근 사람의 장내에 정착하지 못한다는 사실이 밝혀져 그 효과가 의문시되고 있다.

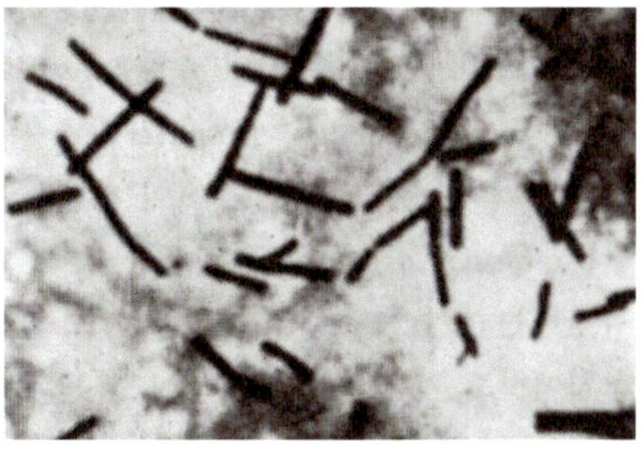

그림 2-30 *Lactobacillus bulgaricus*

- *L. acidophilus* : *L. bulgaricus*와 성질이 비슷한 균으로 장내에서 생육하기 쉽고 정장 작용이 강하기 때문에 젖산균 제제나 발효유의 일종인 아시도필루스 밀크의 제조에 쓰인다. 내산성은 강하나 산의 생성은 더딘 편이다. 세포의 크기는 0.6~0.7 × 1.5~6.0 μm이고 생육 최적 pH는 5.5~7.0이다.

그림 2-31 *Lactobacillus casei*

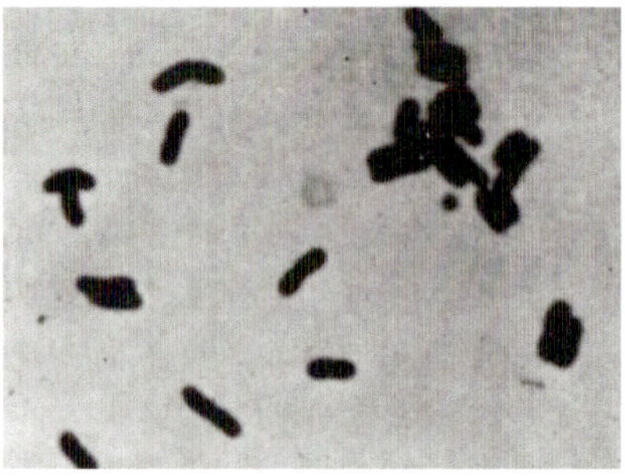

그림 2-32 *Lactobacillus plantarum*

- *L. casei* : 우선성의 젖산을 생성하며 비운동성이다. 우유를 3~5일 만에 응고시키고 점성을 갖게 하며 치즈 숙성에 관여한다.
- *L. delbriieckii* : 생육 적온이 40~44℃로 높은 편이며 젖산 생성력이 강하므로 젖산 제조에 이용된다. 세포의 크기는 0.5~0.8×2.0~9.0 μm으로 미호기성이다. 절임류에서 잘 발견되고 좌선성의 젖산을 생성한다.
- *L. homohiochii* : *L. heterohiochii*와 더불어 저장 중의 청주를 백탁 및 산패시키고 소위 화락hiochi 현상을 일으킨다. 생육 적온은 약 30℃이고 생육 최고 pH는 5.0 정도이다.
- *L. plantarum* : 사일리지silage의 주요 젖산균으로 치즈, 절임에서도 볼 수 있으며 자연계에 널리 분포한다. 김치의 숙성에 관여하고 식염 내성도 비교적 큰 편으로 5.5% 정도 된다. 세포의 크기는 0.7~1.0×3.0~8.0 μm 정도이며 생육 적온은 30℃이다.

b) *Sporolactobacillus*속 : 이 속에는 *Sporolactobacillus inulinus*(과거의 *Lactobacillus inulinus*) 1종만 있는데, 이것은 젖산 간균 중 유일한 유포자균이며 정상형 젖산 발효를 한다. 버지 편람 8판 이후에서는 바실루스과에 소속시켰다.

c. 바실루스과Bacillaceae

포자를 형성하는 그람양성의 세균으로 호기성 또는 통성 혐기성 간균인 *Bacillus*속, 혐기성 간균인 *Clostridium*속, 혐기성 간균이며 황산염을 환원하는 *Desulfotomaculum*속, 젖산 간균인 *Sporolactobacillus*속 외에 구균인 *Sporosarcina*속이 있다. 식품의 부패균이 많고 포자의 내열성이 무척 강해 통조림에서 문제가 되는 균도 있으며 병원균도 있는 반면에 유용한 균도 많다.

a) *Bacillus*속 : 토양이나 마른 풀枯草에 널리 분포되어 있으며 호기성 간균이다. 포자를

Tip

미생물 농약(microbiological pesticide)과 유전자변형작물(genetically modified organism, GMO)

1940년대 이후 널리 사용되어 온 화학 농약의 경우 장기간 사용한 결과 다음과 같은 문제점이 초래되었다.

① 식물 병원성 해충과 병원균이 농약에 내성 획득

② 병원균이나 해충에 대항하는 천적 생물체들이 농약에 민감

이에 병원균이나 해충에 특이적으로 작용하면서도 생분해가 가능한 농약 자원으로서 미생물을 이용한 생물 농약에 대한 연구가 진행되어 왔다. 그중 BT toxin을 생산하는 *Bacillus thuringiensis*가 대표적인 살충 미생물로 잘 알려져 있다. 이전에는 *B. thuringiensis*를 배양하여 농작물에 직접 살포하는 방법을 주로 사용했지만 최근에는 *B. thuringiensis*의 BT 유전자를 유전자재조합 기술로 식물체 내에 도입하여 BT 옥수수, BT 면화 등의 유전자변형작물을 개발하는 데 이용한다.

1. ***Bacillus thuringiensis*** **: 생물 농약**biological pesticide**으로 사용**

- 포자 형성 초기에 균체 건조를 하여서 포자 형성 후 식물에 살포(포자 형성 시 독성단백질 생성)
- 나비, 나방, 곤충의 모충 등이 섭취
- 해충의 유충에서 포자가 발아되어 장 세포막에 구멍을 내 장벽세포 파괴
- 세포 사이로 장액이 확산되어 사망
- 토마토 각질벌레, 옥수수나무 좀, 매미나방에 효과

Bacillus thuringiensis

2. **유전자변형작물**GMO

Bt genes → clone into *Agrobacterium tumefaciens* → introduction into plants

유전자변형작물의 작물별 재배 현황(2006)

작물명	재배면적	비율(%)
콩	5,860	57
옥수수	2,520	25
면화	1,340	13
유채	480	5
합계	10,200	100

출처 : 바이오안전성백서, 2007

형성해도 영양세포의 모양이나 크기는 변하지 않는다. 청국장 제조, 효소나 핵산의 생산에 이용되는 것도 있다.

- ***Bacillus subtilis*** : ***Bacillus***속 세균의 대표균이라 할 만큼 자연계에 널리 분포하며 고초균이라고 한다. 세포는 단독 또는 연쇄상이고 주모형의 그람양성 또는 부정형이다. 당을 분해하여 산을 생성하고 단백질을 분해하여 암모니아를 생성한다. 세포의 크기는 0.7~0.8×2.0~3.0 nm이고 포자는 0.6~0.8×1.5~1.8 nm로 타원형이며, 세포 중앙부에 보통 48시간 내에 형성된다. 액화형 아밀레이스를 비롯하여 프로테이스를 다량 생성하는 균주도 있는데, 공업적으로 효소를 생산하는 데 이용된다. 부패균의 하나로 밥을 쉬게 하며 생육 적온은 35°C이고 포자는 내열성이 강하여 100°C에서도 2~3시간을 견딜 수 있다.

  어떤 균주는 서브틸린subtilin, 서브테놀린subtenolin, 바실로마이신bacillomycin 등의 항생물질을 생산하기도 하고 항효모성 물질을 생산하기도 한다. 종전에 이 균과 별도로 취급해 왔던 마령서균*Bacillus mesentericus*과 낫토균*B. natto*도 지금은 ***Bacillus subtilis***와 동일한 종으로 다룬다.
- ***B. cereus*** : 세포의 크기는 0.8×2~2.5 μm 정도이며 주모형이고 포자는 타원형이다. 유지 분해력이 강하고 비타민 K를 생성한다. 때로는 식중독의 원인이 되기도 한다.
- ***B. megaterium***(거대균) : 세포의 크기가 1.2~1.5×2.0~4.0 μm인 다소 큰 호기성 세균이다. 질소를 고정하고 비타민 B_{12}를 생산하는 균주도 있다.
- 기타 ***Bacillus***속 : ***B. polymyxa***는 항생물질인 폴리믹신polymyxin을 생산한다. ***B. coagulans***는 산패 식품이나 사일리지에 분포되어 있고 젖산 생성력이 크기 때문에 통조림 변패의 일종인 플랫사워flat sour의 원인균이 되며 ***B. stearothermophilus***도 생육 적온이 50~65°C인 호열성의 부패균으로 통조림의 플랫사워의 원인균이 된다. 또 ***B. anthracis***(탄저균)는 가축이나 사람에게 탄저병을 일으키는 병원균이며 ***B. thuringiensis***는 포자 형성 시에 곤충에 독성이 있는 물질을 내는 특이한 세균으로 BT toxin을 생성한다. 최근에는 ***B. thuringiensis***의 BT toxin 유전자는 유전자변형생물Genetically Modified Organism, GMO에 이용되고 있다.

b) ***Clostridium***속 : 일반적으로 토양 중에 존재하는 것이 많고 공중 질소를 고정하는 능력이 있는 것도 있다. 포자가 세포의 중앙부나 한쪽에 형성됨에 따라 세포는 방추형clostridial 또는 곤봉형plectridial으로 되며 포자는 구형 또는 타원형이다. 운동성 또는

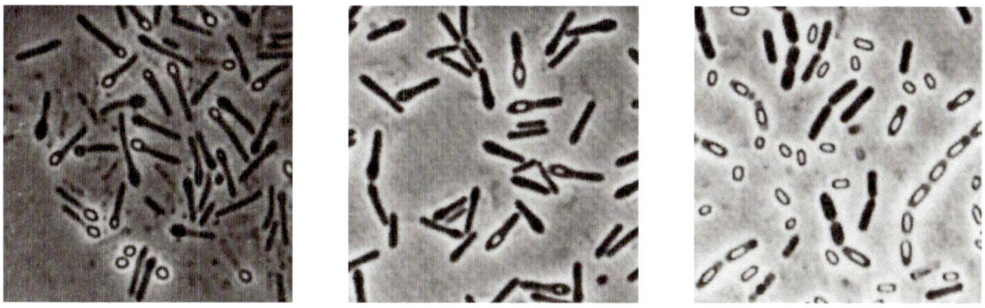

C. cadaveris　　　C. sporogenes　　　C. bifermentans

그림 2-33 *Clostridium*의 포자 형성

비운동성이 있고 그람양성이다.

탄수화물을 강하게 발효시켜 뷰티르산, 아세트산, CO_2, H_2, 알코올류, 아세톤 등을 생산하고 단백질을 분해한다.

이 속 중에서 ***Clostridium botulinum***(보툴리누스균), ***C. perfringens***(웰치균) 등은 식중독균으로 알려져 있고 *C. tetani*는 파상풍균으로 알려져 있다.

- *C. botulinum* : 세포의 크기는 0.8~1.6×4.0~6.0 μm으로 혐기성이며 그람양성이나 후에 음성으로 된다. 생육 적온은 37°C이다. 독소형 식중독균이며 어패류, 육류, 치즈, 채소 등에서 검출된다. 독소를 낼 때는 악취도 동반하는데 균은 산이나 식염에는 비교적 약한 편이고, 독소는 열에 약하다.
- *C. butyricum*(뷰티르산균) : 당류에서 뷰티르산을 생성한다. 운동성이 있고 포자는 방추형이다. 부식질이 많은 토양에 널리 분포되어 있고 아세톤, 부탄올 발효균으로 이용되며 생육 적온은 30~37°C이다.

  당에서 뷰티르산을 생성하는 과정은 그림 2-34와 같다.
- *C. sporogenes* : 혐기적 조건에서 단백질 식품의 부패를 일으키고 포자는 내열성이며, 통조림 살균 시에 살아남아서 내용물을 부패시키는 유해균이다.
- *C. acetobutylicum* : 전분질이나 당류를 발효시켜 아세톤, 부탄올, 에탄올, 뷰티르산, 아세트산, CO_2, H_2 등을 생성한다. 세포의 크기는 0.6~0.7×2.6~4.7 μm이며 모양은 간상이다. 운동성이며 그람양성(후에 음성)이고 생육 적온은 37°C이다. 한때 아세톤, 부탄올 생산에 이용했다.

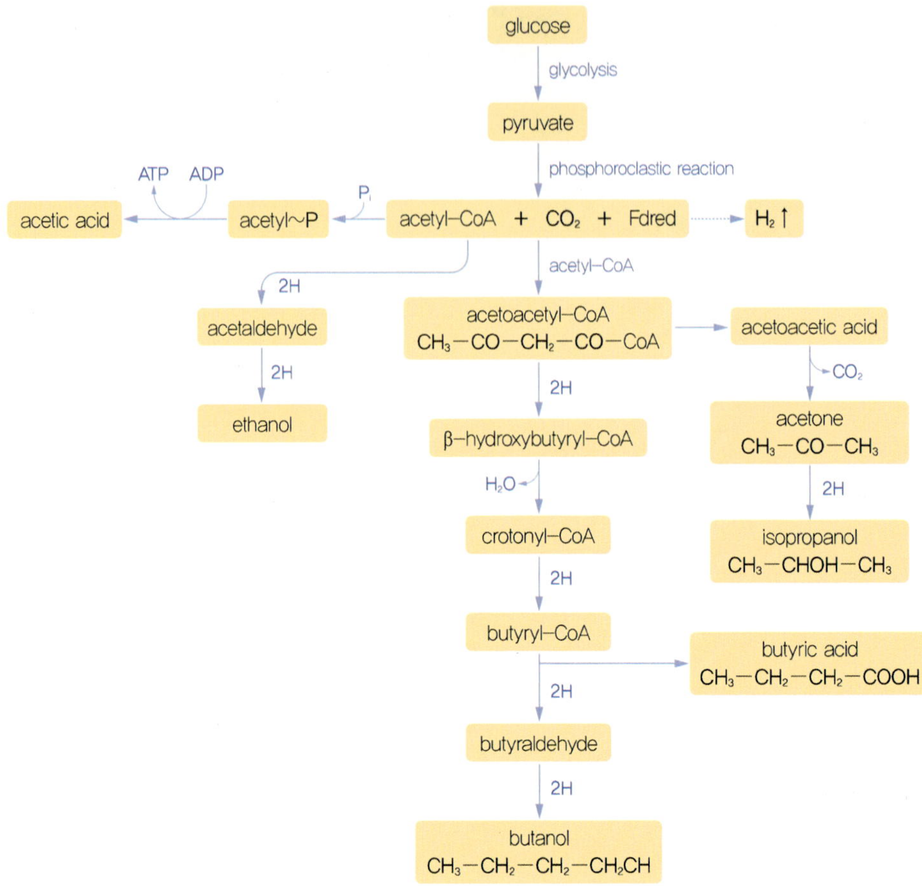

그림 2-34 글루코스에서 뷰티르산을 생성하는 과정

⑦ 방선균과 관련 있는 세균

a. 코리네박테륨속*Corynebacterium*

세포는 간상이나 분기형 등의 다형성을 나타내며, 호기성 또는 통성 혐기성이다. 포자를 형성하지 않는 그람양성의 방선균과 관련 있는 것으로 볼 수 있는 간균을 코리네형 세균이라 총칭한다.

그람양성이며 운동성이 있고 토양이나 하천, 해수, 생선, 얼음, 달걀, 육류, 식물 표피 등 넓게 분포한다. 식품 저장 초기에 많이 나타났다가 저장이 진행되면 다른 균에 대치되어 저장 후기에는 별로 발견되지 않는다.

*Corynebacterium*속에 속하는 것들 중에는 동식물의 병원균이 많고 디프테리아균인 *Corynebacterium diphtheriae*도 여기에 속한다.

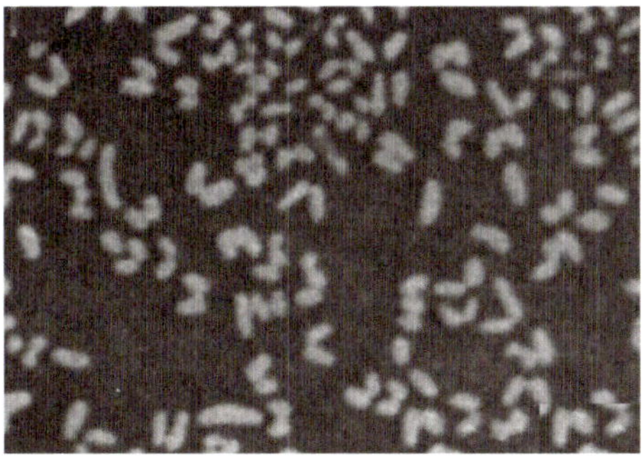
위상차 현미경 사진

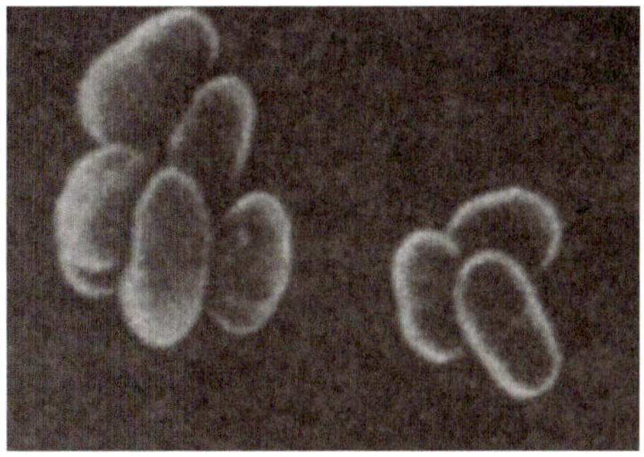
주사형 전자 현미경 사진

그림 2-35 *Corynebacterium glutamicum*의 세포

한편 병원성이 없고 당류나 아세트산을 기질로 해서 다량의 글루탐산glutamic acid을 생산하는 *C. glutamicum*은 산업에 이용되며, 그 외에도 탄화수소를 자화해서 글루탐산이나 기타 아미노산을 생산하는 균들이 많이 발견되고 있다.

b. 아르트로박터속*Arthrobacter*

토양 중에 많은 코리네형 세균이며 유기물을 무기화하는 힘이 크다고 한다. 이 속에도 글루탐산 생성력이나 탄화수소 자화성이 있는 것이 있다.

c. 브레비박테륨속*Brevibacterium*

호기성, 미호기성, 통성 혐기성 등으로 포도당에서 산을 생성하는 것이 많으며 단백질 분해력은 균종에 따라 다르다. 비수용성의 적색, 황색, 다갈색 색소를 생성하는 것도 있다. 당질 원료, 아세트산, 에탄올, n-파라핀 등을 자화해서 글루탐산을 내는 것이 많다.

d. 프로피오니박테륨속*Propionibacterium*

당류나 젖산을 발효해서 프로피온산을 생성하고 에멘탈 치즈emmenthal cheese의 숙성에 관여한다*Propionibacterium shermanii*. 치즈의 눈이라 불리는 다수의 작은 구멍은 숙성 중에 균이 생성한 CO_2에 의해 생긴다. *P. freudenreichii*는 비타민 B_{12}를 생산한다.

e. 비피도박테륨속*Bifidobacterium*

당을 발효해서 젖산·아세트산을 생성하며 모유 영양 시 장내에 특히 많고 이유 후에는 곧 소실된다. 대표균으로는 ***Bifidobacterium bifidum***이 있다. 이 균은 속칭 비피두스균bifidus bacterium이라고 하며 1899년 프랑스 파스퇴르연구소의 티시에Tissier가 건강한 모유 영양을 하는 유아의 변에서 발견하였다. 이 균은 유아가 이유식을 시작하면 감소하므로 모유 중에 이 균의 생육 필수인자가 있는 것으로 짐작된다. 이 균은 근래에 위장 장애, 간장애, 피부병, 알레르기성 질환, 항생제 치료 시 균교대증의 치료에 효과가 있음이 입증되었다.

6) 기타 세균

(1) 광합성 세균

광합성으로 생육하는 세균이다.

① 로도스피릴륨과Rhodospirillaceae

세균엽록소 aBacteriochlorophyll a 또는 b와 여러 가지 카로티노이드계 색소를 함유하며 홍색 유황세균이라 불린다. 이 과에는 *Rhodospirillum*속 등 3속이 있다.

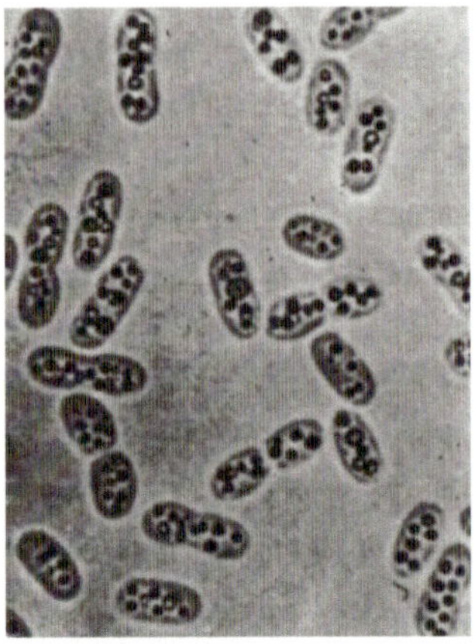

그림 2-36 *Chromatium vinosum*의 세포 내 유황 입자

② 크로마튬과Chromatiaceae

홍색 황세균이라 불리며, *Chromatium*속(그림 2-36) 등 10속이 있다.

③ 클로로븀과Chlorobiaceae

세균 엽록소 cBacteriochlorophyll c 또는 d와 카로티노이드계 색소를 함유하고 녹색 황세균이라 불리며 *Chlorobium*속 등 5속이 있다.

(2) 활주 세균

활주 운동gliding을 하는 균이다. 여기에는 Myxobacterales(점액 세균목)와 Cytophagales가 있다. 전자는 토양 세균이고 영양 세포는 간상이며 분열로 증식하는데, 적당한 조건에서는 세포가 응집하여 자실체를 만든다.

후자에는 *Cytophaga*속(흙 속의 섬유질 분해)과 *Beggiatoa*속(H_2S를 산화해서 세포 내에 황을 축적하는 무색 황세균)과 *Thiothrix*속이 있다.

(3) 균초 세균

균초 세균Sheathed bacteria은 철이나 망간의 산화물을 많이 함유하는 균초에 싸여 있는 세균이다. 여기에 속하는 것으로 *Sphaerotilus*속(그림 2-37)은 오수汚水 중의 철세균으로 알려졌고 *Leptothrix*속은 철염이 있는 담수에서 생육한다.

(4) 발아 세균

주로 발아budding로 증식하는 특수한 세균군으로 여기에는 *Hyphomicrobium*속이 있고 유병有柄(세균의 한쪽 끝이 신장해서 손잡이와 같이 된 세균)의 *Caulobacter*속, *Gallionella*속이 있다.

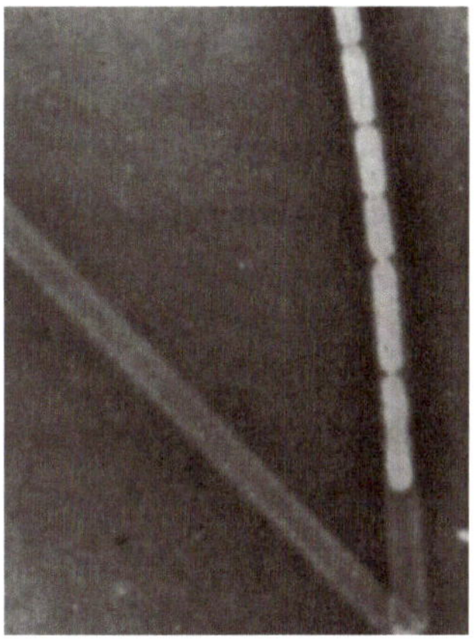

그림 2-37 균초에 싸인 *Sphaerotilus* 속의 세균

(5) 스피로헤타

스피로헤타spirochaeta는 길이 3~500 μm의 굴곡이 심한 나선상의 균으로, 편모는 없으나 축사axial fibril라는 기관으로 활발하게 운동한다. 매독균 등 병원성인 것이 많다.

(6) 나선균

나선균은 길이 2~60 μm로 스피로헤타에 비해 작고, 세포벽은 단단하며 굽히지 않고 운동은 편모로 한다.

Tip

미생물의 역할

Lucy Kavaler는 "효모, 곰팡이, 버섯은 지구상에 널리 퍼져 있다. 이들은 위대한 천사도, 매우 끔직한 악마도 될 수 있다"라고 하였다. 부패와 재생 순환의 고리에 이 미생물들이 없다면 인류를 비롯한 어떤 생명체도 생존할 수 없을 것이라고 하였다.

효모는 50% 이상이 단백질이며 비타민 B군과 나이아신, 엽산(폴산)의 풍부한 공급원이다. 양조 효모는 비타민 보충제로 활용되기도 한다. 상업적으로 효모를 생산할 때는 선택된 균주를 당밀, 무기염, 암모니아를 첨가한 용액에서 키우며 효모가 성장을 멈출 때 영양액에서 분리해 씻어낸 후 포장한다. 제빵용 효모는 녹말이 섞인 압축된 덩어리나 옥수수가루가 섞인 건조된 과립 형태로 판매한다.

누룩은 술을 만드는 효소를 지닌 곰팡이를 곡류를 이용, 번식시킨 것이다. 분쇄한 밀이나 쌀, 밀기울 등을 반죽하여 모양을 만들고 적당한 온도에서 숙성시켜 만든다. 누룩은 밀가루, 쌀, 녹두, 보리, 쌀가루로 만든다. 분쇄한 밀이나 쌀, 녹두즙 등을 반죽하여 헝겊, 짚, 풀잎 등에 싸서 발로 밟거나 누룩 틀에 넣어 밟아 준 다음 이것을 누룩방이나 온돌 또는 헛간에 적당히 배열하여 짚이나 쑥으로 덮어 놓고 썩지 않게 골고루 뒤집으며 누룩곰팡이가 뜨기를 기다리는데, 짧게는 1주일에서 길게는 40일 이상 걸린다.

Spirillaceae의 *Spirillum*속이 있는데 이 균은 주로 오수에 산다. 과거에 이 과에 속했던 *Vibrio*속과 *Desulfovibrio*속은 최신의 버지 편람(2012)에서는 각각 section 5와 7에 소속시키고 있다.

(7) 그람음성 세균

산소 의존성 세균류로서 부패균, 식중독균, 병원균이 있으며, 그 외 여러 가지 유용균도 있다. 주요한 것은 표 2-10과 같다.

표 2-10 주요 그람음성 세균의 분류표

부	과	(속의 수)	주요한 속
section 4 호기성의 간균, 구균	Pseudomonadaceae	(4)	*Pseudomonas* *Xanthomonas* *Zoogloea* *Gluconobacter*
	Azotobacteraceae	(4)	*Gluconobacter*
	Rhizobiacea	(2)	*Rhizobium*
	Methylomonadaceae	(2)	*Methylomonas*
	Halobacteriaceae	(2)	*Halobacterium* *Halococcus*
	분류상의 위치가 분명하지 않은 속	(6)	*Alcaligenes* *Acetobacter*
section 5 통성 혐기성 간균	Enterobacterianceae	(12)	*Escherichia* *Salmonella* *Shigella* *Enterobacter* *Serratia* *Proteus* *Erwinia*
	Vibrionaceae	(5)	*Vibrio* *Photobacterium*
	분류상의 위치가 분명하지 않은 속	(10)	*Flavobacterium*

(8) 메탄생성 세균

혐기적 조건에서 CO_2나 간단한 유기물에서 메탄을 생성하며, *Methanobacterium*속과 *Methanococcus*속이 속한다.

(9) 그람양성 세균

형태나 포자 형성 유무에 따라 표 2-11과 같이 세 section으로 구분된다.

표 2-11 주요 그람양성 세균의 분류표

부		과	(속의 수)	주요한 속
section 12 구균	호기성 및 통성 혐기성 세균	Micrococcaceae	(3)	*Micrococcus*, *Staphylococcus*
		Streptococcaceae	(5)	*Streptococcus*, *Leuconostoc*, *Pediococcus*
	혐기성 세균	Peptococcaceae	(4)	*Ruminococcus*, *Sarcina*
section 13 내성포자를 만드는 간균 및 구균		Bacillaceae	(5)	*Bacillus*, *Sporolactobacillus*, *Clostridium*, *Desulfotomaculum*, *Sporosarcina*
section 14 무포자 간균		Lactobacillacea	(1)	*Lactobacillus*

(10) Rickettsia와 Mycoplasma

이들은 일반 세균보다 작은 특수한 균군으로, 병원성을 가지는 것이 많다. 세균과 바이러스의 중간 정도 크기이며 절대 기생균이다.

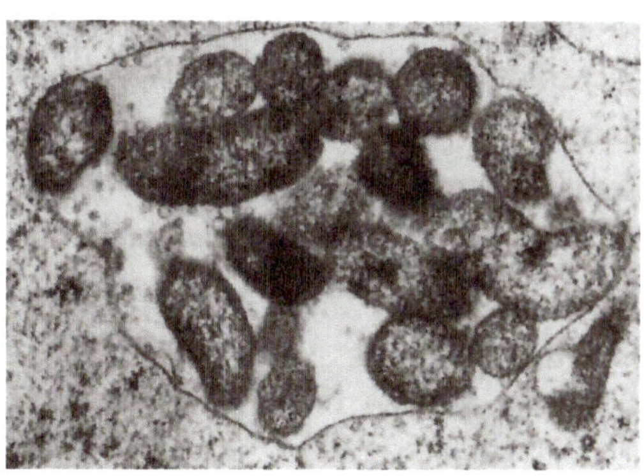

그림 2-38 *Rickettsia popilliae*가 숙주 세포인 혈구(Blood cell)에서 증식하는 모양

4. 방선균

방선균Actinomycetes은 곰팡이와 세균의 중간적인 성상을 지니는 미생물로 분기된 긴 균사를 가지는 것이 많다. 이 점은 곰팡이와 유사하나 핵이 원핵이며 균사의 폭이 대단히 가늘어서 지름이 0.3~1 μm 내외이다(세균 : 0.5~1.0 μm, 효모 : 5~10 μm, 곰팡이 : 3~8 μm, 바이러스 : 0.017 μm). 세포벽의 조성이 그람 양성균에 유사한 점 등을 볼 때 세균에 가까운 균군이라 할 수 있다.

방선균은 식품과는 비교적 관계가 적은 편이나 스트렙토마이신 등의 항생 물질을 생산하는 것이 있어서 유명하다.

1) 방선균의 분류

버지 편람 분류에는 section 15, 16, 26~29에서 Actinomycetaceae, Frankiaceae, Actinoplanaceae, Dermatophilaceae, Nocardiaceae, Streptomycetaceae 및 Micromonosporaceae의 7과로 분류되어 있고 Actinomycetaceae의 ***Bifidobacterium***속 등을 제외한 것을 일반적으로 방선균이라 한다.

방선균은 토양이나 퇴비에 대단히 많은데 소위 흙냄새는 이 균에 의한 것이다. 퇴비를 고온 발효할 때는 ***Thermoactinomyces***속의 방선균이 많이 보이는데 이것은 내열성의 포자를 형성하는 균이다. 또 Actinomycetaceae의 ***Actinomyces***속이나 Nocardiaceae의

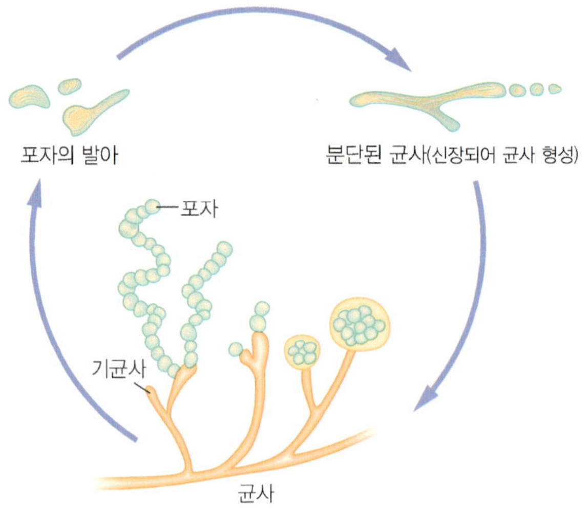

그림 2-39 방선균의 생활사

*Nocardia*속에는 사람이나 동식물에 병원성을 주는 것들이 많다.

Streptomycetaceae는 *Streptomyces*, *Streptoverticillium*, *Sporichthya* 및 *Microellobosporia* 의 네 가지 속으로 나뉜다.

2) 방선균의 형태

방선균의 균사는 크게 두 가지 형태로 나눌 수 있다. 즉 배양 후기에 균사가 파쇄fragmentation되어 구균이나 간균과 같은 세포로 변하는 nocardia형과 곰팡이처럼 전 생활사를 통해서 균사형을 유지하는 streptomyces형이 있다.

포자는 구형·달걀형·원통형 등이 많고 그 표면은 평활한 것, 가시가 돋은 것, 털이 있는 것 등 다양하고 *Actinomyces*속의 포자는 극속모성 편모를 가지고 운동한다.

3) 중요한 방선균

(1) *Streptomyces*속

이 균이 식품에 번식하면 불쾌한 냄새를 내고 외관을 나쁘게 한다. 즉, 흙냄새를 내는 것이 특징인데 달걀을 싸놓은 볏집에 이 균이 증식하면 달걀에서 흙냄새가 나고, 물속의 흙에 이 균이 많이 증식하면 물고기에서 흙냄새가 나며, 우유에서는 흙냄새를 내면서 맛을 쓰게 한다. 항생 물질을 내는 것이 있어서 유명하다. 방선균이 생산하는 항생물질 중 중요한 것은 표 2-12와 같다.

표 2-12 **방선균과 항생물질**

방선균	항생물질
Streptomyces griseus	streptomycin
Streptomyces aureofaciens	chlortetracycline
Streptomyces venezuelae	chloramphenicol
Streptomyces rimosus	terramycin
Streptomyces kanamyceticus	kanamycin
Streptomyces kasugaensis	kasugamycin
Streptoverticillium hachijoense(*S. hachijoensis*)	trichomycin
*Micromonospora*속	+

① *Streptomyces griseus*

배지에서 무색으로 발육하며 기중균사氣中菌絲는 담황록색이다. 젤라틴 등의 단백질을 분해하는 힘이 강하다. 1944년 왁스먼Waksman은 이 균에서 항생제 스트렙토마이신streptomycin을 발견하였다.

② *Streptomyces aureofaciens*

항생제 클로르테트라사이클린chlortetracycline을 생산하는 균으로 색은 백색, 회색, 암회색으로 된다. 분생자分生子는 나선형으로 사슬을 이루며, 배지 중에서 황색 색소를 생산한다.

그림 2-40 방선균 기중균사의 여러 가지 형태

그림 2-41 *Streptomyces* 포자의 표면상

(2) *Frankia*속

여기에 속하는 *Frankia alni*, *Frankia elaeagni* 등은 오리나무, 양매(소귀나무), 독공목毒空木, 보리수나무 등의 뿌리에 공생하며 균근을 형성하여 질소를 고정하는 특이한 균이다.

(3) *Actinomyces*속

균사체는 분기되어 있고 편성 혐기성 또는 미호기성의 그람양성균이다. 균사체는 쉽게 끊어져 간상이나 구상으로 되고, 포자는 형성하지 않는다. *Actinomyces bovis*와 *Actinomyces israelii*는 각각 소와 사람의 방선균병actinomycosis의 원인이 된다.

(4) *Nocardia*속

이 속의 대표적인 것으로는 *Nocardia asteroides*와 *Nocardia brasiliensis*가 있는데 이들은 병원성이 있다. 호기성이며 토양 중에 널리 존재한다.

5. 진균류

1) 진균류의 분류

진균류는 균사의 격벽septum 유무에 따라서 구별하는데 격벽이 없는 것을 조상균류, 격벽이 있는 것을 순정균류(고등균류라고도 함)라 한다. 이 중에서 자낭포자(일종의 유성 포자)를 생성할 수 있는 것을 담자균류라고 한다. 또 유성생식 기관이 아직 발견되지 못한 것과 발견은 되었으나 유성생식의 빈도가 극히 낮은 것들을 불완전 균류라고 한다.

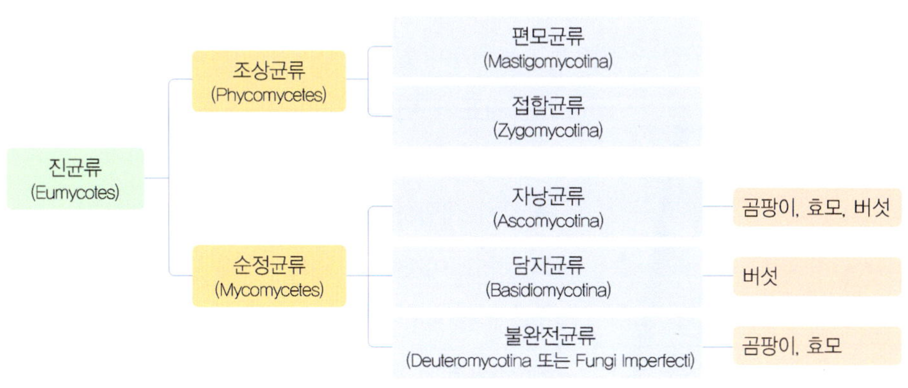

그림 2-42 진균류의 분류

진균류에는 Bisby(1974)에 의하면 표 2-13과 같이 4,980속에 약 4만 3,700종이 알려져 있다. 곰팡이, 버섯, 효모 등의 용어는 일상생활에서 흔히 쓰이며 학문적으로도 쓰지만 미생물 분류학상의 정확한 이름은 아니다. 곰팡이mold, mould(사상균)는 진균류 중 효모와 버섯을 제외한 균류의 호칭이며, 버섯은 일부 담자균류(정확하게는 복균류Gasteromycetes와 일부 자낭균도 포함됨)의 자실체를 가리키는 말이다. 또 효모 중에서 포자를 형성하는 종류(유포자 효모) 대부분은 자낭균류에 속하고 일부는 담자균류에 속한다. 그리고 포자를 생성하지 않는 효모(무포자 효모)는 전부 불완전균류에 속한다.

표 2-13 진균류의 속과 종의 수

균류	속(genus)	종(species)
막상 균류	305	약 1,700
자낭균류	1,950	약 15,000
담자균류	900	약 12,000
불완전균류	1,825	약 15,000
계	4,980	약 43,700

2) 곰팡이의 특징

효모를 제외한 진균류를 흔히 곰팡이라는 관용명으로 부르기도 한다. 실 모양의 균사hyphae가 집합한 균사체mycelium와 포자를 착생하는 자실체fruiting body로 구성되며 균사체와 자실체를 합해서 균총菌叢 또는 집락集落, colony이라 한다. 균사는 영양분의 섭취나 발육에 관계되는데 배지의 내부나 표면에서 생육하는 균사를 잠입균사submerged hyphae라 하고 공기 중에 뻗어서 생육하는 균사를 기중균사aerial hyphae라 한다. 균사에는 격벽septum이 없는 것(그림 2-44, 45)과 있는 것(그림 2-46, 47)이 있는데 이것은 진균류를 분류하는 데 중요한 지표가 된다. 담자균류 중에는 특수한 균반clamp connection을 형성하는 것도 있다.

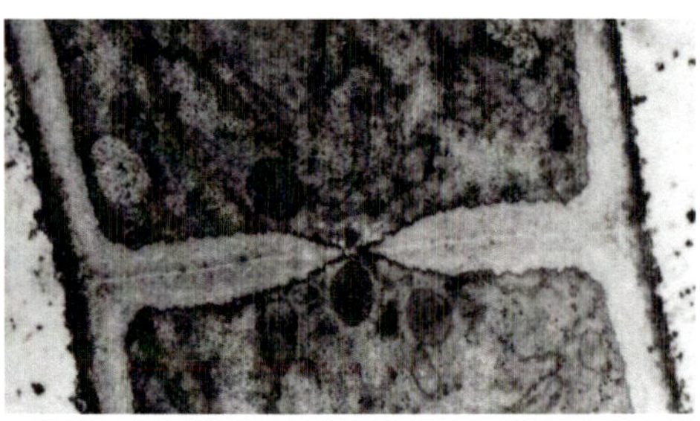

그림 2-43 균사(격벽 부분)의 단면도

균사가 치밀하게 결합된 것을 균사결합조직plectenchyma이라 하고, 이것이 큰 덩어리로 된 것을 균핵sclerotium이라 한다. 균사가 평행으로 밀착해서 다발이 된 것을 결속사coremium라 하고 균사의 다발이 뿌리처럼 보이는 것을 근상균사속rhizomorph이라 한다.

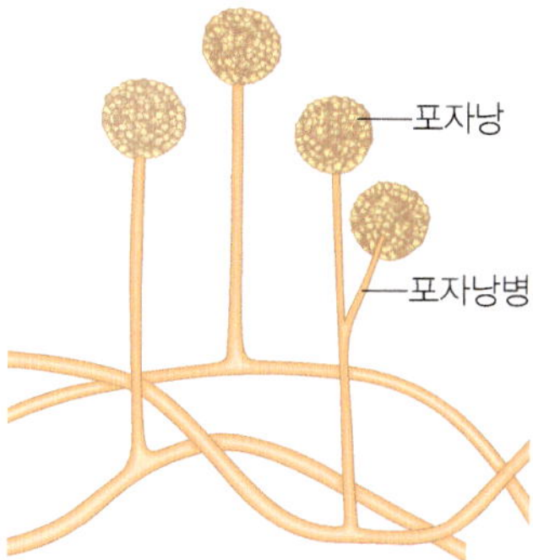

그림 2-44 *Mucor*의 모식도

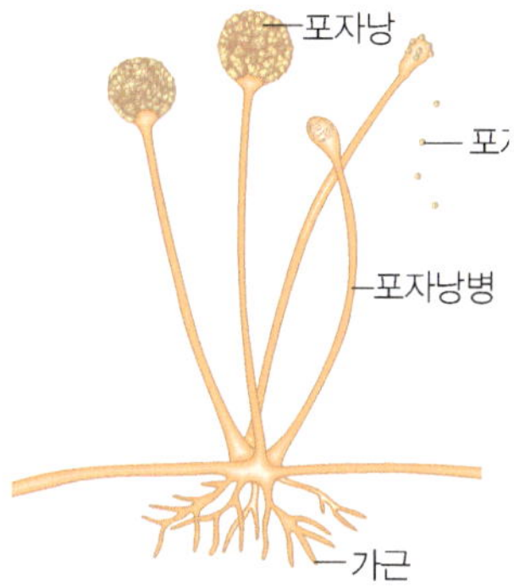

그림 2-45 *Rhizopus*의 모식도

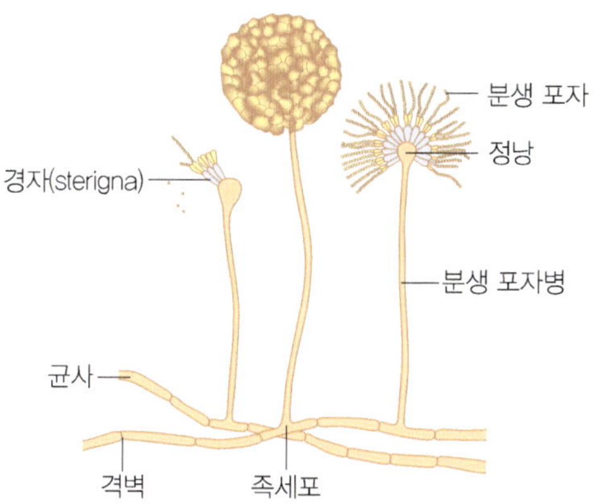

그림 2-46 *Aspergillus*의 모식도

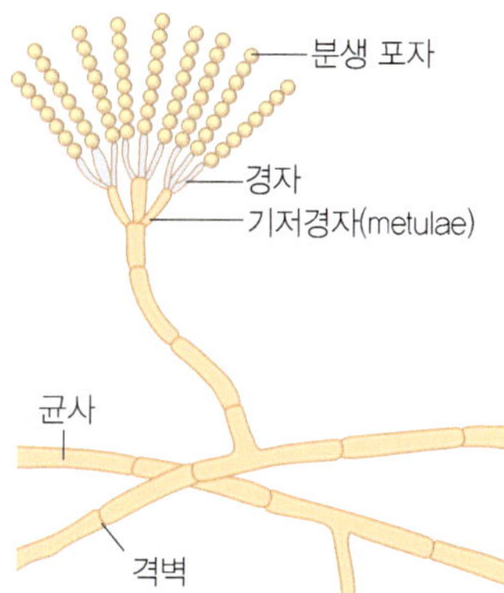

그림 2-47 *Penicillium*의 모식도

조상균의 균사는 격벽이 없으며 자낭균, 담자균, 불완전균의 균사는 격벽이 있다. 따라서 *Mucor*속이나 *Rhizopus*속의 곰팡이는 균사에 격벽이 없고, *Aspergillus*속이나 *Penicillium*속의 곰팡이는 균사에 격벽이 있다.

3) 곰팡이의 미세 구조

생육 중인 곰팡이 균체의 기본 요소는 폭이 2~10 μm 되는 균사이다. 균사는 증식하면서 많이 분기하여 균사체를 형성한다. 곰팡이의 세포도 진핵세포로서 효모 세포와 유사하나 세포 내에 핵을 하나 또는 그 이상 가진다. 액포, 미토콘드리아, 리보솜, 망상 조직 등도 잘 발달되어 있다.

곰팡이 세포벽의 주성분은 섬유질 비슷한 물질과 키틴chitin질로 되어 있는데 일부의 조

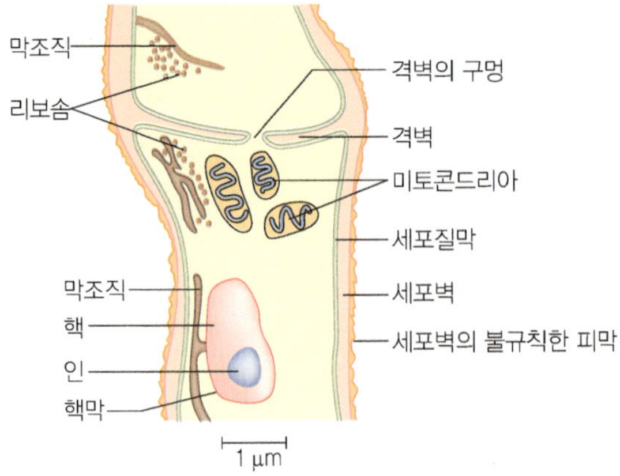

그림 2-48 격벽을 가지는 곰팡이 균사(*Neurospora crassa*)의 미세 구조

균류에는 키토산chitosan(glucosamine의 polymer)이 존재한다. 곰팡이의 세포벽에는 미세 섬유 구조가 보이는데 키틴질로 되어 있다.

4) 곰팡이의 증식법

곰팡이의 증식 방법은 균사에 의한 경우와 포자에 의한 경우로 나뉘는데, 주로 후자의 경우가 많다.

포자에는 유성 포자와 무성 포자가 있는데 이와 같은 차이는 분류학상 중요한 기준이 된다. 포자의 독성은 영양 균사에 비해서 열이나 pH 또는 삼투압의 변화에 상당한 저항성이 있으므로 식품 보존의 경우에는 중요한 문제로 인식된다.

진균류 중에서 유성생식이 알려져 있는 것은 접합균류, 자낭균류, 담자균류 등이며, 이들은 그림 2-49에서 보는 바와 같이 불완전 세대(유성 세대)의 두 생활환을 가진다.

(1) 유성 포자sexual spore

두 개의 세포핵이 융합해서 또는 이것이 다시 분열해서 된 핵을 중심으로 만들어진 포자로서 여기에는 난포자oospore, 접합포자zygospore, 담자포자basidiospore, 자낭포자ascospore 네 가지가 있다.

유성 포자의 형성 순서는 그림 2-50, 2-51, 2-52와 같다.

① 접합포자zygospore

*Mucor*속이나 *Rhizopus*속에 속하는 접합균류에서는 두 균사 세포가 접합해서 두 핵이

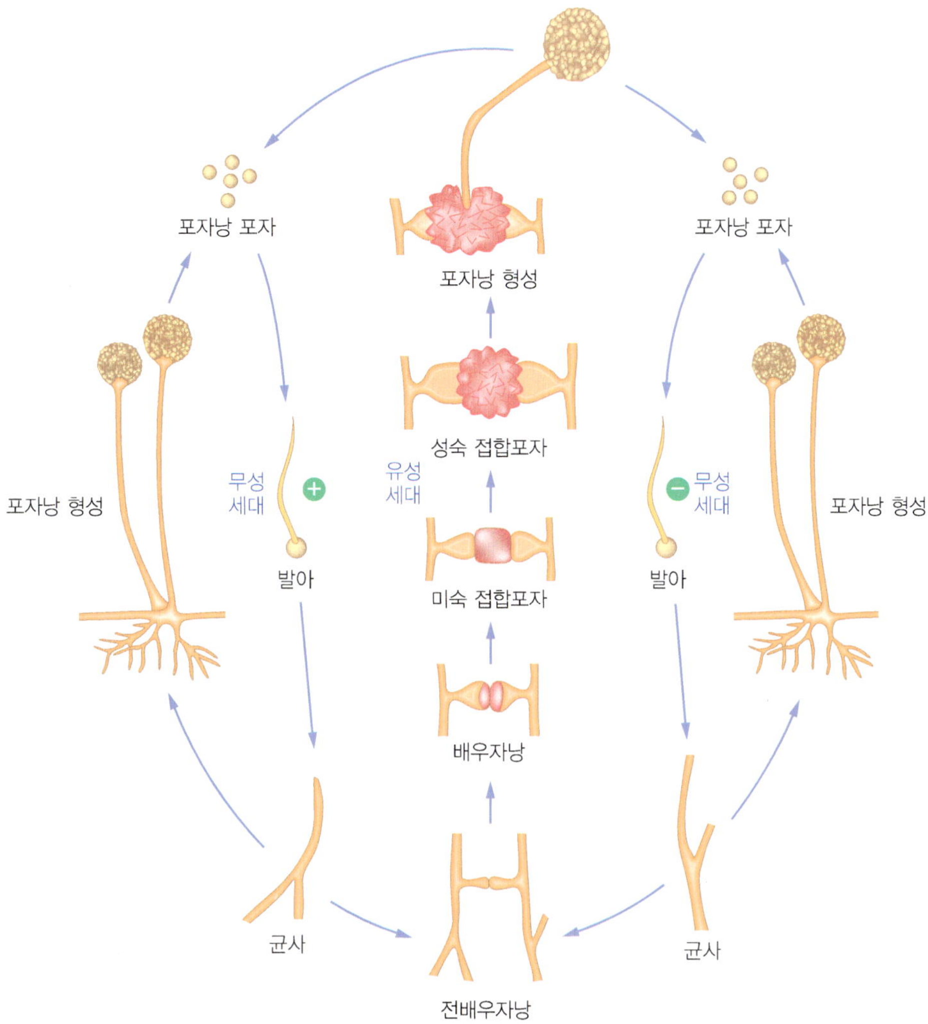

그림 2-49 *Rhizopus*의 유성 포자와 무성 포자

접합하고 그 부분이 평대해서 유성 포자(접합포자)를 만든다(그림 2-50).

② 자낭포자ascospore

자낭균류에서는 두 균사 세포의 접합으로 자낭ascus이라는 특수한 세포를 형성하며 유성 포자는 그 속에 만들어진다(그림 2-51). 곰팡이는 균사의 일부가 팽대해서 자낭을 만드는데 종류에 따라서는 자낭이 다시 피자기perithecium라는 특별한 껍질로 싸이는 경우도 있다.

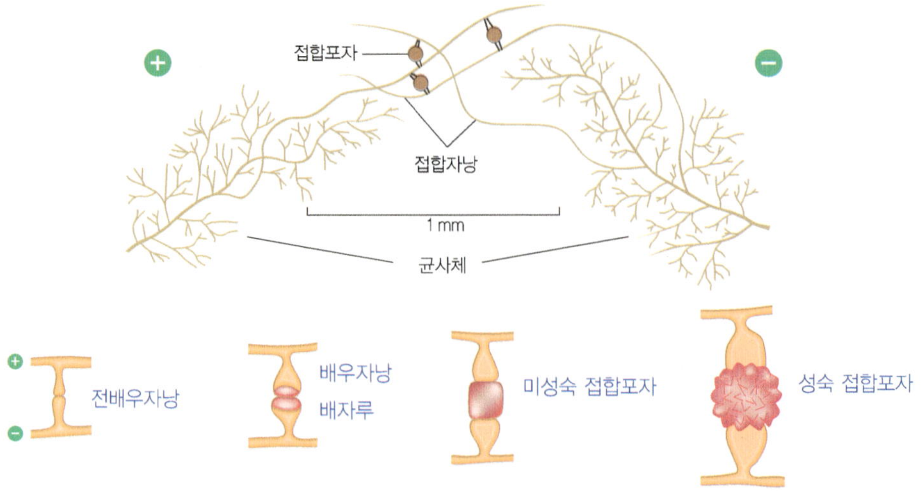

그림 2-50 접합포자의 형성 과정

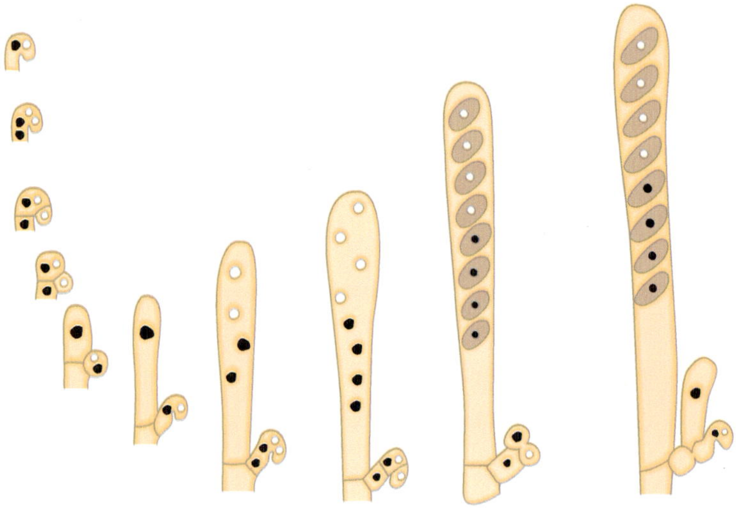

그림 2-51 자낭포자의 형성 과정

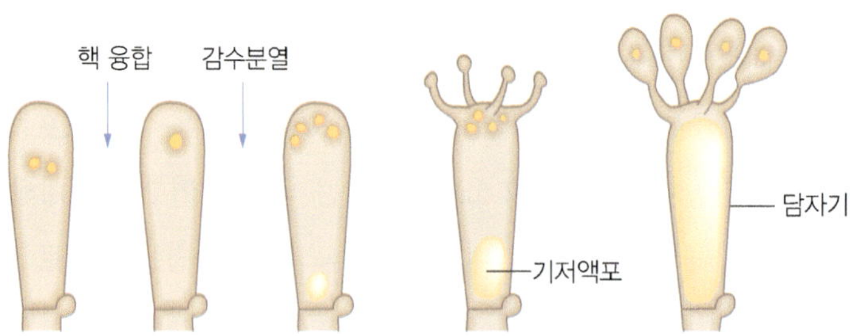

그림 2-52 담자포자의 형성 과정

③ 담자포자basidiospore

담자균류(주로 버섯류)에서는 균사의 일부가 발달해서 된 담자기basidium상에 외생포자를 형성한다(그림 2-52).

④ 난포자oospore

조상균문에 속하는 곰팡이는 장란기archegonium라는 전혀 다른 세포와의 융합해 난포자라는 유성 포자를 형성하는데, 특수한 경우에 극히 드물게 볼 수 있다.

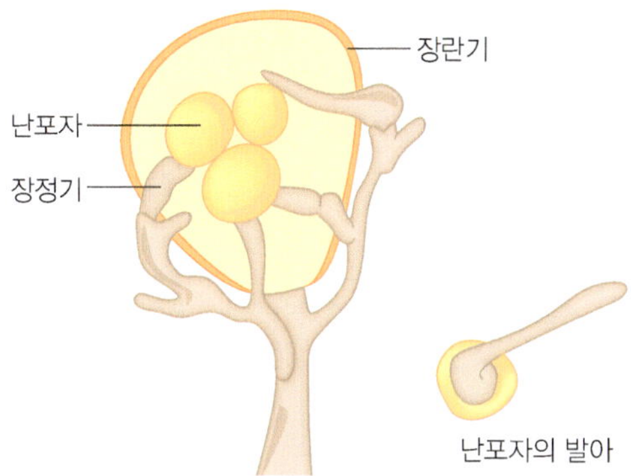

그림 2-53 난포자의 형성

(2) 무성 포자asexual spore

세포핵의 융합 없이 분열만으로 무성적으로 생기는 포자이다. 식품에 발생한 곰팡이의 색은 주로 무성 포자의 색이다. 무성 포자는 대단히 많이 만들어지고 소형이며 가볍고 건조에 저항성이 강하다. 따라서 공기 중에서 날기 쉽고 알맞은 환경에 이르면 다시 발아해서 균사나 포자를 만든다.

① 분생포자conidia, conidiospore

분생아포자 또는 분생포자라고 한다. *Penicillium*속이나 *Aspergillus*속의 곰팡이는 분생 아포자병conidiophore이라 불리는 특수한 세포를 기중균사 끝에 형성하고 그 끝에 무성 포자인 분생 아포를 무수히 만든다.

② 포자낭 포자sporangiospore

*Mucor*속이나 *Rhizopus*속의 곰팡이는 균사의 일단에서 포자낭병sporangiophore이 뻗어서 그 끝이 커져 중축columella이 되고 포자낭sporangia이라는 주머니가 생기는데 그곳에 많은

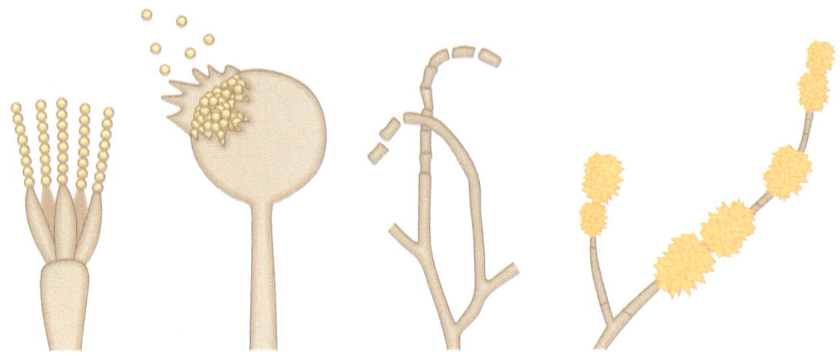

그림 2-54 무성 포자의 여러 가지 모양

표 2-14 포자 형성 방법과 진균의 분류

포자 형성 방법		진균의 강(또는 아문)명
유성 포자	난포자(oospore) 접합포자(zygospore) 자낭포자(ascospore) 담자포자(basidiospore)	난균(Oomycetes) 집합균(Zygomycotina) 자낭균(Ascomycotina) 담자균(Basidiomycotina) 불완전균(fungi imperfecti)
무성 포자	무성 포자만 형성	

포자를 형성한다.

③ 분절포자arthrospore 또는 분열자oidia

어떤 곰팡이는 기중균사의 끝에서부터 차례로 격벽을 만들어서 분절되고 그 하나하나가 무성 포자 구실을 한다. 유제품에서 흔히 볼 수 있는 *Geotrichum candidium*에서 그 예를 볼 수 있다.

④ 후막포자chlamydospore

대부분의 곰팡이는 균사의 선단이나 중간부에 두꺼운 막을 가지는 구형의 포자를 형성한다. 이것은 일종의 휴지 세포라고 할 수 있으며 보통의 균사체에 비해서 불리한 환경에 저항성을 갖는다.

5) 조상균류

조상균류Phycomycetes는 균사에 격벽이 없는 곰팡이들로, 305속 약 1,700종이 알려져 있다. 균사의 끝에 포자낭을 만들고 그 안에 많은 포자를 생성한다. 조상균류는 크게 편모균류와 접합균류로 나뉜다. 편모균류Mastigomycotina는 무성 포자에 편모가 있고 운동을 하는 유주자zoospore를 만드는 데 반하여, 접합균류接合菌類, Zygomycotina는 무성 포자에 편모가 없고 운동을 못한다.

편모균류에는 식물 병원균이 많으며 자연계에 널리 분포하고 어류, 어란, 조류에 솜털 모양의 균사를 착생하여 해를 끼친다. 반면 접합균류는 식품 미생물로서 중요한 것들이 많다.

조상균류의 유성생식에서는 일반적으로 웅주(+)와 자주(−) 두 균사가 접합하여 두 핵이 융합하고, 접합균류의 경우에는 두꺼운 막을 가진 접합포자를 형성하게 되며 난균류의 경우에는 세포 내에 난포자를 형성한다.

표 2-15 **편모균류와 접합균류의 분류**

아문	강	목	주요 속
편모균류	Chytridiomycetes(호상균류)	Chytridiales	*Chytridium, Rhyzophydium, Olpidium*
		Blastocladiales	*Allomyces*
		Monoblepharidales	*Monoblepharis*
	Hyphochytriomycetes(역모균류)	Hyphochytriales	*Hyphochytrium*
	Oomycetes(난균류)	Saprolegniales(물곰팡이)	*Achlya, Saprolegnia*
		Leptomitales	*Leptomitus, Rhizobium*
		Lagenidiales	*Lagenidium*
		Peronosporales	*Albugo, Peronospora, Phytophtora, Pytium*
접합균류	Zygomycetes(접합균류)	Mucorales	*Absidia, Blackeslea, Choanephora, Mucor, Phycomyces, Rhizopus, Syncephalastrum, Thamnidium*
		Entomophthorales (파리곰팡이목)	*Basidiobolus, Entomophthora*
		Zoopagales	*Zoopage, Cochlonema*
	Trichomycetes(트리코미세스강)	Harpellales	*Harpella, Smittum*
		Asellariales	*Asellaria*
		Eccrinales	*Arundinula*
		Amoebidiales	*Amoebidium*

(1) 거미줄곰팡이속*Rhizopus*

빵곰팡이bread mold라고도 하며 과일이나 채소, 빵, 메주 또는 토양 등에 잘 나타난다. 솜털이나 거미줄 모양으로 균체를 형성한다. *Mucor*속과 마찬가지로 균사에는 격벽이 없고 포자낭병은 가근rhizoid이 있는 곳에서 뻗어나며 분기하지 않는다. 포자낭은 거의 구형이며 흑색이나 갈색을 띠고 중축은 반구형 또는 일자형이다. 대부분 펙틴 분해력이 강하며 어떤 것은 전분질 분해력이 강하므로 당화 효소 제조용으로 이용되기도 한다.

① *Rhizopus nigricans*

*Rhizopus*속의 대표균으로 곡물, 과실, 대마 등에 발생하고 전분 당화력과 펙틴 분해력이 강하여 대마의 발효 정련에 이용한다. 1% 내외의 알코올을 생산하고 옥살산oxalic acid과 푸마르산fumaric acid을 생산한다. 생육 적온은 32~34°C이다.

② *Rhizopus delemar*

아밀로법amylo process에 따라 알코올을 제조할 때 이용하는 중요한 균으로, 전분 당화력이 강하고 알코올 생산력은 4~5%에 이르며 특히 옥수수를 원료로 이용할 때 좋다. 생육 적온은 25~30°C이다.

③ *Rhizopus japonicus*

쌀이나 간장 코지koji에 잘 나타나고 후막포자를 형성하나 접합포자는 형성하지 않는다. 당화력이 강하여 아밀로법에 이용되며, 펙틴 분해력도 강하다. 생육 적온은 30°C이다.

④ *Rhizopus tonkinensis*

베트남 통킨의 누룩에서 분리되었으며 아밀로법에 이용된다. 포도당에서 푸마르산을 생산하며 생육 적온은 36~38°C이다.

⑤ *Rhizopus javanicus*

자바의 라기ragi에서 분리되었으며 당화력이 강하여 고구마를 이용한 아밀로법에 이용된다. 번식력이 왕성하고, 생육 적온은 36~38°C이다.

⑥ *Rhizopus oryzae*

자바의 라기에서 분리되었으며 *R. oligosporus*와 더불어 템페tempeh 등의 제조에 이용된다. 인도네시아에서는 *R. orygosporus*도 이용한다.

⑦ *Rhizopus tritici*

중국 소홍의 주약(누룩과 같은 것)에서 분리되었고 당화력과 펙틴 분해력이 강하여 과즙 청정제 제조에 이용한다.

⑧ *Rhizopus peka*

전분 당화력이 강하며 접합 포자는 만들지 않으나 후막포자는 만든다. 타이완의 미주용 백국米酒用白麴에서 분리되었다.

(2) 털곰팡이속*Mucor*

토양에 많이 있고 여러 가지 식품에도 번식한다. 균사는 백색 또는 회백색이며 격벽이 없고 전체적인 모양은 *Rhizopus*속과 흡사하나 가근은 생성하지 않는다. 포자낭병은 일자형이거나 분기상이며, 포자낭은 흑색 또는 갈색을 띠는데 성숙한 것은 쉽게 파열되고 중축이 노출되어 남는다. 포자낭병의 분기 상태와 크기, 포자낭의 크기와 색, 중축과 포자의 모양 및 크기, 집락과 접합포자의 특성, 기중균사의 색과 길이 등은 털곰팡이속의 종을 결정하는 데 중요한 지표가 된다. 포자낭병에는 균사에서 단독으로 뻗어 갈라지지 않는 것monomucor과 갈라지는 것이 있고, 분기상에는 양편으로 갈라지는 라세모무코르racemomucor와 불규칙하게 갈라지는 사이모무코르cymomucor가 있다.

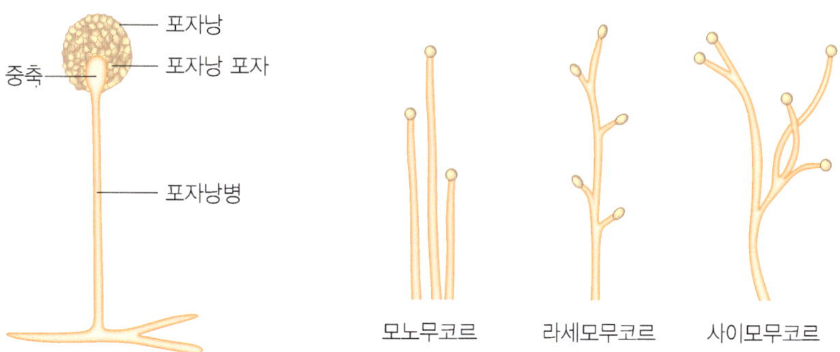

그림 2-55 *Mucor*속의 포자낭병 형태

① *Mucor mucedo*

털곰팡이 중 분포가 가장 넓은 모노무코르형 곰팡이로 과일이나 채소 또는 말똥 등에서 자라는데, 응용 가치는 별로 없다.

② *Mucor hiemalis*

모노무코르로 토양에 많으며, 펙틴 분해력이 강하다.

③ *Mucor racemosus*

채소, 과일, 말똥에서 흔히 볼 수 있으며 라세모무코르이다. 약한 알코올 발효력을 가지며 과일을 부패시키기 쉽다.

④ *Mucor pusillus*

생육 적온은 40°C로 높고 자연 발열한 고초枯草 등에서 잘 자라며 라세모무코르이다. 치즈 제조에 필요한 레닛rennet의 대용으로서 응유효소용으로 이용된다.

⑤ *Mucor rouxii*

중국의 누룩에서 분리된 유용한 균으로 사이모무코르이다. 전분 당화력이 강하고 알코올 발효력도 있기 때문에 Amylomyces α라고도 한다. 아밀로법에 의한 알코올 제조에 아밀로균으로 이용하였다.

⑥ *Mucor javanicus*

사이모무코르이고 자바의 라기에서 분리하였다. 전분 당화력과 알코올 발효력이 있고, 젤라틴을 서서히 액화한다. 생육 적온은 35°C이다.

6) 자낭균류

자낭균류Ascomycotina는 유성 포자를 자낭의 내부에 생성하는 기능이 있는 미생물을 말한다. 자낭이 만들어지는 모양은 두 가지가 있다. '빈자낭'이라 하여 그대로 벌거숭이 상태로 나출裸出되어 있는 것이 있고, 자낭이 피자기라는 특수 조직으로 감싸여 있는 것도 있다. 전자와 같은 자낭을 생성하는 균류를 반자낭균류Hemiascomycetidae, Hemiascomycetes 또는 원시 자낭균류라 하고, 후자와 같은 경우를 진정 자낭균류Euascomycetidae, Euascomycetes라고 한다.

반자낭균류의 엔도미세스목Endomycetales에는 자낭포자를 형성하는 유포자 효모가 전부 포함된다. 진정 자낭균류의 완전국균목Eurotiales에는 *Aspergillus*속과 *Penicillium*속의 완전형(유성생식으로 피자기를 형성하는 것)도 포함된다. 그런데 이들의 속genus에서 유성생식이 인정되는 기회는 극히 드물고 무성 포자로 불완전세대를 영위하는 것이 대부분이므로

표 2-16 **자낭균류의 분류**

강	아강	주요 목	주요 속
자낭균류	Hemiascomycetidae(반자낭균류)	Endomycetales(엔도미세스목)	*Eremothecium* *Ashbya* *Byssochlamys* 유포자 효모
	Euascomycetidae(진정자낭균류)	Eurotiales(완전국균목)	*Aspergillus*(코지균의 완전형) *Penicillium*(푸른곰팡이의 완전형) *Monascus*(홍국균)
		Sphaeriales(구각균목)	*Neurospora*(붉은빵곰팡이) *Chaetomium*
		Hypocreales(육좌균목)	*Gibberlla*
		Clavicipitales(맥각균목)	*Claviceps*(맥각균) *Cordyceps*(동충하초균)
		Pezizales(완균목 또는 주발균목)	주발버섯 망삿갓버섯

이 책에서는 모두 불완전균류로 취급한다.

(1) *Eremothecium*속

Eremothecium ashbyii(일명 *Crebrothecium ashbyii*)는 아프리카면綿의 씨앗이나 커피 종실種實에 기생한다. 리보플라빈riboflavin(비타민 B_2)의 생성 능력이 좋고 균체 내에 그 결정이 생성되기도 한다. 공업적으로 비타민 B_2 생산에 이용하는 균이다.

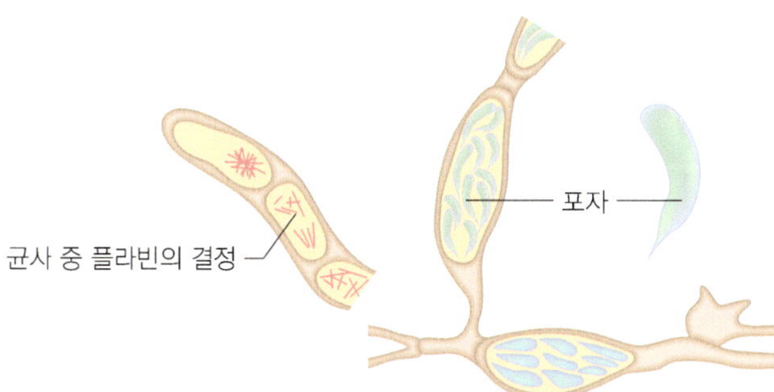

그림 2-56 *Eremothecium ashbyii*

(2) *Ashbya*속

이 속의 중요 종은 *Ashbya gossypii*이며, 면실이나 커피에 기생하고 비타민 B_2를 생성하는 중요한 곰팡이다. 형태도 *Eremothecium ashbyii*와 유사하다.

(3) *Byssochlamys*속

암갈색의 분생자를 착생하고 자낭에 8개의 자낭포자를 내생한다. *Byssochlamys fulva*는 포자가 내열성이기 때문에 과실 통조림 등에서 변패 같은 문제를 일으키기도 한다. 이 속의 불완전세대는 *Paecilomyces*속이다.

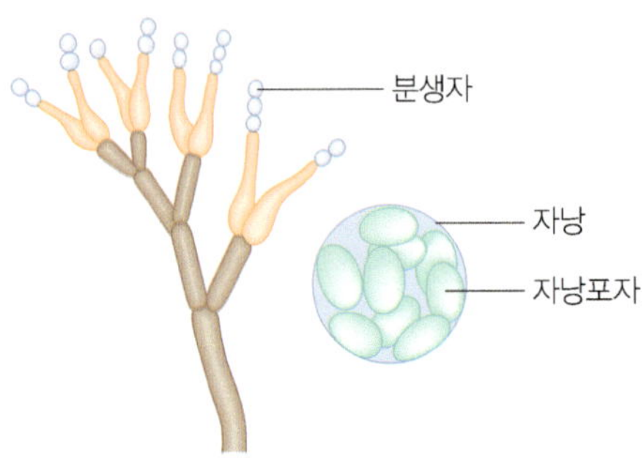

그림 2-57 *Byssochlamys fulva*

(4) *Monascus*속

홍색의 색소 모나스코르빈monascorbin을 생성하기 때문에 집락은 선홍색을 띠며 붉은누룩곰팡이라고도 한다. 균사의 선단에 피자기를 형성하는데 무성 생식기의 경우에는 균

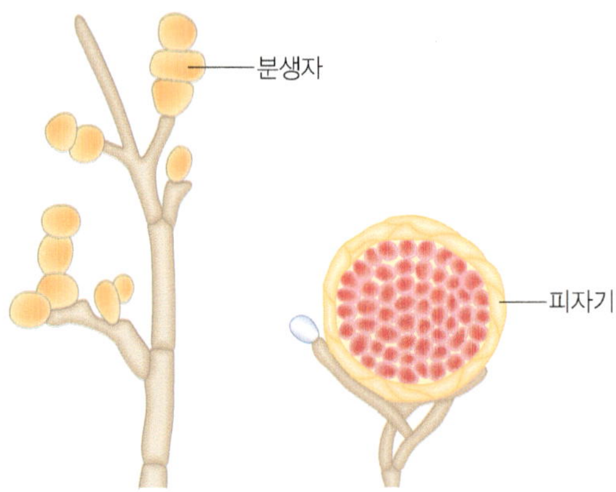

그림 2-58 *Monascus purpureus*

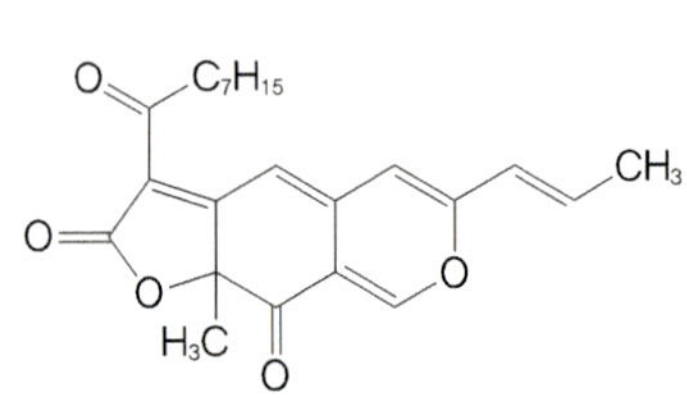

그림 2-59 모나스코르빈의 화학 구조

사의 측지에 분생자를 연결해서 착생한다. *Monascus purpureus*는 중국 남부, 말레이반도 등지에서 증백미에 배양하여 홍국이라는 누룩을 만들고 이것으로 홍주를 만든다. *Monascus anka*도 전자와 유사한 균인데 홍국 외에 홍두부 제조에 쓰인다. 이들 균의 색소는 우리나라에서도 현재 식품용 색소로 이용하고 있다.

(5) *Neurospora*속

빵에 잘 번식해서 담홍색으로 변패시키기 때문에 붉은빵 곰팡이라고도 한다. 옥수숫대의 심이나 볏짚 등에 잘 발생하며 집락은 분생자의 색인 담홍색이다. 대부분 자웅 이체이나 같은 것도 있다. 피자기는 갈색 또는 검은색의 플라스크형이다. 자낭 안에는 4~8개의 자낭포자가 있다. 불완전세대는 *Monilia*속이 된다.

포자의 색소에는 많은 β-카로틴이 함유되어 있다. 인도네시아에서는 땅콩에 이 균을 번식시켜서 온쫌ontjom이란 식품을 만든다. *Neurospora crassa*는 미생물 유전학 연구에 흔히 쓰이는 균이다.

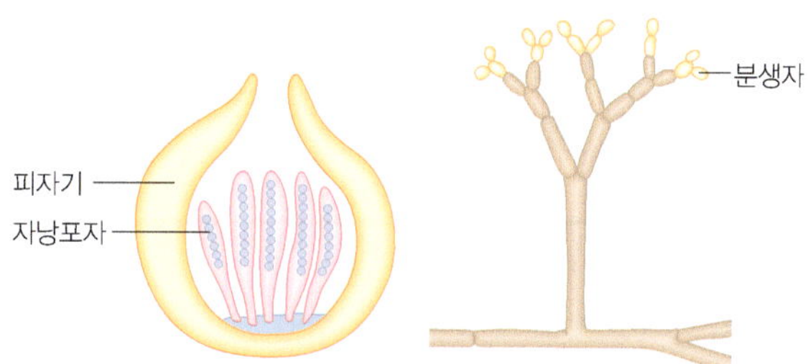

그림 2-60 *Neurospora sitophila*

(6) *Chaetomium*속

토양에 널리 존재한다. 젖은 종이나 포지布地에 잘 발생하고 섬유질 분해력이 강하다. 그림 2-61에서처럼 어두운 색의 긴 털을 가지는 피자기 내에 자낭을 만들고 8개의 자낭 포자를 가진다. 대표균으로는 *Chaetomium globosum*이 있다.

(7) *Gibberella*속

여기에 속하는 *Gibberella fujikuroi*는 벼를 도장(웃자람)시켜서 결실을 부실하게 한다. 또한 식물 호르몬의 1종인 지베렐린gibberellin을 공업적으로 생산하는 데 이용되는데

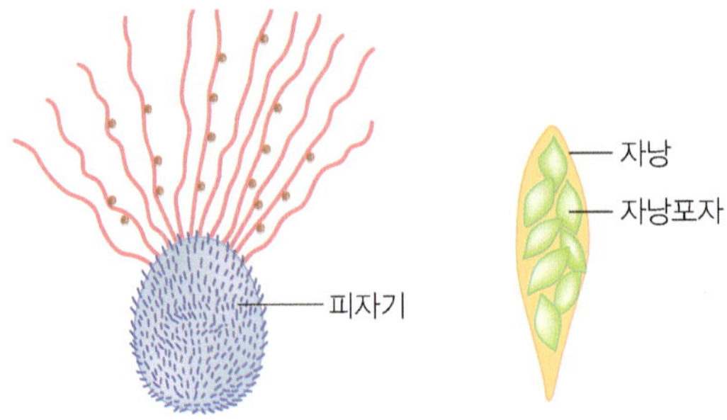

그림 2-61 *Chaetomium globosum*

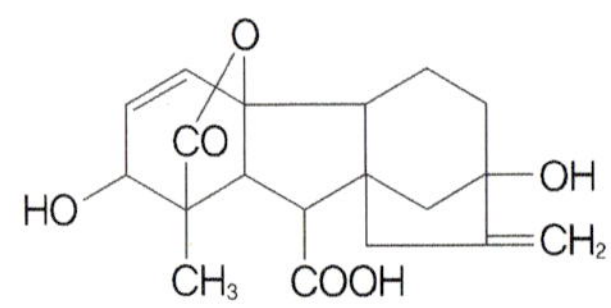

그림 2-62 지베렐린 A_3의 화학 구조

지베렐린은 씨 없는 수박, 씨 없는 포도 등의 생산에 응용된다. 그 외에서 *Gibberella saubinetii*(맥흑점 병균) 등 식물 병원균이 여기에 속한다.

(8) *Claviceps* 속

이 속의 대표종은 *Claviceps Purpurea*이며 호밀이나 귀리의 씨방에 균사가 침입하여 검은색의 단단한 균핵을 만든다. 이것이 맥각인데 보리 농사에는 유해한 균이지만 한약제(산부인과)로서는 유용하다.

(9) 자낭균에 속하는 버섯

동충하초균冬蟲夏草菌, *Cordyceps*속의 매미버섯이나 번데기버섯처럼 곤충이나 곤충의 번데기에 기생하는 버섯과, 주발균목pezizales의 주발버섯, 망삿갓버섯 등이 있는데 식품 미생물학적 의미는 크지 않다.

7) 담자균류

담자포자라는 유성 포자를 담자기basidium상에 외생外生시키는 일군의 미생물을 담자균류라고 한다. 담자균류는 그들이 지니는 담자의 모양에 따라 두 개의 아강으로 분류한다. 즉, 담자균류가 가지는 담자는 그림 2-63에서 볼 수 있듯이 모양이 단순하고 전형적인 곤봉체

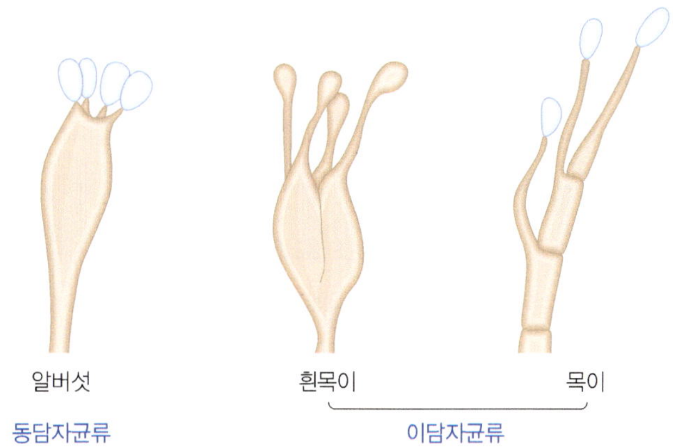

그림 2-63 담자기와 담자포자의 형태

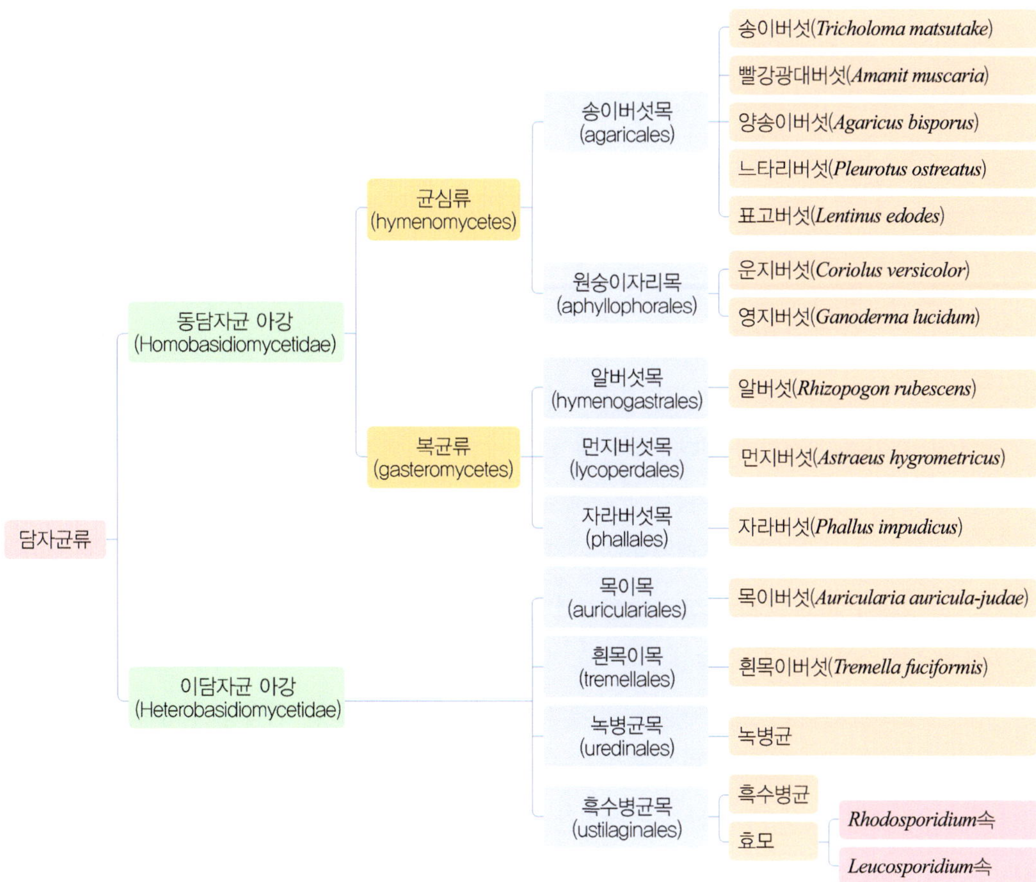

그림 2-64 담자균류의 분류

모양인 것들을 동담자균류Homobasidiomycetidae라 하고, 그 모양이 부정형이거나 격벽이 있는 것들을 이담자균류Heterobasidiomycetidae라 한다. 담자균류는 그림 2-64와 같이 분류된다.

버섯은 대부분 담자균류에 속한다. 버섯이라 하면 진균류의 자실체가 눈으로도 볼 수 있을 만큼 크게 발달한 것을 통틀어서 이르는 말이며, 일부 버섯은 담자균류 외에 자낭균류에 속하는 것도 있다. 식용버섯으로 알려져 있는 것은 대부분 담자균류의 송이버섯목Agaricales에 속한다. 송이버섯목의 전형적인 모양은 그림 2-65와 같으며 갓의 밑에 있는 균첩gill에는 다수의 담자가 배열하여 자실층을 형성하고 있다.

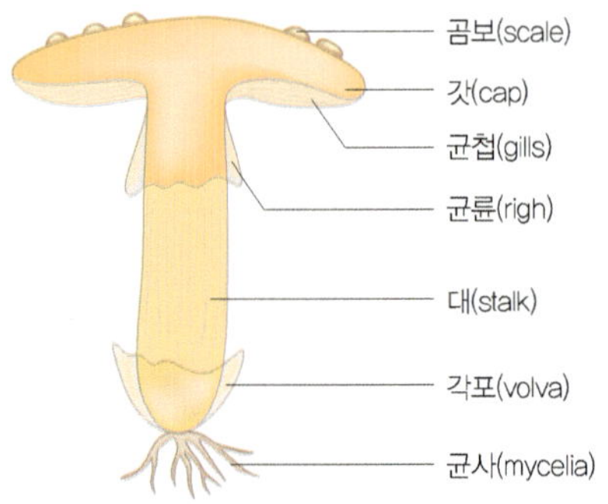

그림 2-65 버섯의 형태

(1) 담자균류의 특징

담자균류는 두 균사가 접합해서 그 끝에 담자기를 형성하고 그 담자기에 4개의 유성 포자를 착생하게 된다. 이때 두 균사는 자웅 동체일 수도 있고 자웅 이체일 수도 있다. 또 생성된 유성 포자는 단상單相으로 이것이 발아한 것을 1차 균사primary mycelium라 한다. 이것은 단핵으로 독립적으로 생장·분열할 수도 있으나 두 균사가 접합·융합하면 핵은 2개나 되고 상은 단상haploid인 2핵 단상 균사가 생긴다. 이것을 2차 균사secondary mycelium라고 한다.

2차 균사는 균반clamp connection(그림 2-66)이라는 특별한 격벽을 형성하면서 세포 증식을 한다. 이 균반은 담자균 2차 균사의 중요한 특징이 되는데 때로는 이것이 없는 담자균도 있다. 2핵 단상 균사는 장기간 생활하다가 자실체 형성기가 되면 두 핵이 융합해 복상diploid인 3차 균사가 되고 자실체(버섯)를 형성하는데 이때 감수분열로 생긴 4개의 유성 포자가 담자기상에 착생한다.

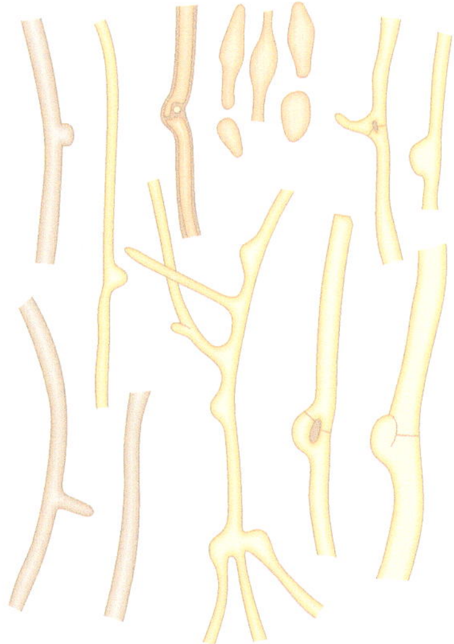

그림 2-66 대백목이버섯

*Spongiporus lacteus*의 배양균사의 현미경적 특징 : 백목이버섯과는 생리적 성질이 크게 다르지만 자실체의 구성 요소와 배양균사의 현미경적 특징은 아주 비슷하다.

(2) 식용버섯

① 표고버섯*Lentinus edodes*

사물기생死物寄生을 하는 버섯으로서 상수리나무, 밤나무, 참나무 등에서 자란다. 버섯의 표면은 흰색 또는 흑갈색을 띠며 갓의 지름은 6~9 cm이다. 갓의 표면에는 황백색의 희미한 비늘이 있고 가장자리에는 무늬가 있으며 건조하면 아름다운 균열이 생긴다. 갓은 처음에는 모자 모양인데 성숙함에 따라 납작해지고 시간이 지나면 처음과는 달리 위로 향한 모양이 된다.

그림 2-67 표고버섯

② 송이버섯*Tricholoma matsutake*

가을철에 주로 솔밭에서 나며 향기가 매우 좋다. 포자는 소나무의 실뿌리에 기생하여 균근을 형성하는데 여기에서 분생된 실뿌리에 또 균근을 형성한다. 이와 같이 균근의 형성이 되풀이되는 과정에서 산호 모양의 균근이 형성되며 비로소 자실체가 생성된다. 여기에 소요되는 기간은 만 1년이다. 균사의 발육에는 24°C, 자실체의 발생에는 17°C가 적온이다.

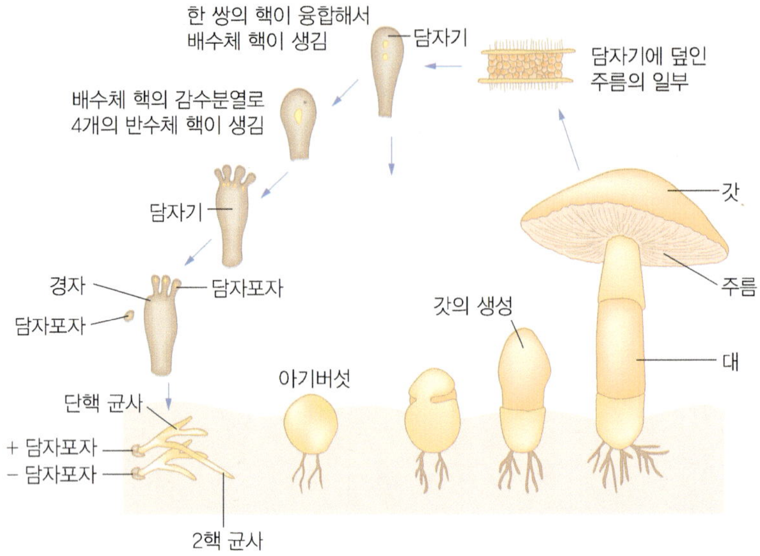

그림 2-68 송이버섯의 생활환

③ 느타리버섯*Pleurotus ostreatus*

떡갈나무, 전나무 등에서 잘 자라며, 영어명은 'oyster mushroom'이다. 갓의 색은 처음에는 암갈색이던 것이 회청색을 거쳐 나중에는 담황색이 된다. 어떤 나무에서도 잘 자라므로 산업적으로 많이 이용된다. 자실체는 처음에는 모자 모양이었다가 갓이 피면 대가 한편으로 기울어지고 갓이 충분히 피면 중앙이 오목하게 된다. 지름은 6~10 cm이다.

④ 싸리버섯*Clavaria botrytis*

침엽수나 활엽수가 있는 지상에 나며 밑둥치(대)는 하나지만 위로 가면 불규칙하게 나뭇가지처럼 갈라진다. 향기가 매우 좋고 가지의 끝은 담홍자색이다. 영국에는 나무에서 자라는 것*Clavaria stricta*도 있다.

⑤ 양송이버섯*Agaricus bisporus*

이 버섯은 원래 프랑스에서 재배한 것으로 보이며 지금은 세계 여러 곳에서 재배한다. 갓은 살이 두껍고 대는 굵다. 대에는 독특한 가락지ring가 있으며 포자는 자흑색이다. 갓이 핀 것은 상품 가치가 적다. 향기는 적으나 맛이 좋으므로 재배된 버섯은 대부분 통조림으로 만들어져 유통된다.

그림 2-69 느타리버섯

그림 2-70 양송이버섯

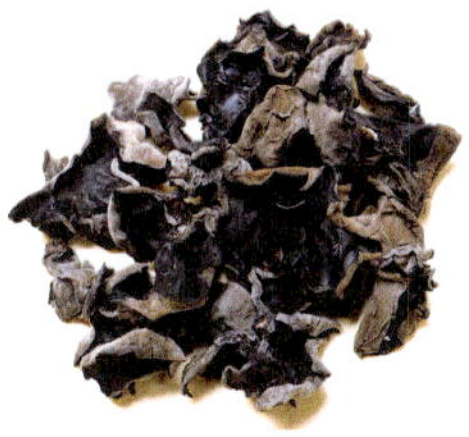

그림 2-71 목이버섯

⑥ 목이버섯*Auricularia auricula-judae*

목이버섯은 침엽수의 고목에 나는데 여름부터 가을에 볼 수 있으며 모양은 나뭇잎과 비슷하다. 육질은 수분이 많을 때는 우무처럼 보이나 마르면 아교처럼 된다. 대의 존재가 분명하지 않으며 갓의 지름은 2~3 cm이다.

⑦ 알버섯*Rhizopogon rubescens*

솔밭에 낙엽이 많이 쌓인 곳에서 자란다. 모양은 편구형이며 표면은 매끈하고 밑에 뿌리 모양의 균사속이 있다. 처음 흙 속에 있을 때는 백색이나 흙 위로 나와서 오래되면 황갈색이 된다. 균사 발육 온도는 14~15°C, 자실체 발생 온도는 봄에는 16°C, 가을에는 13°C가 최적이다.

(3) 약용버섯

버섯은 옛날부터 약용으로 이용한 것이 많다(표 2-17).

표 2-17 **주요 약용버섯**

학명	효과	발생 장소
Fomes officinalis(말굽버섯)	건위(健胃), 지사	소나무의 고목
Fomes rimosus(상황)	이뇨(利尿)	뽕나무 수간(樹幹)
Pachyma hoelen(복령)	이뇨, 수종(水腫), 임질	소나무 고목
Polyporus umbellatus(저령)	이뇨, 갈증, 수종, 임질, 당뇨	땅속
Lycoperdon bovista(마발)	피 토하는 것과 지혈	숲, 산야, 밭
Cordyceps sinensis(동충하초류)	폐병, 신장병	나방의 유충에 기생
Claviceps purpurea(맥각)	부인과의 진통 촉진제, 자궁 지혈	보리
Grifora confluens(흰무당버섯)	항균성(抗菌性)	산

식용 버섯 중에서도 송이버섯은 설사나 구충에 효과적이며, 목이버섯은 불로장수 약으로, 표고버섯은 감기나 척추 장애(꼽추) 예방 또는 치료제로 이용된다.

(4) 독버섯

버섯 중에는 유독한 것이 있어서 때때로 사람에게 피해를 준다. 마귀광대버섯*Amanita pantherina*은 부교감신경에 작용하는 무스카린muscarine, 무스카리딘muscaridine을 함유한다. 마귀광대버섯 외에도 독버섯은 많다. 독버섯을 먹었을 경우엔 침이나 땀을 흘리고 위장 장애, 일시적 정신 이상의 증상을 나타낸다.

끈적버섯*Psilocybe mexicana*에서는 환각 작용이 있는 실로신psilocine이나 실로시빈psilocybin이 발견되었다. 파리버섯*Tricholoma muscarium*에서는 트리콜롬산tricholomic acid이, 곰보광대버섯*Amanita strobiliformis*과 빨강광대버섯Amanita muscaria에서는 이보텐산*ibotenic acid*이 발견되었다. 이들은 아미노산의 형태를 갖추고 있으며 살균 작용 외에 MSG의 10배나 되는 정미 작용을 나타내는데 열에는 약하다.

8) 불완전균류

유성 생식이 전혀 인정되지 않는 진균류와 유성 생식은 알려져 있으나 그 빈도가 극히 드문 진균류의 불완전세대(무성 세대)를 통틀어 불완전균류deuteromycotina, fungi imperfecti라 하는데 조상균류와는 전혀 관계없고 대부분은 자낭균류(일부는 담자균류)의 불완전세대로 보인다.

불완전균류의 분류는 무성 포자의 특징을 기초로 해서 표 2-18에 보이는 대로 4목으로 나뉜다. 무포자균목Mycelia sterilia은 무성 포자의 착생도 확인되지 않는 균사만으로 생육하는 곰팡이이며, 의구각균목Sphaeropsidales은 그림 2-72와 같이 균사가 모여서 구상의 분포자기pycnidium를 만들고 그 안에 많은 분생자를 만든다. 또 흑분균목黑粉菌, Melanconiales은 식물 표피 속에서 분생자층acervuli을 만들고 그 안에 많은 분생포자를 형성한다. 이들 두 목은 같은 식물 병원균이다.

이에 반해서 선균목線菌目, Moniliales은 단균사만으로 분생자병이 되는 것으로 무포자 효모, 사출 포자 효모와 더불어 응용상 중요한 곰팡이가 많다. 불완전균류 중에 *Aspergillus*속이나 *Penicillium*속은 과거에 자낭균류로 잘못 취급된 경우가 있었고 그 관습에 따라 지금도 그렇게 취급하는 것을 종종 볼 수 있으나 여기에서는 불완전균류로 취

표 2-18 **불완전균류의 분류**

강	목	주요 과	주요 속
불완전균	Sphaeropsidales (의구각균목)		식물 병원균인 것이 많음
	Melanconiales (흑분균목)		식물 병원균인 것이 많음
	Moniliales (선균목)	Cryptococcaceae (크립토코쿠스과)	무포자 효모
		Sporobolomycetaceae (스포로볼로미세스과)	사출 포자 효모
		Moniliaceae (담색선균과)	*Aspergillus*(누룩곰팡이)
			Penicillium(푸른곰팡이)
			Geotrichum
			Monilia
			Botrytis(회색곰팡이)
			Cephalosporium
			Trichoderma
			Scopulariopsis
		Dematiaceae (흑색진균과)	*Cladosporium*
			Alternaria
			Aureobasidium
			Catenularia(팔색곰팡이)
		Tuberculariaceae (흑모양균과)	*Fusarium*(붉은빵 곰팡이)
	Mycelia sterilia (무포자균목)		

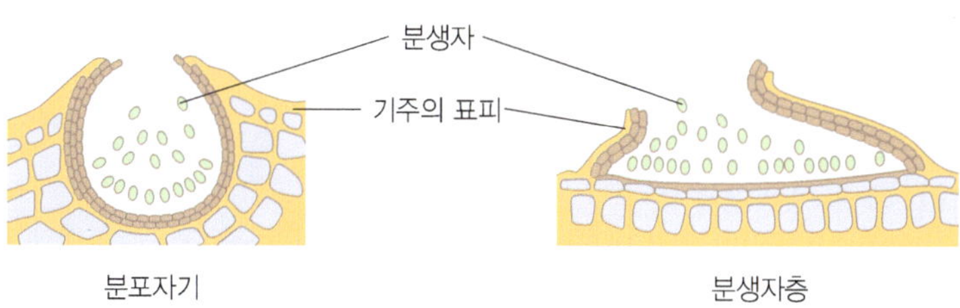

그림 2-72 의구각균목의 분포자기와 흑분균목의 분생자층

급한다. 효모도 무포자 효모는 불완전균에 속하지만 그 설명은 효모의 항에서 하고 여기에서는 주로 불완전균류에 속하는 곰팡이만 설명한다.

(1) 누룩곰팡이속*Aspergillus*

자연계에 널리 분포되어 있고 과일이나 채소, 빵 등에 생육한다. 균사는 격벽을 가지며 보통은 무색이고 분기한다. 분생아포병은 격벽이 있는 것과 없는 것이 있으며 병족세포 foot cell에서 나와서 뻗는다. 분생아포병의 선단은 비대해서 정낭vesicle이 되고 거기에서 경자sterigmata가 형성되며 다시 그 끝에 분생아포가 분열, 생성된다. 분생아포의 색은 균종에 따라서 황색, 녹색, 갈색, 검은색 등 여러 가지이다. 분류학상으로는 불완전균류-선균목-담색선균과에 속한다.

이 속은 유성 포자가 극히 드물게 발견되므로 학자에 따라서는 자낭균류에 포함시키는 이도 있으나 이 책에서는 불완전균류에 포함시켰다.

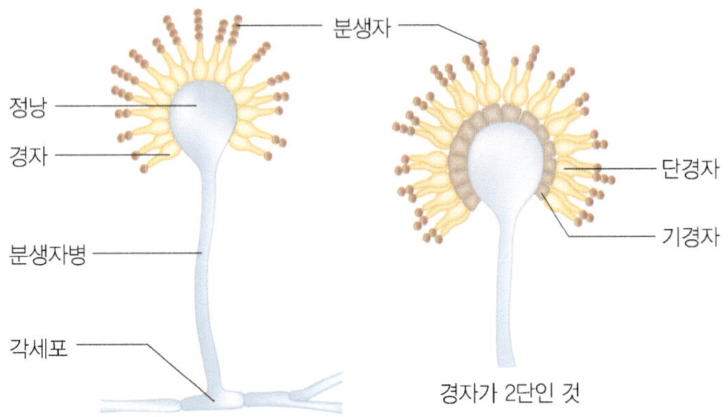

그림 2-73 *Aspergillus*속의 형태

① *Aspergillus oryzae*

누룩곰팡이의 대표 균으로 청주, 일식 된장(미소), 간장류 제조에 이용된다. 집락은 처음에는 백색인데 분생자가 생기면 황색에서 황록색으로 변하고 오래되면 갈색으로 된다. 전분 당화력, 단백 분해력이 강하고 한때는 소화제 제조에도 이용되었다. 생육 적온은 37°C이다.

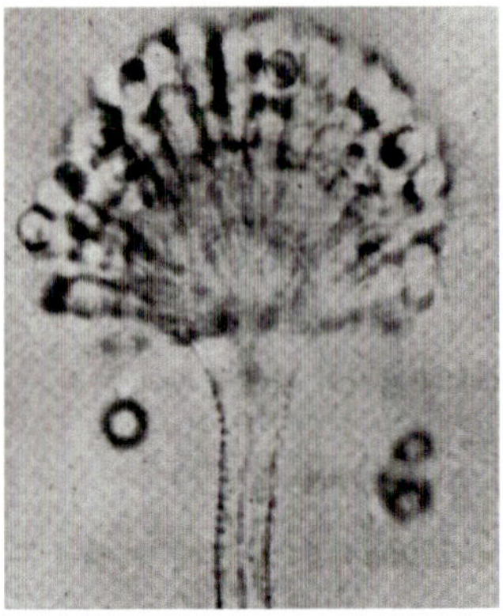

그림 2-74 *Aspergillus oryzae*

② *Aspergillus tamarii*

A. flavus group에 속하며 집락은 처음에는 백색이었다가 나중에 황색으로 변한다. 생육 적온은 35~ 37°C이며 일본 다마리 쇼유 메주용으로 이용된다.

③ *Aspergillus niger*

포자가 검은색으로 착생하기 때문에 흑국균이라고

도 한다. 경자는 2단이며 과일이나 빵, 떡에 잘 발생한다. 전분 당화력이 강하고 당에서 시트르산, 옥살산, 글루콘산 등을 다량 생성하는 균주가 많으므로 유기산 발효 공업에 이용된다. 펙틴 분해력이 강한 것도 있는데 이들은 삼의 정련과 과즙의 청정에 이용된다.

이와 비슷한 균종으로는 일본 오키나와 지방에서 증류주 아와모리 제조에 쓰이는 *A. awamori*가 있고, 종래 주정 공장에서 쓰던 *A. usamii*가 있는데 이들 모두 배양 후의 색이 검은색이므로 흑국균의 무리로 묶는다. 이들은 색 때문에 공장에서 사용할 때 많이 불편하므로 지금은 미황색의 *A. shirousamii*를 이용하는데 이것은 A. *usamii*에 Co^{60}을 처리해서 변이시킨 균종이다.

④ *Aspergillus glaucus* group

풀색곰팡이라고도 하는데 이 무리에는 *A. repens*, *A. ruber*, *A. chevalieri* 등이 있다. 진황색 피자기를 잘 만드는 특징이 있고, 삼투압이 높은 곳에서도 발육하며 피혁 제품이나 훈제품에서도 잘 자란다. 포도당에서 옥살산, 시트르산 등 여러 유기산을 생성한다.

⑤ *Aspergillus itaconicus*, *Aspergillus terreus*

전자는 포자가 녹색이고 후자는 갈색이며, 모두 이타콘산itaconic acid을 생성한다.

⑥ *Aspergillus flavus*

집락은 황록색이며 드물게 황색도 있다. 정낭은 구형 또는 플라스크형이고 경자는 한 겹이다. 피자기는 없으며 간암을 일으키는 아플라톡신aflatoxin을 생산하는 것이 있으므로 주의해야 한다. 이 외에 *A. parasiticus*도 아플라톡신을 생산하는 것이 알려져 있는데 자연계에 많으며 황록색 또는 녹색의 포자를 착생한다.

⑦ *Aspergillus fumigatus*

암녹색 포자를 만드는 곰팡이로, 토양에 많고 곡류에도 잘 붙는다. 사람이나 새의 폐에 기생해서 아스페르길루스증을 일으키는 병원성 곰팡이이며 생육 적온은 37°C이다.

⑧ *Aspergillus kawachii*(*A. niger* mut. *Kawachii*)

우리나라 막걸리 제조에 쓰이며 *A. niger*의 변이주이다. 대부분의 성질은 친주를 많이 닮았으나 친주는 검은색인 데 비하여 백색 또는 담황색이므로 백국균이라 한다.

(2) 푸른곰팡이속*Penicillium*

자연계에 널리 분포되어 있다. 과일, 떡, 빵 등에 잘 번식하며 황변미의 원인이 되는 등 유해한 것이 많은 반면, 치즈 숙성이나 항생물질 생산용으로 이용되는 유용한 것도 있다. 집락이 청색으로 된 것이 많기 때문에 푸른곰팡이라 하는데 회백색, 황갈색 등을 띠는 것도 있다.

이 속은 *Aspergillus*속과 근연이나 분생자병의 선단에 정낭을 만들지 않고 직접 분기되어 경자가 빗자루 모양으로 배열해 소위 추상체penicillus를 형성하는 점이 다르다. 경자의 상단에는 분생자가 사슬 모양으로 착생한다. 또 추상체가 그림 2-75의 중앙과 같이 분기하지 않는 것을 단륜생單輪生, Monoverticillata, 분기해서 2단이 된 것을 이륜생Biverticillata이라 하며, 좌우 대칭인 것Symmetrica과 비대칭인 것Asymmetrica이 있다〔*penicillium*은 추상(빗자루 모양) 또는 필상(붓 모양)이란 뜻〕.

① *Penicillium roqueforti*

프랑스의 유명한 로크포르 치즈를 만드는 데 쓰이는 균이다. 카세인을 분해해서 특유의 향미를 내고 녹색 반문을 생성한다. 집락은 처음에는 백색이나 나중에는 청록색으로 된다. 추상체는 비대칭이다.

② *Penicillium camemberti*

프랑스의 카망베르 치즈 숙성에 관계하는 비대칭의 푸른곰팡이로, 집락은 솜털 모양이다. 배양 초기에는 백색인데 나중에 담녹색으로 된다.

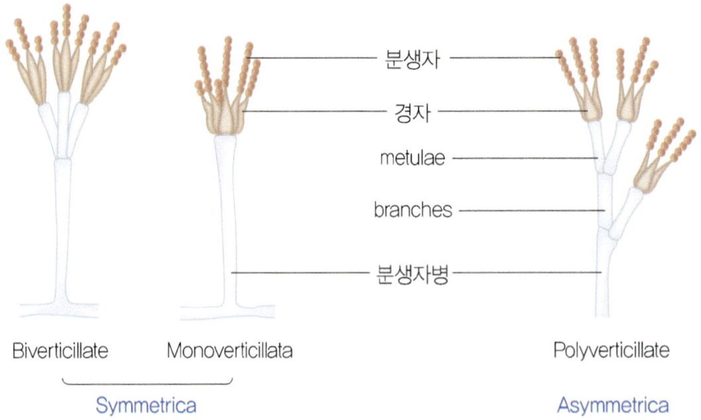

그림 2-75 *Penicillium*속의 형태

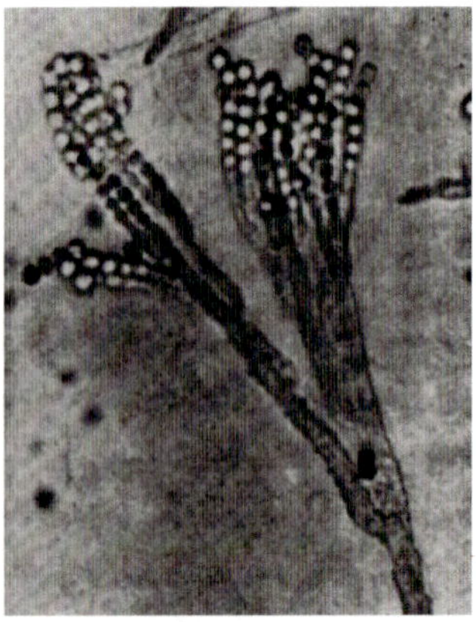

그림 2-76 *Penicillium roqueforti*

③ *Penicillium chrysogenum*

항생물질인 페니실린 생산에 이용되는 균으로 포도당 산화효소의 생산에도 쓰인다. 플레밍Alexander Fleming, 1881~1955이 처음 발견한 페니실린 생성균은 이 균과 많이 닮은 *Penicillium notatum*인데 다 같이 비대칭에 속한다.

④ *Penicillium citrinum*

황변미의 원인균으로 알려져 있다. 신장 장애를 일으키는 유독성 색소 시트리닌citrinin을 생산하는데 이 색소는 강한 형광을 내는 것이 특징이다. 분생자는 구형이거나 구형에 가깝다. 이 외에 *Penicillium islandicum*(이륜생의 Symmetrica), *Penicillium toxicarium*(단륜생)도 황변미에서 분리되고 독소를 내는 균이다.

(3) 회색곰팡이속*Botrytis*

집락은 회색이며 균핵을 잘 만든다. 포도나 딸기에 나타나는 일이 많다. 대표 균은 *Botrytis cinerea*인데 포도에 번식하면 과피의 납질을 분해하고 산미를 소비하며 수분을 증산하므로 감미가 증가하게 되어 포도주 양조에는 오히려 유용하다. 이 균이 번식된 경우를 귀부라 한다.

그림 2-77 *Botrytis*속

(4) *Monilia*속

이 속에서 중요한 것으로는 *Monilia sitophila*(일명 *Ospora lupuli*)가 있는데 이것은 *Neurospora sitophila*의 무성세대(불완전세대)이다(자낭균류 참조).

(5) *Geotrichum*속

이 속 가운데 *Geotrichum candidum*(젖곰팡이, 일명 *Oidium lactis, Oospora lactis*)는 백색 곰팡이이며 그림 2-78처럼 기중균사의 끝에서부터 갈라져 소위 분절포자가 된다. 우유나 유제품에 잘 발생한다.

(6) *Paecilomyces*속

이 속의 완전세대는 *Byssochlamys*속이다. 토양, 과실, 저장 곡류 등에 널리 분포한다. 대표 종은 *Paecilomyces varioti*인데 아황산 펄프 폐액에서 사료용 균체 생산에 이용되고, 아세트산, 프로피온산, 에탄올에서 다량의 말산malic acid을 만든다는 사실도 알려졌다.

(7) *Cephalosporium*속

토양에 널리 분포되어 있으며 분생자병의 끝에서부터 포자가 차례로 만들어지고 덩어리로 되어 착생한다. 항생물질인 세팔로스포린cephalosporin을 생성하는 것도 있다.

(8) *Trichoderma*속

짙은 녹색의 분생자가 경자의 끝에 뭉쳐서 착생한다. 유기질이 많은 토양에 잘 살고 목재에도 붙는다. 때로는 버섯 재배용 통나무에 번식해서 해를 주는 일도 있다. 섬유소 분해력이 강하기 때문에 셀룰라아제 생산용, 퇴비 숙성용 또는 톱밥 등을 이용한 사료 제조용으로 응용된다. *Trichoderma viride*는 이 속의 대표 균이다.

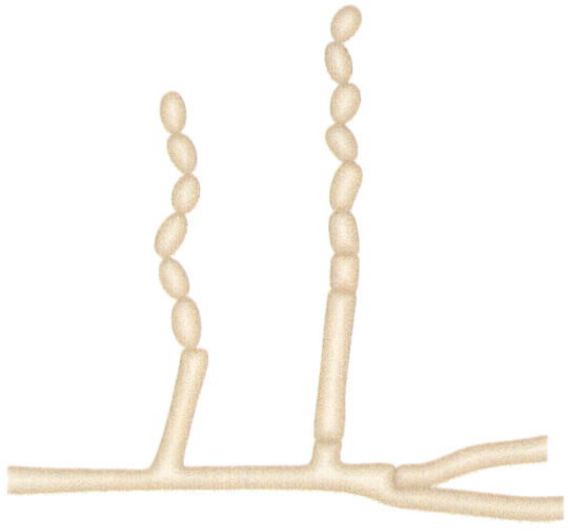

그림 2-78 *Geotrichum candidum*의 분절포자

그림 2-79 *Cephalosporium*속

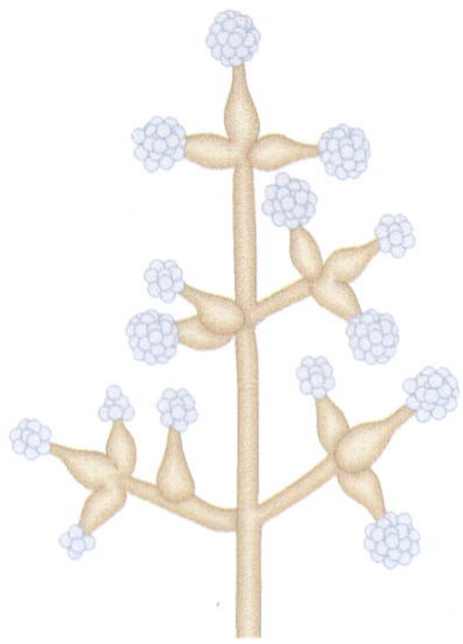

그림 2-80 *Trichoderma viride*

(9) 붉은곰팡이속*Fusarium*

초승달 같이 생긴 분생자를 착생하고 균총이 도적색桃赤色 또는 적자색을 띠는 곰팡이다. 완전세대는 그림 2-81과 같은 피자기를 만드는 자낭균류이며 *Gibberella*속이 된다. 보리의 붉은곰팡이병균인 *Fusarium graminearum*(*Gibberella saubinetii*), 아마의 입고병균인 *Fusarium lini* 등 식물 병원균이 되는 것이 많고, 곡물에 발생해서 동물에 심한 사료 중독을 일으키는 수도 있다.

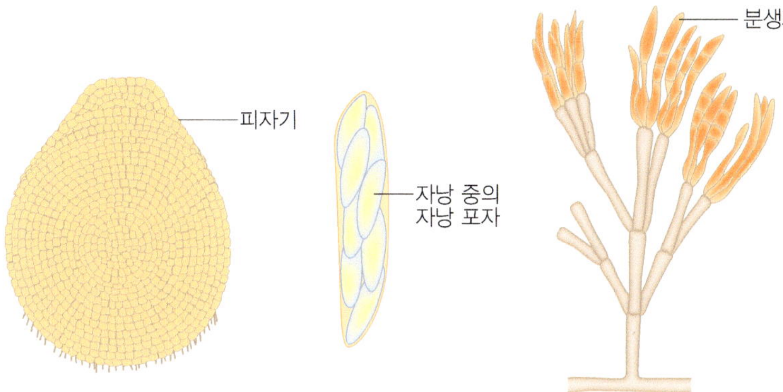

그림 2-81 *Fusarium graminearum*(*Gibberella saubinetii*)

8) 효모

진균류 중에서 생활의 대부분을 구형, 난형 등의 단세포 내에서 하고 주로 출아에 의해 증식하는 것들을 효모Yeast라고 한다. 이러한 효모는 대부분 자낭균류, 불완전균류에 속하며 담자균류에 속하는 것도 있다. 곰팡이나 버섯이란 명칭도 그렇지만 효모라는 명칭도 분류학상 정확한 것은 아니다. 그러나 같은 진균류에 포함되는 곰팡이나 버섯과는 그 성상이 현저히 다르기 때문에 관습상으로 이들 균류와 구별해서 취급한다.

효모는 균학mycology상 대단히 중요한 미생물군이며 알코올 발효력이 강한 것이 많아 옛날부터 주류의 제조, 제빵 등에 이용되어 왔다. 균체가 식용·사료용 단백, 비타민류, 핵산계 조미료의 원료 급원으로 유용한 것도 있고 당질 원료뿐 아니라 탄화수소를 탄소원으로 해서 잘 번식하는 효모도 있어서 주목되고 있다. 한편, 양조나 식품 등에 유해한 것이나 병원성을 가지는 것도 알려져 있다. 자연계에는 과실의 표피, 수액, 꽃의 밀선, 토양, 해수, 곤충의 체내에 이르기까지 널리 분포하고 있다. 자연계에서 분리한 직후의 것을 야생 효모wild yeasts라 하고, 성질이 우수한 효모를 분리한 후 목적에 따라 길들이면서 계대 배양한 것을 배양 효모culture yeasts라고 한다. 맥주 효모, 청주 효모, 빵 효모 등은 배양 효모에 속한다.

(1) 효모의 분류

효모의 분류 기준은 Lodder와 Kreger-van Rij(1952)에 의한 『The Yeasts-A Taxonomic Study』에 의존하였으나 그 후 1970년 제2판에 39속 349종이 새로운 분류 체계를 갖추어 소개되었고 1984년에는 제3판이 출간되었다.

표 2-19에서도 알 수 있듯이 한마디로 효모라고 하지만 자낭균류(유포자 효모 22속), 담자균류(5속 : 담자균류 효모 2속, 사출 포자 효모 3속), 불완전균류(무포자 효모 12속)에 걸쳐 있어서 복잡하다. 또 학술적 분류 방법을 떠나 실용적 견지에서 분류하는 방법을 보면 맥주 효모brewer's yeast, 청주 효모sake yeast, 포도주 효모wine yeast, 알코올 효모alcohol yeast, 빵 효모baker's yeast, 장유 효모soy-sauce yeast, 사료 효모fodder yeast, 석유 효모petroleum yeast 등으로도 부른다. 맥주 양조에는 상면 효모top yeast, 하면 효모bottom yeast의 구별이 있으며 *Rhodotorula*속이나 *Sporobolomyces*속 등의 붉은 효모는 적색 효모red yeast, *Pichia*속, *Hansenula*속처럼 액면에 피막을 형성하는 효모는 산막 효모film yeast라고 한다.

(2) 효모의 형태와 크기

효모의 대표적인 모양은 그림 2-82와 같다. 이 중 구형 및 난형인 것cerevisiae type이 가장 많고 그 외에 소시지형pastorianus type, 레몬형apiculatus type, 삼각형trigonopsis type 등이 있다. 이들 모양은 효모의 종류에 따라서 다를 뿐 아니라 같은 것이라 할지라도 배양 조건이나 시기에 따라서 변하기도 한다.

세포의 크기도 종류에 따라 또는 환경이나 발육 시기에 따라 상당히 차이가 있는데 지름이 5 μm 정도인 것이 많다. 따라서 보통 세균보다는 훨씬 크다.

(3) 효모의 미세 구조

전자 현미경의 발전과 세포의 초박편(0.1 μm 이하) 표본 제작 기술의 진보로 미생물의 미세 구조 연구도 눈부시게 발전하였다. 그림 2-83에서 보는 것처럼 세포는 두꺼운 외벽, 즉 세포벽으로 튼튼하게 둘러싸여 있고 그 안쪽에 엷은 세포질막(세포막)이 있으며 그 내부에는 세포질이 가득 차 있다. 세포질에는 핵, 액포, 미토콘드리아, 막상조직, 리보솜, 지

표 2-19 **효모의 분류**

분류상의 위치	(속의 수)	속명	
I. Ascomycotina(자낭균류)			
1. Endomycetales목			
(1) Saccharomycetaceae과			
1) Schizosaccharomycoideae아과	(1)	*Schizosaccharomyces*	유포자 효모 (자낭포자 효모)
2) Nadsonioideae아과	(4)	*Nadsonia, Saccharomycodes* *Hanseniaspora, Wickerhamia*	
3) Saccharomycoideae아과	(13)	*Saccharomyces, Kluyveromyces* *Lodderomyces, wingea* *Endomycopsis, Pichia* *Hansenula, Pachysolen* *Citromyces, Debaryomyces* *Schwanniomyces, Dekkera* *Saccharomycopsis*	
4) Lipomycetoideae아과	(1)	*Lipomyces*	
(2) Spermophthoraceae과	(3)	*Nematospora, Metschnikowa* *Coccidiascus*	
II. Basidiomycotina(담자균류)			
1. Ustilaginales목			
(1) Ustilaginaceae과	(2)	*Rhodosporidium* *Leucosporidium*	담자균류 효모
2. Tremellales목			
(1) Sporobolomycetaceae과	(3)	*Bullera* *Sporobolomyces* *Sporidiobolus*	사출포자 효모
III. Fungi imperfecti(불완전균류)			
1. Moniliales목			
(1) Cryptococcaceae과	(12)	*Brettanomyces, Candida* *Cryptococcus, Kloeckera* *Oosporidium, Pityrosporum* *Rhodotorula, Schizoblastosporion* *Sterigmatomyces, Torulopsis* *Trichosporon, Trigonopsis*	무포자 효모

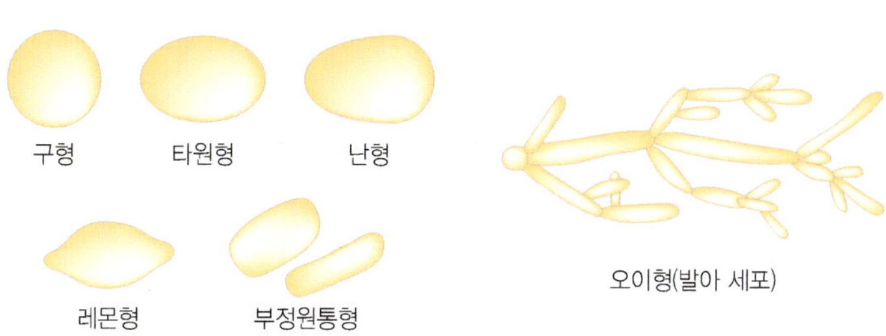

그림 2-82 **효모의 기본 형태**

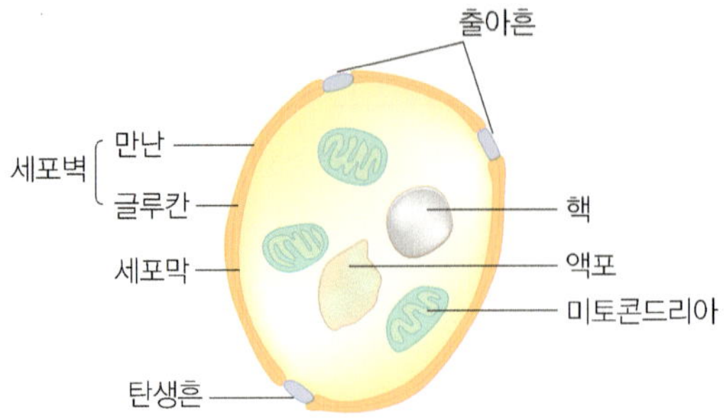

그림 2-83 효모 세포의 내부 구조

방립, 글리코겐립, 폴리메타인산 소체립 등이 존재한다.

① 세포벽과 세포막

세포벽은 두께가 0.1~0.4 μm이며 단단하여 자기 몸을 보호하고 모양을 잡아 준다. 세포벽 부분(중량)은 전체의 15% 정도가 되고 정상기 때에 급격히 증가한다. 화학적 조성은 글루칸glucan과 만난mannan을 주성분으로 하고 소량의 글루코사민, 단백질, 지질, 인을 함유한다. 세포벽의 표면은 망상 구조로 많은 36 Å(10,000 Å=1 μm) 정도의 구멍으로 되어 있다. 표면에는 모세포에서 분리된 탄생흔birth scar과 딸세포를 탄생시킨 출아흔bud scar인 링 구조도 볼 수 있다. 세포질막은 지질과 단백질의 복합체로 되어 있는데 세포 내외로 물질 이동에 중요한 구실을 맡고 있다. 이것은 70~80 Å 정도의 이중 구조로 되어 있다.

② 세포질

세포질에는 고등 동식물처럼 막상 구조(막조직endoplasmic reticulum)가 있는데 이것은 세포질막, 핵막, 미토콘드리아막과 연결되어 있다. 핵은 핵막으로 둘러싸여 있는 내부에 인nucleolus과 염색체chromosome를 갖는다. 핵막에는 물질 통로로 보이는 많은 미세 기공nuclear

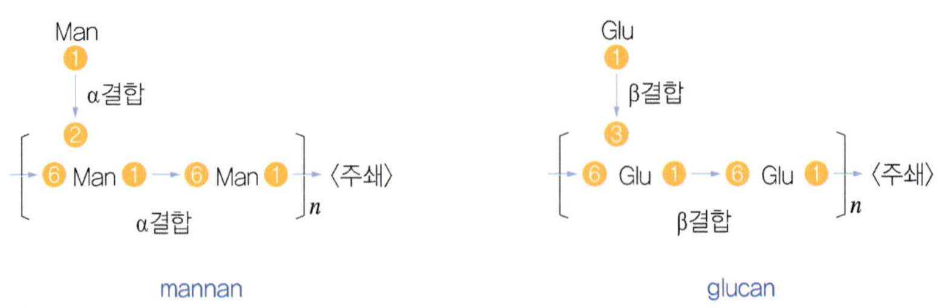

그림 2-84 효모의 만난과 글루칸의 구조

pores이 있다. 미토콘드리아는 호흡 효소가 있는 곳으로 효모의 것은 동식물의 것에 비해 소형이며, 지름 0.2~0.3 μm, 길이 0.4~0.6 μm의 원통형으로 여러 개 존재한다. 배양 조건에 따라서 그 모양이 달라지고 혐기적 배양의 경우에는 없어지기도 한다.

리보솜은 RNA를 40% 정도 함유하는 리보 핵단백ribonucleoprotein으로 되어 있다. 효모의 리보솜은 동식물과 유사하고 세균의 것과는 그 성질이 다르다. 세포질에는 많은 단백질(원형질체)이 있고 성숙된 세포의 중앙에는 대형의 액포가 있다.

(4) 증식법

효모의 증식법에는 영양 증식과 포자 형성에 의한 증식 2가지가 있다.

① 영양 증식

대부분의 효모는 출아budding로 증식된다. 즉, 성숙된 세포의 표면에 싹과 같은 돌기가 생겨서 그것이 점차 크게 되고 핵이 이행해서 원래 세포와의 사이에 구절이 생겨서 독립된 세포로 된다. 이때 원래 세포를 모세포mother cell라 하고 새로 생긴 세포를 딸세포daughter

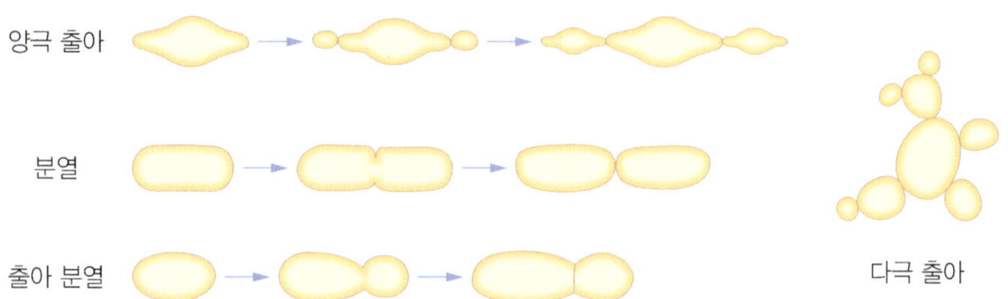

그림 2-85 효모의 영양 증식법

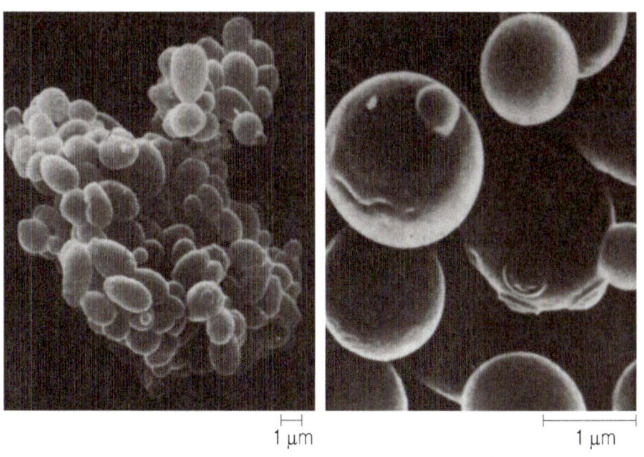

그림 2-86 효모의 주사전자 현미경 사진

cell라고 한다. 출아는 같은 장소를 피해서 세포 표면의 여러 곳에서 여러 번 되풀이할 수 있는데 이것을 다극 출아multilateral budding라 한다.

딸세포는 어느 정도 성숙하면 모세포에서 분리되어 새로운 개체가 되는데 때로는 분리되지 않고 다수가 연결되어 있는 것도 있다. 또는 출아한 것이 길게 뻗고 길게 연결되어 그림 2-87과 같이 균사 모양으로 되는 것도 있는데 이것을 위균사pseudomycelium라고 한다(예 : *Candida*속).

그림 2-87 위균사

어떤 효모는 곰팡이와 마찬가지로 격벽을 가지는 진균사true mycelium를 만들기도 하는데 이러한 예는 *Endomycopsis*속과 *Trichosporon*속에서 볼 수 있다. *Kloeckera*속에서는 양극 출아bipolar budding라 하여 세포의 양극에서 출아하는 예도 있다. 출아법 외에 세포의 중앙에 마디가 생기고 여기에서 2개로 갈라지는 소위 분열법으로 증식하는 것도 있다. 이런 효모를 분열 효모fission yeast라 하는데 이들은 *Schizosaccharomyces*속으로 묶었다. 또 *Saccharomycodes*속의 어떤 것은 출아한 후 바로 그 기부에서 마디가 생겨 분열하는 경우도 있다. 효모의 영양 증식법과 세포의 형태 및 그 예를 표 2-20에 나타내었다.

② 포자 형성에 의한 증식

효모 중에서는 환경이 부적당할 때나 생활환의 일부로 자낭포자를 형성하는 것이 있다. 이런 효모를 유포자 효모sporogenous yeasts 또는 자낭포자 효모ascosporogenous yeasts라고 하며, 이에 비해서 포자 형성능이 없는 효모를 무포자 효모asporogenous yeasts라고 한다. 효모가 자낭포자를 형성할 때 *Saccharomyces cerevisiae* 등은 무성적으로 수행할 수 있으나, *Schizosaccharomyces*와 같이 2개의 세포가 접합해서 유성적으로 이루어지는 것도 있다. 자낭 내의 포자 수는 보통 2~4개인데 효모의 종류에 따라서는 8~16개에 이를

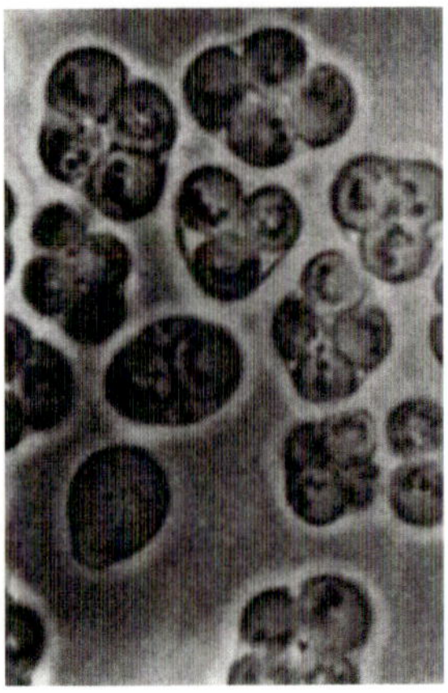

그림 2-88 *Saccharomyces cerevisiae*의 자낭 내 포자

표 2-20 **효모의 영양 증식법과 주요 세포 형태**

증식 형태	증식 형식	세포 형태	해당하는 주요 속
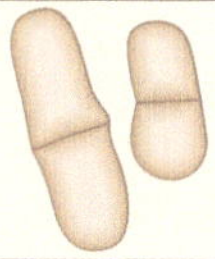	분열	타원형	*Schizosaccharomyces*
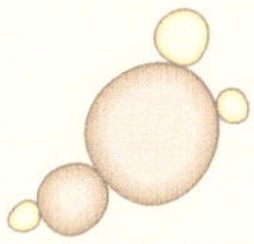	다극 출아	구형	*Saccharomyces* 외 많은 속
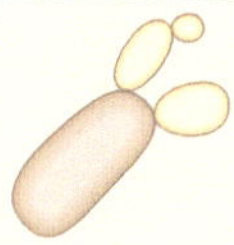	다극 출아	타원형	*Saccharomyces* 외 많은 속
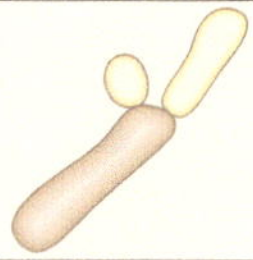	다극 출아	원통형	*Saccharomyces* 외 많은 속
	다극 출아	첨두타원형	*Dekkera*, *Brettanomyces*
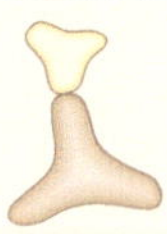	다극 출아	삼각형	*Trigonopsis*
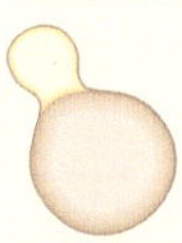	다극 출아(넓은 기부에서)	구형	*Cryptococcus* 외
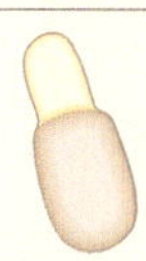	단극 출아	타원형	*Pityrosporum*
	양극 출아	레몬형	*Hanseniaspora*, *Kloeckera* 외
	분생자 형성	구형	*Sterigmatomyces*
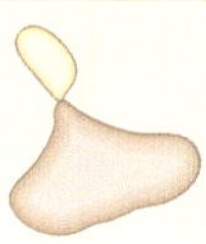	사출포자 형성	타원형	*Sporobolomyces*

표 2-21 자낭포자의 주요 형상

모양	자낭포자의 형상	해당하는 주요 효모속
	구형	*Saccharomyces* 외
	반구형	*Pichia* 외
	반월형, 신장형	*Kluyveromyces polysporus*
	모자형	*Hansenula* 외
	토성형	*Hansenula saturnus*
	장방형	*Lodderomyces elongisporus*
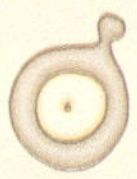	구형 가시돋음, 유적, 이태접합	*Debaryomyces hansenii*
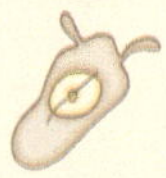	구형 가시돋음, 유적, 중앙에 금, 거짓결합관	*Schwanniomyces*
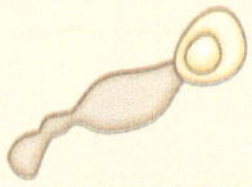	구형 가시돋음, 이태접합	*Nadsonia*
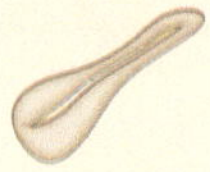	바늘 모양, 곤봉 모양 자낭	*Metschnikowia*
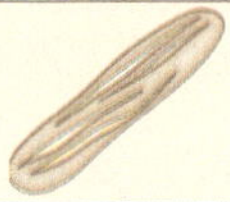	편모가 있는 방추형	*Nematospora*
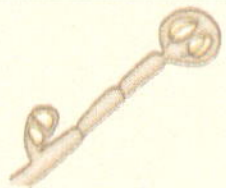	*Endomycopsis fibuliger*의 자낭과 자낭포자	
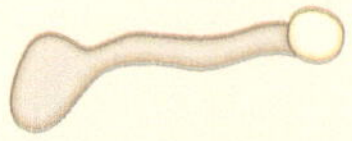	*Pachysolen tannophilus*의 자낭과 자낭포자	
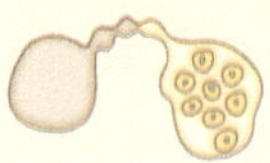	*Lipomyces starkeyi*의 자낭과 자낭포자	

수도 있다.

또 어떤 효모(예 : *Sporobolomyces*속)는 사출포자라는 것을 형성하게 된다. 즉, 영양 세포에서 돌출한 소병상에 포자ballistospore(사출포자)를 형성하고 이것을 특별한 메커니즘으로 사출한다(그림 2-89).

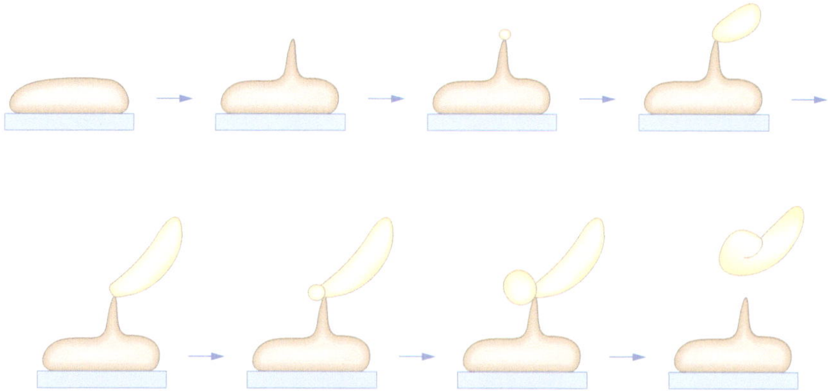

그림 2-89 *Sporobolomyces*속의 사출포자 형성과 방출(Buller)

(5) 효모의 생활환

빵 효모 *Saccharomyces cerevisiae*의 포자낭을 세포벽 용해 효소로 녹이고 그 속에 있는 4개의 포자를 각각 분리해 보면 a형과 α형으로 구별된다. 이들은 모두 염색체가 반수체haploid인데 영양 배지에서 증식할 수 있다. 그런데 이들은 동형의 사이에서는 접합이 불가능하며 이형 간에만 접합해서 접합체가 되어 배수체diploid를 형성한다. 배수체는 증식해서 또 반수체 포자를 만들게 된다.

이와 같이 반수세대haploid generation(포자)라는 명료한 성의 분화(a와 α)를 볼 수 있고 대립 접합형의 세포가 서로 접합해서 이배체화하는 계통을 이주성heterothallic 효모라 한다. 이에 반해서 동주성同株性, homothallic 효모는 이배체가 감수분열해서 포자를 만드는 것은 이주성과 마찬가지이나 겉보기에 성의 분화, 즉 안정한 반수세대가 없고 발아한 1개의 포자에서 생긴 자손 간에 자동으로 접합되어 이배체화한다. 어떤 효모가 성적으로 특이하게 접합하는 이유는 접합형이 다른 세포에서 분비된 펩티드계 호르몬으로 보이는 물질로 제어되기 때문이며, 이미 그 아미노산 배열이 결정되어 있는 것도 있다.

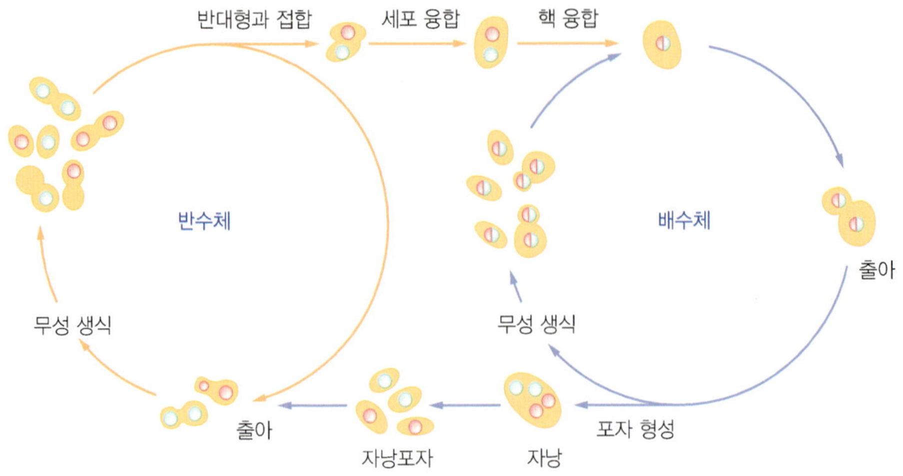

그림 2-90 이주성 효모의 생활환

(6) 식품과 관계 깊은 효모

① 유포자 효모류

a. *Schizosaccharomyces*속

영양 세포는 원통형이고 분열에 의해서 증식하는 유포자 효모로 열대 지방에 많이 분포되어 있다. 대표 균이라 할 수 있는 *Schizosaccharomyces pombe*는 아프리카 토인의 폼배주에서 분리된 것인데 알코올 발효력이 강하다. 여러 과실에서 분리되는 *S. octosporus*는 자낭포자를 8개 형성하기 때문에 이름이 붙여졌다.

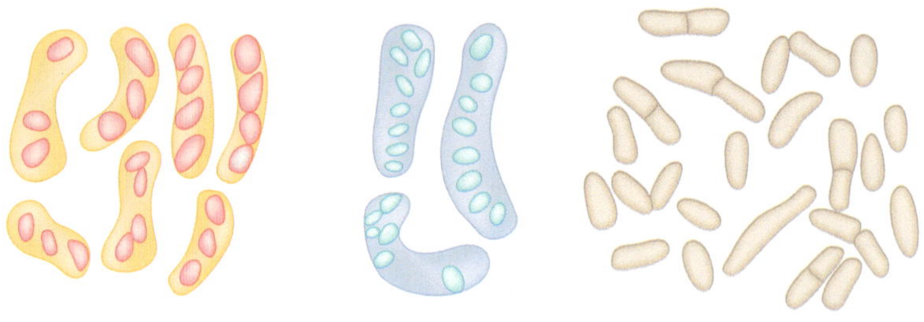

그림 2-91 *Schizosaccharomyces*속

b. *Endomycopsis*속

출아법으로 증식하며 세포는 진균사나 위균사를 형성한다. 당류의 발효력은 비교적 약

한 편이고 주로 당을 산화성으로 자화한다. *Endomycopsis chodati* 같은 경우는 펙틴을 분해하기도 한다.

c. *Saccharomyces*속

알코올 발효력이 강한 것이 많다. 각종 주류와 알코올의 제조 및 제빵 등에 옛날부터 이용되어 온 효모는 거의 이 속에 포함된다. 따라서 각 속 효모 중에서 가장 중요한 속이라 할 수 있다. 세포는 구형, 난형 또는 타원형이며 다극 출아를 하는 유포자 효모이다.

S. cerevisiae : *Saccharomyces*속 중에서 대표종이라 볼 수 있으며 맥주, 포도주, 청주, 알코올, 빵 등의 제조에 쓰이는 극히 유용한 효모이다. 이탈리아의 맥주 공장에서 분리되었으며 상면 발효 맥주 효모로 유명하다.

종전에 *S. sake*(청주 효모), *S. ellipsoideus*(포도주 효모), 당밀의 알코올 발효에 이용되었던 *S. formosensis*(타이완 발효 연구소, 제396호) 등을 지금은 모두 *S. cerevisiae*에 포함시킨다.

S. carlsbergensis : 칼스베르크 공장의 하면 발효에서 분리되어 하면 발효 효모로 알려진 것으로 Lodder 제2판에서는 *S. uvarum*에 포함시켰으나 제3판에서는 *S. cerevisiae*로 포함시켰다.

S. pastorianus : 세포가 알형이나 소시지형을 이루고 맥주에 불쾌한 취기를 주는 유해균이다. Lodder 제2판에서는 *S. bayanus*(이 효모도 맥주에 악취를 줌)와 같은 종으로 취급하였다.

S. diastaticus : 덱스트린이나 전분을 분해하는데 맥주 양조에서는 엑스분(고형물)을 감

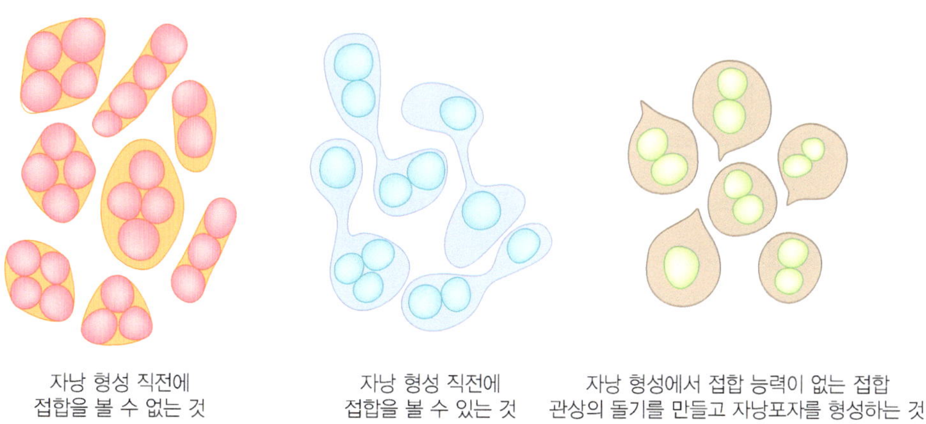

그림 2-92 *Saccharomyces*속의 자낭과 자낭포자

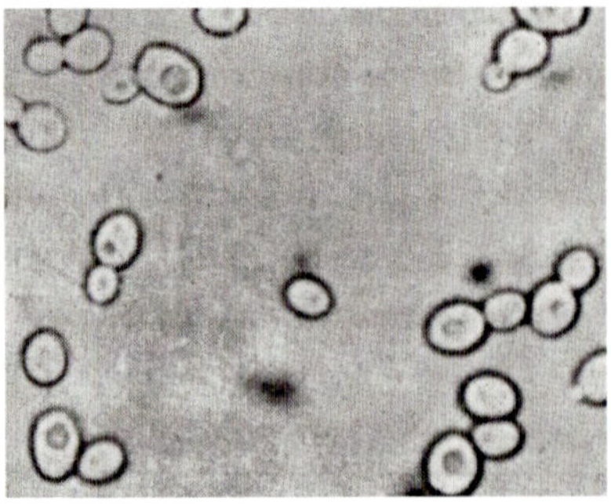

그림 2-93 *Saccharomyces cerevisiae*

표 2-22 효모 종명의 변천

옛날 이름(1952년)	1970년	1984년
Schizosaccharomyces	*S. rouxii*	*Z. rouxii*
Z. soja var. *soja*		
Z. major var. *major*		
Z. major var. *miso*		
Z. major var. *threntensis*		
Z. miso		
Torulopsis miso β		
T. miso η		
Z. japonicus var. *soya*	*S. rouxii* var. *halomembranis*	
Z. japonicus var. *japonicus*		
Z. salsus var. salsus		
Z. halomembranis		
Saccharomyces acidifaciens var. *halomembranis*	*S. bailii* var. *osmophilus*	
Z. mellis	*S. bisporus* var. *mellis*	

소시키므로 유해균으로 취급된다.

S. rouxii : 고농도 식염 배지에서도 생육할 수 있는 내염성 효모이며 간장 발효덧 가운데 유용 효모이다. 과거에 간장 발효덧 중의 유용 효모로 알려진 *Zygosaccharomyces major*, *Z. soya*나 간장 표면에 피막을 형성하여 품질을 저하시키던 유해 효모 *Z. salsus*, *Z. japonicus* 등을 제2판에서 모두 *S. rouxii*에 포함시켰으나 제3판에서는 다시 *Z. rouxii*로 개명하였다.

S. coreanus : 우리나라의 탁주 효모이다. 맥아즙 한천 배지에서 3일간(28℃) 배양한 세포는 구형, 타원형, 원통형이며 드물게 긴 모양도 있다. 세포의 크기는 3.0~7.5×16.0 μm이며 맥아당과 젖당은 발효시키지 못한다. 이 종을 Lodder 제3판에서는 *S. cerevisiae*로 포함시켰다.

d. *Pichia*속

양조물 표면에 간혹 밀가루 모양의 엷은 막을 형성하는 효모로서 유해균으로 취급되는 경우가 많다. 구형, 모자형, 토성형 등의 포자를 만든다. 대표 균이라 할 수 있는 *Pichia membranaefaciens*는 에탄올을 소비하며 당의 발효력은 거의 없고 포도당을 조금 발효할 수 있을 뿐으로 절임액 표면에 피막을 만든다. 포도주나 맥주의 유해균으로 푸마르산에서 활발하게 말산을 만드는 푸마라아제fumarase가 있고 활성이 강한 것도 있다.

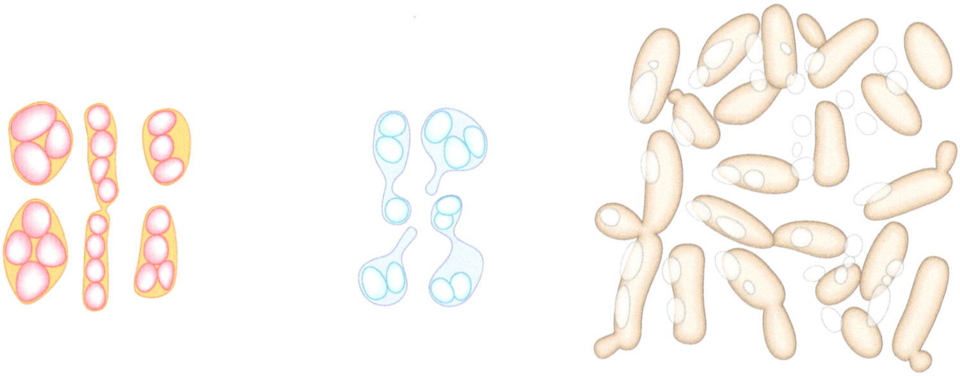

포자 형성 직전에 접합을 하지 않는 것　포자 형성 직전에 접합을 하는 것　*P. membranaefacien*의 영양세포

그림 2-94 *Pichia*속의 자낭과 자낭 세포

e. *Hanseniaspora*속

세포는 레몬형으로 양극 출아를 하며 포자는 처음에는 구형이었다가 후에 모자형 또는 헬멧형으로 된다. 일반적으로 양조물에서 알코올을 감소시키고 휘발산을 증가시키므로 유해균이다. 대표 균은 *Hanseniaspora valbyensis*인데 포도주의 발효 초기에 출현했다

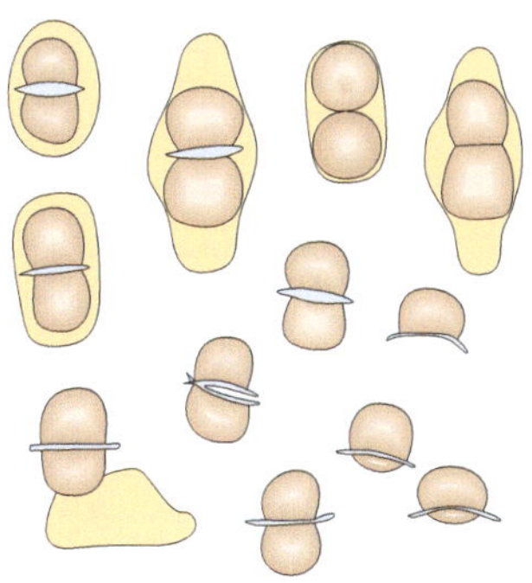

그림 2-95 *Hanseniaspora*속의 자낭과 자낭포자

가 나중에 자연 도태된다. 이 속의 무성세대는 *Kloeckera*속이다.

f. *Debaryomyces*속

이 속의 효모는 표면에 돌기가 있는 포자를 형성하는 것이 특징적이며, 발효력은 없거나 있어도 매우 약하다. 내염성의 산막 효모가 많고 채소 절임이나 절인 고기에서 흔히 볼 수 있다. 내당성도 강하고 비타민 B_2를 생성하는 것도 있다. 대표 균인 *Debaryomyces hansenii*는 치즈와 소시지에서 분리되었다.

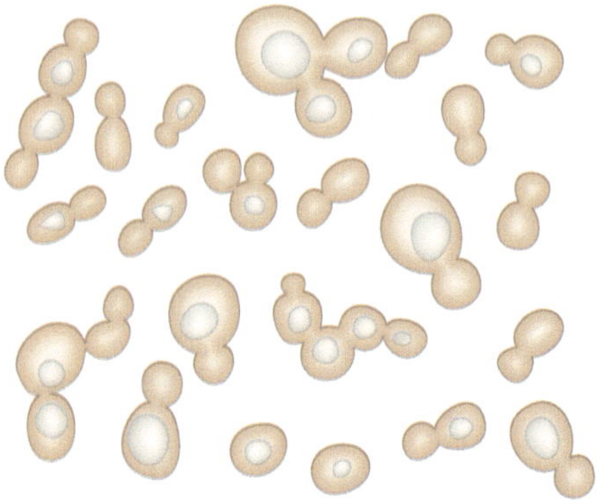

그림 2-96 *Debaryomyces hansenii*의 영양 세포

g. *Hansenula*속

산막 효모로 포자를 형성하는 것은 *Pichia*속과 비슷하나 자화하는 점이 다르다(*Pichia*속은 자화 불능). 알코올에서의 에스테르 생성력이 강하다.

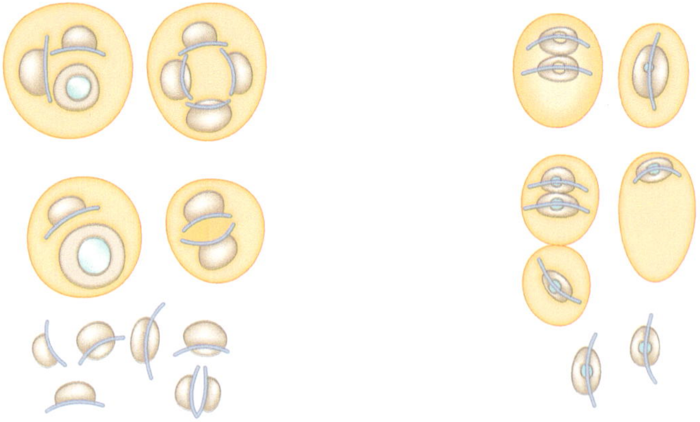

*H. anomala*의 자낭과 중산모자 모양의 자낭포자 　　 *H. saturnus*의 자낭과 토성 모양의 자낭포자

그림 2-97 *Hansenula*의 자낭과 자낭포자

*Hansenula anomala*는 이 속의 대표 균이며 모자형의 포자를 만든다. 자연계에 널리 존재하며 양조물의 표면에 피막을 형성하고 알코올을 소비하므로 유해균으로 취급된다. 그러나 청주 양조의 후기에 관여하여 방향芳香을 생성하는 경우에는 유용 효모로 볼 수 있다.

② 사출포자 효모류ballistosporogenous yeasts

*Sporobolomyces*속은 사출포자 효모류에 속하는 것으로 다극 출아를 하며, 세포는 난원형 또는 장형이고 진균사와 위균사를 만드는 것도 있다. 사출포자는 세포의 한쪽에 형성된 소병에 착생되었다가 독특한 방법으로 사출된다. 세포는 카로티노이드 색소에 의해서 홍적색을 나타내며 거의 무색인 것도 있다. 또 당류는 산화성 자화를 한다. 대표 균은 *Sporobolomyces salmonicolor*인데 진균사를 형성하며 홍적색을 띤다.

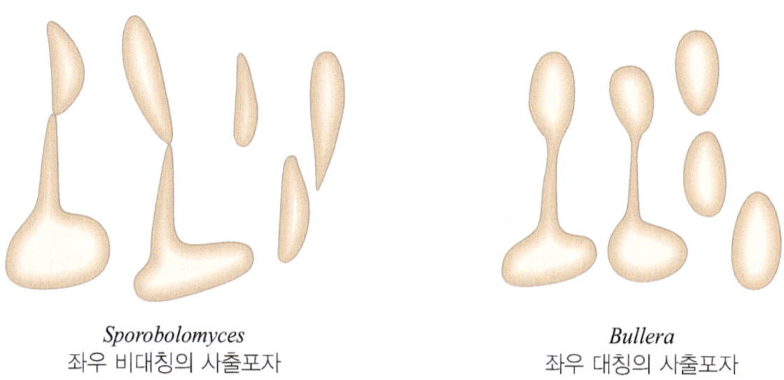

그림 2-98 사출포자의 형태

③ 무포자 효모류asporogenous yeasts

a. *Cryptococcus*속

세포는 주로 구형 또는 난형이며 위균사를 형성하지 않는다. 세포가 점성의 협막에 싸여 있어 그 집락은 끈적거리고 전분 비슷한 물질을 생성하는 것이 특징이며 발효력은 없다. 대표 균인 *Cryptococcus neoformans*는 인축의 중추신경을 침범하고 폐나 피부에 기생해서 소위 크립토코쿠스증을 일으킨다.

b. *Torulopsis*속

세포는 일반적으로 소형의 구형 또는 난형이며 대표적인 무포자 효모이다. 위균사를 형성하지 않는 것으로 *Candida*속과 구별하고, 전분 비슷한 물질을 생성하지 않는 것으로

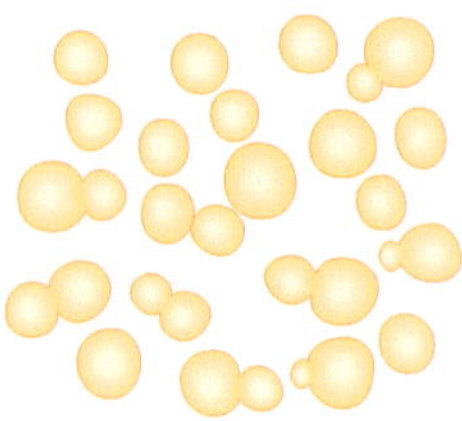

그림 2-99 *Cryptococcus neoformans*

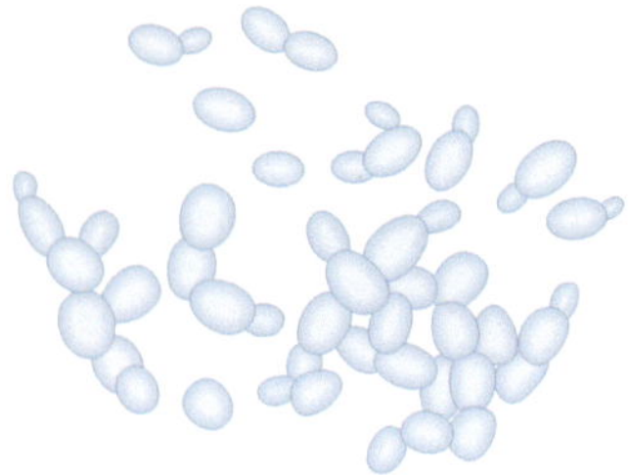

그림 2-100 *Torulopsis versatilis*

*Cryptococcus*속과 구별하였다. Lodder 제3판에서 *Candida*속에 포함시켰다.

T. versatilis : 세포는 비교적 소형의 구형이고 내염성이 강해서 간장 발효덧에 관여하며 향미를 부여한다. 이와 함께 간장 발효 후기에 관여하는 *Torulopsis etchellsii*가 있는데 둘 다 유용균이다.

T. bacillaris : 내당성이 강하여 55%의 벌꿀에서도 생존한다. Lodder 제2판에서는 이것을 *T. stellata*와 동종으로 분류하였다.

c. *Brettanomyces*속

세포의 모양은 구형 또는 난형인데 때때로 양끝이 뾰족한 타원형을 나타내는 것이 특징적이다. 호기적 조건일 때 당에서 다량의 아세트산을 생성한다. 대표 균인 *Brettanomyces bruxellensis*는 맥주의 상면 발효 시 후발효에 관여하는데, 하면 발효의 경우에는 유해하다고 한다.

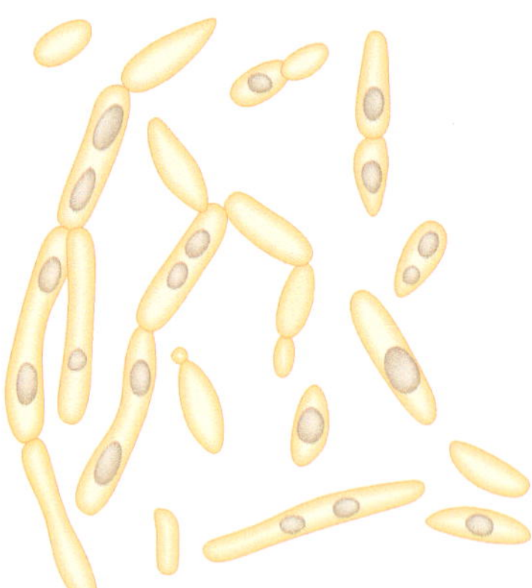

그림 2-101 *Brettanomyces bruxellensis*의 영양세포

d. *Candida*속

세포의 모양에는 구형, 난형, 원통형 등이 있고 위균사를 만들며 알코올 발효력이 있는 것이 많다. 자연계에 널리 분포되어 있고 균종에 따라서는 진균사와 후막포자를 형성하기도 한다. 어떤 것은 탄화수소를 자화하는 것도 있다. Lodder는 제2판에서 종전의 *Torula*속, *Mycoderma*속, *Monilia*속 등을 전부 *Candida*속에 합병하여 총 81종을 기재하였고 제3판에서는 196종으로 늘렸다.

C. utilis : 종전에 *Torula utilis*, *Torulopsis utilis*라 불렀던 균이다. 자일로오스xylose를 자화하므로 아황산 펄프 폐액 등에 배양해서 균체는 사료 효모용 또는 이노신산inosinic acid 제조용으로 이용한다.

그림 2-102 *Candida utilis*의 영양세포와 위균사

C. tropicalis : *Candida*속의 대표 균이라 할 수 있다. 세포의 모양은 짧은 난형이며 크기는 5~9×6~12 μm이다. 자일로스 자화력이 강하여 사료 효모 제조용 균주로 이용한다. *C. lipolytica*와 더불어 탄화수소 자화력이 강하기 때문에 단세포 단백질single cell protein, SCP 제조용 석유 효모로 주목받고 있다. *C. lipolytica*에는 *n*-파라핀에서 다량의 α-케토글루타르산이나 시트르산을 생성하는 것이 있다(시트르산은 당에서도 잘 생성됨).

C. guilliermondii, C. robusta : 비타민 B_2 생성력이 높은 것이 있다. 특히 후자는 아세트산을 단일 탄소원으로 해서 비타민 B_2를 다량 생산한다.

C. albicans : 사람이나 동물의 피부, 점막에 기생해서 칸디다증을 일으키는 병원균이다.

e. *Kloeckera*속

세포는 레몬형이고 양극 출아를 한다. 대표 균인 *Kloeckera apiculata*는 포도 등의 과실이나 과즙에서 발견되며 포도당만을 발효한다. *Hanseniaspora*속의 무성세대이다.

f. *Rhodotorula*속

카로티노이드 색소를 생성하여 적색이나 황색을 띠는 것이 특징이므로 적색 효모라고 한다. 자연계에 널리 분포되어 있으며 발효력은 없으나 식품의 오염균이 된다. 대표 균인 *Rhodotorula glutinis*는 균체 건물량의 60%에 해당하는 지방을 축적하여 *Lipomyces*속과 더불어 유망한 유지 생산균이다.

카로티노이드 색소를 만드는 적색 효모로는 사출포자 효모인 *Sporobolomyces*속, 담자균류 효모인 *Rhodosporidium*속이 있다.

g. *Trichosporon*속

위균사 외에 진균사나 분절포자를 만드는 효모이다. 대표 균인 *Trichosporon cutaneum*이나 *T. pullulans*는 저온에서도 잘 생육하며 활성 오니법에 의한 전분 공장 폐수 처리에 유용한 것으로 알려져 있다.

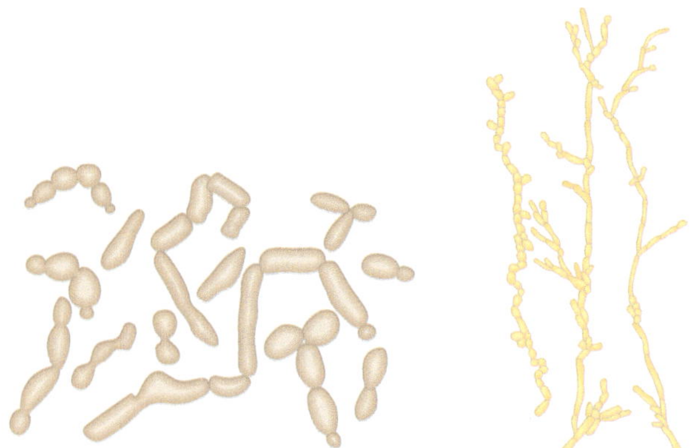

그림 2-103 *Trichosporon cutaneum*

6. 바이러스와 파지

바이러스virus는 라틴어로 '독'을 뜻했는데 그 후 병원성이 있는 미생물 전체(세균, 진균 포함)를 지칭하게 되었다가 1930년경부터는 현미경으로도 볼 수 없는 여과성 병원체를 가리키게 되었다. 바이러스에는 DNA 바이러스와 RNA 바이러스가 있다. 바이러스는 세포 내에 있을 때와 세포 외에 있을 때 각각 그 상태가 전혀 다르다. 세포 외에 있는 바이러스를 비리온virion이라고도 하는데 이것은 대사 활성이 전혀 없고 호흡이나 생합성 등을 못한다. 그러나 다른 세포에 일단 감염된 바이러스는 그 세포의 효소나 기질을 이용해서 증식한다.

1) 바이러스의 역사

바이러스의 존재는 1892년 이바노프스키Ivanowsky가 담배모자이크병tobacco mosaic disease에 걸린 담뱃잎의 추출액이 세균 통과 불능의 필터filter로 여과한 후에도 여전히 감염력을 유지하는 사실을 발견한 뒤 알게 되었다. 그러나 그는 이러한 현상을 세균의 독소 때문이라고 생각하고 이것이 증식 가능하다는 중요한 성질을 미처 깨닫지 못했기 때문에 바이러스 발견자라고 할 수 없다는 주장도 있다. 1898년 코흐Robert Koch의 제자 뢰플러Friedrich Loffler와 프로쉬Paul Otto Max Frosch는 소의 구제역이 세균이 전혀 없는 여과액에 의해서 야기된 사실을 알게 되었다. 그들은 이 현상을 다시 확인하고 감염량이 아주 적었기 때문에 이것을 독소라 할 수는 없었으며 스스로 증식하고 현미경으로는 보이지 않는 극히 미소한 생물이 아닌가 생각하게 되었다. 그리고 당시 결핵균 등 여러 병원균이 차례로 발견되었지만 아직도 그 병원균을 발견하지 못한 천연두, 우두 등의 병이 이런 종류의 극소 미생물 때문에 야기된 것이 아닐까 하고 예상하였다. 얼마 후 동물이나 식물의 병이 마찬가지로 여과성 병원체 때문에 생긴다는 것이 확실해짐에 따라 여과성 바이러스filtrable virus라는 개념이 확립되었고, 오늘날에는 단순히 '바이러스'라고 하게 되었다.

1898~1899년 이바노프스키는 담배모자이크바이러스tobacco mosaic virus, TMV에 관한 실험을 되풀이하는 도중 TMV가 감염력을 상실함 없이 용액에서 알코올에 의해 침전되기도 하여 종래의 세포성 생물과는 성질이 다름을 관찰했고 1935년에는 스탠리Wendell Meredith Stanley, 1904~1971가 비로소 결정의 모양으로 얻게 되었다.

1915~1917년 트워트F.W. Twort와 데렐F.H. d'Hérelle은 각각 독립적으로 세균이 초현미경적 여과성 인자에 의해서 용균된다는 사실을 발견하였으며, 데렐은 이것을 박테리오파지bacteriophage라 이름 지었다. 그는 파지가 동식물의 바이러스와 기본적으로는 같은 것이라고 주장했지만 처음에는 사람들이 잘 믿지 않았다.

2) 바이러스의 일반 성상

(1) 바이러스의 종류

바이러스에는 종류가 극히 많고 크기·모양·화학 조성, 숙주 세포의 종류 등에 차이가

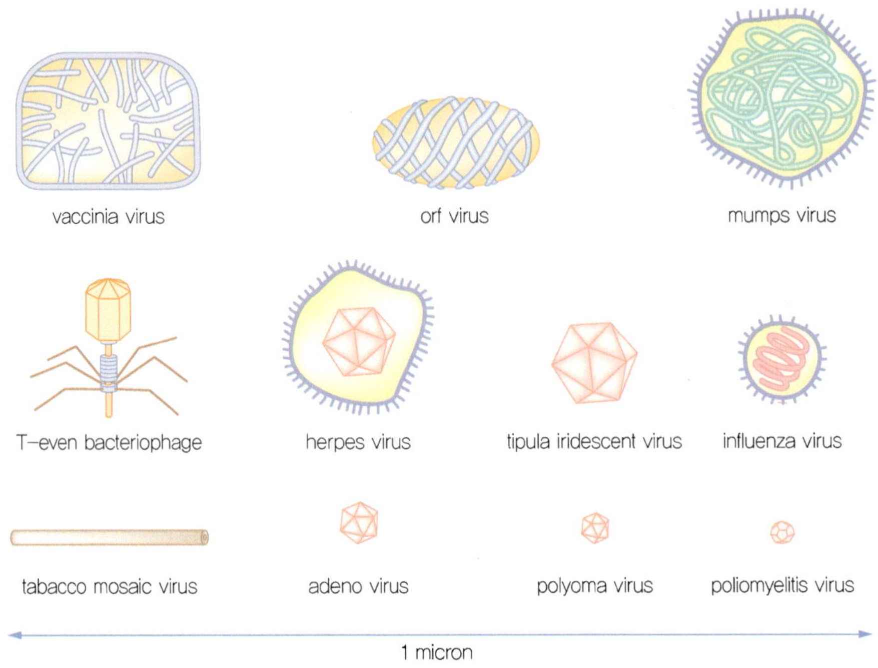

그림 2-104 바이러스의 구조와 상대적 크기

있으며 동물·식물·세균·남조·균류 등의 생물 세포를 감염시킨다. 이 중에서 특히 세균에 감염될 수 있는 바이러스를 박테리오파지 또는 파지라고 한다.

바이러스는 광학 현미경으로는 볼 수 없기 때문에 연구에 어려움이 많았으나 전자 현미경이 등장함으로써 많은 도움을 받았다. 사실 전자 현미경은 맨 처음 이 분야에 공헌했다고 할 수도 있다.

① 동식물에 감염하는 바이러스

항온 동물에 감염하는 바이러스는 아주 많은 종류가 알려져 있다. 그중 중요한 것들을 보면 사람의 중추신경계에 마비를 일으켜서 소아마비를 야기하는 폴리오바이러스 poliovirus, 인플루엔자 바이러스influenza virus, 천연두 바이러스smallpox virus, 홍역 바이러스measles virus 등이 있으며, 암과 관계되는 종양 바이러스도 있다. 보통의 정상 세포는 증식해서 세포 밀도가 높아지고 세포끼리 서로 접촉하게 되면 분열이 정지되는데 이것을 접촉 저해 contact inhibition라고 한다. 그러나 종양화한 세포에서는 접촉 저해 현상을 볼 수 없고 계속 증식하는데 이는 암세포의 특징이다.

식물에 감염되는 바이러스도 많이 알려져 있다. 식물이 바이러스에 감염되면 회복하기

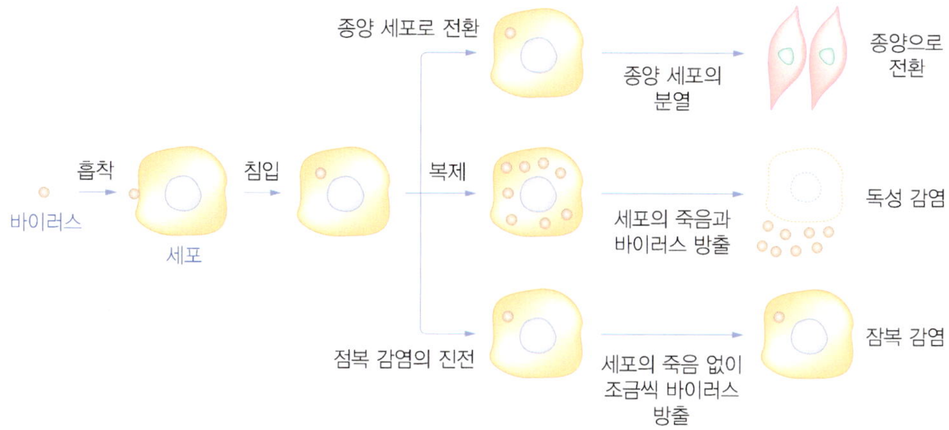

그림 2-105 바이러스의 감염과 그 결과

어렵고 따라서 농작물에도 피해를 주는 경우가 많다. 현재까지 20여 종의 식물 바이러스가 결정화되었지만 그중에서도 담배모자이크 바이러스TMV가 가장 많이 연구되었다.

② 미생물에 감염되는 바이러스

진균이나 조류, 원생동물 등에 감염되는 바이러스에 대해서는 아직 연구가 많지 않지만 조류 바이러스algal virus에 대한 보고가 다수 있다. 식용 버섯에 감염하는 양송이*Agaricus bisporus* 바이러스가 보고되었으며 효모 세포에 감염하는 바이러스도 알려져 있다.

③ 남조에 감염하는 바이러스

남조 바이러스도 다수 분리되고 있는데 이들의 핵산은 모두 두줄 사슬 DNA이며 파지처럼 꼬리 구조를 가지는 것도 있다. DNA의 복제 기구도 파지의 경우와 비슷함이 알려져 있다.

④ 박테리오파지

파지는 대부분 속의 세균에서 분리된다. 핵산은 DNA이며 그 모양은 여섯 가지로 꼬리가 있는 것과 없는 것으로 나뉘는데 꼬리가 있는 파지는 두 가닥 사슬 DNA를 가지며 꼬리가 없는 파지는 한 가닥 사슬 DNA를 가진다. 표 2-23은 주요 박테리오파지를, 표 2-24는 식품과 관련된 박테리오파지를 정리한 것이다.

⑤ 특수한 바이러스

위에서 설명한 바이러스와 전혀 다른 성질을 가지는 예외적인 바이러스도 존재한다.

표 2-23 주요 박테리오파지

특성	숙주	
	E. coli	기타 세균
신축성의 꼬리를 가지는 두 가닥 사슬의 DNA	T2, T4, T6	*Pseudomonas*: 12S, PB-1 *Bacillus*: SP50 *Myxococcus*: MX-1 *Salmonella*: 66t
비신축성의 긴 꼬리를 가지는 두 가닥 사슬의 DNA	T1, T5, lambda	*Pseudomonas*: PB-2 *Corynebacterium*: B *Streptomyces*: KI
비신축성의 짧은 꼬리를 가지는 두 가닥 사슬의 DNA	T3, T7	*Pseudomonas*: 12B *Agrobacterium*: PR-1,001 *Bacillus*: GA/1 *Salmonella*: P22
큰 캡소미어, 한 가닥 사슬의 DNA	ØX 174	*Salmonella*: ØR
작은 캡소미어, 한 가닥 사슬의 DNA	f2, MS2, QB	*Pseudomonas*: 7s, PP7 *Caulobacter*
섬유 모양 한 가닥 사슬의 DNA	fd, f1, M-13	*Pseudomonas*

표 2-24 식품과 관련된 박테리오파지

숙주균	식품의 종류	발견연도
Streptococcus cremoris	치즈	1935
Streptococcus lactis	치즈, 겨자에 넣은 침채류	1935
Streptococcus thermophilus	치즈	1935
Lactobacillus acidophilus	요구르트	1957
Lactobacillus brevis	청주, 채소	1955
Lactobacillus plantarum	침채류	1950
Lactobacillus mesenteroides	청주 효모, 덱스트란	1947
Bacillus natto	natto	1966
Bacillus subtilis	세균 amylase	1955
Brevibacterium lactofermentum	L-glutamic acid 발효	1961

즉, 어떤 것은 2종류 또는 3종류가 동시에 숙주에 감염했을 때에만 증식하기도 한다. 그 예로서 담배괴사위성바이러스tobacco necrosis satellite virus, TNSV는 담배괴사바이러스TNV와 동시에 감염될 때에 비로소 증식할 수 있다. 또 하나 특수 바이러스의 예로는 바이로이드 바

이러스viroid virus가 있는데, 이것은 보통 바이러스의 10% 정도로 소량의 RNA를 가지며 단백질 외피도 없으나 감염력이 있다. 이 바이러스는 감자나 밀감류, 국화과 식물에서 병을 일으킨다.

(2) 바이러스의 작용

바이러스의 작용은 크게 두 가지로 볼 수 있다. 그 하나는 숙주 세포에 병을 일으키는 것이며, 또 하나는 숙주 세포 내에서 증식할 때 숙주의 유전자에 합쳐져서 다음 세대로 전달되는 것이다. 그러나 모든 바이러스가 이 두 가지 작용을 다 하는 것은 아니며 어떤 바이러스는 병원성으로만, 또 어떤 것은 유전자의 전달 구실만 하는 것도 있다. 일반적으로는 숙주 세포나 환경 조건 등에 따라서 그 작용이 달라지는 경우가 많다.

(3) 바이러스의 구조

바이러스의 구조는 각양각색이다. 전자 현미경의 출현과 그 이용 기술의 발전으로 오늘날 바이러스의 구조는 외부 모양뿐 아니라 내부 구조까지도 알려지게 되었다.

일반적으로 바이러스의 핵산은 중앙 부위에 있으며 캡시드capsid라는 단백질 외피가 그것을 감싸고 있다. 외피 단백질은 작은 조각subunit으로 되어 있는데 이것을 캡소미어capsomere라고 한다(그림 2-107). 어떤 바이러스는 한 종류의 단백질만으로 캡소미어를 형성하지만 또 다른 바이러스는 2종류 또는 그 이상 여러 가지 단백질로 되어 있다.

파지는 머리 부분과 꼬리 부분으로 복잡하게 구성되어 있다. 머리는 막상의 단백질로

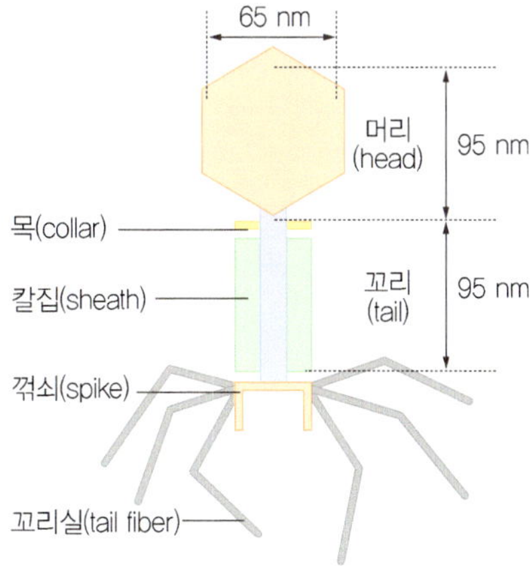

그림 2-106 대장균 파지의 구조

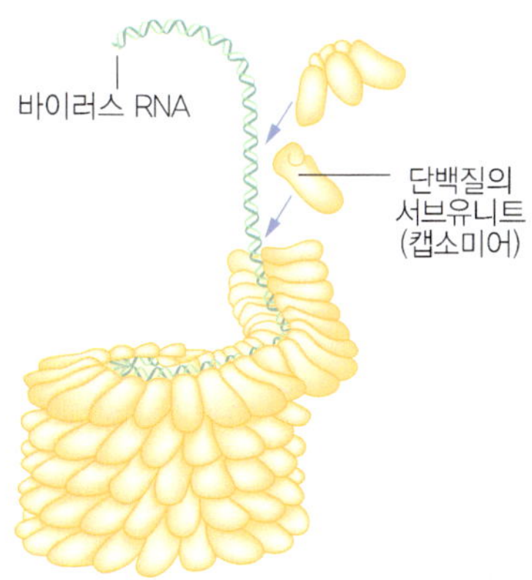

그림 2-107 담배모자이크 바이러스의 구조

되어 있고 그 속에 핵산이 들어 있다. 감염될 때 이 핵산은 꼬리 부분을 통해 숙주 내로 투입된다. 대장균의 T4 파지 등에서는 꼬리 부분이 머리 부분보다 더 복잡한 구조를 하고 있기도 하다. 바이러스의 크기는 30~300 nm로 큰 것이라도 광학 현미경의 해상력의 한계에 겨우 미칠 정도이다.

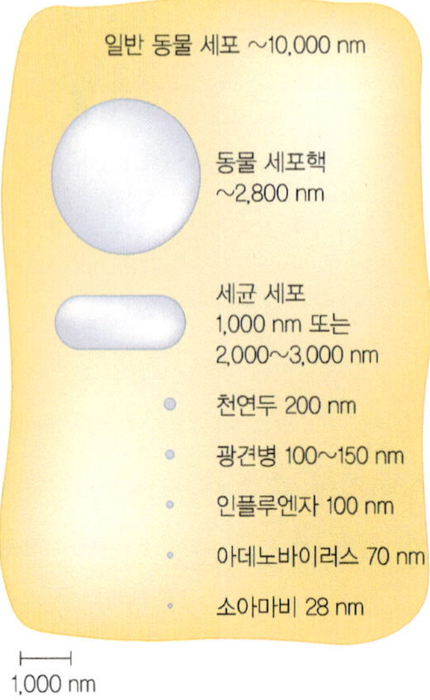

그림 2-108 동물 세포와 바이러스의 크기 비교

3) 파지의 생활환과 용원화

대부분의 파지는 감염으로 숙주에 병을 일으키는데 이런 것들을 독성 파지virulent phage라 한다. 반면, 숙주에 대해서 그다지 강한 작용을 하지 않는 것도 있는데 이런 것들은 약독성 파지temperate phage 또는 용원성 파지라고 한다. 이와 같은 경우는 세균을 숙주로 하는 DNA 파지에서만 볼 수 있다. 파지가 세균 세포에 흡착해서 DNA가 숙주 세포 내에 주입되면(그림 2-109) 세균의 세포 내에서는 파지의 유전 정보에 따라 무수한 파지가 생합성된다. 얼마 후에는 숙주 세포가 파열burst하여 유리 파지free phage가 방출된다. 용균의 측정은 파지 감수성 균과 같이 평판 배양을 하면 용균반plaque이 생기므로 그 수를 계산할 수 있다.

파지는 항상 용균을 하는 것은 아니며 숙주의 유전자DNA상의 어느 위치에 붙어 있는 것도 있다. 이와 같이 된 파지를 프로파지prophage라고 하는데 프로파지는 숙주균과 동조

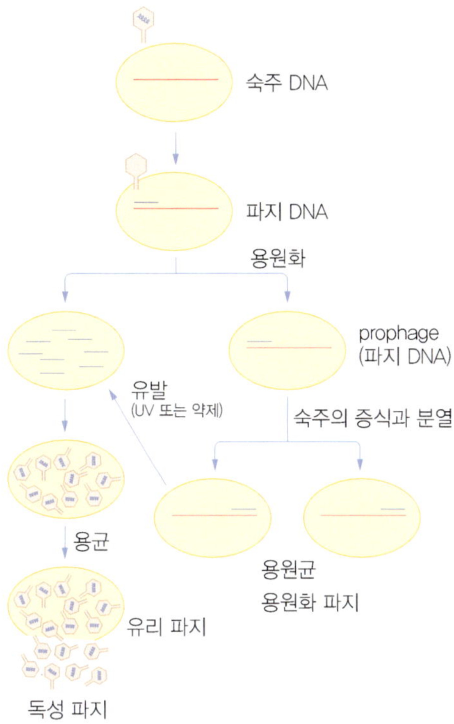

그림 2-109 파지의 생활환과 용원화

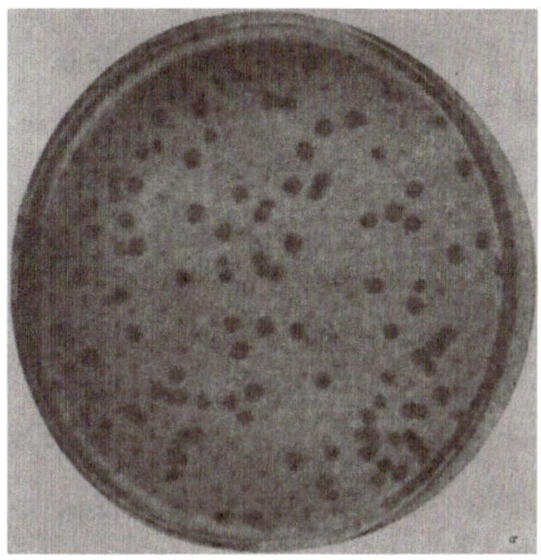

그림 2-110 평판 배양상의 용균반

적으로 증식하고 숙주의 세포 분열과 더불어 다음 세대로 이어진다. 이와 같은 숙주와 파지의 관계를 용원성lysogeny이라 하며, 이와 같은 관계를 가질 수 있는 파지를 용원 파지라 한다.

용원 파지가 프로파지로 되는 과정을 용원화lysogenization, 프로파지를 가지는 균을 용원균lysogenic bacterium이라 한다. 프로파지는 자연적으로 또는 어떤 원인(자외선, 약품 등) 때문에 독성 파지로 바뀌는 수도 있다. 이때 증식한 파지는 프로파지 상태로 있을 때 붙어 있던 숙주 유전자DNA의 일부를 떼어내서 다음 숙주에게 그것을 전해 주는데 이것을 형질도입transduction이라 한다. 그런데 파지나 바이러스의 관여 없이 DNA가 다른 세균 세포로 들어가는 일도 있는데 이것은 형질 전환transformation이라 하며, 형질 도입과 구별한다.

4) 파지(바이러스)의 피해와 이용

바이러스가 여러 동식물 세포에 들어가서 병의 원인이 되듯이 파지도 세균을 이용하는 발효 공업에서 때때로 큰 피해를 입힌다. 치즈, 요구르트 등 유제품의 스타터starter나

글루탐산 발효 공업 등에서 흔히 파지 피해를 볼 수 있고, 항생물질을 생산할 때 방선균이 파지의 침입을 받는 수도 있다. 파지의 피해 양상으로는 발효균의 용균, 증식 정지 또는 목적하는 발효 생산물질의 생성 정지, 저조 등을 볼 수 있다.

한편 파지를 이용해서 도움을 받는 경우도 있다. 즉, 파지의 유전학은 돌연변이와 유전자 재조합의 분자 수준에서의 개념 발전에 극히 중요한 구실을 하며 간접적으로는 발효 공업에도 크게 기여한다. 또 농업이나 식물 해충에 치명적인 바이러스를 이용하려는 연구도 있는데 실지로 송충이 구제에 실용화하고 있다.

5) 식중독 관련 바이러스

식품 섭취와 관련하여 식중독을 유발하는 노로바이러스, A형 간염 바이러스가 대표적인 식중독 바이러스로 알려져 있다.

(1) 노로바이러스Norovirus

노로바이러스는 전 세계적으로 가장 빈번하게 장염을 일으키는 병원성 미생물로 비세균성 장염의 90% 이상을 차지한다. 미국 질병관리본부의 보고에 따르면 미국에서 발생하는 수질 관련 장염 환자의 70% 이상, 식품 관련 장염 환자의 50% 이상이 노로바이러스에 의해 발병하는 것으로 밝혀졌다. 노로바이러스에 감염되면 일반적으로 1~3일 급성 장염으로 그치는 경우가 많으나 저항성이 낮은 노인이나 어린이의 경우에는 치명적이어서 사망할 수도 있다. 일례로 2005년 일본에서 노로바이러스로 질병이 발생하여 9명이 사망하고 1,600명이 감염되는 사고가 있었다. 우리나라의 경우, 2006년 2,800여 명의 집단 식중독 사고의 원인체가 노로바이러스라고 알려졌으며, 같은 해 일본에서는 겨울철에 6만 건 이상의 노로바이러스에 의한 식중독이 보고되었다. 이와 같이 노로바이러스는 보건학적, 식품위생학적으로 그 중요성이 크게 부각되고 있게 때문에 국내외적으로 분자생물학적 측면에서의 연구가 활발히 진행되고 있다.

① 특징

노로바이러스는 칼리시바이러스Caliciviridae에 속하는 약 7.6 kb의 한 가닥 사슬 RNA 바이러스이다. 노로바이러스는 1968년 미국 오하이오주 Norwalk의 초등학교에서 발생한 집단 위장염 사고에서 1972년 Kapikian 등이 전자 현미경으로 최초로 관찰하였고, 병원성이 확인되어 Norwalk virus라고 명명되었다. 노로바이러스에 대한 항체는 인체에서 흔히 발견되지만 노로바이러스에 대한 면역학적 저항성은 나타나지 않은 것으로 알려져 있다. 그 이유는 노로바이러스에 대한 인체의 면역학적 저항성은 노로바이러스의 유전자형에 따라 다르고, 노로바이러스의 유전자형 또한 매우 다양하기 때문이다.

노로바이러스의 유전자형은 크게 5가지(GI~GV)로 분류되며 이 중 GI 및 GII의 유전자형이 인체에서 급성 장염을 일으킨다. 우리나라와 일본에서 발생한 노로바이러스에 의한 식중독 사고의 90% 이상은 GII형이다. 노로바이러스의 GI과 GII는 감염양상, 분자생물학적·역학적·계통학적으로 매우 다르며 캡시드의 유전자 염기배열에 따라 GI형은 14종, GII형은 17종 총 31개의 유전자형으로 분류된다. 노로바이러스는 물리, 화학적으로 안정한 구조를 가지며 다양한 환경에서 생존이 가능하다. 예를 들면, 실온에서는 10일, 10°C 해수에서는 30~40일, −20°C 이하의 조건에서는 장기간 생존이 가능하다. 환자의 구토물이나 대변에 다량의 노로바이러스가 존재하는데 감염된 성인 환자의 분변 1 g에 약 1억 개의 입자가 존재한다. 어린이의 경우는 성인보다 10~100배 정도의 입자가 존재한다.

② 임상 증상

미국과 일본의 중독 사례에서 보면 잠복기는 섭취한 바이러스의 양에 따라 다르지만 평균 24~48시간이며 심한 경우 식후 2~3시간 만에 발병한 예도 있다. 주요한 중독 증상은 메스꺼움(77~79%), 구토(69~87), 설사(66~95%), 복통(30~80%) 등이다. 설사는 심한 수양변이 계속되지만 혈변은 거의 없다. 이 외에 두통, 발열, 한기, 근육통 등의 증상도 나타나는 경우가 있으나 인플루엔자influenza 바이러스의 경우와 비교하며 발열 정도는 낮다. 발병 시기는 기온이 낮은 동절기에 많이 발생하며 하절기에도 발생한다. 증상의 지속 시간은 몇 시간에서 며칠로 대부분 특별한 치료를 하지 않아도 1~2일 사이에 경과가 좋아지지만 어린이나 병약자 등에서는 증상이 심해지거나 오래 지속되는 경우가 있으므로 탈수증상에 대해서 수액 등 대증 요법이 필요하다.

인체 실험 대상자의 변을 전자 현미경으로 관찰하면 바이러스는 발증과 동시에 변에서 검출되기 시작하며, 증상이 없어진 후 3일 이내에 검출되지 않는다. 그러나 발병한 지 1주일이 경과하여 이미 질병에서 회복한 환자의 분변에서도 노로바이러스 유전자가 검출되는 경우도 있다. 이 시점에서 바이러스 감염성 유무는 불분명하지만 상당한 기간 배설이 계속되는 것으로 생각된다.

③ 감염과 면역

노로바이러스의 인체 감염은 바이러스의 유전적·항원적 및 human blood group antigenHBGAs 등의 인체 요인 특성에 따라 결정되는 것으로 알려져 있다. 2002년에 GI.1 유전형 노로바이러스인 Norwalk 바이러스의 감염에는 인체의 ABO 혈액형이 중요한 요인으로 작용한 것으로 밝혀졌다. ABO 혈액형이 바이러스 감염에 중요한 관련성이 있는 이유는 혈액형과 관련된 HBGAs 등의 인체 유전자가 바이러스 감염의 수용체로 작용하는 것으로 생각된다. 노로바이러스에 의한 면역 반응은 다른 미생물과 마찬가지로 선천적 면역반응innate immune response과 적응성 면역반응adapted immune response으로 나뉘며, HBGAs와 바이러스 캡시드 단백질 등의 특성이 innate immune response에 중요한 역할을 하는 것으로 생각된다. 실제로 GI.1 노로바이러스 캡시드 단백질의 P2 domain이 HBGAs와 결합하는 것으로 알려졌다. 바이러스와의 결합 정도는 바이러스 캡시드의 유전자형과 인체의 FUT2, FUT3 등의 HBGAs 관여 유전자의 다형성과 밀접한 연관이 있는 것으로 생각된다. 노로바이러스 감염 관련 면역반응은 주로 IL-2와 IFN-γ 등이 관여하는 Th 면역반응이 관여하는 것으로 보고되어 있다.

④ 원인 식품과 감염 경로

노로바이러스에 의한 식중독은 겨울철에 많이 발생하는데 가장 중요한 원인 식품은 패류이고, 그 외에 음용수, 얼음, 샐러드 등이 있으며 보균자나 오염된 기구에 의한 접촉감염으로 추정되는 경우도 있다. 이 식중독은 여러 나라에서 매년 10월부터 다음해 4월에 걸쳐서 가장 많이 발생한다. 세균성 식중독이 여름철에 집중되는 것과 달리 노로바이러스에 의한 식중독이 겨울철에 많이 발생하는 것은 여름철에는 패류를 날것으로 많이 먹지 않기 때문인 것으로 생각된다. 그 예로 일본에서 발생한 노로바이러스 식중독의 원인 추정 식품별로 보면 굴로 추정되는 경우는 굴의 소비 기간에 집중되어 있으나 굴이 아닌 경우는 학교급식 등에서 연중 발생하였다고 한다.

이와 같이 패류 섭취가 바이러스 감염증의 원인으로 되는 것은, 패류는 플랑크톤, 유기물 등을 여과 섭식하며 서식하는데 해수나 하천수를 흡입, 여과할 때에 수중에 함유된 바이러스를 흡수, 농축하기 때문이다. 이 경우 모든 패류가 노로바이러스를 농축할 것으로 생각되지만 날것으로 먹는 패류는 굴에 한정된다. 그래서 노로바이러스는 식중독과 수인성 장염의 원인으로 인식되나 물에서는 바이러스가 매우 희박하게 존재하므로 중합효소 연쇄반응polymerase chain reaction, PCR 등 최근 진보된 유전자 증폭기술을 사용해도 실제 검출되는 사례는 드물다.

⑤ 예방 대책

노로바이러스는 전 세계적으로 분포하는 바이러스이다. 이 식중독은 본래 사람의 분변에서 입을 통하여fecal-oral route 감염되던 것이 불완전한 오폐수 처리 등으로 분변에 함유된 노로바이러스가 하천과 패류 서식 해역을 오염시킴으로써 굴 등의 식품을 통하여 사람에게 다시 감염되는 것으로 보인다. 노로바이러스는 사람의 장관에서만 증식하고 패류에서는 증식하기 어려우므로 식품에 의한 식중독의 원인은 사람이라 할 수 있다. 그래서 분뇨나 생활하수의 완전 처리와 소독 등 환경을 정화하는 것만이 이 식중독을 근본적으로 예방하는 방법이다.

일반적으로 바이러스는 비교적 열 저항성이 강하지만 완전한 가열 조리는 바이러스를 불활성화해 식중독을 예방할 수 있다. 그러나 저온에서는 오히려 안정하여 저온으로 불활성화하는 것은 기대할 수 없다. 고온 처리도 내열성이 상당해 저온살균 조건인 60°C, 30분 처리에서는 불활성화되지 않으며, 자숙한 굴이 식중독의 원인이 된 경우도 있다. 그렇지만 100°C에서 끓이면 2분 이내에 불활성화된다. 또 바이러스는 세균에 비하여 염소에 대한 감수성이 낮은 것으로 보고되어 있다. 노로바이러스도 잔류 염소 농도 5~6 mg/L에서 30분 처리한 경우에는 사람에 경구투여하였을 때 중독을 유발하나, 잔류 염소 농도 10 mg/L에서 30분 처리한 후에는 감염력이 없었다는 보고도 있다. 2차 오염을 방지하기 위해서는 식품 취급자의 개인 위생관리가 대단히 중요하다. 노로바이러스는 각종 약제에 저항성이 상당히 강하므로 살균이나 소독 효과를 기대하기보다는 오염물에 접촉하지 않는 것이 중요하다. 식품 취급자는 자신이 불현성 감염자일 가능성을 인식하고 항상 손 씻기와 양치질, 마스크, 장갑 착용을 습관화하고, 조리 중에는 필요 이상의 말은 삼가하는 등 제조 과정의 위생관리를 철저히 하는 것이 필요하다.

(2) A형 간염 바이러스Hepatitis A virus, HAV

간염을 유발하는 바이러스는 표 2-25에 나타낸 바와 같이 현재까지 5가지(A~E)형이 밝혀져 있다. 이 중 음식물을 통하여 감염되는 것은 주로 A형과 E형이며, 집단 감염은 A형 간염 바이러스에 의하여 자주 발생한다. 지금까지 전 세계적으로 발생한 식품을 매개로 한 A형 간염의 집단 감염 중에서 최대 규모는 1983년 중국 상하이에서 이매패류에 의한 감염 사례로 총 환자 수는 30만 명에 달하였다.

표 2-25 바이러스성 간염의 특성

특성	A형 간염(HAV)	B형 간염(HBV)	C형 간염(HCV)	D형 간염(HDV)	E형 간염(HEV)
바이러스 성상	일중나선 RNA 피막 없음	이중나선 DNA 피막 있음	일중나선 RNA 피막 있음	일중나선 RNA 피막 있음	일중나선 RNA 피막 없음
전파 경로	경구적 (오염 식품 및 물)	비경구적 (혈액, 타액, 모유, 정액 등)	비경구적 (수혈 등)	비경구적 (B형 함께 감염됨)	경구적 (A형과 같음)
잠복기	2~7주	4~26주	1~8주	확실치 않음	2~6주
증상	대부분의 경우 거의 무증상. 식욕 부진, 발열, 두통, 오한, 메스꺼움, 설사, 권태감, 황달, 흑색뇨	대부분의 경우 거의 무증상. 식욕 부진, 미열, 권태감 등 HAV와 구분 곤란하나 발열, 두통 거의 없음. 간질환으로 잘 진전됨	HBV와 유사함	심한 간 손상으로 사망률이 높음	HAV와 유사하며 임산부의 경우 사망률이 높음
만성 간질환	유발하지 않음	유발함	유발함	유발함	유발하지 않음

출처 : 수산식품안전의 이해, 2010

A형 간염 바이러스는 약 7,500 염기의 RNA 유전자를 가지며 지름 27 nm의 정 20면체 입자이다. 바이러스의 형태와 구성 단백질, 유전자 RNA의 구조와 기능에 따라 Picornavirus과로 분류된다. 혈청형은 1종류이지만 유전자의 염기배열에 따라 7종의 유전자형으로 구별되고 1형과 3형은 다시 2종류의 아형(A와 B)으로 나뉘며, 1형과 3형은 세계 각지에 많이 분포한다. HAV의 자연 숙주는 인간이며 원숭이에도 일부 감염되지만 종에 따라 감수성은 차이가 있다. 침팬지나 마모셋류에서는 간염이 발병하지만 일본원숭이 등은 감염되어도 발병하지 않는다. 또 HAV는 사람과 원숭이 세포에서 증식하지만 그 속도는 아주 완만하다.

① 감염 경로와 임상 증상

HAV는 주로 경구 감염되지만 혈액제제 등을 통하여 비경구적으로 감염되는 경우도 있다. HAV의 감염 경로는 노로바이러스와 마찬가지로 감염자의 대변으로 배설된 바이러스에 오염된 음식물을 섭취하여 감염되는 예가 많으며, 감염자는 잠복기에는 아무런 임상 증상이 없어도 HAV는 변을 통하여 많은 양이 배설된다. 경구 감염 시 잠복기는 2~7주, 평균 4주이고, 발열, 권태감 등의 초기 증상에 이어서 식욕 부진, 구토 등의 소화기 증상이 출현하며 전형적인 증상으로는 황달, 흑색뇨, 백색변 등이 확인된다. 예후는 양호하여 특별한 치료 없이 안정을 취하면 보통 2~3개월 후에는 대부분 치유되고 만성간염이나

Tip

바이러스성 식중독과 패류 위생관리

패류는 여과섭이 활동을 통하여 해수 중에 부유하는 인체에 유해한 세균이나 바이러스 등을 체내에 쉽게 축적하는데, 패각을 제외한 전 생체를 식용하고 섭취 시에도 날것을 즐겨먹을 뿐만 아니라 요리를 하더라도 약하게 가열하는 점 등과 아울러 그 서식환경이 인체에 유해한 물질에 오염되기 쉬운 연안이라는 점에서 식품 위생상 관심의 대상이 된다. 미국의 패류위생관리계획(National Shellfish Sanitation Program)은 장기간에 걸친 연구에서 분변계 대장균이 패류 생산 해역의 위생학적 수질을 평가하는 데 가장 실용적인 지표라는 것을 인지하고 패류로 인한 식중독을 방지하기 위하여 패류 서식 해역의 세균학적(분변계 대장균과 대장균군) 수질에 따라 패류 생산 허가 해역, 조건부 허가 해역, 제한 해역 그리고 금지 해역 등으로 구분하여 위생관리에 대처하고 있다. 그리고 미국과 유럽 등에서는 패류의 세균학적 위생 상태가 규정을 초과할 때에는 정화한 후 유통하도록 하고 있다. 이러한 노력 덕분에 1955년 이후 미국에서는 패류 섭취에 의한 장티푸스는 발생하지 않았다고 한다. 그러나 노로바이러스 등의 바이러스성 식중독이 계속 발생해 이러한 위생지표 세균이 패류와 그 서식환경에서 위생 안전성에 대한 지표로 유용한지에 대한 의문을 갖게 한다. 분변계 대장균을 바이러스성 식중독 방지를 위한 분변 오염의 지표로 사용하는 데는 다음과 같은 큰 두 가지 문제가 있다. 첫째, 패류에서 분변계 대장균 함량이 규정에 적합하여도 경우에 따라서는 바이러스가 많이 검출된다는 점이다. 이러한 것은 HAV 등의 바이러스가 세균보다도 해수에서 훨씬 오래 생존하며, 바이러스가 패류의 체내로 유입되면 중장선에서 다른 조직으로 확산되고 화학적으로 조직과 결합해 바이러스는 세균만큼 쉽게 정화되지 않기 때문으로 생각된다. 둘째, 노로바이러스와 HAV 등은 사람과 일부 영장류의 장관에서만 증식하는 데 반하여 분변계 대장균은 사람뿐만 아니라 다른 온혈동물 장관에서도 배출되므로 분변계 대장균만으로는 분변이 사람에 의한 것인지 기타 동물에 의한 것인지 구분할 수 없다는 점이다. 이상에서 분변계 대장균만으로는 패류와 그 서식환경에 존재하는 병원성 바이러스의 위해성을 평가하는 것은 부적절함을 알 수 있다.

이러한 점을 보완하기 위해서 패류나 그 서식환경에서 노로바이러스나 HAV 등의 바이러스를 신속히 검출하는 방법이 다방면으로 연구되고 있다. 보통 바이러스는 전자 현미경 등으로 관찰해 왔는데 감염자의 분변에서와 같이 바이러스 입자가 10^5~10^6/mL 이상 함유된 경우에는 확인이 가능하지만 식품과 같이 소량 혼입하고 있는 경우에는 이용하지 못한다. 최근에는 유전학적 기술의 발달에 힘입어 미량의 유전자를 시험관 내에서 증폭시켜 검출하는 PCR법 등이 개발되어 패류 중에서 노로바이러스나 HAV 등을 검출할 수 있게 되었다.

현재 사용하는 RT-PCR(reverse transcription PCR)법은 이론적으로는 1개의 바이러스 입자라도 검출이 가능하지만, 실제 굴에서 노로바이러스의 최저 검출 한계는 50~500개 입자 정도인 데 비해 바이러스 감염에 의한 식중독은 아주 적은 양으로도 발생하는 것을 고려하면 문제가 아닐 수 없다. 그러나 최근 고감도로 신속하고, 간단하게 그리고 경제적으로 바이러스를 검출하는 방법에 관한 연구가 다각적으로 진행되고 있어 곧 실용화될 것으로 보인다.

출처 : 수산식품안전의 이해, 2010

암으로 전이되는 경우는 드물다. 일반적으로 유아기에는 경증 또는 무증상의 감염이 많지만 청년기에서 발병 예가 증가하고 고령자에서는 중증화하는 경향이 있으며 사망률은 1% 미만이다.

② 예방 대책

HAV는 산성에서는 내성이 강하여 pH 1.0에서도 불활성화되지 않고, 열에도 비교적 안정하여 60°C에서 1시간 가열해도 감염성을 잃지 않으며 패류 중의 HAV를 불활성화하려면 중심온도 85~90°C에서 1분 이상 유지하여야 한다. 계면활성제, 소독용 알코올, 건조 등에도 저항성이 있으나 고압멸균, 포르말린, 염소 및 자외선 처리 등은 효과가 있다. 염소 처리의 경우 마모셋에 대한 경구 투여 시험에서 HAV는 잔류 염소 농도 2.0~2.5 mg/L에서 30분간 처리하면 불활성화되는 것으로 밝혀졌다.

그 외의 2차 오염 방지를 위한 개인 위생관리는 앞에서 기술한 노로바이러스의 경우와 같으나 특히 HAV 감염자는 이상 증세가 없는 비교적 안정된 상태의 잠복기 중에 다량의 감염성 바이러스를 배출한다는 것을 주의하여야 한다.

표 2-26 식품 관련 주요 식중독 바이러스의 특성

특징	노로바이러스	A형 간염
증상	메스꺼움, 구토, 설사, 복통 등	발열, 식욕 감퇴, 메스꺼움, 구토, 쇠약감, 복통, 설사 등
잠복 기간	24~48시간 후 나타나는 것이 일반적이지만 10시간 경과 후 증상을 보이는 경우도 있음	15~50일, 평균 29일
바이러스 배출	증상과 동반 : 질병 후 몇 주 동안 계속 배출	증상이 나타나기 전 10~14일 동안 배출
면역	면역이 되지 않음	영구면역

요약

1. 생물계는 분자생물학, 특히 유전자 분석과 이를 이용한 생물정보학bioinformatics의 발달로 현재는 진정세균계Eubacteria, 고세균계Archaea, 진핵생물계Eukarya로 분류된다.

2. 세균은 형태와 특징에 따라 다양하게 분류할 수 있다. 형태학적, 생리학적, 생태학적인 성질에 따라 33 section으로 나눌 수 있으며, 이 중 식품에서 중요한 세균은 대부분 section 2~5의 그람음성균과 section 12~15의 그람양성균이다.

3. 진균류는 크게 유성생식 유무와 유성 포자의 종류에 따라 접합균류Zygomycotina, 자낭균류Ascomycotina, 담자균류Basidiomycotina, 불완전균류Deuteromycotina로 분류한다.

연습문제

1 원핵생물과 진핵생물의 차이점을 설명하시오.

2 고세균과 진정세균을 따로 분류하게 된 이유를 설명하시오.

3 진균류의 특징에 대하여 서술하시오.

4 식중독 바이러스의 특징에 대하여 서술하시오.

미생물의 생리

CHAPTER 3

1. 미생물의 영양

2. 증식과 사멸

3. 증식에 대한 환경 인자

1. 미생물의 영양

1) 증식과 영양 물질

미생물도 다른 모든 생물과 마찬가지로 증식하는 데 영양이 필요하다. 세포의 정상적인 증식에서는 각 세포 물질이 균형 있게 증가하게 되지만 때로는 세포 물질이 불균형적으로 증가하면서 증식할 수도 있는데 이때를 불균형적 증식unbalanced growth이라 한다.

영양 물질의 기능을 대별하면 다음과 같다.

- 생체의 구성 성분을 생합성하기 위한 원료가 된다.
- 생합성을 하기 위한 에너지원이 된다.

어떤 미생물은 빛을 에너지원으로 하여 증식할 수 있으나 이런 것은 오히려 예외라 할 만큼 드물다. 일반적으로 미생물은 빛에너지를 이용할 능력이 없고 유기 화합물을 기질로 한 발효 또는 호흡에 의해서 에너지를 얻는데 토양이나 수중 세균 중에는 무기 화합물의 산화로 에너지를 얻는 것도 있다. 미생물 증식에 필요한 원소는 세포 성분을 구성하는 원소들로서 비교적 다량 필요한 것은 C, H, O, N, S, P이며, 미량원소는 Mg, K, Fe, Cu, Co, Mn, Zn, Mo 등이 필요하다. 따라서 탄소원carbon source, 질소원nitrogen source 등을 대량 영양소macronutrients라 하고, 무기염류, 비타민 등과 같이 미량만으로 충분한 것은 미량 영양소micronutrients라고 한다.

(1) 탄소원

유기물질을 세포 구성 및 에너지원으로 이용하는 대부분의 미생물은 보통 포도당, 과당, 만노스mannose 등과 같은 육탄당 또는 자당, 엿당 등의 이탄당류 등을 탄소원으로 이용하나, 자일로스xylose, 아라비노스arabinose 등과 같은 오탄당 또는 젖당, 라피노스raffinose 등과 같은 올리고당을 이용하기도 하고 녹말, 섬유소, 덱스트린dextrin 등과 같은 다당류 또는 탄수화물 이외에 유기산류, 알코올류, 노말파라핀n-paraffin, 메탄, 에탄, 프로판 등의 탄화수소를 이용하는 미생물들도 많이 알려져 있다. 미생물이 어떤 탄소원을 이용하려면 다음의 조건에 부합해야 한다.

첫째, 이용하는 탄소원이 세포막을 통과해야 한다. 단당류는 쉽게 통과하나 이당류, 다당류 등은 단당류로 분해하는 효소가 존재해야만 한다.

둘째, 세포 내 물질을 필수 대사 중간물질로 변화시키는 효소가 존재해야 한다.

셋째, 유도 효소가 필요할 때 균을 미리 그 물질에 적응시켜야 한다.

탄소원의 필요량은 미생물 번식을 목적으로 하는 경우 세균은 0.1~2%, 효모나 곰팡이는 5% 정도이면 충분하고 발효를 위해서는 10~15% 이상의 농도에서 배양해야 한다.

(2) 질소원

미생물은 균체의 성분 또는 각종 효소 성분으로 단백질, 퓨린, 피리미딘의 핵산 염기를 함유하므로 이 성분들을 합성하는 데 질소원이 필요하며, 미생물의 종류에 따라 여러 종류의 질소원을 이용하기도 한다. 공기 중의 질소는 공중질소고정균에 의해 이용되는데, 이들 균에는 콩과 식물에 기생하는 *Rhizobium*속, 토양 속에 생육하는 *Azotobacter*속 세균, 남조류blue green algae 등이 있으나 효모, 곰팡이 등은 공중질소를 고정하지 못한다.

무기태 질소원으로 황산암모늄이나 인산암모늄과 같은 암모늄염은 효모, 곰팡이, 대장균, 간균 같은 세균에 이용된다. 질산염은 곰팡이는 잘 이용하나 효모 중에는 질산염을 이용하는 것과 이용하지 못하는 것이 있어서 효모 분류에 이용하기도 한다. *Aspergillus usami* 등은 아질산염nitrites에서도 잘 생육한다.

유기태 질소원에는 아미노산, 펩타이드, 단백질 등이 있는데 효모, 곰팡이, 세균, 방선균 등이 이용하며, 젖산균은 생육에서 아미노산을 필수적으로 요구한다. 그러나 그 요구성은 균주에 따라 한 종류 또는 두 종류의 아미노산을 요구하는 것이 있으며 그 아미노산의 종류 역시 다양하게 요구한다. 곰팡이는 아미노산, 펩타이드, 단백질 등에서 잘 번식하며, 대부분의 효모는 직접 단백질을 이용할 수 없으나 *Bacillus subtilis*는 잘 이용한다.

미생물의 질소 화합물 동화과정은 NH_4, NO_3 → 아미노산 → 펩타이드 → 단백질, NH_4, NO_3 → 뉴클레오티드 → 핵산(RNA, DNA)이다. 미생물의 생육에 필요한 질소원은 0.1~0.5%이면 충분하고, 실제 발효 생산에서는 질소원의 종류, 농도가 배양에 큰 영향을 미친다. 발효 공업에서 이용하는 질소원은 요소urea, 옥수수 침지액corn steep liquor, CSL, 미강, 밀기울, 콩깻묵, 효모 추출물, 고기 추출물 등이다.

(3) 무기염류

미생물은 생육에 필요한 여러 종류의 무기염류inorganic salts, minerals를 요구하는데, 무기염류는 세포의 성분, 대사 과정 중의 조효소, 세포 내 삼투압 조절에 필요하며 배지의 완충작용으로도 중요한 역할을 한다. 여기에는 많은 양이 필요한 S, P, K, Mg, Ca, Fe 등과 미량으로도 충분한 Zn, Cu, Co, Mn, Mo 등이 있다. S는 질소와 같이 아미노산, 특히 cysteine, cystine, methionine 등과 biotin, thiamine과 같은 비타민 등의 구성 성분이다. P는 탄수화물 분해대사와 산화 호흡계에서 인산에스테르로서 ATP, ADP, NAD와 같이 조효소의 구성 성분으로 필수적이다. K는 단백질 합성에 관여하는 어떤 효소가 활성화하는 데 필요하며, 균체 내의 삼투압과 pH를 조절하는 중요한 역할을 한다. Mg는 리보솜, 세포막, 핵산 등을 안정화하고 인산 전이효소의 보조인자로 작용하며, 엽록소의 구성 성분은 생육하는 동안 다량 필요한데 그람양성균은 그람음성균보다 10배 정도 더 요구한다. Ca는 아포의 내열성에 중요한 역할을 하며, 유기산을 중화하고 효소를 활성화하는 인자이다. Na는 바닷물에 서식하는 미생물은 보통 많이 필요하나 담수에서 생육하는 미생물은 없이도 생육할 수 있다. Fe는 호흡계의 cytochrome, catalase, peroxidase 등의 구성 성분이며, 산화-환원 반응 과정의 전자전달계에 필수적인 성분 중 하나이다.

미량원소는 조효소나 보조인자 역할을 하는데 Co는 비타민 B_{12}cyanocobalamine 생성에 필요하며, 미생물을 배양할 때 비타민 B_{12}를 첨가하면 Co는 필요 없다. Zn은 어떤 효소의 구성 성분이며, Mo는 아세트산염 환원과 질소 고정에 관여하는 효소의 보조인자 역할을 한다. Cu는 어떤 산화-환원 효소의 구성 성분이 되며, Mn은 여러 효소의 활성에 관여한다. 그 외의 무기질은 배지를 만들 때 수돗물이나 우물물을 사용하는 경우 보통 별도로 첨가할 필요가 없다.

(4) 증식인자

영양물질 중에서 특히 다량으로 필요한 것은 탄소원과 질소원으로, 예를 들면 포도당은 많은 미생물에 효과적인 탄소원이고 암모니아는 적당한 질소원이다. 어떤 미생물은 포도당, 암모니아와 무기염류를 가지는 간단한 배지에서도 증식하지만 어떤 미생물은 이와 같은 간단한 배지에서는 증식하지 못하여 특정한 증식인자growth factor(발육소라고도 함)를 첨가해야 한다. 증식인자는 균체 자신이 합성할 능력은 없으며, 미량 요구되는 유기화합물을 말하는데 보통 아미노산, 비타민, purine, pyrimidine, 지방산 등으로 미생물에 따라서는 이를 합성하는 것도 있지만 보통은 한 가지 이상의 증식인자가 필요하다. 비타민은 대부분 효소의 전구물질precursor이 되므로 결핍되면 생육하지 못한다. 즉, 니코틴산이 NAD의 전구물질이며, pyridoxine은 아미노기 전달효소transaminase의 조효소이다. 미생물의 종류에 따라 비타민의 요구성은 상당히 다양하다. 즉, 젖산균은 복합 비타민을 요구하며, 비타민 B_{12}는 수중세균과 조류algae에서 가끔 요구하는 경우도 있으나 진균류에서는 비타민 B_{12}를 요구하지 않는다.

효모의 증식인자를 특히 비오스bios라 부르며 biotin, pantothenic, inositol, 비타민 B_1, 비타민 B_6, 니코틴산 등 비타민 6종이다.

많은 미생물이 생육하는 데 특수한 아미노산을 요구하기도 하는데, 요구 아미노산은 보통 유리아미노산이나 저분자량의 펩타이드 형태로 이용한다. 또 어떤 미생물은 조효소와 핵산 구성 성분이 되는 purine, pyrimidine, 포피린 고리porphyrin ring를 요구하는 것도 있다. 증식인자는 일반적으로 10~100 mμg% 첨가로 생육에 현저한 효과를 준다.

2) 에너지원과 미생물

(1) 빛에너지의 이용

조류, 남세균cyanobacteria, 광합성 세균의 미생물은 빛을 에너지원으로 대사에 이용하여 생육한다. 즉, 빛은 에너지원 또는 물의 광분해에 의한 환원력의 공급원이 되며 이 환원력이 CO_2를 환원하게 된다. 광합성 세균에서는 빛이 에너지원으로 될 수는 있으나 물의 광분해는 따르지 않는다. 따라서 광합성 세균의 증식에는 빛 외에도 전자 공여체로서 어떤 화학물질이 필요하게 된다. 광합성 세균에 의한 광합성은 혐기적 조건에서만 일어난다.

(2) 화학적 에너지의 이용

무기 화합물을 에너지원으로 이용해서 증식할 수 있는 미생물을 독립영양 미생물autotrophic microorganisms이라 하고, 유기 화합물의 발효 또는 호흡에 의해서 에너지를 얻는 미생물을 종속영양 미생물heterotrophic microorganism이라 한다.

① 독립영양 미생물

일반적으로 세균에서만 볼 수 있고 『Bergey's Manual of Systematic Bacteriology』의 제8판, 12부의 그람음성 무기 화합물 이용 세균에 속한다. 이들은 암모니아를 아질산으로, 아질산을 질산으로 산화하고 CO_2도 동화한다. 즉, 무기 화합물만으로 어두운 곳에서 호기적으로 증식한다.

여기에 해당되는 미생물에는 *Nitrosomonas*속과 *Nitrobacter*속이 있는데 이들은 지구상의 질소 순환에 중요한 구실을 하며 탄소원으로는 CO_2를 이용한다. 또 환원형의 무기

황화합물을 산화해서 에너지를 얻고 CO_2를 고정하는 세균을 황산화 세균이라 하는데 *Thiobacillus*속이 대표적이며 이 외에도 여러 속이 있다. 이들은 황화물, 원소황, 티오황, 아황산 같은 환원형 황화합물을 황산으로 산화한다.

② 종속영양 미생물

효모나 곰팡이는 전부 여기에 속하고 세균도 대부분 여기에 속한다. 조류, 남세균, 광합성 세균 중에도 빛이 없는 조건에서는 유기물을 에너지원으로 이용해서 호기적으로 증식할 수 있는 것이 있다. 종속영양 미생물이 에너지원으로 이용할 수 있는 화합물은 폼산, 메탄올 같은 간단한 화합물을 비롯해서 다당류, 단백질, 핵산에 이르기까지 그 수가 많다. 종속영양 미생물에서 유기 화합물은 에너지원인 동시에 탄소원으로도 쓰이는 경우가 많다. 그런데 영양 요구성이 복잡한 젖산균에서는 탄소원의 대부분을 아미노산, 핵산염기, 비타민류에서 얻으며, 당류는 극소량이 탄소원으로 될 뿐 주로 에너지원으로만 이용되기 때문에 거의 정량적으로 발효 생산물(젖산, 기타)로 전환된다.

3) 미생물의 영양상 특징

(1) 영양소의 다양성

미생물의 영양은, 특히 탄소원 또는 에너지원의 이용에서 여러 가지 다양성을 나타낸다. 예를 들면 페놀phenol은 단백질을 변성시키기 때문에 대부분의 생물에서는 유독한 물질이지만 일부 미생물에서는 오히려 효과적인 에너지원이 되기도 한다. 또 N_2와 같은 불활성 질소를 고정하여 이용하는 미생물도 있다. 따라서 어떤 특정한 물질이 생물에 대해서 독물이라든지 영양물이라고 단정적으로 말하기는 곤란하다.

(2) 성분의 농도

미생물이 이용할 수 있는 성분이라 할지라도 그 농도에 따라서 조건이 달라지는 경우도 있다. 설탕은 1% 전후로는 대부분의 미생물에게 좋은 영양원이 될 수 있지만 농도를 10~50%로 높이면 정균작용bacteriostatic effect(살균은 하지 않지만 증식을 정지시키는 작용)을 한다. 또 저농도의 식염에서도 일부 미생물의 증식을 촉진하지만 고농도가 되면 살균 효과germicidal effect를 나타낸다. 고농도의 설탕이나 식염이 식품 보존 효과를 나타내는 것은 위와 같은 이유 때문인데 어떤 효모나 곰팡이는 고농도의 당 또는 식염에서도 살 수 있다.

(3) 영양소의 요구성

미생물이 증식하기 위해서는 필요한 모든 영양소가 주어져야 하며 이 중에서 한 가지라도 부족하면 증식을 정지한다. 한 미생물에 대해서 어떤 영양소의 효과를 알아보려면 다른 영양소는 충분히 주고 시험하고자 하는 특정 영양소만으로 제한해서 그 양을 여러 가지로 변화시키면서 배양해 보면 된다. 그림 3-1에서 알 수 있듯이 영양물질이 어느 정도 될 때까지는 미생물의 증식 속도가 급속도로 빨라지지만 그 이상이 되면 증식 속도는 일정해진다.

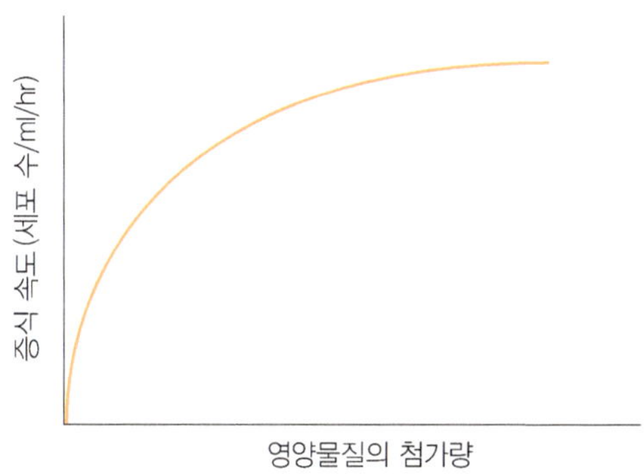

그림 3-1 미생물의 증식 속도와 영양원의 관계

(4) 미생물학 정량법

미생물의 증식에서 특정 영양물질이 요구되거나 반대로 어떤 물질에 의해 그 증식이 저해되거나 하는 관계를 이용해서 시료 중의 어떤 물질을 정량할 수 있는데 이런 방법을 미생물학적 정량법microbial bioassay이라 한다. 이 방법은 물리적으로나 화학적으로 간단히 정량하기 어려운 물질을 정량하는 데 이용된다. 이 방법의 장점은 비교적 미량의 시료로 정량이 가능하며 특이성이 높다는 것이다. 반면 미생물을 다루는 까다로움이나 배양 시간을 기다려야 하는 지루함 등은 단점으로 지적될 수 있다. 미생물학적 정량법을 이용하면 L-아미노산류, 비타민류(이상 증식 촉진 효과의 응용), 항생물질(증식 저지 효과의 응용) 등을 손쉽고 매우 정밀하게 정량할 수 있다.

예를 들면 어떤 아미노산의 함량을 이 방법으로 정량하고자 하면 먼저 균주를 선택해야 한다. 이때 균주로는 아미노산 요구성이 까다로운 것, 즉 *Leuconostoc mesenteroides* P-60 등의 젖산균을 이용하는 것이 좋다. 배지로는 이 균주가 충분히 증식할 수 있는 합성 배지(순수한 화학물질만으로 배합해서 된 배지)를 선정하고, 이 중에서 정량하고자 하는 시료를 단계적으로 가한 배지를 여러 개 만들고 여기에 선정된 젖산균을 배양한다.

한편 표준물질(여기서는 정량하고자 하는 아미노산)을 이용해서 마찬가지 실험(대조 실험)을 병행하고 일정 시간 후에 그 결과를 비교하면 된다. 이때 균은 영양소(여기서는 어떤 아미노산)의 첨가량에 따라 각각 증식 정도가 다르게 나타나므로 증식 정도를 측정해서 비교하면 된다. 그 방법은 다음과 같다.

① 배지 중의 세포 농도를 계측하는 방법

② 배지의 탁도를 광학적으로 측정하는 방법

③ 대사 생성물의 축적량을 측정하는 방법 등

그런데 여기서는 ③의 방법으로 생성된 젖산의 양을 측정하는 것이 가장 편리한 방법이다.

2. 증식과 사멸

미생물은 대부분의 효모나 세균에서처럼 단세포로 증식하는 경우, 그 세포 수(개체 수)의 증가가 증식의 기준이 되는데 곰팡이나 일부 효모에서처럼 균사가 신장해서 증식하는 경우에는 세포 수만으로는 증식을 판정할 수 없을 뿐 아니라 세포의 측정도 곤란하다. 따라서 일반적으로는 세포량cell mass(보통은 건조중량)을 증식 기준으로 한다.

미생물의 사멸이란 재생(증식) 능력이 불가역적으로 상실되었음을 뜻한다. 미생물의 동결 상태에서 생물 활성이 발현되지 않은 것도 적당한 환경이 되면 다시 증식할 수 있는 경우가 있고, 반대로 일부 생물 활성을 나타내지만 증식 능력은 이미 상실한 경우도 있는데 후자의 경우를 사멸된 상태라고 규정한다.

한편 세균을 고온으로 처리했다가 급랭하게 되면 보통의 배지에서는 증식을 못하는데 적당한 첨가물을 배지에 넣어 주면 증식하는 경우도 있다. 즉, 미생물의 생生과 사死는 어느 범위 내에서는 가역적인 경우가 있다.

1) 미생물의 증식과 세대시간

한 개의 세포가 분열하여 두 개의 세포로 되는 데 걸리는 시간을 세대시간generation time

이라 한다. 이 세대시간은 균주, 배지 성분, 온도 등 생육 환경에 따라 달라진다. 한 개의 균을 배지에 이식하면 균의 분열에 의하여 균 수는 기하급수적으로 증식하므로 대수 관계가 성립한다.

$$\text{제1세대 균 수} = 1 \times 2 = 2$$

$$\text{제2세대 균 수} = 1 \times 2 \times 2 = 4$$

$$\text{제3세대 균 수} = 1 \times 2 \times 2 \times 2 = 8$$

$$\text{제n세대 균 수} = 1 \times 2^n = 2^n (\text{n은 세대 수})$$

여기에서 최초의 균 수를 a라 할 때 세대 수 n과 균 수 b의 관계를 보면 $b = a \times 2^n$로 표기할 수 있다. 이 식을 로그로 표시하면 $\log b = \log a + n\log 2$로 된다.

따라서 세대 수는

$$n = \frac{\log b - \log a}{\log 2} = \frac{\log b - \log a}{0.3010}$$

세대시간은 관찰 시간(t)을 세대 수 n으로 나눈 값이므로

$$g = \frac{t}{n} = \frac{0.3010 \times t}{\log b - \log a}$$

만약 20분의 세대시간을 가지는 세균은 한 시간에 3세대, 24시간으로 72세대가 된다. 따라서 이론상 24시간 후에는 한 개의 세포는 $1 \times 2^{72} = 4.72 \times 10^{21}$이 되고, 48시간 후에는 $1 \times 2^{144} = 2.23 \times 10^{43}$개의 세포가 되어 이론상 많은 양에 이른다. 그러나 실제로는 생육 중 영양물질의 소모, 대사산물의 축적 등의 요인들로 증식이 제한받게 되므로 이론적인 수치와는 차이가 난다.

2) 증식도의 측정법

(1) 건조 균체량

측정하고자 하는 미생물의 배양액을 일정량 취한 후 여과 또는 원심분리를 이용해 균체를 분리하고 물로 세척한 다음 가열(105~110℃) 또는 감압 등의 방법으로 건조한 후 건조 균체를 측량하는 방법이다. 곰팡이, 방선균 등과 같은 다세포 미생물은 광학적 방법

으로 측정하기 어려우므로 일반적으로 이 방법으로 측정한다. 세균이나 효모의 경우에도 가장 기본적인 측정 방법으로 간편하며 비교적 정확한 방법이다.

(2) 균체 질소량

미생물이 생육하면 세포량 혹은 세포 수가 증가하므로 생체 성분이 증가한다. 이 증가한 생체 성분 중 함유 질소를 정량하여 증식도를 측정하는 방법이다. 그러나 균체의 질소량은 균의 종류와 상태, 배양 조건 등에 따라 차이가 많아 부정확하나 일정한 조건에서 동일 균종을 측정하는 방법으로 자주 사용한다.

(3) 원심 침전법

미생물 배양액을 모세 원심분리관에 일정량 취하고 일정한 조건으로 원심분리하여 균체의 침전량을 측정하는 방법으로 곰팡이, 세균, 효모에서 사용할 수 있는 기본적인 방법이며, 일반적으로 효모 또는 세균의 증식도 측정에 자주 사용한다.

(4) 총균 계수법

총균 계수법total cell count은 균의 개체 수를 현미경을 이용하여 직접 계측하는 방법이다. 효모의 경우 잘 이용하는 방법으로 혈구계Hemocytometer 위에 희석한 균액을 일정량 놓고 커버글라스로 덮은 다음 현미경으로 구획 내에 분포한 세포 수를 계수하여 계산하는 방법이다. 세균의 경우에는 Petroff-Hauser 계수반을 이용한다. 또 0.1% 메틸렌블루methylene blue를 첨가하여 측정하면 메틸렌블루에 염색된 균은 사멸한 세포로 보고 생균과 사멸균을 구분하여 계산할 수도 있다.

(5) 광학적 방법

증식도 측정에 사용하는 광학적 방법에는 비탁법turbidometry과 비색법比色法, colorimetry이 있는데, 세포 현탁액으로 산란된 빛의 양을 측정하는 방법이다. 빛이 균 현탁액을 통과할 때 빛의 산란으로 투과광량이 감소하는 것은 세포 밀도의 척도가 된다. 이와 같은 측정은 보통 분광 광도계spectrophotometer를 이용한 흡광도absorbancy, A로 표시하며, 흡광도는 균 현탁액을 투과한 빛의 양(I)에 대한 균 현탁액에 쬐는 빛의 양(I°)의 비의 로그로 나타낸다.

$$A = \frac{\log I^{\circ}}{I}$$

비색법은 균 현탁액으로 빛의 흡수를 측정하는 것으로, 일반적으로 600 nm 부근의 적색광의 흡수를 측정하는데 흡광도 또는 광학밀도optical density, O.D로 표시한다.

(6) 생균 수 측정viable cell count

생균 수 측정viable cell count은 그림 3-2에서 보듯이 희석한 시료의 일정량을, 균 현탁액을 미리 가열, 용해하여 42°C 정도로 냉각한 한천 배지에 가하여 잘 혼합해서 평판 배양하여 생긴 집락 수로 생균 수viable cell number를 측정하는 방법이다. 한 개의 집락이 한 개의 세포로부터 형성된다는 가정하에 집락 수를 헤아려 시료 중의 생균 농도를 측정한다. 이 페트리 접시를 이용하는 평판법pour plate counting method은 가장 일반적인 방법이지만 결과를 얻기까지 시간이 걸린다는 단점과 한 개의 집락이 반드시 한 개의 세포에서 이루어졌다고 단정하기 어려운 결점이 있다. 혐기성 균일 경우, 혐기적인 환경에서 배양하여 생균 수를 측정해야 한다. 그 밖에 눈금이 있는 모세관을 이용한 모세관법capillary tube method을 이용하는 경우도 있다. 이들 방법에서 이용하는 배지 조성에 따라 생육하지 못하는 균도 있으므로 적절한 배지를 선택해야 한다.

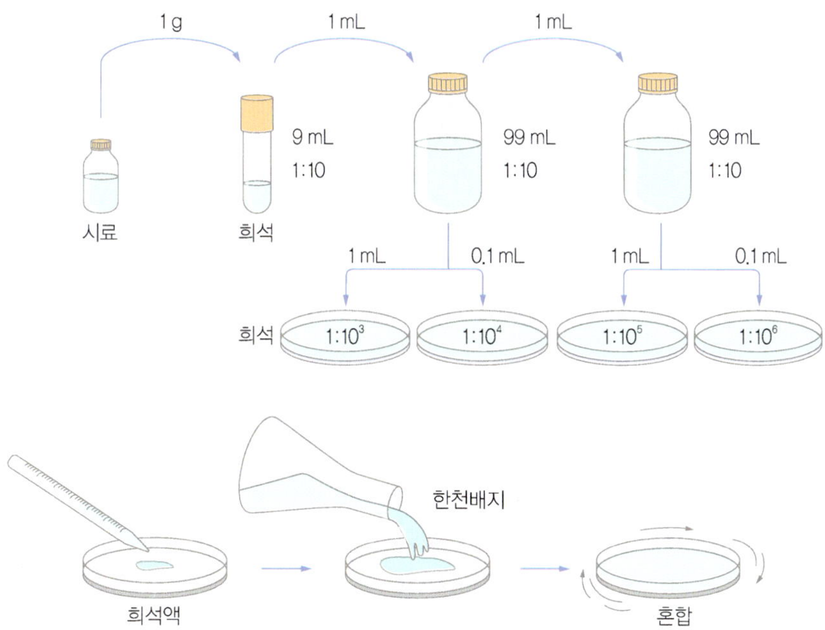

그림 3-2 생균 수 측정

(7) 생화학적 방법

미생물 배양 중 세포 수가 증가함에 따라 호흡, 발효 등의 효소 활성이 증가하므로 이 효소 활성을 지표로 균의 증식도를 간접적으로 측정할 수도 있다. 이 방법은 비교적 예민하지 않기 때문에 많은 양의 균을 취급할 필요가 있다.

3) 미생물의 증식곡선

새로운 배지에 균을 접종하고 시간의 흐름에 따라 균 수를 계측해서 그래프를 그려 보면 그림 3-3과 같이 된다. 이런 곡선을 증식곡선growth curve이라 하는데 처음 증식이 정체 상태인 시기를 유도기, 대수적으로 증가하는 시기를 로그기(또는 로그증식기), 그 후 세포 수의 변화가 적은 시기를 정상기, 세포 수가 감소하는 시기를 사멸기라 한다. 각각의 증식 시기에 따른 특징은 다음과 같다.

(1) 유도기

로그기에 있는 모든 세포를 영양 환경이 비슷한 새로운 배지에 이식하면 즉시 로그적으로 생육한다. 그러나 일반적으로는 로그기에 이를 때까지 일정 시간이 필요한데 이 시간을 유도기induction period or lag phase라고 한다. 유도기는 세포가 새로운 환경에서 증식하기 위하여 필요한 각종 효소 단백질을 생합성하는 준비 기간이라고 생각된다.

(2) 로그기

유도기에 새로운 환경에 대한 증식 준비를 끝내면 세포는 대수적으로 증식을 시작한다. 이 시기의 증식 속도를 지배하는 인자는 배지의 영양, pH, 온도, 산소 분압 등의 환경

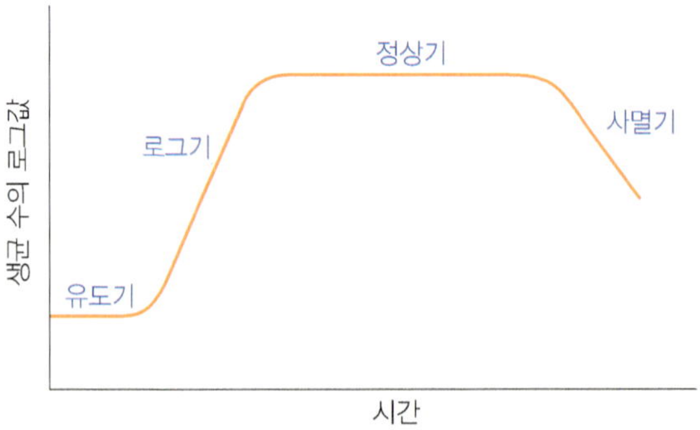

그림 3-3 미생물의 증식곡선

인자이다. 보통의 액체 배양에서 로그기logarithmic period는 몇 시간이며 이 시기의 세포는 다른 시기의 세포에 비해서 물리적, 화학적 자극에 대한 감수성이 높다.

미생물의 로그증식기는 일반적으로 길게 계속되지 않는다. 그 이유는 배지 중의 영양원의 소비 또는 유독한 대사 생성물의 축적 등에 의해 일정 시간 후에는 증식에 지장을 받기 때문이다.

(3) 정상기

로그기 이후 생균 수가 거의 일정하고 또한 배양 중 최대 세포 수가 존재하는 시기를 정상기stationary period라 한다. 정상기는 보통 몇 시간에서 며칠 동안 계속되는데 내생포자를 형성하는 세균은 일반적으로 이 시기에 포자를 형성한다. 정상기에 세포 수가 거의 일정한 이유는 세포가 휴지 상태로 되어 있는 경우와 일부 세포는 사멸하는데 일부 세포는 증식해서 균형이 잡힌 경우로 볼 수 있다. 전자의 경우는 전균 수와 생균 수가 거의 같은데 후자의 경우는 생균 수는 일정하지만 전균 수는 증가하게 된다.

(4) 사멸기

사멸기death period는 배양의 최종기이며 생균 수가 감소하는 시기이다. 세포가 사멸하게 되는 이유는 복잡하고 균주와 배양 조건에 따라서 달라진다. 핵산분해효소에 의한 RNA, DNA의 분해, 단백질분해효소에 의한 단백질의 분해, 세포벽분해효소에 의한 세포벽의 분해와 효소 단백질의 변성으로 활성을 잃는 것 등이 사멸 원인이라 생각된다.

3. 증식에 대한 환경 인자

1) 온도

미생물은 다른 일반 생물과 마찬가지로 일정한 온도 범위에서만 생육, 증식할 수 있다. 여러 종류의 미생물은 생존·증식·대사 활동이 좁은 온도 범위에 한정되어 있다. 따라서 각 미생물을 증식 가능한 온도 범위에 따라 그림 3-4와 같이 분류하면 고온균, 중온균, 저온균으로 구별할 수 있다.

(1) 고온 미생물

최적 증식 온도와 최고 증식 온도가 중온 미생물보다 높은 것을 일반적으로 고온 미

표 3-1 온도에 따른 미생물의 분류와 생육 온도 범위

미생물군		저온균	중온균	고온균
생육 온도 (℃)	최고	30	45	70
	최적	15~25	25~45	50~60
	최저	≤ 0	5~10	40
대표적인 미생물군		*Pseudomonas*속, *Achromobacter*속 등	*Bacillus subtilis*, *Escherichia coil*, 병원성 세균, 곰팡이, 효모	*Bacillus thermofibrinoides*, *Bacillus coagulans*, *Clostridium*, *Thermosaccharolyticum*

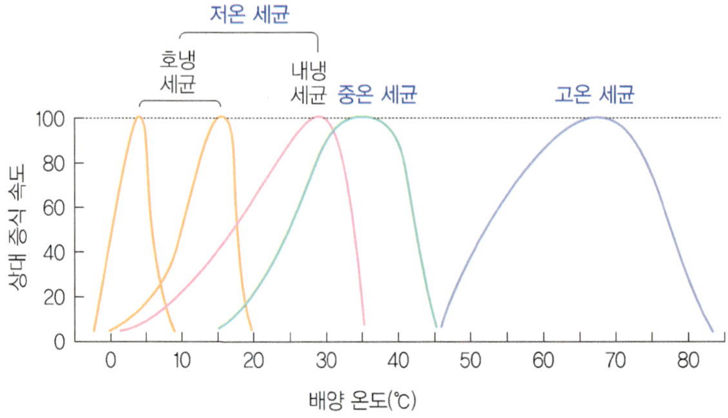

그림 3-4 저온·중온·고온 세균의 증식 온도 범위

생물thermophiles이라 한다. 여기에 속하는 미생물에는 가열 식품을 비롯해서 온천, 열대 토양 등에 생육하는 세균, 효모, 곰팡이가 있다. 고온 미생물의 정의는 세균과 곰팡이는 다소 차이가 있으나 세균에 대해서 보면 "최적 온도 45℃ 이상의 미생물"이라고 되어 있다. 고온 미생물 중 세균에서는 ***Bacillus***속, ***Clostridium***속, ***Sarcina***속, ***Thermus***속, ***Staphylococcus***속, ***Streptococcus***속, ***Spirochaota***속의 일부, 곰팡이에서는 담자균류 Basidiomycetes를 제외한 일부 균종에서 볼 수 있다.

(2) 중온 미생물

자연계에 가장 넓게 분포되어 있으며 종류도 대단히 많다. 포유동물의 장내 미생물이나 병원 미생물을 비롯하여 각각 속의 세균, 효모, 곰팡이가 여기에 속한다. 고온 미생물과 저온 미생물에 속하지 않는 것은 전부 여기에 해당되는데 굳이 정의를 내린다면

"중온 미생물mesophiles은 25°C에서 40°C의 범위에 최적 온도가 있으며 최저 증식 온도가 5~10°C 이상인 미생물"이라 할 수 있다. 중온 미생물의 최고 증식 온도는 보통 45°C 부근이 된다. 그런데 내열성 미생물에는 50°C 이상에서도 증식하는 것이 있는데 그 최적 증식 온도는 25~40°C이므로 중온 미생물에 속하게 된다.

(3) 저온 미생물

0°C 이하에서도 증식할 수 있는 미생물은 해수, 담수, 토양, 어패류, 저온 저장 식품 등에 널리 분포되어 있다. 저온 미생물psychrophiles은 스톡스Stokes(1963)가 "육안으로 알아볼 수 있는 집락을 0°C에서 약 1주일 이내에 만들 수 있는 미생물을 저온 미생물이라 한다. 그중에서 최적 증식 온도가 20°C 또는 그 이상인 것을 통성 저온 미생물facultative psychrophiles이라 하고 20°C 이하인 것을 편성 저온 미생물obligate psychrophiles이라 한다"고 정의했다. 저온 미생물이 증식할 수 있는 한계는 대략 -3~-10°C의 범위라고 볼 수 있다. 중온 미생물이나 고온 미생물은 증식 환경(식품)이 동결 상태가 되면 증식하지 못한다. 그 이유는 동결 상태에서는 식품 중의 용질이 농축되고 따라서 미생물이 이용할 수 있는 수분이 적어지기 때문이다.

2) 수분 활성

모든 생물은 생육에 수분이 필요한데 미생물도 예외가 될 수 없으며, 60~90%의 수분 함량을 가지는 일반 식품은 미생물 생육에 알맞은 장소가 될 수 있다.

수분은 식품에 결합수와 자유수 두 가지 형태로 존재한다. 결합수는 단백질과 같은 친수 콜로이드와 직접 결합(수소결합 등)하여 콜로이드를 안정화하고 있는 물이며, 자유수는 결합수 이외의 속박되지 않은 물을 뜻한다. 그런데 결합수에도 그 강도에 여러 가지 차이가 있어서 엄밀한 뜻에서는 자유수와의 한계가 명확한 것은 아니다. 미생물은 자유수나 아주 약한 결합수만 이용한다. 잼이나 물엿 등의 당 제품, 젓갈이나 절임 등의 염장품은 그 수분이 대부분 결합수 형태로 존재하기 때문에 미생물이 생육하기가 상당히 어렵다.

식품 중의 수분 함량을 미생물의 생육과 관련시켜서 표시하는 방법으로 수분 활성water activity, a_w을 이용하면 편리하다. 식품의 a_w는 일정 온도에서 식품의 최대 수증기압(P)과 그 온도에서 순수의 최대 수증기압(P_0)의 비로 표시한다.

$$a_w = \frac{P}{P_0}$$

따라서 a_w는 $0 \leq a_w \leq 1$의 범위에 있게 된다.

미생물은 수분 활성이 낮을수록 증식에 지장을 받게 되며 일반적으로 고수분 활성에서는 세균이 가장 생육하기 쉽고 그 다음 효모, 곰팡이의 순서가 된다. 그러나 예외로서 호염성 세균이나 내건성 곰팡이, 내삼투압성 효모 등은 비교적 낮은 a_w에서도 증식한다. 건조식품은 당연히 a_w가 낮아지지만 설탕이나 식염을 첨가해도 낮아진다(표 3-2).

몇 가지 미생물의 증식에 대한 수분 활성의 영향을 보면 그림 3-5와 같으며 미생물의 증식에 필요한 최저 수분 활성은 표 3-3과 같다. 어느 미생물이나 a_w가 1.0보다 조금 낮은 곳에 최적 증식치가 있으며, 그보다 a_w가 낮게 됨에 따라 점차로 증식 속도가 저하된다.

표 3-2 설탕 및 식염 수용액의 수분 활성(25°C)

a_w	설탕(%)	식염(%)
0.995	8.51	0.872
0.990	15.4	1.72
0.980	26.1	3.43
0.940	48.2	9.38
0.900	58.4	14.2
0.850	67.2	19.1
0.800	-	23.1

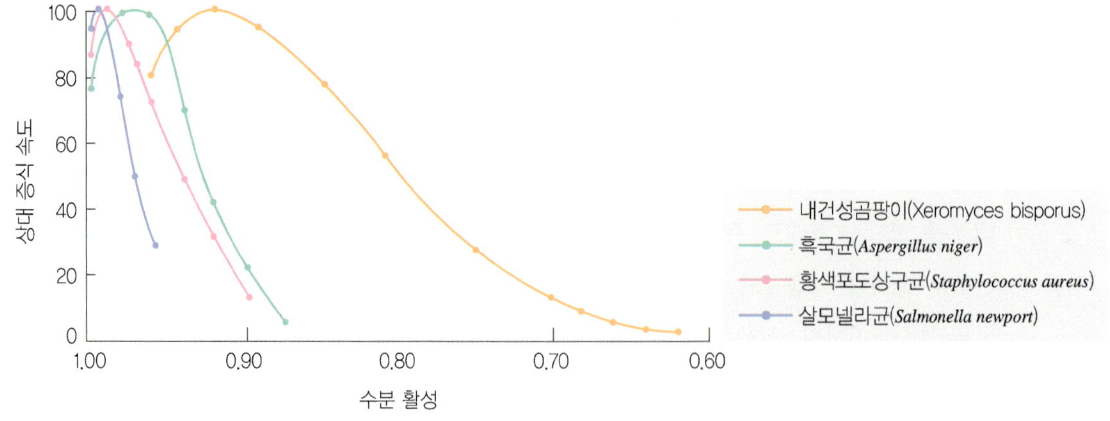

그림 3-5 미생물의 증식과 수분 활성

표 3-3 **미생물의 증식에 필요한 최저 수분 활성**

미생물	증식에 필요한 최저 a_w
보통 세균	0.90
보통 효모	0.88
보통 곰팡이	0.80
호염 세균	≤ 0.75
내건성 곰팡이	0.65
내삼투압성 효모	0.61

표 3-4 **수분 활성도의 범위에 따른 식품과 미생물 생육의 관계**

수분 활성도	해당 식품	미생물 생육
0.95~0.99	육류, 과일, 채소, 주스, 우유, 버터	G(-)세균, 곰팡이, 효모
0.95~0.90	햄, 발효소시지, 빵, 베이컨	G(+)세균, 곰팡이, 효모
0.9~0.61	건조식품, 염장식품, 잼, 케이크, 쌀	호염성 균, 곰팡이, 효모, 호삼투압성 효모, 호건성 곰팡이
0.61 이하	초콜릿, 꿀, 파스타, 과자, 분유, 설탕	-

3) 삼투압

라이소자임lysozyme 감수성의 세균에 라이소자임을 처리하면 세포벽이 녹아 없어지고 원형질체protoplast로 된다. 이 원형질체를 맑은 물에 투입하면 즉시 물을 흡수해서 구조가 파괴된다. 즉, 정상적인 세포에서 세포질은 물질이 고농도로 녹아 있는 상태이고 밖에서 세포벽을 통과해서 물이 들어왔을 때의 팽압은 세포벽이 지탱해 주고 있는 상태이다. 이런 압력을 삼투압osmotic pressure이라 하는데 세포의 삼투압은 대략 10% 자당의 삼투압과 같고 이것을 대기압과 비교하면 약 6.5기압이 된다(1 mol 용액의 삼투압은 22.4기압). 세포가 들어 있는 용액의 침투압이 세포의 삼투압보다 낮은 경우 그 용액을 저장액hypotonic fluid이라 하고 같을 때를 등장액iso-tonic fluid, 높을 때를 고장액hypertonic fluid이라 한다.

동물 세포는 세포벽이 없으므로 환경의 삼투압에 극히 예민하지만 미생물은 일반적으로 삼투압에 둔감하다. 미생물은 튼튼한 세포벽을 가졌기 때문에 어떤 것들은 간장과 같은 곳에서도 살 수 있다. 또 호염균으로 불리는 미생물들은 다소의 식염이 있어야만 증식할 수 있는데 이들을 호염 미생물halophilic microorganism 또는 호삼투압성 미생물osmophilic microorganism이라 한다. 잼과 같은 고당(40% 이상) 식품에 증식하는 미생물은 거의 효모로 이들을 호삼투압성 효모라고 하며, 곰팡이 중에서는 *Aspergillus*속의 일부와 세균 중에서는 내염성 세균의 소수가 호삼투압성으로 알려져 있다. 젓갈류 등의 고염도 식품에 흔히 증식하는 미생물은 대부분 세균이나 때로는 효모나 곰팡이도 발견된다.

세균 이외의 호염 미생물은 절인 어물이나 숙성 중인 간장덧에서 흔히 볼 수 있는데, 주요 종으로는 *Torulopsis*속, *Debaryomyces*속, *Schizosaccharomyces*속에 속하는 효모 외에 곰팡이류도 있다. 이런 곰팡이들은 백색, 흑색, 자색 또는 적색의 반점을 생성하여 상품 가치를 떨어뜨리며, 어떤 곰팡이는 독성이 문제되는 것도 있다.

표 3-5 최적 염 농도에 의한 미생물의 분류

분류	특성	
비호염균	2% 이하의 염분 함유 배지에 가장 잘 증식함(내염균 포함)	
호염균	미호염균 (slightly halophilic microorganism)	2~5% 염분 함유 배지에 가장 잘 증식함(해양 세균 포함)
	중호염균 (moderately halophilic microorganism)	5~20% 염분 함유 배지에 가장 잘 증식함
	고호염균 (extremely halophilic microorganism)	20~30% 염분 함유 배지에 가장 잘 증식함

4) 수소 이온 농도

식품의 수소 이온 농도(pH)는 거기에 존재하는 미생물의 여러 생리적 현상에 중요한 영향을 미치게 된다. 따라서 미생물의 증식과 대사는 다른 조건이 일정하다 할지라도 pH에 크게 영향을 받는다. 증식과 대사의 최적 pH는 미생물의 종류에 따라서 다르며 생산되는 대사산물의 종류나 양도 pH의 영향을 받는다. 미생물이 증식할 수 있는 pH 범위는 각각 다르다(표 3-6). 즉 장내 세균과 토양 세균은 pH 6~7, 해양 세균은 pH 7.0~7.4, 병원 세균은 pH 7.4~7.6이다. 그런데 특수한 예로 황세균(*Thiobacillus thiooxidans* 등)이나 아세트산균(*Acetobacter*속) 중에는 pH 4 이하에서도 증식하는 것이 있으며 마뇨馬尿 분해 세균 중에는 pH 8.0 이하에서는 증식하지 못하는 것도 있다.

곰팡이나 효모 등은 대부분 산성 쪽(pH 4.0~6.0)에서 잘 증식하며 방선균류는 최적 pH가 보통 알칼리 쪽에 있다. 약산성에서 중성까지의 보통 식품에는 세균이 가장 잘 증식하지만 산성 식품에서는 효모나 곰팡이, 아세트산균 등의 특수한 세균이 주로 증식한다.

미생물은 배지의 pH를 어느 정도 조절할 수 있는 능력이 있는 것처럼 보인다. 즉, 배지

표 3-6 **식중독균의 생육 pH 범위**

미생물명	최저 pH	최적 pH	최고 pH
Staphylococcus aureus	4.0	6.0~7.0	9.8
Clostridium perfringens	5.5	7.0	8.0
Listeria monocytogenes	4.1	6.0~8.0	9.6
Salmonella sp.	4.1	7.0	9.0
Vibrio parahaemolyticus	4.8	7.0	11.0
Bacillus cereus	4.9	7.0	9.3
Campylobacter jejuni	4.9	7.0	9.0
Yersinia sp.	4.6	7.0~8.0	9.0
Clostridium botulinum	4.2	7.0	9.0

가 산성이 되면 아민amine을 생성하고 알칼리성이 되면 유기산을 생성하는 예가 있다. 그런데 젖산균을 배양할 때는 생성되는 젖산을 인공적으로 계속 중화해 주지 않으면 자신이 생성한 젖산에 의해서 사멸되기도 한다.

5) 산소 농도(산화 환원 전위)

대부분의 고등 동식물은 생활하기 위해서 분자 상태의 산소가 필요하지만, 미생물은 산소가 필요한 무리와 그렇지 않은 무리로 크게 나뉜다. 전자를 호기성 미생물이라 하고, 후자를 혐기성 미생물이라 하는데 일부 중간적인 것도 있다.

(1) 호기성 미생물

호기성 미생물aerobic microorganism에는 곰팡이 대부분과 세균 가운데 *Bacillus*속, *Micrococcus*속, *Aerobacter*속, *Pseudomona* 속 등이 속한다.

(2) 혐기성 미생물

곰팡이나 효모 중에서는 혐기성 미생물anaerobic microorganism에 속하는 것이 없으며, 세균 중에서 *Clostridium*속, *Bifido-bacterium*속, *Methanomonas*속이 여기에 속한다.

(3) 통성 혐기성 미생물

혐기성 미생물에 속하는 것들 중에서 어떤 것들은 산소가 있어도 증식할 수 있는데,

예를 들면 대장균, 젖산균 등이 그렇고 효모도 여기에 속한다. 젖산균은 저산소 농도에서도 잘 자라므로 이런 것을 특히 미호기성microaerophiles 세균이라고 한다. 이와 같이 에너지 획득을 위한 대사계가 분자상 산소를 이용해서 산화적 대사를 하느냐 또는 혐기적 호흡에 의해서 에너지를 얻느냐에 따라서 산소 요구성의 차이가 나타난다. 일반적으로 호기성 미생물에 필요한 산소는 식품 중에 녹아 있는 양만으로는 충분하지 못하다. 호기성 세균이나 곰팡이가 종종 식품 표면에서 막상으로 증식하는 이유가 이 때문이다. 또 온도가 상승하면 용존 산소가 감소하기 때문에 저온보다는 고온일 때 증식률이 높은 반면 균 수가 적은 경우가 많다.

6) 정수압

미생물은 일반적으로 정수압에 둔감하다. 통성 혐기성 세균은 대부분 진공(단, 물이 있을 때) 또는 100기압 정도의 정수압을 주어도 사멸하지 않으며 적당한 조건만 주면 증식도 계속한다. 그러나 급격한 압력의 변화에는 견디지 못하는 경우가 있다. 즉, 100기압의 압력을 준 현탁액을 급격히 정상 압력으로 회복시키면 세포는 사멸한다. 1만 m가 넘는 심해에도 많은 미생물이 존재하는데 이들 중에는 수백 기압에서도 견디는 것이 있다.

7) 복사선

광합성 미생물에서 빛이 에너지원으로 되는 것은 당연한 일인데 어떤 곰팡이에서는 포자를 형성할 때 에너지원으로서가 아닌 다른 메커니즘으로 빛이 관여한다는 것이 알려져 있다. 그런데 이와 같은 예는 특별한 경우이고 일반적으로 대부분의 미생물에서는 가시 영역이나 비가시 영역의 복사선이 유해하게 작용한다. 특히 260 nm 부근의 자외선은 치명적인데, 이는 주로 광화학 반응에 의한 것으로 DNA의 상해에 따른 것이다. 자외선 등이 살균용으로 사용되는 것은 이와 같은 이유에서이다.

평판에 깔려 있는 세균이 거의 사멸할 정도로 자외선을 조사하고 이어서 평판 일부에 강한 백색광을 조사한 다음 이것을 배양하면 백색광을 쪼인 부분에서만 세균 증식이 관찰된다. 이런 현상을 광회복photoreactivation이라 한다. 파장이 200 nm 이하인 복사선(X선, γ선 등)은 양자에 에너지가 높고 α선, β선 등과 더불어 이온화 복사선ionizing radiation이라 하며 모두 미생물에 유해하다. 자외선이나 X선, γ선은 종종 미생물의 변이 유발을 목적으로 사용된다.

8) 화학 약제

화학 약제 중에는 미생물의 생육에 영향을 미치는 것이 많다. 그중에서 미생물을 사멸시키거나 생육을 억제하는 물질을 항미생물성 물질이라 한다. 이들 중에서 특히 병원균을 사멸시키는 물질을 소독제라 하고, 식품의 부패나 발효를 억제하는 물질은 방부제, 질병 치료에 쓰이는 것은 화학요법제라고 한다(표 3-7). 또 생물이 생산하는 물질로서 미생물의 생육을 저지하거나 사멸시킬 수 있는 것을 항생물질이라 한다.

표 3-7 **항미생물성 물질**

약품의 종별		주요 약품명	비고
소독제	무기약품	질산은, 과산화수소, 할로겐화합물	병원균을 사멸시키는 약제
	유기약품	포르말린, 석탄산, 알코올, 계면활성제	
방부제	유기약품	소르브산칼륨, 안식향산칼륨, 프로피온산나트륨	부패, 발효를 억제하는 약제
	생물생산물	라이소자임*, 달팽이효소**	
화학요법제	유기약품	설파제 등	인체 등에 독성이 적고 병원균에 잘 작용하는 약제
	생물 생산물	항생물질	

*세균의 세포벽을 녹이는 효소
**진균류의 세포벽을 녹이는 효소(처음에 달팽이의 소화관에서 발견)

항미생물성 물질의 작용으로 미생물을 사멸시키는 작용을 살균작용, 증식을 억제하는 작용을 정균작용 또는 제균작용이라 한다. 그러나 농도가 높을 때는 살균작용을 하고 낮을 때는 정균작용을 하는 약제도 많다.

9) 미생물의 상호 관계

대부분의 발효 및 변패 식품에서 보면 몇 가지의 미생물군이 생존하고 있는 것을 볼 수 있다. 즉, 단일 미생물군에 의한 경우보다 서로 다른 미생물군들이 경쟁적으로 생존하고 있는 양상이다. 이와 같이 여러 종류의 미생물군이 혼합 생존하는 경우 각 미생물 사이에 영양물질, 산소, 생활공간 등을 확보하기 위해 경쟁을 벌이기도 하고 대사산물(때로는 항생물질)이 다른 미생물군의 생육을 억제하기도 하는 길항현상antagonism 등을 볼 수 있다.

그런데 이와는 반대로 서로 공생하는 경우도 있다. 즉, 서로 전혀 관계없이 공존하는 경우가 있는데 이를 불편공생neutralism, neutralistic symbiosis이라 하고, 어느 한쪽이 상대방의 대사산물을 효과적으로 이용해서 이익을 취하는 경우도 있는데 이를 편리공생metabiosis이라고 한다. 그리고 서로 다른 미생물이 공존하며 각기 갖고 있지 않은 기능을 공동으로 새롭게 나타내는 공동 작용synergism도 있다.

공생·조생·공동작용 등의 미생물 연관 현상을 발효 공업에 응용한 경우로는 전분질을 이용하여 알코올발효를 할 때 아밀로곰팡이와 효모를 이용한 아밀로법, NH_3를 생성하는 *Corynebacterium*속 균과 α-케토글루타르산을 생성하는 *Escherichia coli*를 혼합 배양함으로써 글루탐산을 생성케 하는 발효법 등이 있다.

$$\underset{\alpha\text{-ketoglutaric acid}}{HOOC\ CO\ CH_2\ CH_2COOH} \xrightarrow{+NH_3,\ \frac{1}{2}O_2} \underset{\text{glutamic acid}}{HOOCCH(NH_2)CH_2CH_2COOH}$$

(1) 상호 공생

상호 공생mutualistic symbiosis은 서로 다른 미생물군이 공존하면서 생육에 서로 유리한 영향을 주는 경우이다. 예를 들면 콩과 식물과 질소고정균이 공생하는 경우, 해조류는 비타민 B_{12} 합성 능력이 없어 부착세균 *Pseudomonas*, *Achromobacter*, *Bacillus*, *Erwinia* 속 등이 비타민 B_{12}를 공급해 주고 해조의 점질물 속에 생존하는 경우, 또 사람과 대장 내에 생육하는 대장균이 상호 공생을 하고 있다고 할 수 있다. 대장균은 사람에게 비타민 B_{12}를 공급해 주고 사람은 대장균의 생육 최적 조건을 부여한다.

(2) 공동 작용

공동 작용synergism은 두 종류 이상의 미생물이 공존하면서 어느 미생물도 갖고 있지 않은 기능을 나타내는 경우로, 예를 들면 우유 제품 중에 *Pseudomonas syncyanea*는 단독 생육의 경우 담갈색을 나타내고 *Streptococcus lactis*는 단독 생육의 경우 색의 변화가 없지만 두 균을 같이 생육하면 청색을 나타낸다. *Penicillium verruculosum*의 균체 내에 생성한 전구물질이 *Trichoderma*의 작용으로 적색 색소를 생성한다.

(3) 편리공생

편리공생metabiosis, commensalism이란 공존 미생물의 어느 한쪽이 다른 한쪽에 유리하게 작용하는 경우이며, 예를 들면 다음과 같다.

① 편성 혐기성 균을 호기성 균인 *Serratia marcesens*와 같이 배양하면 호기성 균이 배양 환경의 산소를 소비하고 나서 편성 혐기성 균의 생육이 가능하게 된다.

② 토양 중의 섬유소 분해균이 섬유소를 분해하여 글루코오스를 만들면 공존하는 섬유소를 분해하지 못하는 세균이 생육한다.

③ 간장을 제조하는 동안 내염성 젖산균인 *Pediococcus halophilus*가 증식하여 젖산을 생성해 pH를 저하시킨다. 이때 내염성 효모인 *Saccharomyces rouxii*가 증식하여 간장을 숙성시킨다.

④ 과즙 발효 후기에 효모의 자가소화에 의하여 유리된 아미노산, 퓨린 염기 등이 젖산균의 생육 인자로 작용한다.

⑤ 요구르트 제조 시 *Lactobacillus bulgaricus*에 의한 글리신, 발린 등의 축적으로 *Streptococcus thermophilus*의 젖산 생성을 촉진한다.

(4) 길항과 경합

길항antagonism과 경합competition은 서로 다른 미생물이 공존하는 경우 영양분, 산소, 생활 공간 등을 경쟁적으로 획득하거나 어떤 균의 대사산물로 다른 균의 생육을 억제하는 경우이다. 예를 들면 다음과 같다.

① 효모에 의한 pH의 저하로 일반 세균은 생육할 수 없게 되며 생성된 알코올에 의하여 곰팡이, 세균의 생육이 저해된다.

② 코지 제조 초기에는 효모와 국균이 같이 증식하나 국균의 왕성한 증식이 계속되면 효모의 증식이 극단적으로 억제되는데, 이것은 무기염류를 국균이 대량 취하기에 효모는 무기염류 결핍에 의하여 증식이 억제된다.

③ Bouillon 배지에서는 *Bacillus subtilis*가 산화-환원 전위를 상승시켜 *Aerobacter aerogenes*가 증식하여 pH의 변화가 일어난다.

(5) 항생抗生

항생antibiosis은 넓은 의미로는 길항현상이나 항생물질 등에 의하여 미생물의 생육 억제 또는 완전한 증식 억제 현상을 나타내는 경우이다. 항생물질이란 미생물이 생성한 물질로, 다른 미생물이 생육한 배지에서 그 미생물은 다시 생육하지 못하는 현상을 자가 항생autoantibiosis이라 한다.

10) 복합적 요인

위에서 설명한 여러 가지 환경 인자의 요인은 실제로 식품 중에서는 서로 복합적으로 작용한다. 미생물에 대한 복합 작용을 각각의 식품에 대해서 정확히 파악하기는 어렵지만 미생물의 증식과 대사는 여러 요인의 짝 맞춤에 의해서 상승적으로 작용한다는 것이 알려져 있다. 예를 들면 세균은 배양 온도를 높이면 최적 염분 농도나 최저 염분 농도가 높아진다. 또 보툴리누스균 B형의 증식에 대해서 수분 활성, 온도, pH가 복합적으로 작용한다. 이와 같은 미생물의 증식과 환경 요인의 관계에 대한 깊은 이해는 식품 저장 조건을 설정할 때 대단히 중요한 일이다.

Tip 라면에 들어 있는 야채스프는 공기와 접촉만 하지 않으면 십 년 이상 보관하여도 이상이 없으며, 물에 넣으면 채소의 색상과 신선도가 좋아지는데 이는 동결건조하기 때문이다. 장기간 보관하여도 미생물 문제가 발생하지 않는 것은 수분 활성도와 상관관계가 있다. 보통 미생물은 수분 활성도(a_w) 0.5 이하에서는 생육이 불가능하기 때문이다.

요약

미생물의 생육에 필요한 영양원인 탄소원, 질소원, 무기 인자를 중심으로 미생물들은 증식과 사멸 과정을 거친다. 증식에 필요한 요구 조건은 미생물의 종류에 따라 달라지는데 일반적인 사항으로는 온도, 수분 활성, 삼투압, 수소 이온 농도, 산소 농도, 정수압, 복사선, 화학 약제, 미생물들 간의 상호관계에 영향을 받는다.

연습문제

1 미생물의 다량 영양소와 미량 영양소를 분류하시오.

2 미생물의 증식에 필요한 에너지원을 설명하시오.

3 독립영양 생물, 종속영양 생물을 정의하시오.

4 미생물들의 생육 온도, 삼투압, 수분 활성도를 설명하시오.

5 미생물의 상호 관계를 설명하시오.

미생물의 대사

CHAPTER 4

1. 미생물의 효소

1) 미생물 효소의 생성과 구성

미생물의 세포 내에 존재하는 효소를 세포내 효소intracellular enzyme라 하고 세포 밖으로 분비되는 효소를 세포외 효소extracellular enzyme라고 한다. 어떤 효소는 배지에 특별한 물질이 존재할 때에만 유도적으로 생산되는데 이런 효소를 유도 효소inductive enzyme 또는 적응 효소adaptive enzyme라 하고 배지 중의 특정한 물질을 유도원inducer이라 한다. 그리고 생육 조건에는 관계없이 통상적으로 생성되는 효소를 구성 효소constitutive enzyme라고 한다. 어떤 경우에는 효소를 구성하는 단백질의 일차 구조가 있는데 이들을 동질 효소isoenzyme라고 한다.

효소는 모든 생물의 생명현상을 지속하는 데 없어서는 안 될 중요한 물질이며, 물질적으로는 순수한 단백질 또는 단백질과 촉매 작용에 필수적인 저분자 화합물(보결 분자족prosthetic group, 보조인자cofactor)이 결합한 고분자 화합물로 되어 있다(분자량 10^4~10^6). 보결 분자족이 유기태인 경우는 조효소coenzyme라 하고 금속인 경우는 보결금속이라 한다(Fe, Cu 등). 조효소와 결합하는 고분자 단백 부분을 아포 효소apoenzyme라 하고, 아포 효소와 조효소가 결합한 형태의 효소를 완전 효소holoenzyme라고 한다. 효소의 구성과 효소 반응을 모식적으로 설명하면 그림 4-1과 같다.

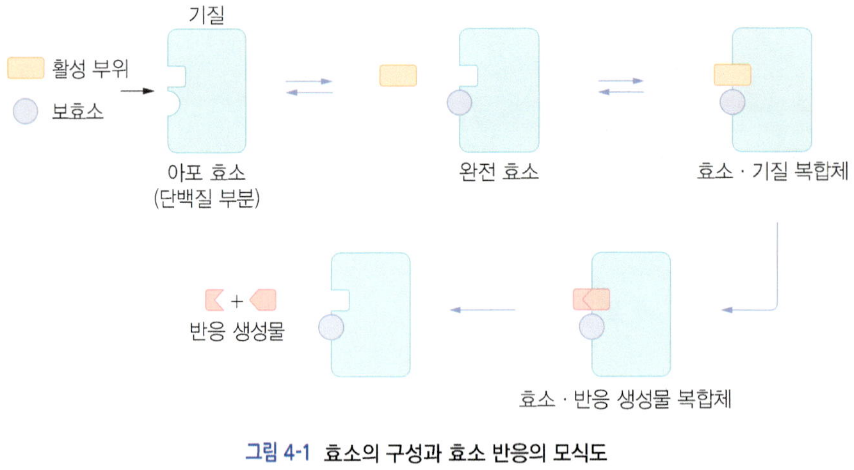

그림 4-1 효소의 구성과 효소 반응의 모식도

2) 효소의 구조

효소의 구성 성분은 단백질이고 구조는 그림 4-2에서 보는 것처럼 1차, 2차, 3차, 4차로 나뉜다. 1차 구조는 각 아미노산의 결합 순서를 표시하며 4차 구조는 동종 또는 이종의 폴리펩타이드 사슬이 2개 이상 모여 이루어진 입체적 구조를 말한다. 2차 이상의 구조를 고차 구조라 하는데 효소가 독특한 작용을 지속하기 위해서는 고차 구조가 유지되어야 한다. 따라서 고온이나 산, 알칼리, 유기 용매 등에 의해서 고차 구조가 변하게 되면(변성) 효소의 특성이 없어지는데 이런 경우를 효소의 실활이라 한다.

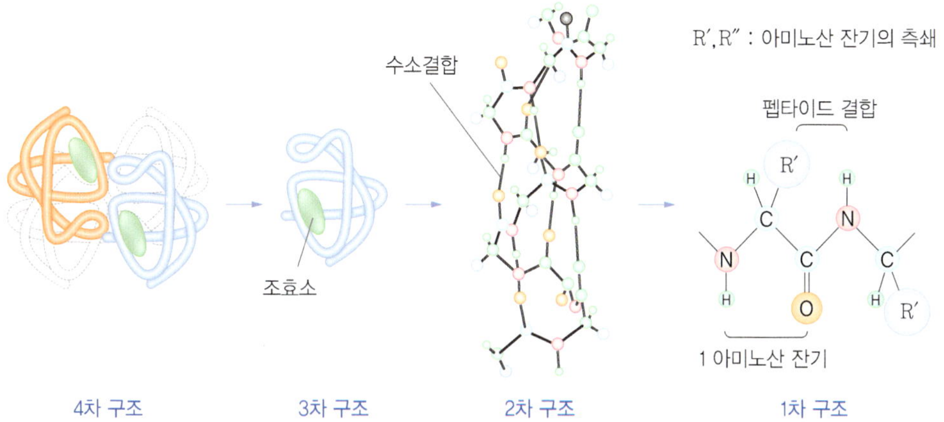

그림 4-2 효소 단백질의 1, 2, 3, 4차 구조

3) 효소의 촉매능

효소는 무기 촉매에 비해서 일반적으로 온화한 조건(20~50°C, 중성 부근)에서 높은 촉매능을 나타내고 기질에 대한 높은 선택성(기질 특이성substrate specificity)을 볼 수 있다. 효소 1분자가 단위시간 내에 변화시키는 기질의 분자 수를 대사회전수turnover number라 하는데, 더 엄밀한 표현으로 분자활성molecular activity이라 하며 효소의 촉매능을 표시하는 지표로 하고 있다. 대사회전수의 예를 보면 리보뉴클레이스ribonuclease는 10^2, 트랜스아미네이스transaminase는 10^3, 유레이스urease는 10^4, 카탈레이스catalase는 10^7이다.

4) 기질 특이성

효소는 특정한 기질에 대해서만 작용하는데, 이러한 특성은 금속 촉매 등과 비교하면 그 성질이 월등히 까다롭다고 할 수 있다. 그런데 각종 효소는 기질 특이성이 높은 것과 다소 낮은 것으로 구별할 수 있다. 그 예로 에스터레이스esterase는 에스테르의 종류와 관계없이 그 에스테르 결합만을 끊어 주지만 세균의 라이신 탈탄산효소lysine decarboxylase는 L-라이신에만 작용하고 구조가 비슷한 D-라이신이나 L-오르니틴에는 작용하지 못한다.

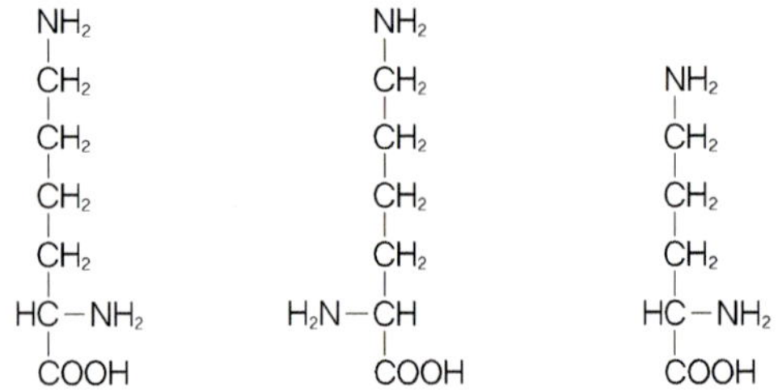

L-lysine D-lysine L-ornithine

5) 효소 반응

(1) 효소 반응과 온도

효소 반응에서도 일반 화학 반응과 마찬가지로 온도가 상승함에 따라 반응 속도가 커지며 최대치에 달했다가 그 이상 온도가 상승하면 오히려 효소 활성이 저하된다. 효소 활성이 최대치에 달했을 때의 온도를 최적 온도라 하는데 최적 온도는 반응 시간이나 pH 등의 반응 조건에 따라서 영향을 받는다. 일반적으로 미생물 효소의 경우 35~55°C이고 특수한 경우(*Bacillus subtilis*의 α-amylase)는 65~80°C도 있다.

(2) 효소 반응과 pH

효소 활성은 pH에 따라 달라지는데 가장 높은 활성을 보이는 pH 값을 최적 pHoptimum pH라고 한다. 미생물 효소의 경우 최적 pH는 대략 pH 6~8의 범위에 있으나 *Bacillus*속의 루신 탈수소효소leucine dehydrogenase는 pH 10 이상에서 최적 pH를 가진다.

(3) 효소 반응과 기질 농도

효소 농도를 일정하게 유지하고 기질의 농도(S)를 변화시키면 그림 4-4와 같이 된다. 즉, S가 작을 때는 반응의 초기 속도(V)에 비례하지만 차차 S가 커지면서 포화되어 일정한 농도에 이르는 소위 쌍곡선형의 경로를 나타낸다. 이때 효소 농도를 높이면 기질 농도의 저해 요인을 어느 정도 극복할 수 있다.

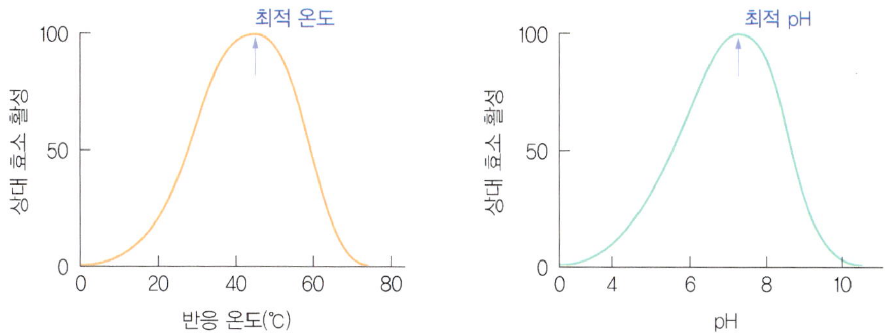

그림 4-3 효소 활성과 반응 속도(A) 및 pH의 관계(B)

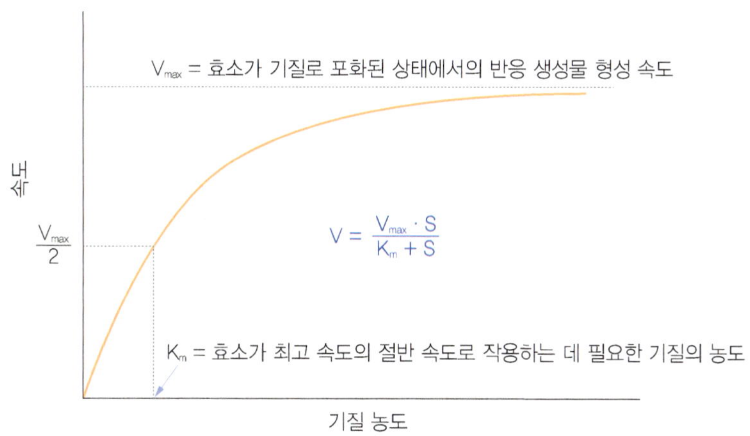

그림 4-4 효소 반응의 초기 속도와 기질 온도의 관계

(4) 효소 반응의 저해

효소 반응계에 어떤 물질을 첨가하면 반응 속도가 떨어지는데 이런 현상을 저해inhibition라 하고 이런 물질을 저해제inhibitor라고 한다. 저해 작용은 가역적 저해와 비가역적 저해로 나뉘며, 비가역적인 경우는 어떤 물질이 효소와 화학 반응으로 결합해서 효소 활성을 소실시키게 된다. 이런 경우를 화학 수식에 의한 효소의 활성 소실이라고도 한다.

① 가역적 저해

가역적 저해에는 경쟁적 저해, 비경쟁적 저해, 무경쟁적 저해 3가지가 있다.

a. 경쟁적 저해

효소의 활성 부위가 기질과 구조가 비슷한 물질(저해제)과도 결합하는 경우의 저해 현상으로, 기질과 저해제가 서로 효소를 쟁탈하기 때문에 생기는 저해 현상이라 경쟁적 저해competitive inhibition라고 한다. 예를 들면 석신산 탈수소효소succinic acid dehydrogenase는 석신산이 그 기질인데 이와 구조가 비슷한 말론산malonic acid이 있으면 이것이 효소 활성 부위와 결합해서 석신산과 경합적으로 작용하게 된다. 이때 기질의 농도가 높으면 상대적으로 말론산의 저해력은 약해진다.

b. 비경쟁적 저해

저해제가 유리 상태의 효소와는 결합하지 않지만 효소-기질 복합체와는 결합해서 이것을 불활성화시키는 유형의 저해이다. 비경쟁적 저해uncompetitive inhibition는 1기질 반응에서는 그 예가 드물지만 다기질 반응에서 생성물 저해의 경우에는 중요하다.

c. 무경쟁적 저해

기질이 결합하는 활성 부위 이외의 부위에 저해제가 결합해서 효소-저해제 복합체를 형성함과 동시에 효소-기질 복합체에도 저해제가 같은 강도로 결합해 삼자 복합체를 구성함으로써 생성물에 이르는 경로가 방해를 받는 유형의 저해이다. 무경쟁적 저해noncompetitive inhibition에는 저해제가 효소와 결합함으로써 효소와 기질의 결합이 영향을 받는 혼합형 저해도 포함된다.

② 비가역적 저해

비가역적 저해는 주로 중금속염, 탄닌, 트라이클로로아세트산 등의 단백질 변성제에 의해서 일어난다. 이들과는 좀 다른 양상으로 그 자신은 저해능을 가지지 않지만, 어떤 효소의 작용을 받아서 활성화되면 비로소 효소의 활성 부위(때로는 조효소 부위)와 공유결합을 해서 결과적으로 효소를 비가역적으로 불활성화시키는 화합물이 있다. 즉, 효소는 자기 자신이 활성을 잃는 반응(자살 반응)을 일으킨 셈이 된다. 따라서 이들 화합물은 효소의 자살을 유기하는 기질(불활성제, 저해제)이라는 뜻으로 효소 자살 기질suicide substrate, 또는 효소 자살 불활성화제suicide inactivator라고 한다.

효소 자살 기질은 효소 본래의 기질과 구조나 이온적 성질이 비슷하므로 효소의 활성 부위에 접근해서 반응을 일으키는 수가 있다. 효소 자살 기질은 어떤 효소와 특이적으로 반응해서 비가역적으로 이것을 불활성화시킨다. 따라서 생체 내 특정 효소의 활성을 잃게 하여 그 생리적 상태를 알아볼 수도 있으며, 인체에는 없고 병원균에만 있는 어떤 중요한 효소를 효소 자살 기질로 불활성화시켜서 항생물질과 마찬가지로 병원균을 사멸시키는 응용면도 연구되고 있다.

6) 효소의 화학 수식

효소 단백질을 여러 가지 시약으로 화학적으로 처리해서 성질을 변화시키는 일을 화학 수식chemical modification이라 한다. 이와 같은 화학 수식에 의해서 효소 본래의 기능이나 성질을 향상시키거나 변화시킨다. 예를 들면 항암성이 있는 세균의 아스파라기네이스asparaginase를 그림 4-5와 같이 젖당lactose과 아스파라진asparagine을 환원적으로 결합시키면 효소 활성이나 항암성에는 별로 영향이 없이 열안정성과 프로테이스 저항성을 증대시킬 수가 있다.

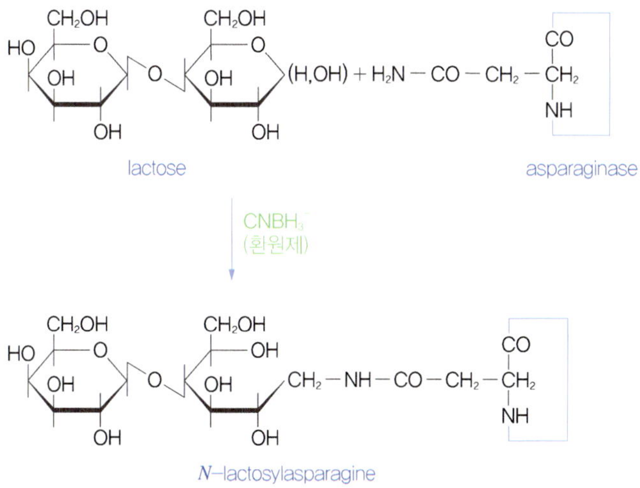

그림 4-5 젖당과 아스파라진이 결합하여 *N*-lactosyl asparagine 생성

7) 효소의 종류

효소는 기질, 조효소, 촉매하는 화학 반응에 따라서 분류 및 명명된다. 일반적으로 효소명은 기질, 반응, 효소를 뜻하는 어미 'ase'로 이루어져 있다. 효소에는 EC(국제효소위원회) 번호를 달게 되는데, 이는 4자리로 되어 있고 자리마다 다음과 같은 뜻을 가지게 된다.

즉, 첫째 자리는 촉매하는 반응 형식을 나타내며 6개 그룹으로 분류된다.

① 산화환원효소oxidoreductase

② 전달효소transferase

③ 가수분해효소hydrolase

④ 분해효소lyase

표 4-1 대표적인 미생물 효소

효소명(계통명)		EC번호	효소 반응
1. 산화-환원 효소	알코올 탈수소효소 (alcohol: NAD^+ oxidoreductase)	1. 1. 1. 1	R-CH_2OH(R-CHOH-R′)+NAD^+ R-CHO(R-CO-R′)+NADH+H^+
	젖산 탈수소효소 (L-lactate: NAD^+ oxidoreductase)	1. 1. 1. 27	L-젖산+NAD^+ pyruvic acid+NADH+H^+
	포도당 산화효소 (β-D-glucose: oxygen oxidoreductase)	1. 1. 3. 4	β-D-glucopyranose+O_2 D-glucono-δ-lacton+H_2O_2
	글루탐산 탈수소효소 [L-glutamate: NAD(P)$^+$ oxidoreductase]	1. 4. 1. 2	L-글루탐산+NAD^++H_2O α-케토글루타르산+NH_3+NADH+H^+
		1. 4. 1. 3	상동(단, 조효소는 NAD^+이나 $NADP^+$도 가능)
		1. 4. 1. 4	상동(단, 조효소는 $NADP^+$)
	D-아미노산 산화효소 [D-amino acid: oxygen oxidoreductase(deaminating)]	1. 4. 3. 3	D-아미노산+O_2+H_2O α-케토산+$NH_3H_2O_2$
	카탈레이스 (hydrogen-peroxide: hydrogen-peroxide oxidoreductase)	1. 11. 1. 6	$2H_2O_2$　　$2H_2O+O_2$ $H_2O_2+AH_2$　　$2H_2O+A$
2. 전달효소	asparacinic acid amiontransferase (asparacinic acid transaminase) (L-asparatate: 2-oxoglutarate aminotransferase)	2. 6. 1. 1	L-아스파라긴산+α-케토글루타르산 oxalo 아세트산+L-글루탐산
	라이신 6-aminotransferase (L-lysine: 2-oxoglutarate6-aminotransferase)	2. 6. 1. 36	L-라이신+α-케토글루타르산 L-α-amino adipic acid-δ-semi aldehyde+L-글루탐산
	D-hexose 6-phosphotransferase	2. 7. 1. 1	ATP+D-hexose ADP+D-hexose-6-인산
3. 가수분해 효소	glycerol ester hydrolase	3. 1. 1. 3	triacylglycerol+H_2O diacylglycerol+지방산아니온
	α-amylase(1,4-α-D-glucan glucanohydrolase)	3. 2. 1. 1	전분의 1,4-α-D-글루코시드 결합을 임의의 위치에서 가수분해한다.
	subtilicin(미생물 세린프로테이스의 일종)	3. 4. 21. 14	단백질, 펩타이드의 펩타이드 결합의 가수분해
4. 분해효소	피루브산 탈탄산효소(2-oxo-acid carboxylyase)	4. 1. 1. 1	α-케토산　　aldehyde+CO_2
	글루탐산 탈탄산효소(L-glutamate 1-carboxy-lyase)	4. 1. 1. 15	L-글루탐산　　γ-아미노뷰티르산+CO_2
	메싸이오닌-γ-네이스(methioninase) [L-methionine methanethiol-lyase(deaminating)]	4. 4. 1. 11	L-메싸이오닌+H_2O　　CH_3SH^+ α-케토뷰티르산+NH_3(α, γ-탈리) L-메싸이오닌+RSH　　CH_3SH^+ R-S-CH_2-CH_2-CH(NH_2) CPPH (γ-치환)
5. 이성화 효소	알라닌 라세미화 효소(alanine racemase)	5. 1. 1. 1	L-알라닌　　D-알라닌
	젖산 라세미화 효소(lactate racemase)	5. 1. 2. 1	L-젖산　　D-젖산
	말레산 이성화 효소(malete cis-trans-isomerase)	5. 1. 1. 1	말레산　　푸마르산

(계속)

효소명(계통명)		EC번호	효소 반응
6. 연결효소	acetyl-CoA synthetase [acetate: CoA ligase(AMP-forming)]	6. 2. 1. 1	ATP+아세트산+CoA AMP+피로인산+아세틸-CoA
	glutamine synthetase [L-glutamine: aminonia ligase(ADP-forming)]	6. 3. 1. 2	ATP+L-글루탐산+NH_3
	glutathion synthetase [γ-L-glutamyl-L-cysteine: glycine ligase(ADP-forming)]	6. 3. 2. 3	ADP+오르토인산+L-글루타민 ATP+γ-L-glutamyl L-시스틴+글리신 ADP+클루타티온+오르토인산

⑤ 이성화 효소isomerase

⑥ 연결효소ligase

둘째 자리와 셋째 자리는 반응을 받는 결합이나 조효소의 종류 등에 따라 세분되며 하위 그룹subgroup을 나타내고, 넷째 자리는 각 하위 그룹 내의 일련번호이다.

2. 탄수화물의 대사

미생물 중에서 세균이나 사상균은 탄소원 다당류를 그들의 생육에 잘 이용하지만 효모는 그렇지 못한 경우가 있다. 단당류 중에서 포도당은 거의 모든 미생물에서 이용한다. 동물 조직에서도 볼 수 있는 것처럼 미생물에서도 포도당은 여러 가지 대사 중에서 가장 중심적 위치에 있으며, 탄수화물 대사는 지방산, 아미노산, 기타 대사와 서로 관계해서 중요한 기능을 영위하게 된다. 포도당의 주된 대사 경로에는 혐기적 분해에 의한 EMP 경로와 호기적 분해에 의한 HMP 경로가 있으며, 어느 경로이건 피루브산pyruvic acid이 생성된다. 이 피루브산은 중요한 중간 생성물이며, 이것은 곧바로 TCA 회로를 거쳐서 완전 산화되는 경우와 혐기적 대사에 의해서 젖산이나 알코올 등을 생성하는 경우가 있다.

1) EMP 경로

EMP 경로EMP Pathway는 엠덴-마이어호프-파르나스 경로Embden-Meyerhof-Parnas Pathway의 약자로, 이 경로는 그림 4-6에서 볼 수 있는 것처럼 포도당이 혐기적으로 분해되는 과정이며, 효모의 알코올 발효, 젖산균의 젖산 발효, 근육의 해당 작용glycolysis 등을 예로 들 수 있다. 근육 내의 해당은 출발 물질이 글리코겐glycogen인데, 포도당에서와 마찬가지로 피루

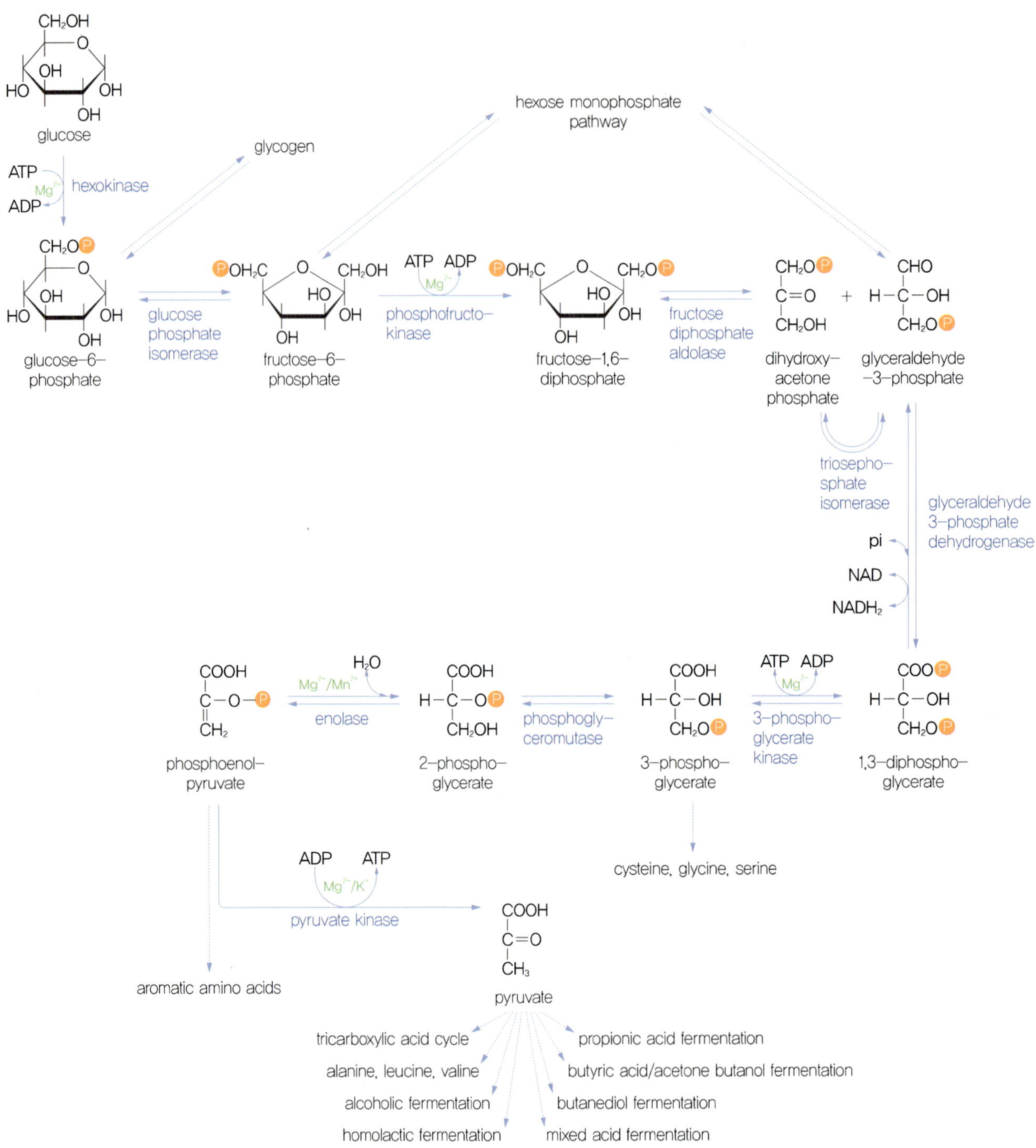

그림 4-6 해당 과정(Glycolysis, EMP)

브산에 이르기까지 9단계 반응 경로를 거치게 된다.

알코올 발효를 할 때 효모나 근육이나 젖산균 등에서 해당계 최후의 피루브산의 변화는 다르게 나타난다. 전자의 경우는 피루브산 탈탄산효소pyruvic acid decarboxylase의 존재에 의해서 피루브산이 아세트알데하이드acetaldehyde로 되고, 이것은 다시 알코올 탈수소효소alcohol dehydrogenase의 존재에 의해서 에탄올로 된다. 그런데 후자는 젖산 탈수소효소lactic acid dehydrogenase에 의해서 피루브산이 환원되어 젖산이 생성된다. 이들 해당계의 조효소로는 에너지의 저장과 전달의 중심적 역할을 하는 ATPadenosine triphosphate가 있으며, 해당에 의해서 1분자의 포도당에서 2분자의 ATP가 생성된다.

EMP 경로 중에서 다음 각 과정은 비가역 반응이며, 특히 3의 반응은 알코올 발효의 특징으로 역행하지 않으며, 근육의 해당과는 전혀 다르다.

① 포도당의 인산화

② 과당-1,6-2 인산의 생성

③ 피루브산의 탈탄산

따라서 EMP 경로의 역과정이 되는 아세트알데하이드나 에탄올로부터의 포도당 합성은 할 수 없지만 젖산에서는 포도당이 합성된다.

포도당 외의 육탄당은 그림 4-7에서와 같은 변화를 거쳐서 어느 것이나 EMP 경로에 합류된다. 이와 같이 해서 EMP 경로는 당대사의 중심에 자리하고 일반 생성물인 피루브산을 생성한다. 다음에 이 피루브산이 어떻게 대사될지는 각 생물에 존재하는 효소에 따라 달라진다. 거의 모든 생물은 TCA 회로를 가지는데 특히 미생물에서는 에탄올, 젖산, 아세톤, 부탄올, 뷰티르산, 프로피온산, 아세트산, 2,3-부틸렌글리콜2,3-butylene glycol 등이 피루브산으로 만들어진다.

2) HMP 경로

일반 생물의 당대사는 포도당의 혐기적 분해에 의한 피루브산의 생성이 주요 경로(EMP 경로)라는 것이 오랫동안 믿어져 왔으나 동식물과 더불어 미생물에서도 포도당의 호기적 분해 경로가 알려지게 되었다. 그중에서 중요한 한 가지는 그림 4-8에서 볼 수 있는 HMP 경로HMP pathway(육탄당 인산 경로hexose monophosphate pathway 또는 Warburg-Dickens pathway)로서 다음과 같다.

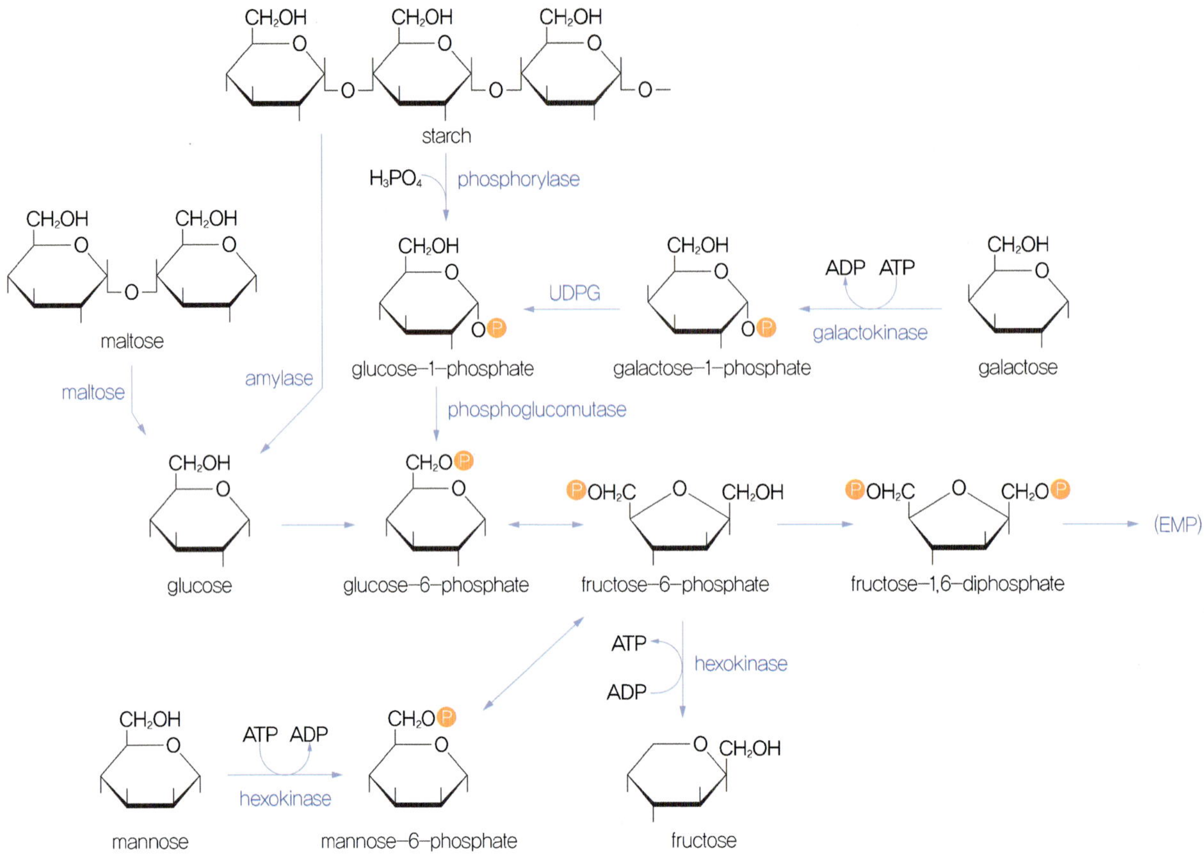

그림 4-7 탄수화물의 상호 대사

① 포도당 6-인산이 산화되어서 글루콘산 6-인산이 되고 다시 탈탄산하여 5-탄당 5-인산 생성ribulose-5-phosphate

② 탄소 수 3, 4, 5, 6, 7의 당-인산 에스테르의 상호 교환

③ 5-탄당, 5-인산으로부터 포도당 6-인산이 재생되는 5-탄당 인산 회로

3) TCA 회로

TCA 회로TCA cycle(트라이카복실산 회로Tri-Carboxylic Acid cycle), Krebs cycle, Citric acid cycle는 Krebs cycle에 의해서 밝혀졌으며 곰팡이, 세균, 효모 등의 미생물에서 동식물에 이르기까지 넓게 존재한다는 것이 알려졌다(그림 4-9). 이 회로는 피루브산의 호기적 대사이며 이것이 탈탄산 반응을 해서 아세틸 CoA가 되고, 옥살로아세트산oxaloacetic acid과 축합해서

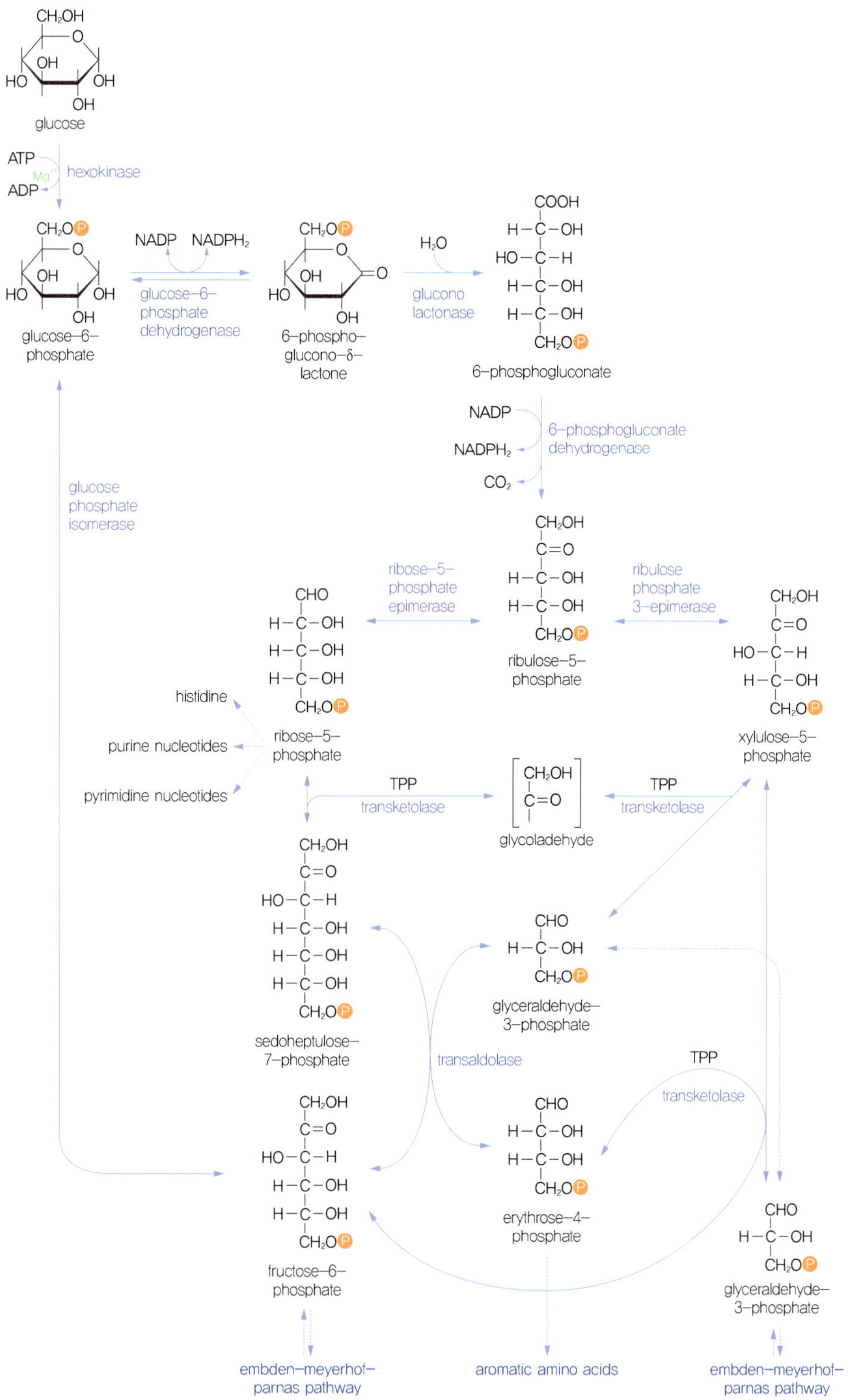
glucose
ATP
ADP
Mg
hexokinase
glucose-6-phosphate
NADP
NADPH₂
glucose-6-phosphate dehydrogenase
6-phospho-glucono-δ-lactone
H₂O
glucono lactonase
6-phosphogluconate
NADP
NADPH₂
CO₂
6-phosphogluconate dehydrogenase
glucose phosphate isomerase
ribose-5-phosphate epimerase
ribulose-5-phosphate
ribulose phosphate 3-epimerase
ribose-5-phosphate
xylulose-5-phosphate
histidine
purine nucleotides
pyrimidine nucleotides
TPP
transketolase
glycoladehyde
sedoheptulose-7-phosphate
glyceraldehyde-3-phosphate
transaldolase
erythrose-4-phosphate
fructose-6-phosphate
embden-meyerhof-parnas pathway
aromatic amino acids

그림 4-8 HMP 경로

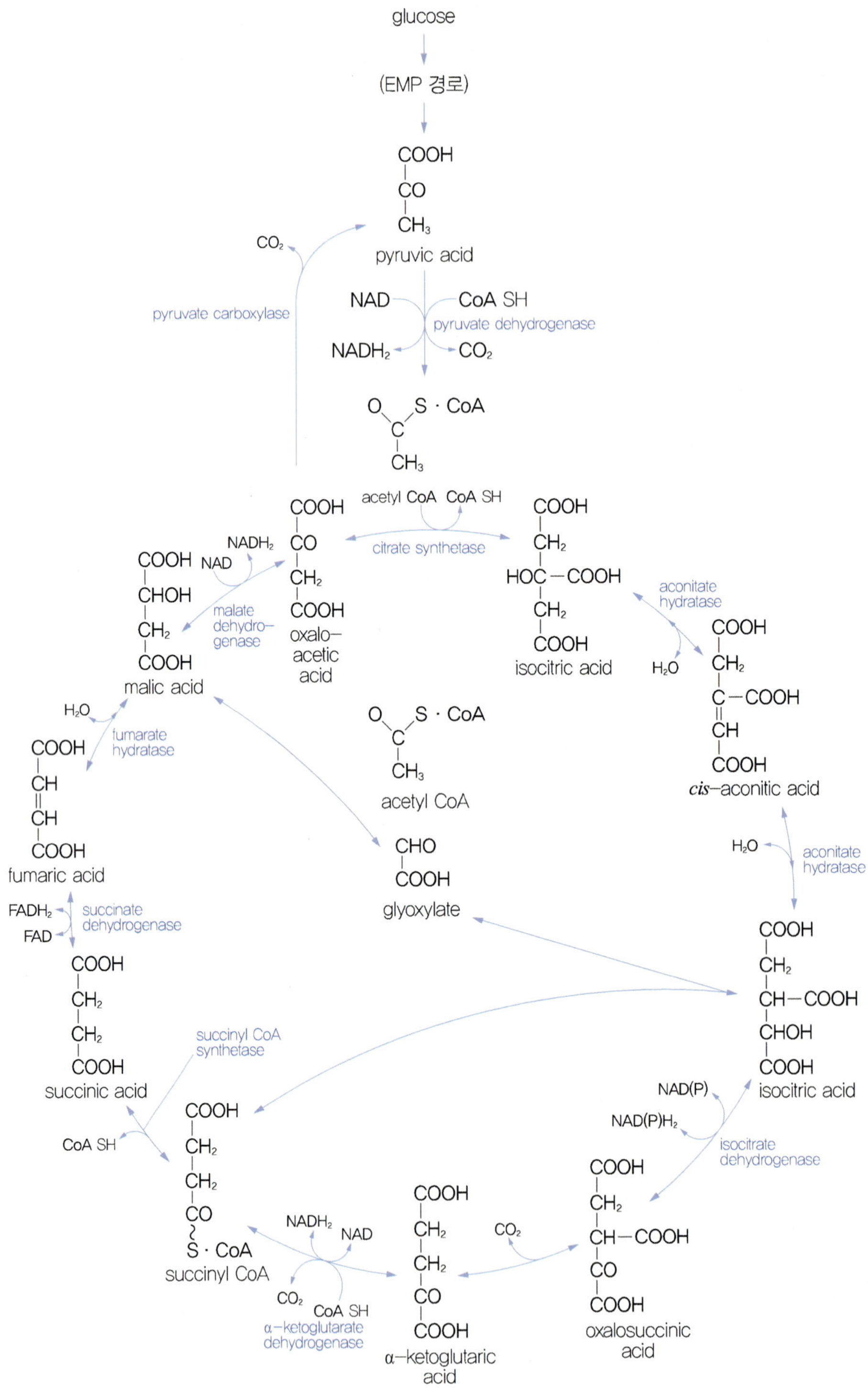

그림 4-9 글루코오스에서 뷰티르산을 생성하는 과정

시트르산이 되어 그림 4-9에서와 같이 회로를 돌아서 다시 옥살로아세트산이 되어 아세틸 CoA와 결합한다. 그리고 최종적으로는 이산화탄소와 물로 완전히 산화한다.

4) 글리옥실산 회로

TCA 회로에서 아세틸 CoA는 옥살로아세트산과 축합해서 회로에 들어가게 되는데, 옥살로아세트산은 피루브산에 CO_2가 결합하는 반응으로 공급된다. 그런데 에탄올이나 아세트산 등에서 균이 생육할 때는 그림 4-9와 4-10에서와 같이 우선 글리옥실산과 아세틸 CoA가 축합해서 C4 화합물을 공급해야 한다.

이 회로는 TCA 회로의 측로이며, 아이소시트르산isocitric acid이 리에이스lyase에 의해서 글리옥실산과 석신산으로 분할된다. 전자에 C2가 축합하여 말산malic acid이 되고 1몰의 아이소시트르산에서 2몰의 C4 화합물을 생성하는 것이 된다. 이것은 1몰의 아이소시트르산

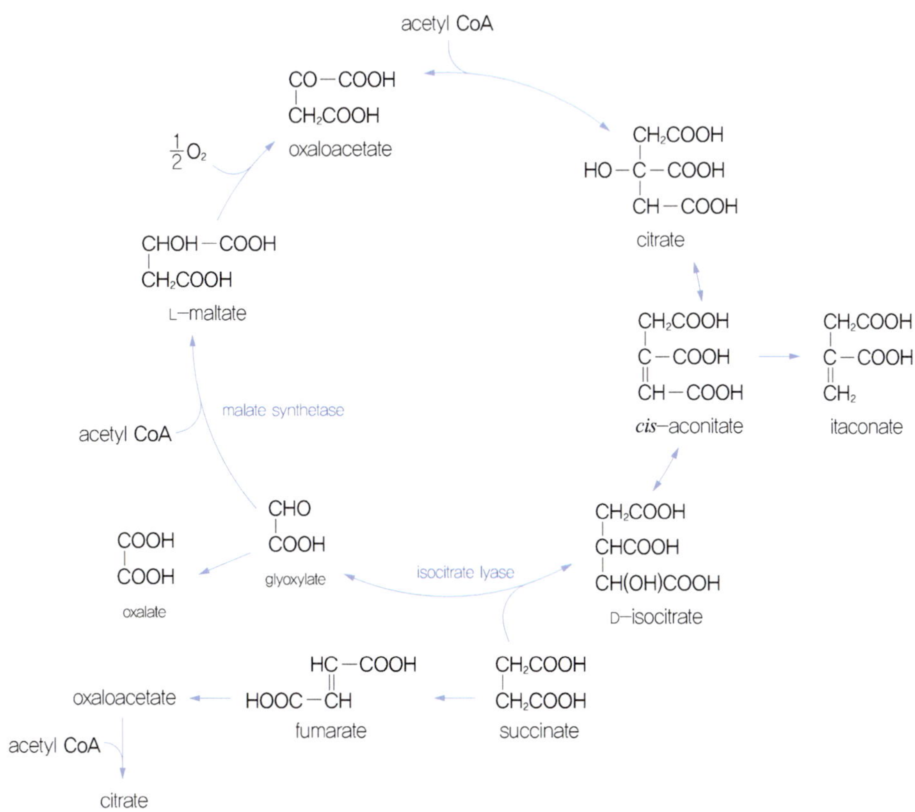

그림 4-10 글리옥실산 회로(glyoxylate cycle)

에서 1몰의 C4 화합물을 생성하는 보통의 TCA 회로에서 다시 1몰의 C4 화합물을 보급하는 의미를 가지며, 균체 내에서 아미노산과 기타 물질을 합성하는 전구물질로서 TCA 회로에 의해서 많이 소비되는 대사 중간체를 보충한다는 점에서 미생물의 생합성계에 중요한 뜻을 가진다.

3. 단백질의 대사

단백질의 구성 단위인 아미노산은 미생물뿐 아니라 모든 생물의 세포 성분으로서 중요한 역할을 한다. 생체 내에서 거의 모든 아미노산은 단백질 형태로 존재하는데, 이것이 단독 또는 펩타이드형으로 되면 대사가 활발해진다. 아미노산은 에너지원으로는 중요하다고 할 수 없으나, 거의 모든 미생물은 아미노산을 분해하거나 단백질 합성에 이용된다. 이와 같은 분해 대사나 합성은 탄수화물 대사와 밀접한 관련이 있으며 특히 TCA 회로나 글리옥실산 회로와 관계가 있다.

1) 단백질의 분해

단백질은 이용되려면 우선 어느 정도 저분자로 분해되어야 한다. 단백질이 아미노산으로 분해되는 과정은 단백질 → 폴리펩타이드 → 아미노산 두 과정으로 볼 수 있다.

$$\text{protein} + (H_2O) \xrightarrow{\text{protease}} \text{polypeptide}$$

$$\text{polypeptide} + (H_2O) \xrightarrow{\text{peptidase}} \text{amino acid}$$

2) 아미노산의 분해

아미노산은 탈아미노 반응, 탈탄산 반응, 분자의 분할 등으로 분해 대사된다.

(1) 탈아미노 반응

탈아미노 반응deamination에는 산화적 반응과 비산화적 반응이 있다.

① 산화적 탈아미노 반응

주로 호기성 균에서 볼 수 있고 NADnicotinamide adenine dinucleotide, coenzyme I, cozymase나 NADP NAD phosphate, coenzyme II, TPN를 조효소로 하는 알라닌이나 글루탐산 등의 탈수소효소와

FAD flavin adenine dinucleotide를 보효소로 하는 D-아미노산 및 L-아미노산의 산화효소가 있다.

$$\underset{\text{amino acid}}{RCH(NH_2)COOH} + \frac{1}{2}O_2 \rightleftharpoons \underset{\text{keto acid}}{RCOCOOH} + NH_3$$

② 환원적 탈아미노 반응(비가역)

$$RCH(NH_2)COOH + H_2 \longrightarrow \underset{\text{포화지방산}}{RCH_2COOH} + NH_3$$

③ 불포화적 탈아미노 반응

$$RCH(NH_2)COOH \rightleftharpoons \underset{\text{불포화지방산}}{RCH{=}CHCOOH} + NH_3$$

④ 가수 분해적 탈아미노 반응(비가역)

$$RCH(NH_2)COOH + H_2O \longrightarrow \underset{\text{저급지방산}}{RCH(OH)COOH} + NH_3$$

(2) 탈탄산 반응(비가역)

아미노산은 비산화적으로 탈탄산decarboxylation해서 그에 상당하는 아민amine을 생성한다.

$$RCH(NH_2)COOH \longrightarrow RCH_2NH_2 + CO_2$$

이런 반응으로 아민이 생성되는 것은 아미노산 분해 과정에서 흔히 있는 일은 아니지만, 단백성 식품의 부패 원인이 되거나 히스타민histamin과 같은 생리적으로 중요한 작용을 하는 물질을 생성하는 경우가 있다.

(3) 아미노산 분자의 개열

일반적으로 미생물에 의한 아미노산의 분해는 탈아미노 반응이나 탈탄산 반응과 같은 단순한 것만은 아니며 다음과 같은 더 강렬한 반응이 많다.

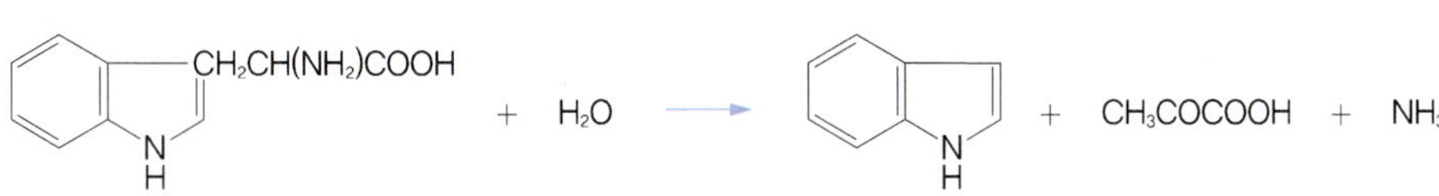

tryptophane indol

또는 $$\underset{\text{alanine}}{3CH_3CH(NH_2)COOH} + 2H_2O \longrightarrow \underset{\text{propionic acid}}{2CH_3CH_2COOH} + \underset{\text{acetic acid}}{CH_3COOH} + 3NH_3$$

3) 아미노산의 생합성

미생물 중에는 포도당이나 아세트산 등의 유기 화합물과 무기의 암모니아를 결합해서 단백질 합성에 필요한 모든 아미노산을 합성하는 것이 많다. 아미노산의 탄소 골격은 피루브산, 포스포에놀피루브산phosphoenol pyruvic acid, 3-포스포글리세린산3-phosphoglyceric acid이나 TCA 회로 중의 푸마르산fumaric acid, 옥살로아세트산, α-케토글루타르산α-ketoglutaric acid에서 공급된다.

(1) 암모니아의 동화

$$\underset{\text{pyruvic acid}}{CH_3COCOOH} + NH_3 + NADH_2 \longrightarrow \underset{\text{L-alanine}}{CH_3CH(NH_2)COOH} + NAD$$

$$\underset{\text{L-ketoglutaric acid}}{HOOCCH_2CH_2COCOOH} + NH_3 + NADH_2 \longrightarrow \underset{\text{L-glutamic acid}}{HOOCCH_2CH_2CH(NH_2)COOH} + NAD$$

$$\underset{\text{fumaric acid}}{HOOCCH{=}CHCOOH} + NH_3 \longrightarrow \underset{\text{L-aspartic acid}}{HOOCCH_2CH(NH_2)COOH}$$

(2) 아미노산 전달 반응

많은 아미노산은 아미노기의 전달 반응transamination으로 만들어진다.

$$\underset{\displaystyle NH_2}{HOOCCHCHCHCOOH} + \underset{\text{oxaloacetic acid}}{HOOCCHCOCOOH} \xrightarrow{\text{glutamic acid transaminase}}$$

$$\underset{\text{α-ketoglutaric acid}}{HOOCCHCHCOCOOH} + \underset{\text{aspartic acid}}{HOOCCH_2\overset{\displaystyle NH_2}{C}HCOOH}$$

(3) 아미노산의 라세미화racemization

글리신을 제외한 천연의 단백질을 구성하는 아미노산은 L-형뿐이며, D-형은 비천연 물질이라고 알려져 있었으나 D-아미노산이 세균 세포벽의 폴리펩타이드나 항생 물질 페니실린, 그라미시딘gramicidin 등에 들어 있는 것이 알려졌다. D-아미노산이 만들어지는 것은 미생물 등에서 볼 수 있는 경우로서 L-형을 D-형으로, 또 D-형을 L-형으로 바꾸는 아미노산 라세미화 효소amino acid racemase가 존재하기 때문이다.

L-amino acid ⇄ D,L-amino acid ⇄ D-amino acid

4) 단백질의 합성

세포 내에서 단백질은 ATP의 에너지를 이용하거나 RNA, DNA의 작용으로 만들어진다. 우선 리보솜 중의 RNA에서 t-RNAtransfer RNA, m-RNAmessenger RNA, r-RNA ribosome RNA 등이 생성된다. 각 아미노산은 아미노아실 tRNA합성효소amino-acyl-t-RNA synthetase와 ATP에 의해서 '아미노산-AMP-효소' 복합체를 만든다. 이 복합체는 t-RNA와 결합해서 아미노아실-t-RNAamino-acyl-t-RNA를 생성한다. 이것은 리보솜 내에서 단백질 합성의 주형template을 가지고 아미노산 배열을 좌우하는 m-RNA와 결합한다.

한편 m-RNA는 리보솜과 결합하고 있고 리보솜 속에 있는 r-RNA와 단백질로 구성된 리보핵산단백ribonucleo protein은 m-RNA에 의해서 펩타이드 결합의 아미노산 배열을 조정하

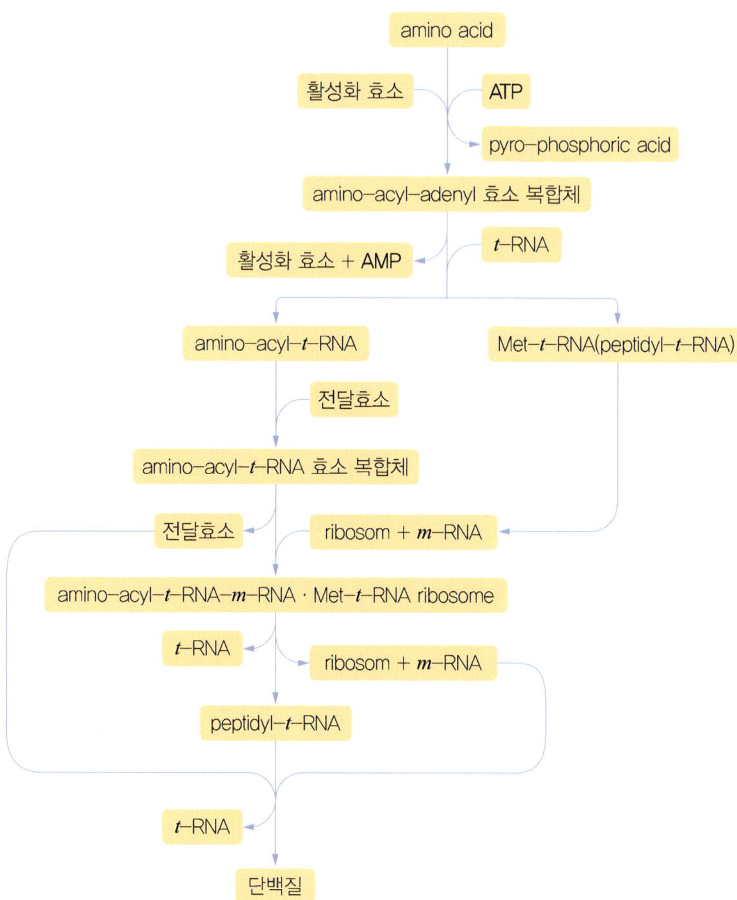

그림 4-11 단백질의 합성

며, 다시 아미노산 전달효소aminotransferase의 작용이 가해져서 순차 펩타이드 사슬을 만들어 이것이 리보솜에서 빠져나오면 단백질이 된다(그림 4-11).

4. 지질의 대사

지질은 일반적으로 에너지 저장물질의 구실을 한다. 미생물의 지질은 대부분 인지질phospholipid 형태로 세포막에 존재하지만 지방fat도 중요하다. 지방은 라이페이스lipase에 분해되어 글리세린과 지방산으로 된다. 글리세린은 EMP 경로에서 대사되고 지방산은 CoA의 도움을 얻어서 β-산화를 거듭하여 최종적으로 아세틸 CoA를 생성하며 이것은 TCA 회로에 들어가서 대사된다.

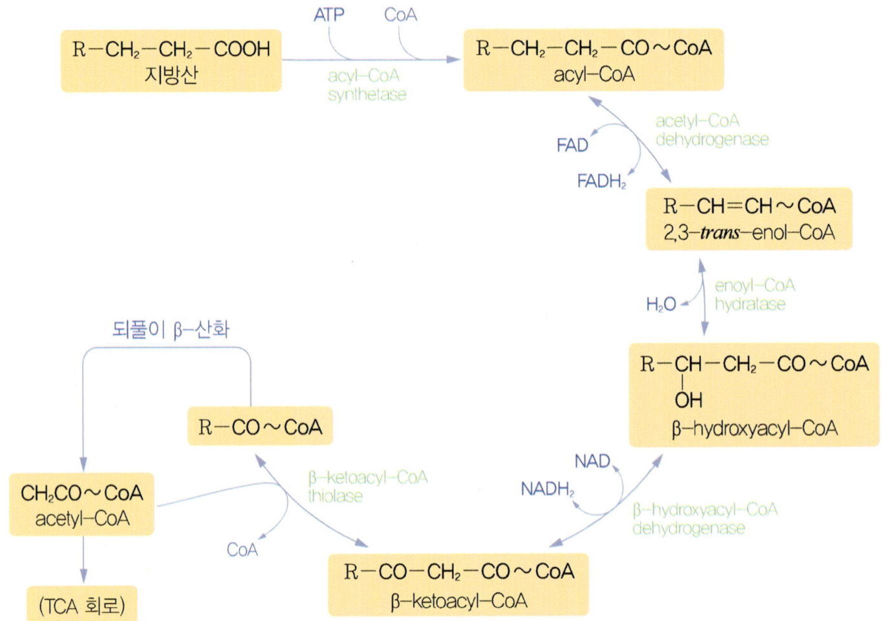

그림 4-12 지방산의 β-산화 기구

5. 질소의 대사

질소는 아미노산, 단백질, 핵산이나 기타 질소 화합물의 중요한 구성 성분이다. 공기 중에는 많은 분자상 질소가 존재하지만 그대로는 생물에 이용할 수 없고 질산염(NO_3) 형태

가 되어야 비로소 이용할 수가 있다. 분자상 질소를 생물이 이용할 수 있는 NO_3 형태로 만들어 주는 일을 질소 고정nitrogen fixation이라 하는데, 동식물에는 그 능력이 없고 일부 미생물의 작용으로만 이루어진다. 이런 미생물에는 두과 식물에 공생하는 근류균 *Rhizobium*이나 식물에는 공생하지 않는 남세균, 광합성 세균, 메탄 세균, 황산 환원균 등의 독립영양균과 호기성 세균*Azotobacter*이나 혐기성 세균*Clostridium* 등의 종속영양 균이 포함된다.

한편 많은 고등 식물이나 사상균, 세균 등 대부분의 미생물은 이 질산염을 아질산(NO_2)이나 암모늄염(NH_3)으로 환원해서 단백질 합성에 이용한다. 동물의 배설물이나 동식물의 사체는 미생물에 분해되고 질소 부분은 NH_3로 방출된다. 미생물은 NH_3를 이용할 수가 있는데 이를 질산화 작용nitrification이라 한다. 토양에는 질산화 세균nitrifying bacteria인 *Nitrosomonas*와 *Nitrobacter*가 많이 있는데 이들의 공동 작용으로 질산화 작용이 일어난다.

$$2NH_3 + 3O_2 \longrightarrow 2HNO_2 + 2H_2O \quad (\textit{Nitrosomonas})$$

$$2HNO_2 + O_2 \longrightarrow 2HNO_2 \quad (\textit{Nitrobacter})$$

이와 같이 해서 공기 중의 질소는 고정과 질산화 작용이 이루어지고 또 식물에 이용된다. 한편 이 반응과는 반대로 질산염을 N_2O나 N_2로 해주는 일군의 탈질소 세균denitrifying bacteria도 있어서 고정되었던 질소가 공기 중으로 되돌아가 자연계의 질소 균형이 유지된다(그림 4-13).

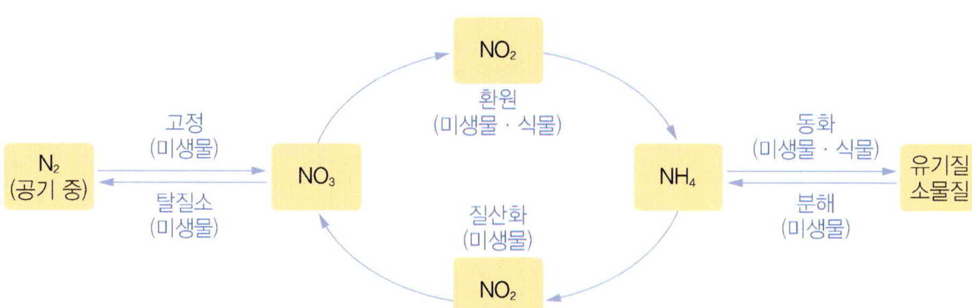

그림 4-13 글루코오스에서 뷰티르산을 생성하는 과정

요약

1. 효소는 특정 반응을 촉진하는 촉매 반응을 한다. 효소는 단백질 성분, 아포 효소, 그리고 보결분자단, 금속 활성제인 비단백질 보조 인자로 구성된다. 효소는 기질을 활성 부위에 결합시키고 활성화 에너지를 낮추면서 반응을 촉진한다. 효소는 활성에 필요한 최적 온도와 pH를 갖고 있다.

2. 미생물의 탄소원 대사에는 해당 과정, TCA cycle, 육탄당 인산회로, 글리옥살산 회로를 거치면서 각각의 에너지 화합물을 생산한다. 이 에너지 화합물은 미생물의 분열에 의한 증식 반응에 관여하게 된다.
   - ■ 산소호흡(호기적 상태)은 3단계로 나눈다.
   - • 고분자를 구성 성분으로 분해에 의해 피루브산, 아세틸 CoA, 그 밖의 다른 분자를 분해
   - • TCA 회로에 의한 이화 작용이 완성되어 NADH와 $FADH_2$의 산화로부터 대부분의 에너지가 생성된다.
   - ■ 포도당에서 피루브산의 분해
   - • 해당 작용은 포도당을 피루브산으로 분해하는 경로이다
   - • 해당 과정에서 생성되는 에너지는 NADH 2분자, ATP 2분자가 생성되며 이때 ATP는 기질-수준 인산화 과정에서 생성된다.
   - ■ 오탄당 인산 경로에서 포도당 6인산은 두 번 산화되어 오탄당과 다른 당으로 전환된다. 이 경로는 NADPH, ATP, 여러 가지 전구 대사물을 제공한다.
   - ■ TCA 회로는 대부분의 호기성 세포에서 이화 작용의 마지막 단계이다. 이는 아세틸 CoA를 CO_2로 산화시키고 아세틸 CoA 1개당 1 GTP, 4 NADH, 1 $FADH_2$를 생성한다.

3. 단백질의 구성 물질인 질소원 대사에서도 이화 과정(분해 반응)은 단백질을 펩타이드로, 다시 아미노산으로 분해시킨다. 이때 특정 아미노산은 다시 동화 과정(합성 반응)을 거쳐서 세포핵을 구성하는 유전물질, 즉 핵산(퓨린, 피리미딘)을 합성한다.

연습문제

1 효소를 작용기에 따라 분류하시오.

2 해당 과정과 TCA cycle을 순서대로 그리고 관여하는 효소명을 열거하시오.

3 글리옥살산 회로란 무엇인지 설명하시오.

4 기질-수준 인산화란 무엇인지 설명하시오.

식품 중의 미생물상

CHAPTER 5

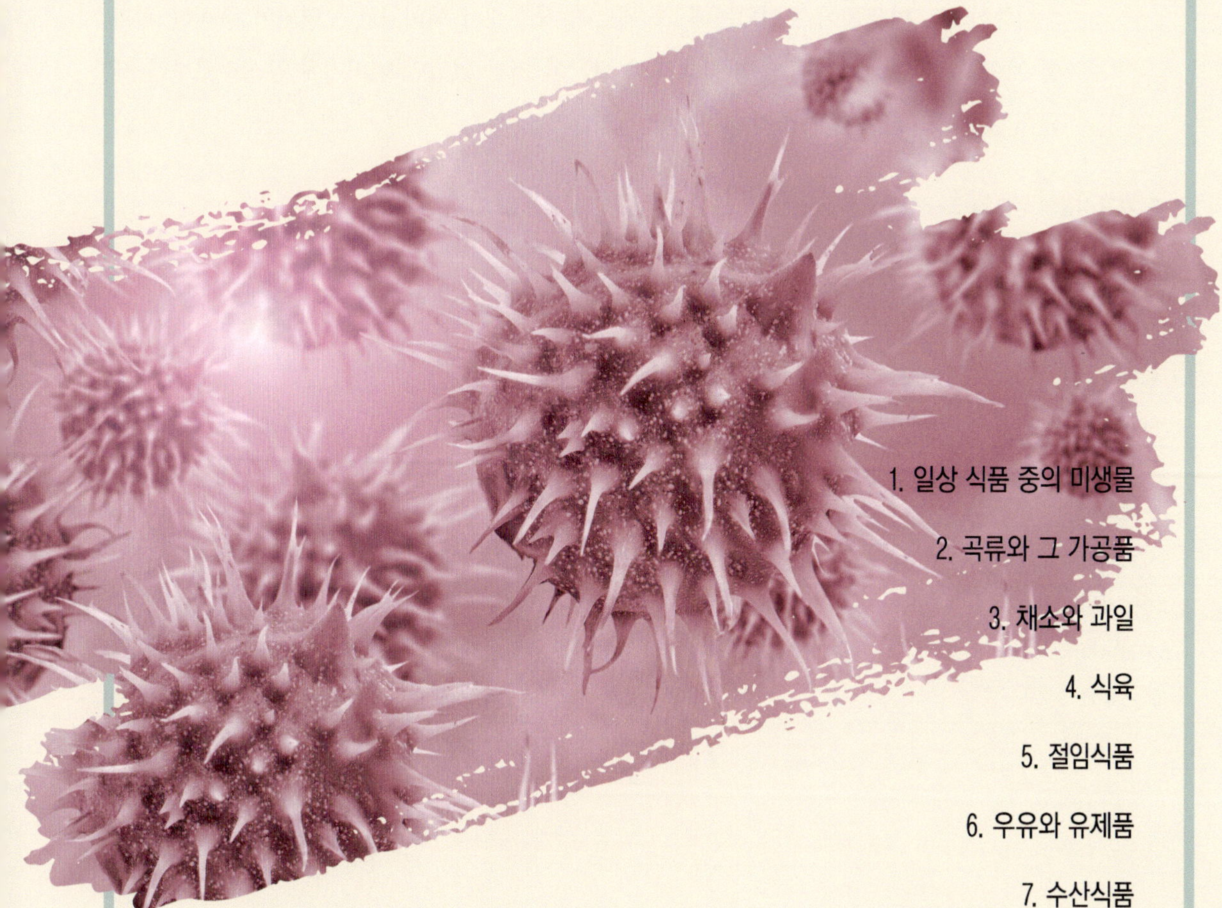

1. 일상 식품 중의 미생물

식품은 대부분 농산물, 축산물 또는 수산물을 원료로 해서 제조된다. 따라서 식품의 미생물상microflora은 원재료가 성장한 토양, 물, 공기 등 자연환경의 조건에 크게 영향을 받는다. 또 식품이 가공, 저장, 소비되는 과정에서 2차 오염이 발생하기도 한다. 식품에 직접 접촉하는 칼이나 도마 등의 조리 기구와 기계 설비로 교차 오염이 일어날 수도 있으므로 주의해야 한다. 표 5-1은 시판되고 있는 몇 가지 식품에 대해서 생균 수를 조사한 결과인데 식품에 따라서 생균 수에 심한 차이(10^3~10^7 CFU/g)가 있음을 알 수 있다.

식품끼리도 미생물이 오염되는데 그 예로 양상추에서 햄버거로 오염되어 증식한 결과를 보면 그림 5-1과 같다. 가열에 의해서 세균이 거의 없었던 햄버거에 양상추로부터 세균이 오염되면 급속히 증식하게 된다.

표 5-1 **몇 가지 식품의 생균 수 조사 결과**

	균 수 분포 비율(%)							
식품명	회	데친 낙지	날오징어	두부	샐러드	메밀국수	토마토	생과자
시료 수 / 생균 수(CFU/g)	200	100	100	200	153	64	31	231
10^4 이하	5.0	2.0	6.0	0	0	4.7	67.7	60.2
10^4~10^5	45.5	13.0	47.0	12.5	7.8	14.1	22.6	19.1
10^5~5×10^5	47.0	29.0	31.0	20.0	28.1	29.7	9.7	0
5×10^5~10^6	2.5	24.0	5.0	10.5	10.5	15.6		16.0
10^6~5×10^6		28.0	10.0	30.5	28.1	29.7		0
5×10^6~10^7		4.0	1.0	9.0	25.5	6.2		4.3
10^7~5×10^7				14.5				0
5×10^7 이상				3.0				0.4

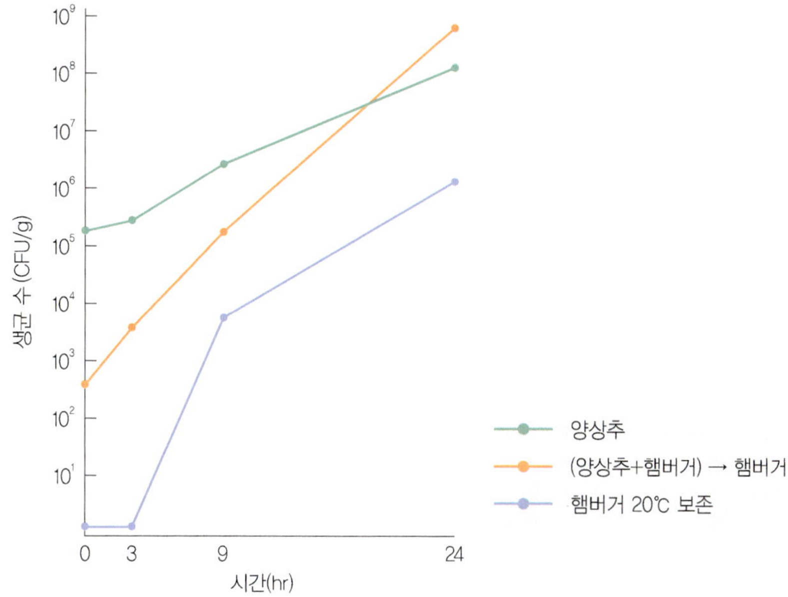

그림 5-1 양상추에서 햄버거로 세균 오염에 따른 균의 증식

2. 곡류와 그 가공품

1) 쌀

쌀의 미생물은 벼, 현미, 백미 등으로 가공 단계가 진행될수록 감소한다. 표 5-2에서 볼 수 있는 것처럼 세균의 경우 현미에서 백미 과정으로 갈수록 감소율이 높은 것은 쌀겨층에 세균이 많이 붙어 있었다는 것을 나타낸다. 미생물상은 저장 중에 서서히 변화해 간다.

햇벼의 미생물상을 보면 세균은 대부분 *Pseudomonas*이고, *Bacillus*가 약간 보이며 사상균으로는 *Helminthosporium*, *Alternaria* 등의 불완전균이 많다. 현미로 도정하면 10^5 CFU/g 정도의 세균이 검출되며 거의가 *Pseudomonas*이다. 1년간 저장한 묵은 벼에서는 총균 수는 10^4~10^5 CFU/g로 감소하며 균종은 대부분이 *Pseudomonas*나 *Bacillus*이다. 곰팡이는 총수에서는 햇벼와 별 차이가 없으나 불완전균이 *Penicillium*, *Aspergillus*로 바뀌게 된다. 저장 후 2년 되는 묵은 벼에서는 *Pseudomonas*가 더욱 감소하고 3~5년 저장하면 거의 사라지며, *Penicillium*, *Aspergillus*, 방선균이 주가 되고 약간의 *Bacillus*가 존재한다.

표 5-2 쌀에 대한 미생물 분포(시료 수 42)

	종류별 각각 1,000입(粒) 중 미생물의 생육이 확인된 수		
	벼	현미	백미
총 사상균 수	774	185	285
Penicillium	93	58	53
Aspergillus glaucus	4	6	138
그 외의 *Aspergillus*	99	11	15
조상균	21	2	12
Alternaria, *Curvularia*, *Helminthosporium*	17	4	1
Fusarium	6	1	0
Epicoccum	39	6	0
Chaetomium	57	3	0
방선균	6	2	1
세균·효모	788	773	160
미생물 생육 입자 수(계)	**1,568***	**960**	**446**

* 같은 알맹이에 2종류 또는 그 이상의 미생물이 생육할 경우가 있기 때문에 1,000을 넘음

표 5-3 미곡의 저장 시기와 저장 방법에 따른 곰팡이의 발생(%)

	갑류			을류			병류		
	벼	현미	백미	벼	현미	백미	벼	현미	백미
2월	2.3	4.7	0	2.3	4.7	0	2	4.7	0
3월	3.3	6.0	1	3.7	8	1	4	6.7	2
4월	6.5	12.0	1	3.5	16.5	1	4	11.0	1
5월	6.4	13.6	10.7	7.0	14.6	12.3	8.0	13.6	11.6
6월	7.0	15.6	14.0	7.4	17.0	17.6	8.4	16.3	19.3
7월	8.0	20.0	20.0	18.4	24.0	24.6	17.6	23.6	27.3
8월	8.8	23.0	24.8	20.8	28.0	30.0	19.7	29.6	33.6
9월	9.2	23.6	24.6	21.6	27.6	29.2	22.3	29.0	22.8
10월	9.0	24.0	25.4	22.3	29.0	31.6	21.8	30.0	34.0

미곡의 각 형태를 갑류, 을류, 병류의 각 창고에 저장해 보면 표 5-3에서와 같이 곰팡이 발생률은 벼에서 가장 적고, 창고 유형별로는 갑류에서 가장 적다. 계절적으로는 6~7월부터 곰팡이 발생률이 증가하고 있음을 보여 준다.

2) 소맥분과 전분

소맥분은 원료 소맥의 미생물, 제분 공정 중의 오염도는 보존 상태에 따라 다르지만 보통 10^3~10^5 CFU/g의 미생물을 가지고 있다(표 5-4). 이 중에서 내열성 포자 형성균인 *Bacillus*는 500~5,000이고, *Micrococcus*, *Streptococcus*, 곰팡이인 *Aspergillus*, *Penicillium*이 많으며 효모는 *Candida*가 검출되었다.

표 5-4 소맥분의 미생물 수(CFU/g)

세균	곰팡이	효모
3,500~92,000	152~12,500	47~260

감자 전분이나 고구마 전분은 그 원료가 토양에서 유래하므로 소맥분 등의 지상 전분에 비해서 균 수가 다소 많은 편으로 대략 10^3~10^4 CFU/g이고, 소맥분의 세균 수와 비슷한 곰팡이 숫자가 나타난다.

3) 쌀밥

쌀밥은 수분이 많고 질소질을 포함한 영양소도 충분해 미생물, 특히 세균이 번식하기에 좋다. 쌀밥의 미생물은 밥을 짓는 동안에 살아남은 균과, 주걱이나 식기 또는 공기 중에서 2차로 오염된 균에 의해 미생물상을 이룬다. 밥은 대개 100℃ 정도의 열로 짓는데 이때 살아남는 미생물은 대부분 내열성 포자를 형성하는 호기성 간균인 *Bacillus*속에 국한되며 그 미생물상은 비교적 단순한 편이다. 취반 직후의 균 수는 $10^{2\sim3}$ CFU/g 정도이지만 상온에 방치했을 때는 몇 시간 안에 포자가 발아해서 곧 증식하므로 균 수는 급격히 증가한다.

*Bacillus*속 세균은 쌀밥에서 증식하면서 밥을 쉬게 하고 산성화하는 것, 알칼리성화하는 것, 밥을 변패시키지 않는 것 등의 유형으로 나눌 수가 있는데 각각에 관여하는 *Bacillus*속을 보면 다음과 같다.

① 밥에서 쉰내가 나게 하고 산성화하는 것 : *B. subtilis*, *B. megaterium*, *B. cereus*, *B. polymyxa*, *B. circulans*, *B. alvei*

② 밥을 알칼리성으로 변패시키는 것 : *B. pumilus*, *B. cereus*의 변종

③ 밥의 변패와 무관한 것 : *B. laterosporus*, *B. brevis*

공기 중에서 밥에 낙하하는 미생물도 대부분 *Bacillus*속이며 그 외에도 *Micrococcu*속이나 효모류, 곰팡이류가 있다. 일반적으로 밥의 곰팡이 발생 빈도는 낮은 편이나 다소 건조된 밥에는 *Aspergillus*속, *Penicillium*속, *Mucor*속 등의 곰팡이가 발생한다.

4) 두부

두부는 대두를 물에 불려 갈아서 부순 뒤 펄펄 끓여 두유를 만들고 이것에 적당한 응고제를 가해서 굳게 한 것이다. 제조 공정에 펄펄 끓이는 과정이 있기는 하지만 두부는 미생물에 극히 좋은 배지가 될 수 있으므로 그 보존성은 대단히 나쁜 편이다.

그림 5-2는 두부의 제조 공정에 따른 세균 오염의 정도를 알아본 결과이다. 그림에서 기계, 기구, 용기 중의 세균 수라 하는 것은 공정 중의 기계, 기구, 용기의 내면을 닦아내거나 파이프 내의 잔사를 시료로 한 것이다. 이때 물에 불린 대두에서 총균 수는

두유 중의 세균 수		기계 · 기구 · 용기 중의 세균 수
23×10~56×10^2	물에 불린 콩	
35×10^3~40×10^4	갈은 콩	27×10^4~96×10^5
0~30	끓이기	0~5
58×10^2~39×10^4	착즙기	54×10^2~36×10^5
32×10^3~42×10^4	여과	25×10^3~37×10^5
45×10^3~60×10^4	두유	10×10~50×10^2
68×10^3~42×10^4	냉각	15×10~12×10^2
52×10^3~39×10^4	응고제 혼합	12×10~32×10^2
	포장	15×10~28×10^3
2×10~25×10^2	살균	0~20
	냉각	10~40×10^2
2×10~25×10^2	제품	

그림 5-2 두부 제조 공정 중의 오염 상태(포장 두부의 예)

10^2~10^3 CFU/g이던 것이 갈아서 콩죽으로 만들면 10^5 CFU/g으로 급격히 증가하는데 그 이유로는 부서지면서 대두 내부의 영양소가 노출되어 세균이 급격히 증식한 것과 기계, 기구 등에서의 교차 오염을 생각해 볼 수 있다. 가열된 콩죽은 무균 상태에 가까울 정도로 균 수가 감소하지만 다음 공정에서 다시 균 수가 증가하게 되는데 이것은 균의 증식보다는 기구, 기계에 의한 오염에 더 큰 이유가 있는 것으로 짐작한다.

포장 두부 외의 일반 두부는 보통 물에 담가서 보존하게 되는데 이때도 미생물 오염이 많이 발생한다. 표 5-5에서 보면 95.1%의 두부와 93.5%의 담금물에서 대장균군이 검출되었다.

표 5-5 **두부 및 담금물의 세균 오염**

세균 수 (CFU/g 또는 mL)	두부(1 g 중)		담금물(1 mL 중)	
	검체 수(건)	대장균군 양성 건수	검체 수(건)	대장균군 양성 건수
50,000	29	23	47	42
100,000	20	20	14	14
300,000	17	16	14	14
500,000	16	16	3	3
1,000,000	12	12	6	5
3,000,000	23	23	4	4
5,000,000	12	12	1	1
10,000,000	7	7	1	1
50,000,000	11	11	-	-
100,000,000	1	1	-	-
계	**148**	**141(95.1%)**	**93**	**87(93.5%)**

두부의 미생물 중 대두에서 기인한 것은 가열 공정에서 대부분 사멸하지만 내열성인 *Bacillus*속 포자는 남게 된다. 그 외에 제조 공정 중이나 보존 중에 오염된 것이라 볼 수 있는 *Pseudomonas*, *Lactobacillus*, *Micrococcus*, *Flavobacterium*, *Achromobacter* 등이 검출된다.

두부 변패의 원인별로 균속(종)을 살펴보면 산패나 반점을 초래하는 것으로는 *Bacillus subtilis*, *B. cereus*, *B. megaterium* 등이 있고, 두부를 부풀게 하는 것으로는 *Pseudomonas*, *Lactobacillus*, *Micrococcus* 속 등이 있다.

3. 채소와 과일

수확 직후의 채소나 과일의 표면에는 정상의 미생물 외에도 토양이나 수중 미생물, 식물 병원균 등이 붙어 있다. 그러나 채소나 과일은 환경이나 취급 조건에 따라 균의 수나 종류가 달라진다.

표 5-6은 양배추, 오이, 양파 표면의 미생물 수를 나타낸 것인데 양배추나 양파는 겹질을 벗길수록 균 수가 감소하나 양배추는 중심부에서도 균이 검출되고 있다.

표 5-6 식품 재료의 균 수

품명		일반 세균 수(CFU/g)	대장균군 수(CFU/g)
양배추	한 꺼풀 벗긴 것	1.3×10^4	3.9×10^3
	두 꺼풀 벗긴 것	3.9×10^3	6.3×10
	세 꺼풀 벗긴 것	6.0×10^2	1.0×10
	중심부	1.2×10	0
오이	외측	2.8×10^5	1.4×10^3
	중심부	0	0
양파	한 꺼풀 벗긴 것	6.9×10^3	1.1×10^2
	두 꺼풀 벗긴 것	1.4×10^2	0
	세 꺼풀 벗긴 것	0	0
	중심부	0	0

과일은 주로 표피에 균이 있는데 사과와 버찌의 내부에서 *Saccharomyces*, 토마토의 내부에서 *Torulopsis*, *Rhodotorula*, *Pseudomonas*, *Acetobacter*, *Corynebacterium* 등이 검출된 예도 있다. 신선한 채소나 과일의 표면에 있는 일반 세균(병원균은 제외)은 증식하거나 외관을 손상시키지는 않지만 조직이 손상되는 경우에는 급격히 증식한다.

채소나 과일은 시장에서 또는 저장 중에 여러 가지 병해를 입는데 그 내용은 표 5-7, 5-8과 같다. 즉, 사과의 푸른곰팡이병은 *Penicillium*속 곰팡이나 *Fusarium*속 곰팡이에 의해서 발생하고, *Aspergillus niger*는 일반적으로 병원균이라 볼 수는 없지만 사과와 밀감에 번식해서 소위 국균병을 일으켜 상품 가치에 손상을 주는 원인균이므로 적절한 유통관리가 필요하다.

표 5-7 채소의 저장 병해

균명	병명	피해 채소	발육 온도 한계(°C)
Ceratostomella fimbriata	흑반병	고구마	9~41
Rhizopus nigricans	연부병	고구마, 딸기, 감자, 토마토, 가지	1.8-6.5~31
Phytophthora infestans	역병	가지, 토마토	4.6~27~30
Phytophthora melongenae	산역병	가지, 토마토	3~38
Phytophthora parasitica	녹색부패병	감자	7~36
Colletotrichum atramentarium	탄저병	양파	-
Colletotrichum circinans	탄저병	근채류	4~34
Fusarium coeruleum	건성부패병	양파	3~30
Botrytis allii	회색부패병	딸기, 기타	-
Botrytis cinerea	회색곰팡이병	토마토	2~
Alternaria tomato	흑반병	당근, 배추, 토마토	2~35
Alternaria radicina	흑반병	토마토	5~
Phoma destructiva	실부병	토마토, 양배추, 상추	6~33
Sclerotinia derotiorum	균핵병	감자, 양파	0-8~
Bacillus aroideae	연부병	당근, 배추, 토마토	3-8~41
Bacillus carotovorum	세균성 부패병	감자	2~39
Bacillus solaniperda	습부병		-

표 5-8 과일의 저장 병해

균명	병명	피해 과일	발육 온도 한계	발병장소
Penicillium expansum	푸른곰팡이병	사과	6~32(°C)	저장 중
Fusarium sp.	심부병	사과	2-5~	포장-저장 중
Sclerotinia fructigena	균핵병	배, 사과	4~	포장-저장 중
Physalospora piricola	윤문병	배	10~35	포장-저장 중
Botrytis cinerea	회색곰팡이병	배, 포도, 사과	1-2~	포장-저장 중
Aspergillus niger	국균병	사과, 밀감	-	저장 중
P. italicum	푸른곰팡이병	밀감	6~33	저장 중
P. digitatum	녹색곰팡이병	밀감	8~33	저장 중
Diaporthe citri	축부병	밀감	8~31-33	포장-저장 중
Phoma citricarpa	흑반병	밀감	-	포자-저장 중

(계속)

균명	병명	피해 과일	발육 온도 한계	발병장소
Alternaria citri	흑부병	밀감	-	포장-저장 중
Rhizopus nigricans	검은곰팡이병	복숭아, 배	1.8-6.5~31	저장 중
Sclerotinia cinerea	균핵병	복숭아	3~	포장-저장 중
Glomerella cingulate	만부병	포도	7~35-37	포장-저장 중
Cladosporium herbarum	클라도스포리움병	포도	9~	저장 중

4. 식육

1) 축육

식육을 제공하는 소, 돼지, 닭 등 가축의 체표에는 생활 환경에서 오염된 여러 가지 미생물이 붙어 있다. 위나 장 등의 소화관 내부에는 10^8~10^{10} CFU/g나 되는 대단히 많은 미생물군이 있다. 가축이 건강할 때는 근육이나 혈액 속에 균이 없으나 도살된 직후부터 모세혈관이나 근육 내부로 균이 침입한다. 신선한 우육에서 볼 수 있는 미생물을 표 5-9에 나타냈는데 이들은 대부분 외부에서 오염된 미생물이다.

표 5-9 우육에서 분리된 미생물

	균 종
세균류	*Pseudomonas, Aeromonas, Alcaligenes, Achromobacter, Flavobacterium, Escherichia, Aerobacter, Paracolobactrum, Serratia, Proteus, Salmonella, Micrococcus, Staphylococcus, Sarcina, Steptococcus, Micrococcus, Bacillus, Clostridium, Streptomyces*
진균류	*Rhizopus, Mucor, Thamnidium, Monilia, Aspergillus, Penicillium, Sporotrichum, Cladosporium, Alternaria, Torulopsis, Candida, Rhodoptorula*

고기에 초기 총균 수가 많으면 변패도 빨라진다. 만일 처음에 $10^{4\sim5}$ CFU/cm^2 정도의 세균이 붙어 있었다면 냉장 온도에서 저장하더라도 ***Achromobacter*, *Pseudomonas*, *Flavobacterium*, *Micrococcus*** 등이 존재하여 증식하면 며칠 사이에 고기가 변패하게 되고 10^6 CFU/cm^2 정도가 되면 냄새가 나기 시작하여 $10^{7\sim8}$ CFU/cm^2 정도가 되면 끈적거리기 시작한다. 10^8 CFU/cm^2 정도가 되면 NH_3를 발생하게 된다. 반면 젖산균은 저온에서도 생육은 하지만 증식 속도가 느려 고기의 품질에 미치는 영향은 크지 않은 것으로 알려져 있다.

2) 닭고기와 달걀

도계의 표피에는 털이나 발에서 비롯된 오염물이 많고 내장을 제거할 때 소화관 내의 세균으로 오염되기도 한다. 그림 5-3은 도계장의 처리 공정별 세균의 오염을 조사한 결과이다. 도계 표피의 세균 수는 1.5×10^3 CFU/cm²에서 차츰 증가해서 최종적으로는 3.5×10^4 CFU/cm²에 도달한다. 균속별로 보면 가장 많은 것이 *Pseudomonas*, *Achromobacter*이고 그 다음이 *Flavobacterium*이며 그 외에 *Micrococcus*, 대장균이 있고 *Rhodotorula* 등의 효모류도 나타난다. 처리된 닭을 저온에서 저장하면 대부분이 *Pseudomonas*와 *Achromobacter*로 그 미생물상이 바뀌게 된다.

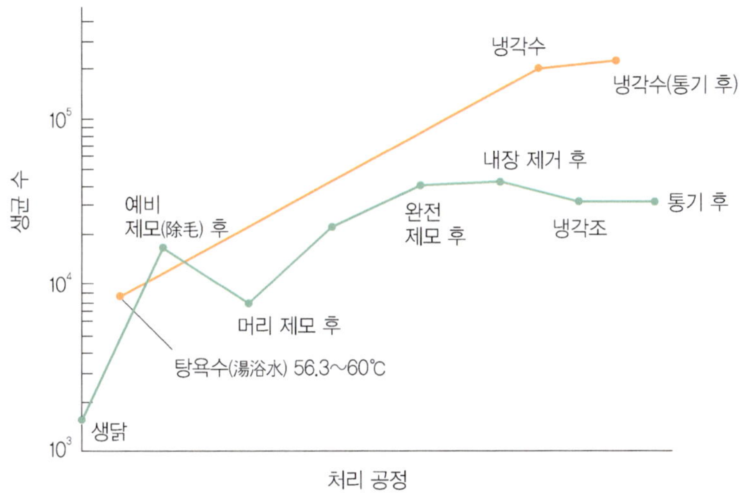

그림 5-3 닭 처리장의 세균 오염

신선한 달걀의 내부는 일반적으로 무균 상태이다. 그러나 달걀의 표면은 여러 가지 환경에서 많이 오염된다. 달걀의 표면에는 일종의 초자막cuticle이 있고 알껍질 내부에도 속껍질이 있다. 초자막과 알껍질, 속껍질은 서로 협동해서 미생물의 내부 침입을 막는데, 오래된 알은 초자막이 벗겨져 알껍질에 있는 미세한 기공을 통해 미생물이 침입하여 달걀 내용물에 부패를 일으키게 된다.

5. 절임 식품

절임 식품에는 미생물이 관여할 것이 많다. 젖산균은 소금 절임류나 피클pickle 등을 제조할 때 젖산, 아세트산, 알코올 등을 생성하고 향미의 형성에 중요한 역할을 하며 유해균의 증식을 저지하는 작용도 한다. 사우어크라우트Sauerkraut(양배추 절임)에는 초기에는 *Leuconostoc mesenteroides*가 증식하지만 pH가 4 이하로 되면 *Lactobacillus plantarum*이 활발하게 증식한다. 발효성 효모는 알코올이나 에스테르를 만들고 절임 식품에 식욕을 자극하는 향미를 부여한다. 산막효모는 식품 표면에 번식하여 외관이나 향미를 손상시킨다. 단무지에서는 내염성이 강한 *Debaryomyces*속이나 *Saccharomyces roxii*가 검출된다.

우리나라 김치에도 여러 세균, 특히 젖산균이 관여한다. 주된 것으로는 *Lactobacillus plantarum*, *Lactobacillus* var. *liquefaciens*, *Leuconostoc mesenteroides*, *Pediococcus* 속 등이 있으며 호기성 세균으로는 *Achromobacter*속, *Flavobacterium*속, *Pseudomonas*속 등과 비타민 B_{12}를 생산하는 *Bacillus megaterium* 군에 속하는 것도 있다.

6. 우유와 유제품

1) 우유

우유는 수분이 많고 pH는 거의 중성이며 여러 가지 영양소를 많이 함유하고 있어 미생물로서는 좋은 배지라고 할 수 있다. 우유는 착유 전부터 이미 세균이 존재하지만 착유 중이나 착유 후에도 오염될 여지가 대단히 많다. 오염 정도는 젖소의 개체나 계절에 따라 차이가 크다(표 5-10, 5-11).

우유에 들어 있는 세균은 젖산균, *Micrococcus*, 대장균군, *Bacillus* 등인데 이 중에서 젖산균이 대부분을 차지한다(표 5-12).

생유는 살균해서 시유로 공급하게 되는데 가장 널리 사용하는 살균 방법은 UHT법으로 130~135°C에서 2~3초간 처리한다. 이때 영양 세포로 존재하는 세균은 거의 살균되지만 내열성 포자는 의외로 많은 양이 남아 있게 되고 특히 저온균 포자의 열저항성이 크다.

우유를 방치하면 세균에 의해 변패되고 산패, 가스 발생, 단백질 분해, 점질화, 변색 등

표 5-10 **착유 직후의 세균 수**

젖소 번호	세균 수(CFU/mL)	젖소 번호	세균 수(CFU/mL)
1	4,400	7	8,700
2	3,280	8	23,800
3	5,200	9	3,400
4	5,000	10	7,000
5	16,000	11	7,800
6	21,000	12	16,000

표 5-11 **계절에 따른 오염도**

월	세균 수(CFU/mL)	월	세균 수(CFU/mL)
6	53,000	11	920
7	34,000	12	410
8	13,000	1	36
9	59,000	2	90
10	9,400		

표 5-12 **우유 중의 세균류**

균종	분포비(%)	균종	분포비(%)
젖산균	79.4	*Micrococcus*	6.3
젖산구균	55.5	대장균군	3.4
젖산간균	23.9	*Bacillus*	9.2

* 젖산균 중 중요한 것은 *Streptococcus lactis*, *Streptococcus faecalis*, *Lactobacillus casei* 등이다.

Tip

우유의 살균 방법

1. **저온살균법**(Low Temperature Long Time, LTLT)

60~65℃에서 30분간 살균하는 방식. 병원성 미생물은 사멸시키고 영양분 파괴를 최소화하기 위한 방법으로 저온살균(Pasteurization)이라 한다.

2. **고온살균법**(High Temperature Short Time, HTST)

72~75℃에서 12~15초간 살균하는 방식. 과도기적 살균법으로 우유의 살균 방식으로는 소수의 제품에만 사용된다.

3. **초고온살균법**(Ultra High Temperature, UHT)

130~135℃에서 2~3초간 살균하는 방식. 현재 가장 널리 사용되며, 상당히 높은 온도로 살균하기 때문에 미생물 증식에 의한 변질 가능성이 적고 일부 영양소 파괴 논란은 있으나 생산성, 안전성 면에서 가장 효율이 높은 방식이다.

의 현상이 나타나는데 이와 같은 일에 관여하는 대표적 미생물은 다음과 같다.

① 산패 : *Streptococcus thermophilus, Streptococcus faecalis, Lactobacillus bulgaricus, Bacillus calidolactis, Lactobacillus thermophilus, Micrococcus, Clostridium*

② 가스 발생 : *Clostridium, Bacillus, Saccharomyces, Candida, Torulopsis*

③ 단백질 분해 : *Streptococcus faecalis, Bacillus cereus, Micrococcus*

④ 점 질 화 : *Micrococcus freudenreichii, Enterobacter aerogenes, Enterobacter cloacae, Streptococcus lactis, Lactobacillus bulgaricus, Lactobacillus plantarum, Lactobacillus casei, Micrococcus*

⑤ 변색

a. 청변 : *Pseudomonas syncyanea, Geotrichum*

b. 황변 : *Pseudomonas synxantha, Flavobacterium*

c. 적 변 : *Serratia marcescens, Brevibacterium erythrogenes, Micrococcus roseus, Torulopsis glutinis*

d. 갈변 : *Pseudomonas fluorescens*

우리나라 「식품위생법」에서는 우유의 경우 세균 수 1 mL당 2만 이하, 대장균군 1 mL당 2 이하로 제한되어 있다.

2) 아이스크림

아이스크림은 크림, 향료, 색소, 안정제(젤라틴 등) 등을 섞고 공기를 포함시켜 동결한 것이므로 원료에서 오는 여러 가지 세균으로 오염될 수 있다. 제조 공정에서 가열 처리를 하면 99% 이상 살균되지만 비위생적으로 처리된 경우에는 10^3~10^6 CFU/mL까지도 검출된 예가 있다.

3) 분유류

분유류는 수분이 적고 미생물이 증식할 수 있는 상태는 아니지만 제조 중 가열 과정에서 살아남은 내열성 세균과, 제조 과정에서 들어간 세균이 있다. 분유 중의 일반 세균에 대해서 조사한 예는 표 5-13과 같다. 한편, 분유 중의 세균은 저장 과정에서 감소되는 경향이 있다(표 5-14).

표 5-13 **분유 중 일반 세균 검사**

생산처	시료 수	1 g당 세균 수의 범위			
		< 10^2	~10^3	~10^4	~10^5
A	85	18	61	6	-
B	85	6	64	15	-
C	85	1	42	34	8
D	66	40	25	1	-
E	81	32	44	2	3
F	70	62	8	-	-

* A~C : HTST(high temperature short time)법으로 살균
D~F : UHT(ultra high temperature)법으로 살균

표 5-14 **분유 저장 중 세균 수의 변화**

시료	수분(%)	저장 개월 수						
		0	2	4	6	8	10	12
1	2.65	8,022	4,172	2,616	622	383	277	262
2	7.04	34,533	12,216	1,850	677	366	361	256
평균	**4.91**	**22,508**	**7,818**	**2,487**	**655**	**412**	**354**	**261**

분유에서 검출되는 주요 균종은 *Streptococcus faecalis*, *Micrococcus* 및 포자 형성균인데, 때로는 *Staphylococcus aureus*에 오염되어 식중독을 일으키기도 한다. 근래에는 장내세균인 *Enterobacter sakazakii*균에 의한 조제분유의 오염이 문제된 적이 있다. 특히 유아의 사카자키균 감염은 조제분유가 주원인으로 알려져 있으며 수막염, 장염, 신경장애를 일으키는데 영아는 특히 위험군으로 분류된다.

7. 수산식품

1) 어패류

일반적으로 건강한 어패류의 근육 조직은 무균이다. 그러나 표면의 점질물, 아가미와 소화관 내에는 많은 세균이 존재한다. 한 조사에서는 표면에 10^2~10^6 CFU/cm^2, 아가미에 10^3~10^5 CFU/g, 소화관 내용물에는 4~8 × 10^6 CFU/g의 세균 수가 확인되었는데, 주

요 균속은 *Achromobacter*, *Micrococcus*, *Flavobacterium*, *Pseudomonas* 등이며, 장관 내에는 특히 *Vibrio*가 많았다고 한다. 그러나 이것은 계절과 어획 후 경과 시간, 취급 방법에 따라 크게 차이가 난다. 해수어와 담수어 사이에도 차이가 많은데 어패류에서 발견되는 대표적인 균속을 정리하면 표 5-15와 같다.

표 5-15 어패류의 미생물

균종	균 종
해수어	*Pseudomonas, Achromobacter, Flavobacterium, Micrococcus agilis, Corynebacterium, Bacillus, Sarcina, Serratia, Vibrio, Clostridium, Escherichia, Proteus*
게, 새우	*Myxococcus, Rhodotorula, Candida, Torulopsis, Trichosporon, Pullularia*
담수어	*Aeromonas, Brevibacterium, Alcaligenes, Lactobacillus, Streptococcus*
조개류	어류에서와 비슷하나 토양 세균도 검출된다.

생선류는 우리나라나 일본에서 횟감으로 많이 사용하는데 회의 재료나 조리 기구에서 많은 세균이 오염될 수 있다. 특히, 식중독과 관계되는 세균이 문제이다. 해산물에서 급성 위장염균인 *Vibrio parahaemolyticus*의 검출 결과를 보면 표 5-16과 같다. 급성 위장염을 일으키는 장염비브리오균의 발생 빈도를 보면 홍어, 전복, 멍게, 도미, 해삼, 장어, 민어의 순으로 많이 나타나는 것을 알 수 있다.

표 5-16 생선회 중의 *Vibrio parahaemolyticus* 검출

	서울		인천		계		발생 빈도 (%)
	시료 수	검출 시료 수	시료 수	검출 시료 수	시료 수	검출 시료 수	
홍어	5	1	15	1	20	2	10.0
전복	15	1	10	1	25	2	8.0
멍게	20	2	20	1	40	3	7.5
도미	10	1	5	-	15	1	6.7
해삼	20	1	15	1	35	2	5.7
장어	10	1	15	-	25	1	4.0
민어	10	-	10	-	20	-	-
계	**90**	**7**	**90**	**4**	**180**	**11**	**6.1**

2) 어육 연제품

어묵, 어묵 튀김, 어육 소시지, 어육 햄 등 각종 어육 연제품이 있다. 이들은 어육을 고기갈이하여 식염과 향신료를 넣고 가열하여 만든다. 이들 제품은 반드시 가열 과정이 있으나 일부 제품은 가열할 때 내부 온도가 70~80°C에 불과하므로 내열성 포자는 어려움 없이 생존할 수 있다. 특히 어육 연제품은 세균이 증식하기에 알맞은 식품이므로 가열 과정에서 생존하거나 유통 취급 과정에서 세균이 오염되면 쉽게 부패한다.

어육 연제품의 부패와 관계있는 세균들을 보면 *Bacillus coagulans*, *B. firmus*, *B. sphaericus*, *B. subtilis*, *B. circulans* 등이며 간혹 *Streptococcus*, *Sarcina* 등도 보인다.

8. 건조식품

식품을 건조하면 보존성이 좋고 취급이 간편하며 즉석식품instant food으로 이용하기 편리하다. 식품 건조법은 건조 온도를 기준으로 하여 열풍 건조hot air drying와 동결 건조freeze drying로 나뉜다. 건조식품의 수분은 육류와 우유는 3% 이하, 채소와 과일은 5% 이하, 곡물은 12% 이하이다. 이와 같은 수분 함량에서는 미생물이 증식할 수 없고 경우에 따라서는 감소하는 경향도 있다. 그러나 흡습에 의해서 수분이 10~15% 이상 되면 미생물이 증식해서 변패할 염려가 있으므로 주의해야 한다.

건조식품의 미생물상은 건조 방법에 따라서 달라진다. 채소 건조물에 있는 세균 수를 조사해 보면 표 5-17과 같다. 이 표에서 보면 물로 씻는 것만으로는 세균을 완전히 제거하기가 어렵다는 것을 알 수 있다. 건조 수프 중에도 의외로 많은 세균이 들어 있다(표 5-18).

표 5-17 **건조 채소의 세균 수(열풍 건조)**

	시료 수	건조 온도(°C)	세균 수(CFU/g)	
			최소	최대
양파	53	60	1.26×10^4	750×10^4
감자	31	68	<100	2.28×10^4
고구마	18	74	<10	4.7×10^4
양배추	20	63	<100	6×10^4
당근	11	76	<100	4×10^4
사탕무	4	68	6×10^4	52×10^4

표 5-18 건조 수프 중의 미생물

균종	미생물 수(CFU/g)
총균 수	1×10^5(평균 2.5×10^4) 이하
효모	100 이하
곰팡이	100 이하
대장균군	100 이하
호기성 포자 형성 세균	4.5×10^3

상온 또는 동결 조건에서의 건조품은 열풍 건조품보다 더 많은 세균이 생존해 있을 것으로 보인다. 특히 동결 건조의 경우 단백질이나 당과 같은 식품 성분과 공존하는 미생물은 생존할 확률이 높다.

9. 냉동식품

냉동식품frozen food은 원료를 전처리한 후 급속 냉동을 하고, 냉동 상태(대부분 -18°C 이하)로 유통하는 식품이다.

표 5-19 조리된 냉동식품의 생균 수(CFU/g)

냉동식품	배양 온도*		25°C/35°C
	25°C	35°C	
옥수수크로켓	3.4×10^5	2.0×10^5	1.7
굴크로켓	2.1×10^4	9.0×10^3	2.3
크로켓 A	1.0×10^5	4.0×10^4	2.5
크로켓 B	4.1×10^4	1.6×10^4	2.5
햄버거	1.4×10^4	6.2×10^3	2.3
생선프라이	8.6×10^5	1.2×10^5	7.2
굴프라이	2.5×10^4	3.0×10^3	8.3
새우프라이 A	3.4×10^6	6.7×10^5	5.0
새우프라이 B	1.7×10^5	3.1×10^4	5.5
새우프라이 C	1.6×10^6	1.1×10^6	1.5
피자파이	4.9×10^6	9.6×10^5	5.1

* 집락 생성 온도

식품이 냉동 상태로 있는 동안에는 미생물 증식은 정지된 것으로 볼 수 있으나 식용하기 위해서 해동하는 사이 또는 해동 후에는 미생물이 급속히 증식한다. 표 5-19는 냉동식품의 미생물 실험에서 플레이트의 배양 온도를 다르게 하여 식품별 생균 수를 측정한 것으로, 존재하는 미생물상은 25°C 배양에서는 *Flavobacterium*, *Vibrio*, *Pseudomonas* 등 그람음성균이 54%에 이르렀고, 35°C 배양에서는 28%로 나타났으며 72%를 차지하는 그람양성균 중에서도 *Bacillus*, *Micrococcus*, *Staphylococcus*, *Streptococcus* 등이 훨씬 더 많았다.

10. 통조림

통조림 식품은 살균 처리가 정상적으로 잘 되었을 경우에는 반영구적으로 보존되지만 완전한 살균되지 못했을 경우에는 미생물이 내부의 식품을 변패시키므로 캔이 팽창하는 수도 있다. 통조림에 이상을 일으키는 미생물은 대부분 혐기성 또는 통성 혐기성 세균류이며 효모나 곰팡이가 관여하는 일은 극히 드물다.

통조림을 살균할 때에 가장 조심해야 할 세균으로는 혐기성 포자 형성균인 *Bacillus stearothermophilus*와 *Clostridium thermosaccharolyticum*을 들 수 있는데 이들의 포자는 내열성이 상당히 크다. 전자는 통조림을 변패시키지만 캔이 팽창하지 않는 데 비해 후자는 통조림을 변패시킴으로써 캔도 팽창한다.

식품 위생상 특히 문제가 되는 세균은 혐기성 포자 형성균인 *Clostridium botulinum*으로, 이는 통조림 내에서 외독소를 분비하는 독소형 식중독균이다. 이 균은 독소botulinus toxin를 생성하며 열에 대단히 강한 포자를 생성한다. 기타 통조림 변패와 관계되는 미생물을 정리하면 표 5-20과 같다.

Tip

저산성 통조림

식품의 pH가 4.6 이하인 산성 식품(예 : 매실, 살구, 감귤류)은 75℃에서 10분간 살균으로 병원성 및 부패 미생물을 완전히 파괴할 수 있고, 비록 포자는 잔존하지만 유통 기간에 영양 세포로 돌아와서 증식할 수가 없다. 반면 통조림 식품의 산도가 pH 4.6 이상인 제품을 저산성 식품이라고 하며, 이와 같은 조건에서는 포자 형성균의 영양 세포는 열처리로 사멸하지만 생존한 포자는 발아하여 증식하므로 저산성 통조림의 경우에는 완전히 살균해야 한다.

표 5-20 통조림의 변패형과 원인균

pH에 의한 구별	변패의 형	미생물
pH 4.5 이상인 통조림	플랫사워(flat-sour)	*Bacillus stearothermophilus, Bacillus pepo*
	TA 변패	*Clostridium thermosaccharolyticum*
	황화물 변패	*Clostridium nigrificans*
	중온성 혐기성 부패	*Clostridium sporogenes, Clostridium putrefaciens*
	중온성 포기성 변패	*Bacillus polymyxa, Bacillus macerans*
	무포자 세균에 의한 변패	주로 젖산균, 대장균군
pH 4.5~3.7인 통조림	flat-sour	*Bacillus coagulans*
	중온성 혐기성균 부패	*Clostridium pasteurianum*
	효모에 의한 팽창	*Saccharomyces*
	곰팡이의 발생	*Aspergillus, Penicillium, Citromyces*
pH 3.7 이하의 통조림	미생물학적 변패는 거의 찾아볼 수 없으나 간혹 식품 중의 산과 캔의 Fe이 반응해서 H_2 가스를 생성함으로써 캔이 팽창되는 수가 있음	

요약

1. 미생물에 의한 식품의 오염원으로는 토양, 물, 공기, 식물, 동물, 사료, 사람, 하수, 관개용수, 기계 장치, 포장 재료 등이 있으며, 존재하는 미생물의 종류와 형태는 원재료가 되는 동물과 식물의 서식 환경 조건, 수확 시기, 기후와 장소, 가공·처리 과정, 식품을 처리하는 종사원 등에 따라 달라진다.

2. 담수, 해수, 하수에 존재하는 미생물은 대부분 저온 세균류이며 *Alcaligenes*, *Aeromonas*, *Achromobacter*, *Flavobacterium*, *Pseudomonas* 등이 있다.

3. 식육, 가금류, 어류의 육질 내부는 무균 상태이나 전처리 과정에서 표면이나 절단면의 교차 오염으로 미생물이 오염된다. 식품 위생 안전성과 관련된 주요 세균은 식육에서는 *E. coli* O157:H7, *Listeria monocytogenes*, *Salmonella* spp. 등, 가금육에서는 *Campylobacter*, *Salmonella* spp., 어류에서는 *Vibrio vulnificus*, *V. parahaemolyticus*가 위해 세균으로 알려져 있다.

4. 가공 과정에서 건조하거나 단순한 열처리 공정을 거친 가공식품의 영양 세포는 초기에 사멸되나 포자는 생존하여 증식 조건이 되면 원래 상태로 돌아와 증식이 진행되기 때문에 주로 *Baillus*속의 포자 형성균들이 존재한다.

연습문제

1 미생물에 의한 식품 오염에서 외재적인 요소에는 어떠한 것들이 있는지 설명하시오.

2 식품 가공에서 품질, 위생학적인 측면에서 포자 형성균의 제어가 중요한 이유를 설명하시오.

식품 저장과 식품 위생

CHAPTER 6

1. 식품 저장의 목적
2. 식품 변패의 원인 미생물
3. 미생물에 의한 변패 현상
4. 식중독균의 오염
5. 식품 저장 방법

1. 식품 저장의 목적

1) 식품 변패

전 세계에서 생산되는 식량 자원 중 미생물에 의한 변패 때문에 식용하지 못하고 손실되는 양은 전체의 20%에 달하는 것으로 알려져 있다. 또 변패된 것을 잘못 섭취함으로써 수많은 사람이 질병에 걸리고 심한 경우 사망에 이르기까지 한다. 식품이 소비될 때까지 안전하게 저장하는 일은 경제적으로나 위생상으로 아주 중요한 일이다.

식품 저장에서는 식품의 색, 맛, 향기 등 화학적 성질과 입안에서 감촉되는 물리적 성질, 즉 텍스처texture에 변화가 없도록 해야 하며 병원균 등의 오염을 예방하는 것이 중요하다. 일반적으로 식품은 동물이나 식물이 그 소재가 되므로 사람이 먹는 것인 동시에 다른 미생물의 먹이가 될 수도 있다. 따라서 미생물의 피해에 대해서 각별히 주의해야 한다.

미생물에 의한 변패는 미생물이 증식한 결과 그 대사 작용에 따라 식품의 성분이 변화하는 경우와, 병원성 미생물의 증식으로 식품 위생상 문제가 될 수 있는 경우로 크게 나눌 수 있다. 전자는 일반적으로 부패라고 불리는 현상으로 식품 본래의 색, 모양, 맛, 영양소 등이 변화하고 때로는 유독물질이 생산되는 경우도 있다. 후자는 식중독이라 불리는 것으로서 식품 위생학상 중요한 문제가 된다.

2) 미생물의 제어에 의한 변패 방지

식품을 안전하게 가공하거나 보존하기 위해서 식품 중의 미생물을 제균하거나 살균하는 일은 중요한 문제이다. 그런데 식품의 종류나 상태가 다양하기 때문에 그 품질에 가급적 지장을 주지 않는 방법을 택해야 하기 때문에 실제 문제에서는 많은 기술적인 지식과 경험이 요구된다. 제균은 미생물이 생육 및 증식하지 않도록 억제함을 뜻하며 살균은 적

표 6-1 식품에 응용되는 주요 제균 방법

제균의 종류	제균 기술
저온 이용	냉장, 냉동
수분 활성 이용	건조, 당절임, 소금 절임, 수분 활성 저하물질(당, 알코올 등) 첨가
산소 제거	진공 포장, 가스 치환 포장, 탈산소제 이용 등
향균물질 이용	알코올, 유기산, 키토산 등
미생물 이용	젖산균(pH 저하 작용) 등

극적으로 미생물을 사멸함을 뜻한다.

일반적으로 제균에 필요한 방법들을 정리해 보면 표 6-1과 같고, 살균에 필요한 방법은 표 6-2와 같다.

표 6-2 **식품에 응용되는 주요 살균 방법**

살균의 종류	살균 기술
가열 살균	열수, 열증기, 가압증기, 고주파 가열, 적외선 가열, 전열 가열 등
비가열 살균	약제 살균, 가스 살균, 방사선 살균, 자외선 살균, 초음파, 고압 등
제균(除菌)	여과, 세척, 전기적 제균 등
차단	포장, 코팅, 무균함 등

2. 식품 변패의 원인 미생물

1) 미생물의 분포

부패의 원인이 되는 미생물은 대부분 세균이다. 이들을 흔히 부패균이라고 하지만 분류학상 어느 특정의 종류에 속하는 것은 아니다. 자연계에 존재하는 대부분의 세균들은 식품 성분 중에서 특히 유기물을 이용하여 증식하며, 그 대사 과정에 어느 정도 규칙성이 있어서 어떤 식품에는 항상 비슷한 세균군이 증식해서 식품을 부패시킨다. 즉, 식품의 물리적·화학적 성질을 알면 그 식품을 변패시키는 세균의 종류와 구성bacterial flora을 대략 짐작할 수가 있다.

세균에 의한 변패는 여러 중간 생산물을 거쳐서 최종 생산물에 이르기까지 끊임없이 이루어지는 대사 과정이다. 이때 관계하는 세균은 단일종만이 아니며 각 단계에서 지배하는 균종이 달라지기도 한다. 즉, 초기 단계에 관여하는 세균은 원료에 붙어 있던 것(1차 오염균)이나 제조 가공 시에 혼입된 것(2차 오염균) 등 다양하지만 점차 분해 생산물의 영향을 받아서 세균상은 점점 단순화되어 해당 식품은 부패에 이르게 된다. 예를 들면 어육과 우육에서는 부패 초기의 세균상은 현저하게 다르지만 중기 이후에는 유사한 세균상을 형성하게 된다. 그런데 젖산균이 증식할 수 있는 pH가 낮은 침채류의 경우에는 그 환경이 특별히 한정되어 있기 때문에 변패 중기 이후에도 보통 세균의 종류에는 변화가 없다.

2) 오염균의 기원

식품이 미생물에 의해 오염될 때 수산생물이 재료가 되는 식품은 담수·해수·토양 미생물의 영향을 받으며 육상생물이 재료가 되는 식품은 공기와 토양의 미생물상의 영향을 크게 받는다. 참고로 토양, 물, 공기 및 동식물체에 존재하는 대표적인 미생물들을 보면 표 6-3과 같다. 식품 재료의 기원과 제조 가공의 과정, 저장 조건 등을 종합적으로 검토해 보면 각각의 식품 변패에 대응하는 대책을 세울 수가 있다. 이 대책을 세우기 위해서는 식품에 있는 미생물과 이들이 증식할 때 환경 요소의 관계에 대해서도 함께 이해해야 한다.

표 6-3 토양, 물, 공기, 동식물에 존재하는 미생물군

<table>
<tr><th colspan="2">존재 위치</th><th>대표적인 미생물</th></tr>
<tr><td colspan="2">토양</td><td>• 그람양성균이 많음
• 포자 형성균이 많음
• 세균 외에 방선균, 효모, 사상균이 존재
• 세균 수 : 10^5~10^6 CFU/g
• 중온성 및 호열성 미생물이 많음</td></tr>
<tr><td rowspan="2">물</td><td>해수</td><td>• 무포자 간균 그람음성균이 많음
• 포자 형성 세균이나 방선균은 적음
• 세균 수 : 심해 약 0.2 CFU/mL
• 중온성 및 저온성 미생물이 많음
• 약 3%의 식염 존재 아래에서 잘 생육함</td></tr>
<tr><td>담수</td><td>• 그람음성균이 많음
• 세균 수 : 빈영양수역 10 CFU/mL, 부영양수역 10^4 CFU/mL
• 중온성 및 저온성 미생물이 많음</td></tr>
<tr><td colspan="2">공기</td><td>• 구균 포자 형성균 및 사상균이 주체
• 중온균이 많음</td></tr>
<tr><td colspan="2">식물</td><td>• 토양과 공기에 유래하는 미생물이 많음
• 세균 수는 일정치 않음</td></tr>
<tr><td rowspan="2">동물</td><td>육상동물</td><td>• 체표나 소화기 내에 주로 분포
• 중온균이 많음</td></tr>
<tr><td>어패류</td><td>• 체표 : 10^2~10^5 CFU/cm², 아가미 : 10^2~10^6 CFU/g, 소화관 : 10^3~10^8 CFU/g
• 중온성, 저온성 균이 많음
• 소화관의 미생물상은 거의 일정</td></tr>
</table>

3. 미생물에 의한 변패 현상

식품의 부패는 미생물이 식품을 배지로 삼아 증식하고 그 대사 생산물을 남긴 결과라고 할 수 있다. 따라서 이론적으로는 식품의 종류, 성분, 주어진 환경 등을 알면 어떤 미생물이 증식해서 식품을 분해하고 어떤 대사 과정을 거쳐 부패시킬지 추정할 수 있다. 그러나 실제로는 여러 가지 복합적인 요인이 존재하므로 단순하게 판단할 수는 없다.

식품이 미생물에 의해서 변패된 정도는 미생물의 종류와 수를 측정하고 미생물의 작용에 의해서 생산된 물질(예 : 암모니아, 독소 등) 또는 분해된 기질(예 : 단백량, trimethylamine 등)의 종류와 양에 따라서 파악할 수가 있다.

1) 부패 생산물

어육이나 축육 식품은 단백질을 주성분으로 하는 질소 화합물이고, 곡류나 채소 등 식물성 식품은 전분이나 섬유소가 주체이다. 따라서 이들 양자는 부패 과정에서 각기 다른 경로를 걷게 된다.

동물성 식품에서는 단백질이 분해되어 아미노산이 되고 이것은 다시 아민amine, 암모니아ammonia나 황화물이 된다. 식물성 식품에서는 전분이나 섬유소가 분해되어 포도당을 거쳐서 유기산이나 알데하이드aldehyde가 되고 다시 이산화탄소로 최종 분해된다. 생산된 물질 중에서 아민, 암모니아, 황화물, 유기산, 알데하이드, 인돌indole 등은 부패 생산물이라고 한다.

이 외에 특정 식품에 함유된 물질이 분해되는 경우가 있다. 예를 들면, 해산 어류에 특이적으로 존재하는 트라이메틸아민옥사이드trimethylamine oxide, TAMO가 세균에 분해되어 트라이메틸아민trimethylamine, TMA이 생긴다. 이것은 생선 부패취의 원인물질이다.

(1) 암모니아의 생산

암모니아는 아미노산에서 탈아미노 작용deamination에 의해서 생산되는데 이 반응에 관여하는 반응계로는 비산화적 탈아미노 반응, 산화적 탈아미노 반응, 분자 내 탈아미노 반응, 호기적 탈아미노 반응, 혐기적 탈아미노 반응, 기타 많은 경로가 있다. 대부분의 미생물은 이들 가운데 한 경로를 가지므로 단백질이 있는 곳에서는 암모니아가 생산되고 부패취를 내게 된다. 따라서 단백질 식품에서는 생산된 암모니아 양을 부패의 지표로 하는 경우가 많다.

그런데 비교적 신선한 식품에서도(예 : 상어) 100 mg%의 암모니아질소를 함유하는 경우가 있으므로 암모니아만을 부패의 지표로 삼을 수 없다.

(2) 아민의 생산

아미노산이 분해되면 암모니아나 아민이 생성되는데 이 중에서 어느 것이 생성될지는 환경의 pH에 따라 좌우된다. 그림 6-1에서 볼 수 있는 것처럼 산성 쪽에서는 탈탄산 반응이 이루어져 아민이 생성되고 알칼리 쪽에서는 탈아미노 반응이 이루어져서 암모니아가 생긴다.

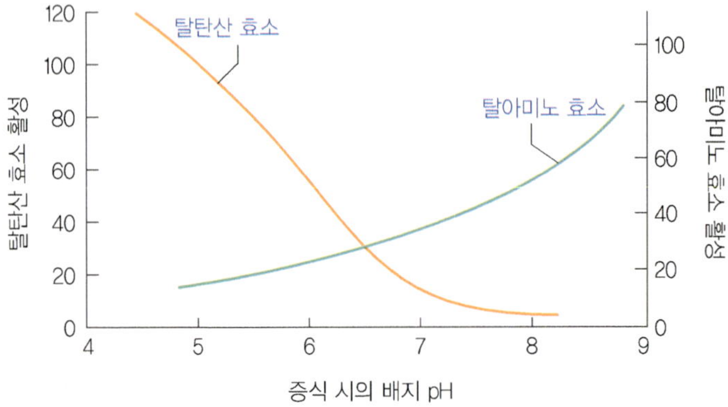

그림 6-1 여러 pH에서 대장균의 글루탐산 탈탄산 효소와 탈아미노산 효소 활성

표 6-4 아미노산에서 생산되는 바이오제닉 아민(biogenic amines)과 관계 미생물

아미노산	생산되는 아민과 관계 미생물
tryptophan	tryptamine
tyrosine	tyramine(대장균, 장구균 등)
valine	isobutylamine
leucine	isobutylamine
lysine	cadaverine(대장균 등)
histidine	histamine(대장균, *Welchii*균, *Proteus morganii* 등)
serine	ethanolamine
aspartic acid	L-alanine, β-alanine(대장균 등)
glutamic acid	γ-amino butyric acid(대장균, *Welchii*균 등)
ornithine	putrescine(대장균, *Proteus morganii* 등)
cystine	cystamine

이들 아민 중에서 특히 식품 위생상 중요한 것은 어패류의 변패 과정에서 생산되는 히스타민histamine이다. 히스타민의 전구물질인 히스티딘histidine이 많이 함유되어 있는 붉은 어육의 경우 17°C 저장에서는 부패의 지표가 되는 암모니아 생산량이 아직 낮은 상태에서도 히스타민은 다량 생산된다. 즉, 고등어의 선도 저하가 크지 않은 시기에 이미 히스타민은 다량 생산되어 있기 때문에 식중독(알레르기성 질환)을 일으키게 되는 것이다.

히스타민 생산에 관여하는 세균으로는 저온성의 *Proteus morganii*가 유명하다. 이 외에 티로신tyrosine에서 생기는 티라민tyramine 등도 알레르기성 식중독의 한 원인이 된다.

(3) 황화물의 생산

시스테인cysteine, 시스틴cystine, 메싸이오닌methionine 등의 황을 함유하는 아미노산은 분해되어서 암모니아 외에 황화수소(H_2S)나 메르캅탄mercaptan, RSH 등의 휘발성 황화합물을 생산하고 주로 냄새와 색(흑변)으로 식품의 품질을 떨어뜨린다.

(4) 트라이메틸아민TMA의 생산

생선의 부패취는 주로 TMAtrimethylamine 때문이다. 이 휘발성 물질의 전구물질은 TMAO trimethylamine oxide이며, 해산생물(강장동물, 극피동물, 연체동물, 거의 모든 갑각류, 판새류 및 대부분의 경골어류)에 특이적으로 함유되어 있지만 담수어에는 거의 함유되어 있지 않다(표 6-5). TMA의 과정은 다음과 같다.

$$\underset{\text{(TMAO)}}{2(CH_3)_3NO} + CH_3CHOHCOOH \longrightarrow \underset{\text{(TMA)}}{2(CH_3)_3N} = CO_2 + CHCOOH + 2H_2$$

표 6-5 어체 중 TMAO 함량

어류	담수어육	해산 경골 어육	해산 연골 어육
TMAO(mgA/100 g)	4~6	40~100	700~900

2) 기타 부패 생산물

어류의 선도 저하 시 나는 냄새로는 트라이메틸아민, 메르캅탄, 황화수소 외에도 라이신lysine에서 탈탄산으로 생긴 카다베린cadaverine을 비롯해서 인돌, 스카톨skatole, 퓨트리신putrescine 등이 있다. 카다베린은 더욱 분해되어서 담수어의 비린내인 피페리딘piperidine, 피비린내인 델타-아미노발레랄-델타-아미노발레르산δ-amino valeral-δ-amino valeric acid이 된다. 부패취인 인돌은 트립토판tryptophan에서 생성된다.

탄수화물이나 아미노산에서 생긴 각종 유기물도 부패 생산물이다.

4. 식중독균의 오염

세균에 의한 식중독은 감염형과 독소형으로 나뉜다. 감염형은 외독소exotoxin를 내지 않는 생균을 다량으로 음식물과 같이 섭취함으로써 발병한다. 여기에 관계하는 세균은 *Salmonella*속, 장염 비브리오균 등이다. 독소형은 세균의 증식에 의해서 이미 생산된 외독소를 섭취함으로써 발병하게 된다. 여기에 속하는 세균으로는 웰치균, 보툴리누스균, 포도상구균, 세레우스균*Bacillus cereus*, 병원성 대장균 등이 있고 그 외에 몇 가지 곰팡이가 알려져 있다. 주요 식중독균의 분포와 그 매개물은 표 6-6과 같다.

표 6-6 주요 식중독균의 분포와 매개물

균	분포	매개물
Clostridium botulinum	광범위하게 분포	식품 가공 과정의 과오에 의함(통조림, 저장식품, 식육 제품, 생선 또는 훈제 어류)
Clostridium perfringens (*Welchii*균)	광범위하게 분포	조리한 육류 및 가축
Salmonella typhimurium	세계적으로 분포	가축 및 알류, 식육 등 광범위한 식품
Vibrio parahaemolyticus	주로 일본, 동남아시아에 분포	해산어(갑각류)
Staphylococcus aureus	세계적으로 분포	햄, 육류, 축육 제품, 크림을 바른 과자류, 방치된 조리식품, 소스, 우유, 치즈, 알요리, 새우·게 등의 갑각류
Escherichia coli	세계적으로 분포(추측)	식육, 생유 및 유제품
Bacillus cereus	세계적으로 분포(추측)	곡물의 가공품, 우유, 쌀

1) 살모넬라균*Salmonella*

이 세균군에 의한 식중독을 살모넬라 식중독이라 한다. 살모넬라에 속하는 세균을 식품을 매개로 해서 다량 섭취하면 장 점막에서 더욱 증식해 급성의 장염이나 대장염을 일으킨다. 이 균의 증식은 표 6-7에 나타난 것과 같이 최적 온도가 37°C, 최고 온도가 44~47°C, 최저 온도가 5.2°C이며 pH 5.0 이상에서 증식한다. 이 균은 목장의 퇴적물에서도 한 달 이상 생존하고 사람의 손발에 부착한 후에도 생존할 수 있으므로 식품에 오염되기 쉽다.

표 6-7 **주요 식중독 세균의 증식 온도 범위와 그 외의 성질**

세균	증식 온도(℃)			최저 증식 pH	내염성(%)	독소 생산 온도(℃)
	최저	최적	최고			
*Salmonella*균	5.2	37	44~49	5.0	8	
장염 *Vibrio*균	3.0	35~37	42~44	5.0	9~10	
포도상구균	6.7	35	47	4.8	17.0	10~46
*Welchii*균	6.5	43~47	50	5.0	5	
*Botulinus*균 A형	10	37		4.6~4.9		10
*Botulinus*균 B형	10	37		4.6~5.1		10
*Botulinus*균 C형	15	37				10
*Botulinus*균 D형	15	37				
*Botulinus*균 E형	3.3	37				3.3
*Botulinus*균 F형	3.3	37				3.3
*Cereus*균	7	37	49			

2) 장염비브리오*Vibrio parahaemolyticus*

그람음성, 극모성 간균인 장염 비브리오균 중에서 특수한 용혈 반응을 나타내는 세균이 식품을 통해 다량 섭취될 경우에 일어나는 감염형 식중독이다. 그 증상은 살모넬라 식중독과 유사하다(표 6-8). 어패류, 특히 익히지 않은 것이 주요 감염 매개물이 될 수 있고 여름에 많이 발생한다.

표 6-8 **주요 세균성 식중독의 증상**

병명	형	잠복기	주증상
Salmonella 식중독	감염형	12~24시간	구역질, 구토, 두통, 발열, 복통
장염 *Vibrio* 식중독	감염형	12~24시간	구역질, 발열, 복통, 설사
포도상구균 식중독	독소형	3시간	구역질, 구토, 복통, 설사
*Botulinus*균 식중독	독소형	12~36시간	연하 곤란, 복시, 실성(失聲), 변비, 호흡 곤란 (신경 장애)
*Cereus*균 식중독	감염독소형	10~12시간	구역증, 구토, 복통, 설사
병원성 대장균 식중독	감염형	8~12시간	(장염) 설사
각종 마이코톡신 식중독	독소형	장기간	간암, 피부염, 간경변 등

3) 웰치균*Welchii*

*Clostridium perfringens*균에 의한 식중독은 원래 감염형으로 알려져 있었으나 이 균이 음식물과 같이 소장 내에 도달하면 그곳에서 포자를 형성하고 그때 방출되는 엔테로톡신enterotoxin에 의해서 독소형 식중독이 발생한다는 것이 최근에 밝혀졌다. 식중독을 나타내는 균은 A~E형 중에서 A, C, D형으로 이들은 비교적 열에 약하다(60°C, 4분 가열에 반감).

이 균은 그람양성의 혐기성 유포자 세균이고 증식 최적 온도는 43~47°C, 최고 온도는 50°C, 최저 온도는 6.5°C이다(표 6-7 참조). 포자는 열저항성이 강하여 조리 후에도 생존한다. 대장에는 정상 균상으로 존재하므로 사람과 가축의 분변 중에 많고 토양이나 날 식품에서 검출된다.

4) 보툴리누스균*Clostridium botulinum*

이 균에 의한 독소형 식중독은 신경계의 마비를 일으키기 때문에 치사율이 높다. 균은 토양 중에 널리 분포되어 있는데 주로 육류 등의 식품이 매개가 된다.

이 균은 그람양성의 혐기성 포자 형성균이며 독소는 A~G형까지 7종이 알려져 있다. 증식을 위한 최적 온도는 약 37°C, 최저 온도는 A~B형이 10°C, E~F형이 3.3°C이며 독소 생산의 최저 온도도 마찬가지이다. 증식의 최저 pH는 A형이 4.6~4.9, B형이 4.6~5.1이고, E형은 더욱 낮은 pH에서도 증식하며 독소를 생산한다. E형균의 포자는 A~B형균에 비해서 내열성이 약하고 독소도 비교적 열에 약하다(63°C 습식가열에 활성을 잃음).

5) 포도상구균*Staphylococcus aureus*

이 균에 의한 식중독은 균체에서 생산되는 엔테로톡신에 기인하며 그 중독 증상은 표 6-8과 같다. 이 독소는 A~E형의 5종류로 내열성이 강하고(세균의 내열성은 약함) 여러 가지 물리화학적 처리에도 저항성이 크다. 대부분 황색포도상구균에 속하며 응결 효소 coagulase도 양성인 점이 다른 *Staphylococcus*와 다르다.

이 균의 식중독은 엔테로톡신에 기인하지만 식품 중에서 중독 작용량의 독소를 생산하는 데는 보통 식품 1 g당 10^6~10^9 CFU의 세균이 존재해야 한다. 세균의 증식에는 비교적 고온(최적 35°C, 최고 47°C, 최저 6.7°C)과 높은 pH가 필요하다. 온도가 18°C 이하이고 pH가 낮으면 균은 증식하지만 독소는 생산되지 않는다.

6) 병원성 대장균Enteropathogenic *Escherichia coli*, EEC

대장균은 사람과 동물의 장내 상주균으로, 일반적으로는 인체에 해를 주지 않고 오히려 비타민류를 생산하는 등 숙주인 사람이나 동물과 공생 관계에 있다. 그러나 이 균의 어떤 특수한 변종들은 사람에게 장질환을 일으키고 또 어떤 것은 치명적인 피해를 주기도 하는데 이런 것들을 병원성 대장균이라 한다.

EEC 중에서 특히 독성이 강한 균이 1982년 미국에서 발견되어 이 균주를 *Escherichia coli* O157이라 명명했다. 1993년 1월 중순에는 미국의 여러 지방에서 다발적으로 475명 이상의 EEC 중독 환자와 3명의 어린이 사망자를 기록하였다. 이 원인균은 과거의 EEC보다 병원성이 월등히 강하여 *Escherichia coli* O157:H7이라 명명하였다. *E. coli* O157:H7주는 출혈성 대장염hemorrhagic colitis, 용혈성 요독증후군hemolytic uremic syndrome 등을 일으킨다. 감염되면 1~9일간 잠복기를 거쳐 설사, 복통 등을 일으키고 경우에 따라서는 적혈구가 파괴되어 신장 기능이 마비되기도 한다.

우리나라에서는 1998년 11월에 O157주가 처음 나타나서 이 균에 의한 환자가 발생하였고, 1999년 6월에 두 번째 환자가 발생해서 보건 당국을 긴장시켰다.

이 균은 열에는 약한 편이어서 75°C에 3분이면 불활성화한다.

7) 세레우스균*Bacillus cereus*

독소는 엔테로톡신이며 증상은 표 6-8과 같다. 이 독소는 일종의 이열성 단백질이며 56°C, 30분 가열에 불활성화한다. 이 균은 토양이나 식물에 널리 존재하고, 고기, 수프, 어류, 아이스크림 등 여러 식품에서 검출된다. 증식의 최적 온도는 37°C, 최고 온도는 49°C, 최저 온도는 7°C이다(표 6-7). 고초균도 때로는 식중독의 원인이 될 수 있다.

8) 곰팡이

어떤 종류의 곰팡이는 그 대사산물로서 곰팡이 독mycotoxin을 생산해서 사람이나 동물에게 피해를 준다. 현재 알려진 마이코톡신 생산 곰팡이는 200여 종 이상이다(표 6-9). 그러나 이들은 평상시 독을 생산하는 것은 아니며, 어떤 특정한 조건에서 생육했을 때만 독을 생산한다. 따라서 실지로 식품에서 검출되는 일은 그리 흔하지 않다.

마이코톡신mycotoxin 중에서 가장 주목되는 것은 *Aspergillus flavus*에 의해서 생산된 아플라톡신aflatoxin류이며, 이는 간암, 간염, 간경변 등을 일으킨다. 이 곰팡이는 국균*Aspergillus*

표 6-9 마이코톡신 생산이 보고된 곰팡이속의 종류

속명	종류	속명	종류
Alternaria	12	*Phoma*	1
Fusarium	15	*Trichoderma*	3
Curvularia	1	*Rhizopus*	4
Epicoccum	2	*Absidia*	1
Stemphylium	1	*Cephalosporium*	7
Mucor	2	*Aspergillus*	63
Gibberella	10	*Penicillium*	87

*oryzae*과 분류학적으로 비슷하므로 식품 공업에서 국균을 이용하는 경우에는 주의해야 한다.

아플라톡신은 1960년 영국에서 병아리들이 간장 장애를 일으켜서 집단 폐사한 사건으로 발견되었다. 닭 사료로 먹였던 브라질 수입산 땅콩박에 *A. flavus*와 *A. parasiticus*가 증식되어 있었던 것이 원인으로 밝혀졌다.

5. 식품 저장 방법

식품의 변패는 식품을 영양원으로 하여 증식하는 미생물의 대사 활동의 결과이다. 변패 정도는 식품의 종류나 식품이 놓인 환경 또는 미생물의 종류 등에 따라 크게 달라진다.

현재 주로 이용되는 저장법은 다음과 같이 두 가지 방법으로 나눌 수 있다.

① 식품에 있는 미생물이나 효소를 살균 또는 불활성화하고 2차 오염을 방지한다(예 : 통조림 등).

② 식품을 저온(또는 냉동) 저장 또는 건조하거나 방부제 등을 첨가해서 미생물의 생육이나 효소 활동을 억제한다.

앞의 두 방법은 각각 장단점이 있고 식품에 따라서는 어느 한쪽만 응용해야 하는 경우도 있다.

1) 가열에 의한 살균

식품을 적당한 온도로 가열 처리해서 저장하는 방법은 옛날부터 있어 왔다. 미생물의 영양 세포와 포자의 살균에 필요한 가열 온도는 그림 6-2와 같다. 가열 온도가 높을수록 많은 종류의 미생물을 살균할 수 있지만 그 대신 식품의 품질이 크게 떨어진다. 따라서 가급적 저온으로 처리하는 것이 식품 품질을 유지하는 데 유리하다. 또 살균되었다고 하더라도 재오염(2차 오염)되면 식품은 즉시 변패하므로 포장 등의 방법으로 2차 오염을 방지해야 한다. 미리 포장하여 가열하면 통조림의 예에서 볼 수 있듯이 반영구적 저장도 가능하다.

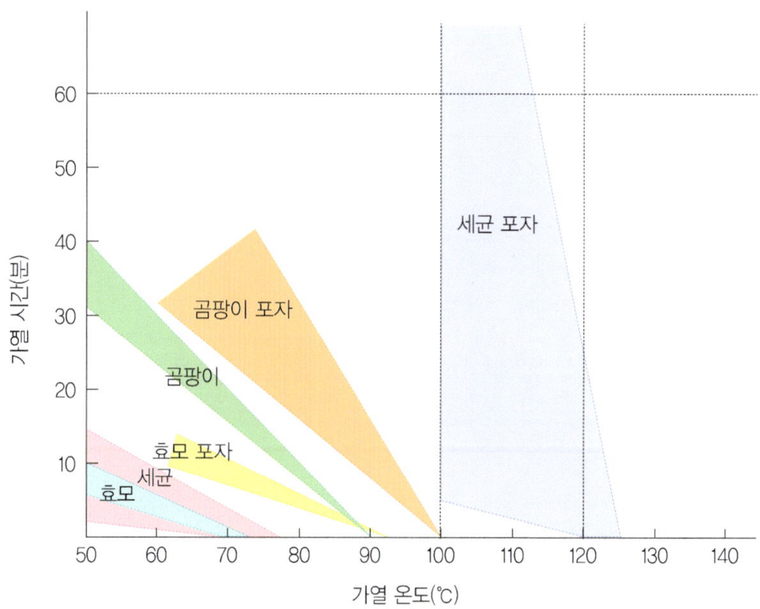

그림 6-2 각종 미생물의 사멸에 필요한 가열 온도와 시간

(1) 저온 살균

식품에 존재하는 미생물에는 표 6-10에서 알 수 있듯이 일반적으로 영양세포는 비내열성이고 포자는 강한 내열성을 가지고 있다. 그러나 식품 내에 내열성 포자가 존재한다고 할지라도 발아하지 않는 한 식품 변패에는 관여하지 않는다. 예를 들면 낮은 pH의 과일 통조림은 pH나 당 농도 때문에 미생물 내열성 포자가 생존한다 해도 발아하지 못하므로 식품의 품질은 지속된다. 영양세포(생활세포)는 60~70°C에서 5~30분 처리하면 죽는다. 우유는 과거에 70°C에서 5~10분 처리했으나 지금은 초고온 살균ultrahigh

표 6-10 미생물의 습열하에서의 내열성

미생물	가열 온도(°C)	사멸에 필요한 시간(분)
*Botulinus*균 포자	100	360
A형·B형	110	36
	120	4
*Botulinus*균 포자	80	20~40
E형	90	5
Flat-sour균 포자	100	1,030 <
	110	35
고초균 포자	100	175~185
	120	7.5~8
*Salmonella*균	60	4.3~30
대장균	57	20~30
사련구균	61~65	30 <
포도상구균	60	18.8
젖산균	71	30
장염 *Vibrio*균	60	230
곰팡이 균사	60	5~10
곰팡이 포자	65~70	5~10
효모 영양세포	55~65	2~3
효모 포자	60	10~15

temperature sterilization, UHT 살균(130~150°C로 0.5~2초) 또는 고온 단시간 살균high temperature short time process(HTST 살균, 72~75°C로 15~16초)이 통용됨으로써 거의 품질을 손상하지 않고 대부분의 미생물을 살균할 수 있다.

일반적으로 수분 활성이 낮고 고지방인 식품은 그 반대의 경우에 비해 고온 처리가 필요하다. 비포자 형성균의 살균을 목적으로 할 경우에는 비교적 낮은 온도에 단시간 가열하는 것으로 식품 저장이 가능하다.

(2) 고온 살균

식품을 100°C 이상으로 가열하면 내열성 세균이라 할지라도 살균이 가능하다(그림 6-2). 보툴리누스 A형 균 및 B형 균은 100°C로 6시간이 필요하며 포자 중에서도 내열성이 가장 높다. 그런데 E형 균은 90°C, 5분으로 사멸이 가능하다.

미생물은 놓여 있는 환경에 따라서 가열의 영향이 다소 달라진다. 예를 들면, 분말과 같은 건조식품 속에 있는 미생물은 대부분 고온 처리가 필요하다. 일반적으로 미생물은 순수배양하여 실험에 사용하는 인산 완충액 중에 있을 때보다 실제 식품 중에서 존재할 때 내열성이 훨씬 크다.

2) 방사선 처리에 의한 저장

방사선(β선이나 γ선)을 미생물에 조사하면 세포 내의 수분과 기타 성분의 분자가 떨어지게 되어서 세포의 구성물질에 변화가 생겨 세포는 죽게 된다. 이론적으로 볼 때 열처리 살균과 달리 열을 동반하지 않으므로 냉살균cold sterilization이라고도 한다. 그러나 완전 살균하기 위해서는 상당한 고선량이 필요하고 이 때문에 식품은 변색, 이취 등의 변패를 초래하게 되므로 이 방법을 실시할 때는 신중해야 한다.

방사선에 대한 미생물의 감수성은 미생물의 종류와 환경에 따라서 달라지며, 포자는 영양세포에 비해서 훨씬 높은 내성을 갖는다(단, *Micrococcus radiodurans*는 예외). 특히 보툴리누스균 A형의 포자는 방사선 저항이 대단히 높아서 식품의 조사 살균의 지표 균으로 이용된다.

현재는 비교적 저선량인 1~10 kGy의 조사로 축육류, 육가공품, 어패류, 과실, 고구마 등의 냉장 기간은 연장하고 있다. 그러나 방사능과 관련된 일반적인 관념 때문에 이 분야의 연구는 그리 활발하지 않다.

Tip

식품의 방사능 오염과 방사선 살균

1. 방사능 오염 식품이란 일본 대지진으로 인한 후쿠시마현 원자력 발전소 등에서 누출된 방사능이나 핵실험에서 발생한 방사능 물질(세슘, 스트론튬, 요오드)들에 의해 비의도적으로 식품이 오염된 경우로, 엄밀하게 말하면 방사능 오염 식품을 말한다. 방사선 살균은 식품의 보존성과 안전성을 향상시키기 위하여 방사선이 조사된 식품으로 발아 억제, 숙도 지연, 부패균 및 병원균의 살균, 기생충 및 해충의 살균을 위해 이온화 에너지로 처리한 식품을 말한다.
2. ① 1초에 하나의 방사선이 일어나는 방사능의 세기를 1 Bq(Becquerel, 베크렐)이라 하고, 방사선에 노출되었을 때 얼마나 큰 손상을 입을 것인지를 나타내는 유효선량을 Sv(시버트)라 한다.
   ② Gy(Gray, 그레이)는 방사선의 에너지를 나타내는 단위로 1 Gy는 식품 1 kg당 흡수한 에너지량이 1 joule일 때를 말하며, 감마선의 에너지 흡수량은 보통 kGy로 표시한다.

3) 저온에 의한 저장

식품의 저온 저장은 미생물의 증식이 완만해지거나 억제될 뿐으로 살균 효과는 기대할 만한 것이 못 된다. 따라서 동결 저장식품은 상당히 장기간 저장이 가능하지만 상온으로 회복하면 미생물은 다시 활발히 활동해서 식품을 변패시킨다. 그리고 동결점 이상으로 냉장refrigeration할 때 저온 미생물이 서서히 증식해서 어느 정도 기간이 지나면 역시 변패하게 된다.

(1) 냉장

어는점 아래의 저온에서 미생물 증식이 억제되는 이유는 저온에 의한 생리 활성의 저하와 식품 수분 일부의 동결에 의한 수분 활성의 저하에 있다. 즉, 수분 활성이 어는점상에서 1.00이라면 -5°C에서는 0.953, -10°C에서는 0.907, -15°C에서는 0.864, -20°C에서는 0.823으로 저하된다. 또 식품 중의 수분 활성이 저하되면 상대적으로 용질의 농도가 높아지므로 미생물은 더 살지 못하게 된다(그림 6-3).

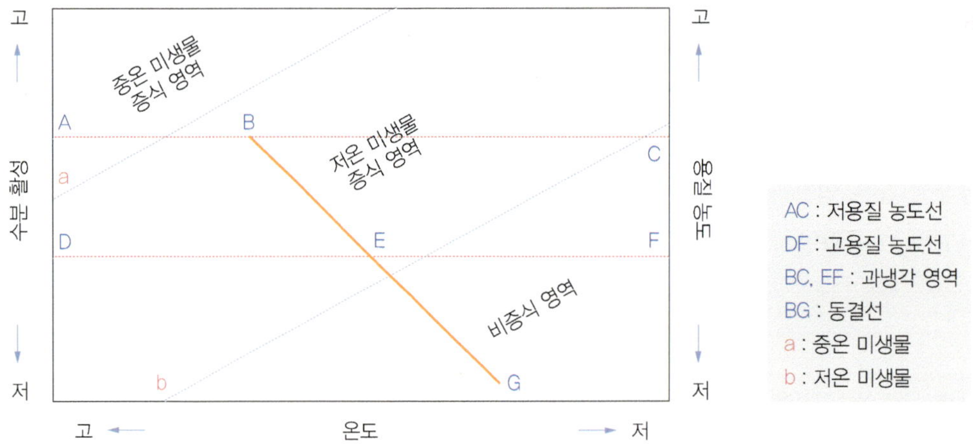

그림 6-3 미생물의 증식 한계에 미치는 온도, 수분 활성 및 용질 농도

세균의 포자는 5°C 근처에서도 발아는 하지만 그 후의 영양 증식은 하지 못하므로 세균은 서서히 사멸하게 된다(표 6-11). 식품을 0°C 근처에서 냉장하면 거의 모든 식중독균을 억제할 수 있지만 5°C 정도에서는 장염 비브리오균이나 보툴리누스균 E형이 증식할 염려가 있다.

표 6-11 *Bacillus cereus*를 육즙 배지에 저장했을 때의 포자 감소

저장 일수	생균 수(CFU/mL)			
	8°C		5°C	
	전생균	포자	전생균	포자
0		4,800		4,800
		4,000		4,400
3	3,200	2,400	5,000	3,000
	3,100	2,400	4,500	2,500
10	2,700	2,000	3,500	2,400
	2,800	1,800	4,200	2,800
15(정치)	2,500	1,100	4,000	2,200
	2,200	1,200	3,900	2,600
15(진탕)	2,500	1,300	3,400	2,600
	2,400	1,100	3,700	2,800

(2) 동결 저장

어는점 이하에서는 일부 미생물은 사멸하지만 나머지는 휴면 상태로 생존해 있게 된다. 미생물은 동결보다도 오히려 어는점상 최저 증식 온도에서 더 잘 사멸된다. 예를 들면 살모넬라균은 증식 한계 이하의 5.1°C에서는 대부분 사멸하지만 -78°C에서는 거의 100% 생존한다. 왜냐하면 5.1°C에서는 증식하지 못하지만 세포 내의 일부 효소가 활성을 유지하기 위해서 이상 대사를 하기 때문에 세포가 사멸하게 되는 것이다.

동결에 의한 미생물의 사멸은 주로 세포 내액의 동결, 세포 외액의 농축과 이에 따른 세포 내액의 탈수에 기인하는 것이라 생각된다. 급속 동결로 세포 내 동결을 했을 경우 세포의 생사는 해동 속도에 좌우된다. 그림 6-4에서 볼 수 있는 것처럼 완만 해동 시에는 미세한 얼음 결정이 해동 기간에 굵은 얼음 결정으로 성장하기 때문에 이것이 세포를 파괴해서 미생물을 사멸하게 하는 것으로 보인다. 이와 같은 이유로 완만 동결에서도 미생물의 사멸률이 높아지지만 그 외에도 용질의 농축 등의 이유도 생각해 볼 수 있다. 미생물은 그 종species이나 주strain의 차이에 따라서 또는 공존하는 보호 물질의 종류에 따라서 온도에 대한 특이성이 달라진다. 보호 물질로는 글리세린glycerine, 설탕sucrose, 폴리에틸렌글리콜polyethylene glycol 등이 유효하며, 식염은 효모에는 유효하나 세균에는 치사적이다.

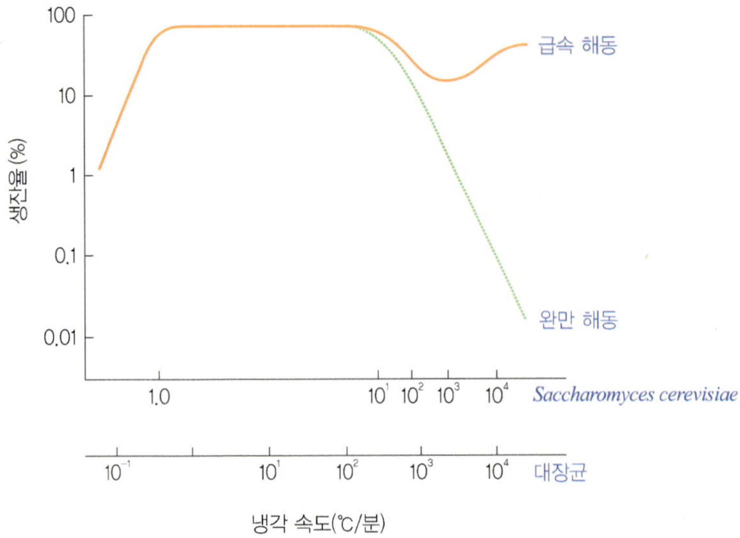

그림 6-4 미생물의 생잔율과 동결 및 해동 속도의 관계

이상에서 보듯이 식품을 장기간 보존할 목적이라면 가급적 저온으로 하는 것이 좋으나 미생물의 감소라는 점에서는 어는점에서 3℃ 범위가 적당할 것이다. 여하튼 저온은 미생물을 적극적으로 방어한다는 뜻보다는 식품의 선도 유지에 그 중점이 주어진다.

4) pH의 영향

식품은 어육이나 가금육처럼 pH 5.0 이상 되는 저산성 식품, 토마토 수프처럼 pH 4.6~5.0이 되는 중산성 식품, 과실류의 통조림처럼 pH 3.7~4.6이 되는 산성 식품, 피클류처럼 pH 3.7 이하가 되는 고산성 식품으로 각각 분류된다.

일반 미생물의 내열성은 pH 중성 부근에서 가장 강하고 그보다 알칼리성 쪽이나 산성 쪽에서는 약해진다. 따라서 산성 식품의 살균에는 지나친 고열 처리가 필요하지 않고 살균 과정에서 세균 포자가 살아남았다고 하더라도 pH 4.6 이하에서는 보통의 세균 또는 식중독 세균 등은 발아를 하지 못한다. 그러나 효모나 곰팡이 등은 pH 4.6 이하에서도 증식할 수 있으므로 주의해야 한다.

그런데 포자의 발아는 단순히 pH와 관계되는 것만이 아니며 환경의 온도, 배지의 성분에 따라서도 복잡하게 달라진다. 따라서 온도나 염분 등의 여러 요인을 pH와 조화시킴으로써 더욱 유효하게 저장할 수 있는 방법을 모색해야 한다.

5) 식염의 첨가

소금에 절인 식품에는 간조기, 간고등어와 같이 식염이 5~10%인 것, 젓갈류와 같이 20% 내외인 것 등 여러 가지가 있다. 이들 식품에는 호염세균 외의 미생물이 거의 증식하지 못하므로 저장성은 상당히 높다. 그런데 과도한 식염 섭취가 건강에 미치는 나쁜 영향 때문에 저염 식품에 대한 선호가 높은데, 이런 식품은 저온 등의 방법을 병용함으로써 저장 목적을 달성할 수 있다.

염장 어류에서 식염 5%, 20°C의 조건에서는 *Aeromonas* A403 균주는 비교적 잘 증식하고 부패 생산물인 TMA를 생산하지만 5°C에서는 균이 증식한다 하더라도 TMA를 생산하지 않는다. 수산 가공품의 수분 활성(a_w), 수분 및 식염의 농도를 보면 표 6-12와 같다.

표 6-12 **수산 가공품의 수분 활성, 수분 및 식염의 농도**

품명	수분 활성(a_w)	수분(%)	식염(%)
간고등어	0.960	68	3.5
대구알	0.915	62	7.9
성게젓	0.892	57	12.7
간연어	0.886	60	11.3
꼴뚜기젓	0.804	64	17.2
간대구	0.785	60	15.4
꼴뚜기 훈제	0.780	66	-
건새우	0.642	23	-
건멸치	0.575	16	

6) 식품 첨가물의 이용

식품을 저장하기 위해서 「식품위생법」으로 허가하는 식품 첨가물은 살균제와 방부제로 구별된다. 살균제는 미생물을 사멸시키는 것이 목적이며, 방부제는 미생물의 증식과 생리 활성을 억제하는 것이 목적이다. 식품 첨가물의 종류와 식품별 허용량은 「식품위생법」에서는 그 사용 한계를 엄격히 제한하고 있다(표 6-13).

식품의 저장은 대부분의 경우 식품에 존재하는 미생물의 증식을 억제함으로써 이루어진다. 그러나 그보다 더 중요한 것은 식품의 원료와 가공, 제조의 각 공정에서 여러 미생물의 오염을 최대한 방지하는 일이며, 특히 식중독의 원인균에 대해서는 더욱 주의해야 한다.

표 6-13 허용 방부제와 그 사용 기준

<table>
<tr><th rowspan="2">방부제명</th><th colspan="2">사용 기준</th></tr>
<tr><th>사용 식품</th><th>첨가량</th></tr>
<tr><td>데하이드로아세트산
(dehydroacetic acid)
데하이드로아세트산나트륨
(sodium dehydroacetate)</td><td>치즈, 버터, 마가린</td><td>데하이드로아세트산으로 0.5 g/kg 이하</td></tr>
<tr><td rowspan="5">소르브산
(sorbic acid)
소르브산칼륨
(potassium sorbate)</td><td>식육 제품, 경육 제품, 어육 연제품, 성게젓, 땅콩. 버터 가공품, 모조치즈, 젓갈류(식염 함량 80% 이하)</td><td>소르브산으로 2 g/kg 이하</td></tr>
<tr><td>된장, 고추장, 춘장, 어패류 건제품, 팥앙금류, 채소나 과채의 된장 절임, 식초 절임 및 소금 절임, 단무지 및 알로에즙</td><td>1 g/kg 이하</td></tr>
<tr><td>잼, 케첩, 식초 절임</td><td>0.5 g/kg 이하</td></tr>
<tr><td>과실주</td><td>0.2 g/kg 이하</td></tr>
<tr><td>젖산균 음료(살균한 것은 제외)</td><td>0.05 g/kg 이하</td></tr>
<tr><td rowspan="3">벤조산
(benzoic acid)
벤조산나트륨
(sodium benzoate)</td><td>청량 음료수(탄산을 포함하는 것은 제외)</td><td rowspan="2">벤조산으로 0.6 g/kg 이하</td></tr>
<tr><td>간장</td></tr>
<tr><td>알로에즙</td><td>0.05 g/kg 이하</td></tr>
<tr><td rowspan="5">파라하이드록시벤조산 에틸
(ethyl ρ-hydroxybenzoate)
파라하이드록시벤조산 프로필
(propyl ρ-hydroxybenzoate)
파라하이드록시벤조산 이소뷰틸
(isobutyl ρ-hydroxybenzoate)
파라하이드록시벤조산 이소프로필
(isopropyl ρ-hydroxybenzoate)</td><td>간장</td><td>파라하이드록시벤조산으로 0.25 g/L 이하</td></tr>
<tr><td>식초</td><td>0.1 g/L 이하</td></tr>
<tr><td>청량 음료수(탄산을 포함하는 것은 제외)</td><td>0.1 g/kg 이하</td></tr>
<tr><td>과일 소스</td><td>0.2 g/kg 이하</td></tr>
<tr><td>과일 및 과채의 표피</td><td>0.012 g/kg 이하</td></tr>
<tr><td>파라하이드록시벤조산 뷰틸
(butyl ρ-hydroxybenzoate)</td><td>청주, 합성 청주, 과실주, 약주, 탁주</td><td>파라하이드록시벤조산 뷰틸로 0.05 g/L 이하</td></tr>
<tr><td>프로피온산 나트륨
(sodium propionate)
프로피온산 칼슘
(calcium propionate)</td><td>빵 및 생과자</td><td>프로피온산으로 2.5 g/kg 이하</td></tr>
</table>

7) 식품 건조

(1) 식품 중의 수분과 미생물

미생물은 세포 중에 수분을 함유하며 물은 생리적으로 중요한 역할을 한다. 그러므로 식품을 건조하면 미생물은 생리적 활성이 억제되거나 때로는 사멸되고 여러 가지 화학적 변화도 억제되어 저장이 가능해진다. 한편, 건조에 대해서 저항성이 큰 미생물(내건성)도 있는데 이를테면 결핵균은 내건성이며 공기 중에 떠돌아서 공기 감염을 일으킨다. 반면 콜레라균은 건조에 특히 약하다.

일반적으로 미생물의 포자는 건조에 강한 저항력이 있어서 장기간 살아남을 수가 있다. 곰팡이의 영양세포도 건조식품에서 서서히 증식할 수 있으므로 주의해야 한다.

미생물의 증식과 식품 중의 수분 함량의 관계는 수분 활성으로 표시하면 편리하다. 식품의 수분 활성과 미생물 증식의 관계를 보면 표 6-14와 같다.

표 6-14 **식품의 수분 활성과 증식이 저지되는 미생물군**

수분 활성(a_w)	저지되는 미생물	식 품
1.00~0.95	그람음성 간균, 세균 아포, 일부 효모	40%의 설탕이나 7%의 식염을 함유한 식품(예 : 육제품이나 부드러운 빵)
0.95~0.91	대부분의 구균, 젖산균, *Bacillus*류의 영양세포, 일부 곰팡이류	55%의 설탕이나 12%의 식염을 함유하는 식품(예 : 건조햄, 중간숙성된 치즈)
0.91~0.87	대부분의 효모	65%의 설탕 함유 식품이나 15%의 식염 함유 식품(예 : 장기 숙성 치즈)
0.87~0.80	대부분의 곰팡이, 포도상구균	15~17%의 수분을 함유하는 소맥분, 쌀, 대두 등(예 : 과일케이크)
0.80~0.75	대부분의 호염 세균	26% 식염 함유 식품, 15~17% 수분 함유 아몬드 과자, 잼, 마멀레이드
0.75~0.65	내건성 곰팡이	10% 수분 함유 오래된 귀리
0.65~0.60	내삼투압성 효모	15~20% 수분 함유 건조 과일, 8% 수분 함유 캔디, 캐러멜
0.50	미생물 번식 못함	12% 수분 함유 국류, 10% 수분 함유 향신료
0.40	미생물 번식 못함	5% 수분 함유 전란류
0.30	미생물 번식 못함	3~5% 수분 함유 비스킷, 빵
0.20	미생물 번식 못함	2~3% 수분 함유 분유, 5% 수분의 건조 채소, 옥수수 플레이크

(2) 식품의 건조

식품을 건조하는 방법은 식품의 종류, 즉 성상(고체, 분립, 액체), 처리량, 열감수성 등에 따라 달라진다. 식품 건조법은 자연 건조와 인공 건조로 대별할 수 있으며 인공 건조 중

Tip

수분 활성도(a_w)

식품 중의 수분은 미생물이 이용할 수 있는 자유수(free water)와 결합수(bound water)로 존재하는데 결합수는 단백질이나 탄수화물 등의 식품 성분과 결합해 미생물이 이용할 수 없다. a_w는 0(100% 결합수)에서 1(순수한 물)까지 값을 가지며 최저 생육에 필요한 a_w는 세균 0.90, 효모 0.88, 곰팡이 0.80으로 알려져 있다.

에서 중요한 것은 열풍, 분무 건조, 감압 건조(진공 건조), 동결 건조 등이다.

열풍 건조법에서는 킬른 건조기kiln drier, 캐비닛 건조기cabinet drier, 터널 건조기tunnel drier 등을 이용할 수 있는데 건조 방법이나 건조 속도는 식품 품질에 미치는 영향이 크므로 건조에 앞서서 충분히 검토해야 한다.

우유와 같은 식품으로 분유를 제조할 때 분무 건조법이나 감압 건조법을 이용하면 편리하다. 즉, 전자는 순간 건조가 되므로 건조 도중에 식품 변패가 적고, 후자는 산소 접촉이 없고 비교적 저온에서도 건조가 가능하므로 품질이 우수하다.

동결 건조법은 식품을 동결 상태로 감압 건조하는 방법인데, 다른 어떤 건조법보다도 제품의 품질이 우수하나 건조 원가는 가장 비싸다. 장래에 소비자가 이 건조 원가를 부담감 없이 떠안을 수 있는 날이 오면 많은 동결 건조식품이 시장에 나타나게 될 것이다.

요약

1. 부패는 주로 단백질과 같은 함질소 유기 화합물이 미생물의 작용에 의하여 분해되어 탈탄산, 탈아미노산, 함황아미노산의 분해 등으로 저분자 물질로 되면서 저급 지방산, 암모니아, 아민, 황화수소, 인돌 등의 여러 부패 산물을 생성한다.

2. 살모넬라, 병원성 대장균, 비브리오 등에 오염된 식품을 섭취해 이들이 장관에서 증식하여 식중독이 발생하는 감염형과, 포도상구균, 보툴리누스균과 같이 식품에서 이들 미생물이 증식하면서 생성된 독소가 식중독을 일으키는 독소형, 그리고 *Welchii*균이나 *Cereus*균 등에 오염된 식품을 섭취하고 이들이 장관 내에서 증식하면서 독소가 생성되어 발병하는 감염독소형 식중독으로 구분할 수 있다.

3. 식품 저장법에서 염장, 당절임, 건조 등은 수분 활성도를 낮추어 미생물의 성장을 제어하는 방법이다.

연습문제

1 단백질 식품이 부패하면 악취가 심하게 나는 이유는 무엇 때문인지 설명하시오.

2 식품 저장에서 식염 첨가가 미생물의 성장을 억제하는 이유는 무엇인지 설명하시오.

균체의 이용

CHAPTER 7

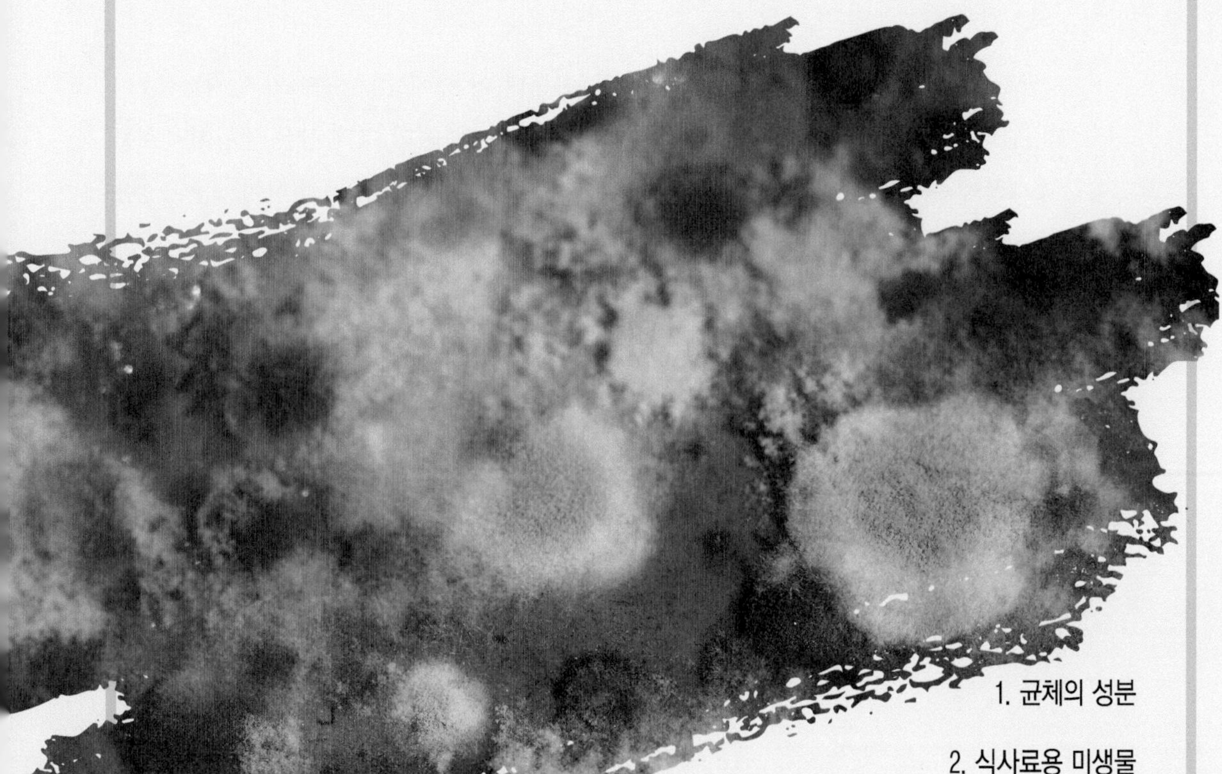

1. 균체의 성분

균체의 성분에는 생명 현상을 영위하고 세포를 구성하기 위한 필수적인 것, 복잡한 대사 과정의 중간 또는 마지막 물질이라 볼 수 있는 것 등이 있다. 전자는 조성이 거의 일정해서 변동이 적지만, 후자는 세포가 놓인 환경 조건에 따라서 그 함량이 크게 변동한다. 표 7-1은 균체 성분 조성과 클로렐라chlorella·쌀 및 소의 간 성분을 잘 비교해 주고 있다. 여기에서 보면 미생물의 단백질 함량은 쌀보다 훨씬 높음을 알 수 있다.

1) 단백질 및 아미노산

균체 중에는 2~12%의 질소 화합물이 존재하는데 이 중에서 60~75%가 단백질질소이다. 단백질은 보통 핵산, 지질, 당류 등과 결합해서 존재하는데 그 함량은 곰팡이 < 효모 < 세균의 순서로 하등한 생물일수록 커지는 경향이 있다. 균체 단백의 아미노산 조성은 곡류에 결핍되기 쉬운 라이신lysine이 많다는 점이 특색이다.

균체 내의 아미노산은 단백질 구성 성분으로 존재할 뿐만 아니라 유리 상태로 상당량 존재하는 수도 있다. 보통 자연계의 아미노산은 L-형인데 세균의 세포벽에서는 D-형도 발견된다. 고등 생물의 단백질분해효소는 L-아미노산에만 작용하므로 세균의 세포벽은 이들에 대해서 강한 저항성을 가진다.

표 7-1 균체 성분표

[기준 : 건물(乾物) 100 g에 대한 값]

	단백질(g)	지질(g)	탄수화물(g)	회분(g)	비타민			
					A(IU)	B_1(mg)	B_2(mg)	C(mg)
세균	40~80	5~40	10~30	4.5~14	-	0.9~2.6	4~7	-
세균(기질 : *n*-파라핀)	62~73	10~15	10	6~12	-	-	-	-
효모	38~70	2~60	24~37	3~9	0	0.5~25	2.5~8.5	0
효모(기질 : *n*-파라핀)	65~68.5	1.5~8.1	-	6~7.9	-	-	-	-
곰팡이	13~48	1~50	30~60	2.5~6.5	-	-	-	-
담자균(양송이)	43.5	2~4	44.7	9.4	0	1.2	4.1	35
클로렐라	40~50	10~30	10~25	-	10,000~30,000	0.04~0.24	0.21~0.58	20~50
정백미	7.5	0.95	90.85	0.7	0	0.12	0.047	0
소의 간	73.0	12.4	8.9	5.7	18,000	1.1	7.8	107

2) 탄수화물

탄수화물은 건조 균체량의 10~60%를 점유한다. 동물에서 많이 볼 수 있는 글리코겐glycogen이나 레반levan 등이 에너지 저장물질로서 세포 내에 저장되고 섬유소나 탄수화물과 유사한 키틴chitin질 등이 세포의 구조 유지에 관계한다. 에너지 저장물로서의 탄수화물과 단백질 또는 지질 사이에는 서로 변환이 된다.

리보스ribose나 데옥시리보스deoxyribose 등의 오탄당은 핵산의 일부로서 존재하고 칠탄당도 확인되었다. 세균의 세포벽에서는 무람산muramic acid 등의 새로운 산성 아미노산도 발견되었다.

3) 지질

지질은 세포 성분 중에서 함량 변화가 가장 크다. 보통 균체의 지질 함량은 2~3%이지만 어떤 특수한 경우에는 건조 세포의 60% 이상에 달하는 유지를 축적한다. 일반적으로 배지 중에 질소질이 많으면 단백질이 많아지고, 질소질이 적거나 질소질에 비해서 탄수화물의 농도가 높아지면 지질이 축적된다. 이 경향은 탄화수소 자화성 균에서나 고등 동식물에서도 마찬가지로 나타난다. 균체 지질은 대략 식물유와 유사하며 구성 지방산에는 팔미트산palmitic acid, 스테아르산stearic acid, 올레산oleic acid, 리놀레산linoleic acid 등이 많다. 표 7-2는 미생물 유지의 성상과 조성을 나타낸 것이다.

4) 핵산

핵산은 생명 현상을 영위할 때 기본이 되는 물질이며 DNA와 RNA로 대별된다. DNA는 유전 정보를 담당하며 RNA는 DNA의 정보에 의해서 단백질 합성에 관계한다. RNA 관련 물질은 쿠니나카Kuninaka 등에 의해서 정미 작용이 좋다는 것이 알려진 후 이노신산inosinic acid 등의 조미료 제조 원료로 이용되고 있다. 표 7-3에서 볼 수 있는 것처럼 미생물 균체에는 핵산 함량이 많으며, 실제로 효모 균체에서 RNA를 대량 얻고 있다.

5) 무기질

회분 중에는 P, K, S, Ca, Mg, Na, Fe, Mn, Zn, Cu, Co, Mo, Al, Cl 등 30~40종에 이르는 원소가 알려져 있다. 이들 무기질은 세포 중에서 여러 가지 유기물과 결합해서 각종

표 7-2 미생물 유지의 성상 및 조성

		효모균			불완전균	사상균			녹조류		올리브유
		Rhodotorula gracilis	*Lypomyces lipofera*	*Candida utilis*	*Geotrichum candidum*	*Aspergillius nidulans*	*Aspergillus sydowi*	*Penicillium chrysogenum*	*Chlorella pyrenoidosa*		
지질 함량(건물 기준 %)		49.6	25~33	6.4	?	45	7.7~12	2.67	23.4	75.5	-
검화가		-	-	180.7	191.7	290.4	169.5	176.7	-	-	182~188
산가		-	유리산: 33%	122.4	11.2	유리산: 0.8%	43.4	58.8	-	-	1.8~45
요오드가		-	-	120.5	63.1	73.4	114.4	89.0	163	125	87~88
불검화물(대 지질%)		3.1	2.4	12.3	1.25	1.4	8.2	3.0	12.0	3.3	-
인지질(대 지질%)		3.0	-	2.4	-	-	6.2~9.2	-	-	-	-
포화 지방산	(대 총지방산%) ≤C14	1.1	C12:0.1	3.3	-	C14:0.7	-	C14:3.7	-	-	-
	C16(팔미트산)	29.8	25.6	7.9	25.7	20.9	10.9	12.0	16.6	11.4	7
	C18(스테아르산)	8.8	5.9	3.8	17.1	15.9	13.6	5.7	0.4	3.5	2
	≥C20	1.4	5.1	0.2	-	1.4	C24:0.9	C24:0.7	-	-	-
불포화 지방산	(대 총지방산%) ≤C14	-	-	-	-	-	-	-	-	-	-
	C16	1.8	1.3	7.6	-	1.2	-	-	29.1	18.0	-
	C18(올레산)	40.1	54.5	21.5	41.2	40.3	36.6	53.3			85
	C18(리놀레산)	11.2	5.7	49.7	11.8	17.0	20.2	20.8	59.9	67.1	6
	C18 (리놀렌산)	1.0	0.7	4.4	0.12	0.2	-	-			-
	≥C20	C20:1.0	1.1	-	-	2.4	2.1	C18 이외: 4.1	-	-	-

표 7-3 **각종 조직 중의 핵산 함량**

	건물량 중의 함량(%)		신선한 조직 중의 함량(%)
세균	9.7~22.4	송아지 흉선	2.4
효모	5~10	소의 췌장	1.1
국균	3~6	쥐의 간	1.5
바이러스	6~40	난황	0.1
대두	1.39		

생화학 반응에 관여한다.

6) 비타민

균류는 일반적으로 비타민 B군을 다량 함유하고 있으며 특히 효모에 그 함량이 많다. 이에 반해서 단세포 조류인 클로렐라는 비타민 A와 비타민 C를 다량 함유하고 있다. 비타민 B군은 여러 가지 조효소 성분으로 생체 내의 여러 반응에 관계한다. 균체 내의 비타민 B군으로는 비타민 $B_1 \cdot B_2 \cdot B_6$, 판토텐산pantothenic acid이 대표적이다.

2. 식사료용 미생물

1) 식사료로서의 효용성

미생물의 균체가 사료로서 좋다는 것이 1910년 델브뤼크Delbrück에 의해서 처음으로 알려진 후 주로 효모를 대상으로 하여 많은 연구와 생산이 이루어져 왔다. 그 후 1930년대에 클로렐라가 식사료食飼料의 연구 대상이 되어 오늘날에는 공업적으로 생산되고 있다.

1960년대에는 탄화수소 등의 석유류를 미생물의 탄소원으로 이용해서 미생물 균체를 생산하고자 하는 연구가 활발하여 약 10년간 연구한 결과 기술적으로는 공업화가 가능해졌다. 미생물 균체 생산이 농업에 비해 유리한 점은 다음과 같다.

① 생산 효율이 높다. 표 7-4에서도 볼 수 있는 것처럼 미생물의 증식 속도는 고등 동식물에 비해서 수백에서 수천 배나 빠르다.

② 공업적으로 대량 생산이 가능하다. 좁은 면적에서도 많은 수확을 낼 수 있고 날씨나 계절의 영향이 없으며 생산관리가 용이하다.

표 7-4 생물의 2배 증식 속도

생물의 종류	중량이 배가 되는 데 필요한 시간(mass doubling time)
세균과 효모	20~120분
곰팡이와 조류	2~6시간
목초류	1~2주
닭	2~4주
돼지	4~6주
소	4~8주
사람	3~6개월

이와 같은 이점이 있기 때문에 미생물 균체의 생산은 세계적인 단백질 부족 문제의 해결책으로 기대가 된다. 그러나 새로운 미생물 균체의 식사료화에서는 그 안전성을 충분히 검토할 필요가 있다.

2) 식사료용 미생물의 종류

식사료용을 목적으로 검토되어 온 미생물은 표 7-5, 7-6에서 보는 바와 같이 세균에서 단세포 조류에 이르기까지 광범위하며, 실제로 기업화되어 식사료용으로 제공되는 것은 효모, 담자균류, 단세포 조류이다.

세균은 효모에 비해서 증식 속도가 빠르고 단백질 함량도 많아서 좋으나 균체가 작아서 회수하기 어렵다는 점과, 안전성 확인이 불충분한 점 등 아직도 실용화하기 위해서 해결해야 할 문제점이 많다.

표 7-5 식사료용 균류(탄수화물 자화성) 및 단세포 조류의 예

	예
효모	*Saccharomyces cerevisiae, Saccharomyces carlsbergensis, Saccharomyces fragilis, Candida utilis, Candida tropicalis, Torulopsis pulcherrima, Mycotorula japonica*
불완전균	*Oidium lactis, Fusarium lini*
곰팡이	*Rhizopus*속의 일부, *Aspergillus*속의 일부, *Penicillium*속의 일부
세균	*Escherichia coli, Aerobacter aerogenes, Clostridium butyricum*
담자균	*Tricholoma matsutake*(송이버섯), *Lentinus edodes*(표고버섯), *Lyophyllum aggregatum*(방망이버섯), *Agaricus bisporus*(양송이)
단세포조류	*Chlorella pyrenoidosa, Chlorella ellipsoidea, Chlorella vulgaris, Spirulina*

표 7-6 **탄화수소·메탄올 자화성의 식사료용 균류**

		예
탄화수소 자화성균	효모	*Candida lipolytica, Candida tropicalis, Candida intermedia, Candida petrophilum, Torulopsis petrophilum, Brettanomyces petrophilum*
	세균	*Pseudomonas aeruginosa, Micrococcus cerificans, Corynebacterium petrophilum, Pseudomonas methanica, Methylococcus capsulatus*
메탄올 자화성균	효모	*Saccharomyces* sp., *Pichia* pastoris, *Candida* sp., *Torulopsis* spp., *Kloeckera* sp.
	세균	*Pseudomonas methanolica, Pseudomonas* sp., *Achromobacter methanolophila*

(1) 효모

현재 공업적으로 널리 사용되는 균은 *Candida utilis*(전에는 *Torulopsis utilis*라고 함)라는 무포자 효모로, 이 효모는 육탄당뿐 아니라 오탄당도 이용하는 특성이 있기 때문에 목재 당화액이나 펄프 폐액을 원료로 하여 생산이 가능하다. *Candida utilis*는 세포의 크기가 비교적 작고 균체의 회수가 어려웠으나 *Candida utilis* var. *major*라고 명명된 개량주는 원래 균주보다 2배 정도 세포가 크기 때문에 이용하기가 편리해졌다.

이외에도 맥주 효모인 *Saccharomyces carlsbergensis*, 빵 효모인 *Saccharomyces fragilis*는 식용뿐만 아니라 약용으로도 많이 쓰인다.

(2) 식용 버섯

버섯은 담자균에 속하는 것과 자낭균에 속하는 것 등이 있는데 대부분 담자균에 속한다. 그들 중 일부 버섯은 옛날부터 식용해 왔으며 그 독특한 풍미 때문에 귀중한 식재료 중의 하나이다.

식용 버섯으로는 송이, 표고, 싸리, 목이, 양송이 등 여러 가지가 있으나 이 중에서 인공 재배가 가능한 것은 표고와 양송이 등 그 수가 많지 않고 재배법도 자연 재배에 가까운 골목(버섯나무) 재배(표고)나 퇴비 재배 등 대단히 힘든 방법들뿐이다. 양송이는 탱크 배양으로 균사를 다량 생산할 수 있게 되어서 공업적인 대량 생산이 이루어지고 있다.

(3) 단세포 조류

하등 조류 중에서 식용으로 실용화된 것은 클로렐라와 세네데스무스Scenedesmus 등의 단세포 조류이다. 클로렐라는 세계 각국에서 양산 체제로 배양되는데 가장 흔히 이용되는 종種은 *Chlorella pyrenoidosa*와 *Chlorella ellipsoidea*이다. 클로렐라는 고등 식물과 마찬가지로 태양 에너지를 이용해서 탄산가스를 고정하고 생체 성분을 합성해서 증식하는데, 생산 효율은 고등 식물보다 훨씬 높다. 즉, 같은 면적에서 쌀의 3~5배의 수율을 올릴 수 있다. 아프리카 중앙부의 원주민이 식용하는 스피룰리나Spirulina는 단백질 함량이 60~70%로 높고 소화성이 좋으며 함황아미노산이 많고 집균이 용이하므로 앞으로 전망이 밝은 조류로 현재 양산하고 있다.

3) 식사료용 미생물의 영양 가치

미생물체의 성분은 균종이나 배양 조건에 따라서 상당한 변동이 있으나 일반적으로 단백질과 비타민의 함량이 높아 이들의 공급원으로 주로 이용되어 왔다. 각종 미생물의 필수 아미노산 조성을 보면 표 7-7과 같다.

(1) 효모의 영양 가치

앞에서 서술한 것과 같이 식사료용 효모에는 *Saccharomyces*속(빵 효모나 맥주 효모)을 중심으로 하는 진정 효모(유포자 효모)와, *Candida utilis*를 중심으로 하는 무포자 효모 2가지가 이용된다. 이들은 균체 성분의 약 50%에 해당하는 단백질 함량을 가지는데 아미노산이 상당히 많아 좋은 영양 가치를 지닌다.

건조 효모의 단백질 소화율은 87%로 전란의 96%, 무지방 우유의 97%에 비하면 낮은 편이기는 하나 허용할 만하다. 탄화수소 자화성 효모의 소화율은 닭에서 80~90%, 돼지에서 85~95%로 사료로도 충분히 사용할 수 있다. 미생물 단백질의 소화율이 낮은 이유는 주로 미생물 세포의 세포벽이 비교적 단단하기 때문이라 볼 수 있으며, 단백질 자체에도 다소 차이가 있는 듯하다. 세포벽에 대한 처리 방법으로는 메탄올이나 부탄올로 처리하는 방법, 미생물의 자가 소화, 동결 융해 처리, 고압 증자 등이 있는데 탄화수소 효모에서는 세포벽의 주요 성분인 만난mannan이 함유되어 있지 않은 변이주를 분리하고 세포 내용 성분을 쉽게 이용할 수 있는 방법도 연구되어 있다.

효모의 비타민을 보면 대체로 B군이 많고 맥주 효모가 특히 우수하다(표 7-8). 효모의 회분에는 칼슘, 인, 칼륨, 철이 많고 나트륨은 적다. 효모 중의 미네랄은 자연 형태로 존재하기 때문에 인체에 이용하기가 쉽다.

표 7-7 미생물 단백질의 필수 아미노산 조성

(단위 : 숫자는 1 g당 아미노산 g수)

아미노산	세균 (*E. coli*)	세균	효모 (*Sacch. cerevisiae*)	효모 (*Torula*)	효모 (*Candida*)	곰팡이 (*Asp. niger*)	양송이	클로렐라	쌀	쇠고기	아미노산의 이상형
lysine	0.50(0.35)	0.406	0.451	0.235	0.437	0.20	-	0.36	0.235	0.546	0.270
methionine	0.25(0.18)	0.125	0.115	0.0318	0.112	0.042	0.288	0.063	0.107	0.155	0.144
cystine	0.11(0.077)	0.0375	0.060	0.0106	0.069	-	-	0.056	0.081	0.079	함황아미노산 합계 (0.270)
isoleucine	0.30(0.21)	0.225	0.366	0.164	0.282	0.17	0.918	0.40	0.279	0.327	0.270
leucine	0.51(0.36)	0.350	0.446	0.221	0.438	0.28	0.484	0.61	0.513	0.512	0.306
phenylalanine	0.27(0.19)	0.181	0.245	0.138	0.275	0.16	-	0.30	0.299	0.257	0.180
threonine	0.28(0.20)	0.250	0.318	0.166	0.307	0.21	-	0.24	0.233	0.276	0.180
tryptophan	0.10(0.07)	0.0563	0.086	0.0412	0.0875	0.048	0.010	0.063	0.064	0.073	0.090
valine	0.32(0.22)	0.281	0.345	0.20	0.338	0.21	0.652	0.34	0.416	0.347	0.270

*기질 *n*-파라핀
( ) 안의 숫자는 단백질질소를 70%로 보고 계산

표 7-8 식용 효모의 비타민 조성

단위 : γ/g · 균체

균 주	배지	단백질(%)	thiamin	riboflavin	nicotin산 amide	pantothenic acid	pyridoxin	folic acid	biotin	*p*-아미노 안식향산
빵효모	당밀	50	20~40	60~85	200~700	180~330			1~2	
맥주효모	맥즙	37	100~250	25~80	300~637	72~86	23~40	19~30	1	15~40
무포자효모										
Candida arborea	당밀	39~40	13~33	46~70	300~500			12~26	0.2~3	11~21
Hansenula	목재당	53	8	54	590	180		2	2	16
Mycotorula	목재당	51	5	59	600			3	2	31
Oidium latis	당밀	31~42	12~19	40~55	190~250			6~15	1~2	
Torulopsis	아황산폐액	50~53	5	43	420	39	33	21	2	
Torulopsis utilis	당밀	40~61	22~38	54~62	440~600			11~15		

(2) 클로렐라의 영양 가치

클로렐라는 단백질을 40~50%, 지방을 10~30% 함유하고 건물의 에너지는 5.5 kcal/g이다. 단백질은 라이신과 메싸이오닌이 비교적 많고 쥐에 대한 이용 효율은 탈지분유의 65%에 해당하여 사료의 단백질 공급원으로는 비교적 좋은 편이다. 사람에 대한 소화율은 지극히 낮은 편이나 메탄올 처리를 하면 80% 전후로 소화율을 향상시킬 수 있다고 한다.

클로렐라에서 영양학상 특기할 만한 것은 비타민 A와 비타민 C의 풍부함이다. 그 외에도 비타민 B_{12}, 판토텐산, 엽산folic acid, 콜린choline, 바이오틴biotine, 비타민 K나 미네랄류가 많으므로 식사료의 비타민 강화 또는 영양 강화식품으로 유용하다. 클로렐라는 CO_2를 흡수해서 O_2를 방출하므로 우주식으로도 이용되고 있다.

4) 식사료용 미생물의 안전성

미생물 균체는 영양학의 문제에서도 중요하지만 그것을 식용했을 때의 안전성이 더 중요한 문제라 할 수 있다. 미생물 균체는 그 균주에 관한 여러 특성 외에도 방향족 탄화수소계의 발암물질, 중금속, 곰팡이독mycotoxin 및 기타 각종 독성물질 검사를 철저히 해야 하는데, 이와 같은 안전성 시험은 정밀하게 고도의 기술 수준으로 장기간에 걸쳐서 충분히 검토해야 한다.

식사료용 미생물의 안전성 시험에서 국제적으로 권위 있는 네덜란드의 Central Institute for Nutrition and Food Research에서 시행하는 시험 방법을 보면 다음과 같다.

① 쥐rat에 대한 2년간의 만성 독성 시험

② 쥐에 대한 2년간의 발암 시험

③ 생쥐mouse에 대한 18개월의 발암 시험

④ 탄화수소 효모를 주어서 사육 또는 생산한 축산물(돼지, 닭)의 안전성 시험(여러 세대에 걸친 장기간의 시험)

5) 식사료용 미생물의 제조 원료

(1) 균체의 제조 원료

균체 제조의 주원료는 탄소원과 에너지원이 되는 유기 탄소 화합물이다. 그중에서도

주로 탄수화물이 이용되어 왔는데 1960년대에 와서는 C10~C18의 직쇄상 탄화수소가 주목을 받게 되었다. 종래에 주로 사용되어 온 당질 원료로는 낙농 폐액, 목재 당화액, 아황산 펄프 폐액, 폐당밀, 농산 폐액 등이 있다. 이 중에서 아황산 펄프 폐액은 가격이 저렴하므로 *Candida* 등의 무포자 효모의 배지로 이용하며 아황산 펄프 폐액은 하수 처리에도 이용한다.

원료로서의 바람직한 조건을 정리해 보면 다음과 같다.

① 독성이 없거나 쉽게 제거할 수 있을 것

② 가격이 안정적일 것

③ 미생물이 용이하게 이용할 수 있을 것

④ 원료당의 균체 수율이 클 것

⑤ 균체 분리가 용이할 것

⑥ 원료를 미생물에 공급하는 일이 쉬울 것

(2) 단세포 조류의 배양 원료

단세포 조류 중 클로렐라에 대해서 살펴보면 빛에너지를 이용해서 CO_2를 고정하므로 특별히 유기 탄소의 필요성을 느끼지 않는다. CO_2는 공기 중에 3~5%가 되도록 공급하면 된다. 질소원으로 요소urea가 가장 경제적이며 무기염류로서 KH_2PO_4, $MgSO_4$, Fe, Cu, Zn, Co, Mn, Mo, B, Ca 등이 필요하다. 에너지원인 빛은 실내의 경우 4,000~5,000 Lux의 조사가 필요하다.

6) 미생물 세포 성분의 이용

미생물 균체 중 특히 식용 효모는 영양 강화나 풍미 향상을 목적으로 한 식품 첨가제로 이용된다. 즉, 된장, 간장, 소맥분, 빵, 비스킷 등에 5% 정도 첨가하는 예가 있으며 이 양을 많다고 할 수는 없다. 따라서 미생물 균체를 고도로 이용하려면 균체에서 유용한 성분(단백질, 핵산, 지질 등)을 분리해서 효과적으로 이용해야 한다. 여기에 해당하는 대표적인 예는 현재 효모의 RNA를 추출해서 핵산계 조미료의 제조 원료로 이용하는 것이다.

(1) 효모의 RNA의 이용

효모는 보통 RNA가 2.67~10.0%, DNA가 0.03~0.52% 들어 있다. RNA는 곰팡이나 세

균에 비해서 훨씬 많고 DNA는 적은 편이므로 RNA 추출용으로는 효모가 가장 적합하다. RNA는 염수나 알칼리로 쉽게 추출해서 에탄올로 침전시킨다. 앞에서 설명한 것과 같이 이 RNA는 핵산계 조미료 원료로 많이 이용된다.

(2) 미생물 유지의 이용

미생물 균체 성분 이용의 일환으로 미생물 유지가 연구되고 있다. 균체 중 유지의 존재는 일찍부터 알려졌지만 실제로 이용한 것은 제1차 세계대전 때 독일에서였다. 지금은 경제성을 이유로 별로 이용하지 않지만, 특정한 미생물은 비교적 고함량의 유지를 축적할 수 있고 배양 조건을 바꾸면 유지의 성질도 어느 정도 변경할 수 있으므로 장래 유지 자원으로서 중요한 연구 대상이 되고 있다.

일반적인 미생물 균체는 2~3%의 유지를 함유하는데 어떤 특수한 것은 60% 이상을 균체에 함유하고 있다(표 7-9).

미생물 유지의 지방산을 보면 팔미트산, 스테아르산, 올레산, 리놀렌산 등 짝수 지방산이며 불포화도가 높은 리놀렌산은 균류에는 적고 클로렐라에는 많다. 미생물의 유지는 안전성이 높을 것으로 생각되므로 유지 자원으로서 장래는 유망하다.

표 7-9 유지 생산 미생물

	균명	원료	배양법	유지 함량 대비 건조 균체%	유지 생성률
세균	*Nocardia*	*n*-파라핀	심부 배양	78	57
	Pseudomonas aeruginosa	*n*-파라핀	심부 배양	-	5.3
효모	*Trichosporon pullulans*	당밀, 펄프 폐액	정치 또는 심부 배양	31~45	10~12
	Lipomyces starkeyi	포도당	심부 배양	50~63	12~13
	Rhodotorula gracilis	포도당	심부 배양	31~74	15~21
	Cryptococcus terricolus	포도당	심부 배양	71	23
불완전균	*Geotrichum candidum*	유청	정치 배양	25~42	12~19
	Fusarium lini	펄프 폐액	심부 배양	50	12~15
곰팡이	*Penicillium spinulosum*	설탕	심부 배양	63.8	16.1
	Aspergillus nidulans	포도당, 설탕	심부 배양	51	17.2
	Mucor circinelloides	포도당	심부 배양	46~65	10~14
녹조류	*Chlorella pyrenoidasa*	탄산가스		85	-

(3) 단백질의 이용

단백질을 추출해서 식품화하는 문제에 기술적으로는 균체에서 추출한 단백질로 인조육 등을 만들었으나 아직 실용화되지 않았다. 또 먹을 수 있다고 하더라도 기호성 문제가 있으므로 단백질분해효소 등을 적절하게 이용해서 기호성이나 영양가 향상을 도모하는 연구도 활발하게 진행되고 있다.

3. 빵 효모

1) 발효 빵

빵에서 스펀지성의 식감은 품질의 우수성을 판단할 때 중요한 요소가 되는데 그 메커니즘은 CO_2에 의존하게 된다. 반죽할 때 CO_2를 발생시키기 위해 중탄산소다 등의 화학 약품도 이용하지만 가장 좋은 것은 효모이다. 화학 약품은 반응 생성물이 풍미를 해치는 수도 있으나 효모는 빵의 풍미를 좋게 하고 스펀지 조직도 미세하게 형성해 주므로 제빵에서는 효모 사용을 빼놓을 수가 없다. 그러나 모든 효모 균종을 제빵에 이용할 수 있는 것은 아니며 제빵에 적합한 특별한 균종을 선택해서 사용해야 한다.

원료로 반죽을 만드는 방법에는 직접 반죽법straight dough method과 스펀지 반죽법sponge dough method이 있다(표 7-10).

표 7-10 **식빵의 원료 배합**

원 료	직접 반죽법	스펀지 반죽법*	
		스펀지 반죽	본반죽
소맥분	100%	70%	30%
효모	1	2	-
식염	1	-	2
설탕	4	-	4
쇼트닝	3	-	3
탈지분유	3	-	3
이스트푸드	0.1	0.1	-
물	60	42	18

* 스펀지 반죽법 : 원료→스펀지 반죽의 준비→스펀지 발효(4~5시간)→본반죽의 혼합→(분할, 뭉치기, 중간 발효, 성형, 틀에 넣기)→굽기(30~60분)→방냉→제품

2) 빵 효모의 제조

원료는 주원료와 부원료로 구분할 수 있다. 주원료는 당질 원료를 뜻하는 것으로 사탕수수 폐당밀, 사탕무 폐당밀 등이 많이 이용된다. 이들은 약 50~60%의 당분과 기타 불순물을 함유하므로 희석, 가열해서 불순물을 침전, 제거한 후 사용하게 된다. 부원료는 주원료에 부족하기 쉬운 인산이나 질소원을 첨가해 주는 것으로 쌀겨 등이 있다.

(1) 배양법

이용되는 균주는 *Saccharomyces cerevisiae*로 이것을 실험실에서 맥아즙을 이용해 순차 대형의 배양 장치에 이식 증식해 공장으로 옮긴다. 효모는 배양액 중의 당도가 높으면 호기 조건에서도 알코올 발효를 하게 되어 당이 손실되고, 또 당이 부족하면 자가 소화를 일으켜 제품의 질이 저하된다. 따라서 배양 중의 당 농도는 대단히 중요하며 대략 0.5~1.0%로 유지하는 것이 좋다.

배양 온도는 25~30°C, pH는 3.5~4.5로 하고 공기를 주입한다. 공기량은 매분 배양액량의 약 1/10이 필요하며 이것을 미세한 노즐을 통해서 주입, 교반해 준다. 이렇게 해서 효모 농도가 10% 정도 되면 배양을 끝낸다.

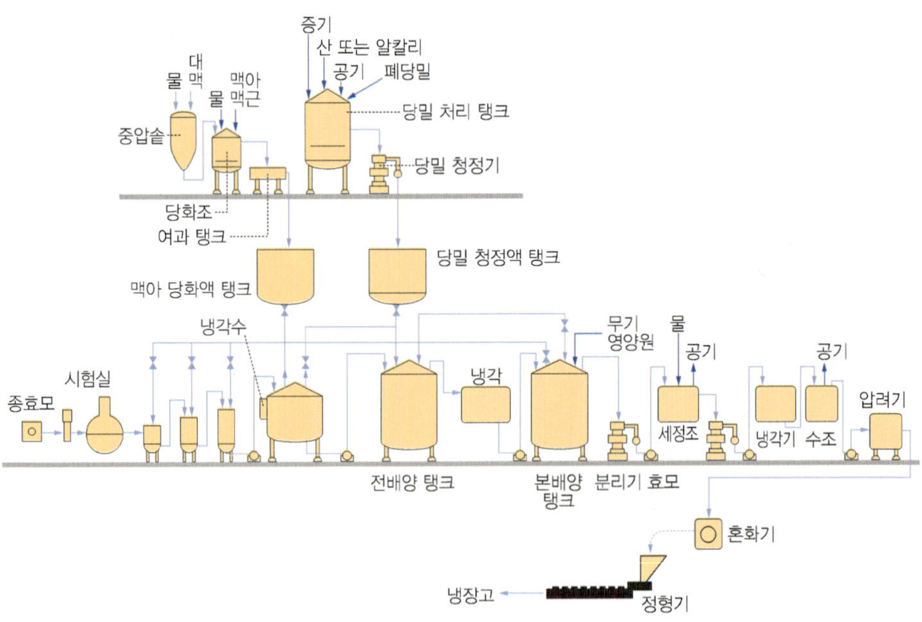

그림 7-1 빵 효모 제조 공정

(2) 균체의 분리

배양액에서 효모 원심분리기yeast separator로 균체를 원심 분리하고 세정한다. 그 후 필터 프레스filter press 또는 회전 진공 여과기rotary vacuum filter drum를 이용한 효모 탈수기yeast dehydrator를 사용하여 균체의 수분 함량을 65~70%로 한다. 마지막으로 혼화, 정형, 포장해서 출하 시까지 0~5℃로 저장한다.

4. 수소 세균(수소 산화 세균)

수소 세균hydrogenobacter, hydrogen bacteria, hydrogen-oxidizing bacteria이란 더러는(분류학적은 아니지만) 호기성 세균 중에서 무기 독립 영양적으로chemolithoautotrophically 기체 상태의 수소를 산화해서 에너지를 획득하면서 생육 가능한 세균을 말한다. 이런 세균이 식량 자원으로 주목을 받게 된 것은 비교적 최근의 일로, 우주 식량으로 활용할 목적으로 미국 항공우주국NASA에서 연구하고 있다.

수소 세균은 수소와 산소가 화합할 때 나오는 화학에너지를 사용하여 이산화탄소를 동화하는 작용이 있기 때문에 이산화탄소 : 산소 : 수소를 1 : 1 : 4의 비율로 섞어 암모니아 등 무기염류를 소량 가한 후 적절한 온도를 유지하면 세균은 증식되어 80% 정도의 단백질을 함유하는 균체가 된다. 이 균은 우주 식량뿐만 아니라 장래 지구상의 단백질 자원으로 가장 크게 기대되고 있는데, 그 이유는 다음과 같다.

① 수소가 배양 원료이므로 대사 노폐물은 물이 되며 배양물은 깨끗하다.
② 탄소원으로 CO_2가 이용된다.
③ 에너지원이 되는 수소는 물 분해로 값싸게 대량 생산될 수 있다.
④ 광합성 균에 비해서 증식 속도가 빠르다.

수소 세균은 각 속에 널리 존재하며 그 몇 가지를 들면 표 7-11과 같다. 수소 세균의 생육 중 물질 수지식은 다음과 같이 표시할 수가 있다.

$$6H_2 + CO_2 + 2O_2 \longrightarrow CH_2O + 5H_2O$$

또는 증식이 활발하여 효율이 가장 좋은 시기에는 다음과 같다.

$$4H_2 + CO_2 + O_2 \longrightarrow CH_2O + 3H_2O$$

표 7-11 통성 화학 합성 독립영양 수소 세균의 종류

세포의 형태	그람 염색	편모	DNA염기5조성 (G+C mol)	균명
간균	-	극 모 성	61~72	*Pseudomonas saccharophila* *Pseudomonas facilis* *Pseudomonas ruhlandii*
간균	-	주모성	67~68	*Alcaligenes eutrophus* *Alcaligenes paradoxus*
구균	-	비운동성	66	*Paracoccus denitrificans*
분기된 간균	+	비운동성	65~70	*Nocardia opaca*

여기서 CH_2O는 동화 산물을 뜻한다.

5. 석유 단백

1) 석유 단백의 연구

일반적으로 석유 단백은 석유류(탄화수소)를 이용해서 얻어낸 미생물 균체를 이른다. 지금까지 미생물 균체를 얻어내는 데 필요한 원료는 대부분 당밀이나 전분질 등 사람이나 동물이 그대로 식용할 수 있는 것이었다. 따라서 이들 원료는 앞으로 닥칠 여지가 있는 심각한 식량 부족 시대에는 미생물 균체 생산용 원료로 공급하기는 어렵게 될지도 모른다. 아황산 펄프 폐액은 이런 뜻에서는 좋은 원료라 할 수 있으나 공급량에는 한계가 있다.

이와 같은 이유로 1950년대에 생각해 냈던 것이 지하에 있는 탄소질 중에서 액상이나 기상인 탄화수소(석유류)를 미생물의 탄소원으로 해서 균체를 생산해 식량화하자는 문제였다. 이 원리는 화학적으로는 석유류의 탄소 사슬을 이용해서 7단백질의 탄소 사슬로 전환하자는 시도인데 인공으로는 불가능한 이런 일을 미생물의 생리 작용에 의존해서 이루어 보자는 시도인 것이다. 이것은 1955년부터 세계 각국에서 급속도로 연구되어 왔고 오늘날에는 많은 연구 실적을 내고 있다.

이와 같이 해서 제조된 균체 단백은 석유를 원료로 했기 때문에 '석유 단백'이라 불렸는데 그 후 원료에 구애됨 없이 넓은 의미로 부르는 단세포 단백질single cell protein, SCP이라 명명하게 되었다.

2) 원료 탄화수소 및 생산균

석유를 증류하면 휘발유, 등유kerosene, 경유gas oil, 중유 등으로 분리되는데 이 중에서 미생물 배양에 쓸 수 있는 것은 등유와 경유이다. 이것도 그 속에는 미생물에 자화되지 못하는 성분들이 많으며, 그런 것이 균체에 남아서 여러 가지 문제를 일으키므로 원료 중에서 미생물이 특히 잘 이용할 수 있는 액상 파라핀 성분(C10~C18)을 원료로 하는 방안이 검토되고 있다.

메탄가스 등도 값싼 원료가 될 수 있는데 화재나 폭발의 위험이 따르고 기체인 만큼 새지 않게 하려면 조심스럽게 취급해야 한다. 액상 *n*-파라핀을 자화하는 세균, 효모, 곰팡이는 그 종류가 상당히 많지만(표 7-12), 단백질 함량이 많은 것은 세균과 효모이다. 그 중에서도 배양액에서 균체를 회수하기 편리한 효모가 주로 이용되고 *n*-파라핀의 순도에 따라서 선택되는 균주도 차이는 있으나 *Candida lipolytca*, *Candida tropicalis*, *Candida intermedia* 등이 알려져 있다.

표 7-12 **SCP 생산에 사용된 균종**

원료	균종명	
n-파라핀	효모	*Candida, Torulopsis, Brettanomyces, Trichosporon*
	세균	*Micrococcus, Pseudomonas*
메탄올	효모	*Saccharomyces, Pichia, Hansenula, Torulopsis, Candida, Kloeckera, Rhodotorula*
	세균	*Achromobacte, Bacillus, Brevibacterium, Hyphomicrobium, Methanomonas, Pseudomonas*
메탄 가스	세균	*Methanomonas, Methylococcus*
수소 가스	세균	*Pseudomonas, Alcaligenes, Paracoccus, Corynebacterium, Mycobacterium, Nocardia*
광에너지, 이산화탄소	조류	*Chlorella, Senedesmus, Spirulina*

Tip

단세포 단백질(Single Cell Protein, SCP)

효모, 세균, 사상균 등의 미생물을 배양하여 균체 단백질을 추출한 것으로 미생물 배양 원료를 대별하면 ① 에너지 물질 : 석유, 천연가스, 메탄올, 에탄올, 아세트산, 수소 ② 폐기물 : 폐당밀, 가축 분뇨, 도시 분뇨, 목재 펄프 폐액, 이산화탄소 ③ 농산물 : 전분, 당, 셀룰로오스 등이 있고 현재 공업적으로 주로 사용하는 것은 각종 농축산폐액, *n*-파라핀, 에탄올 등이다. 균체 성분의 단백질 함량은 세균이 40~80%, 효모·조류·담자균이 40~70%이고 사상균은 이보다 조금 낮다.

3) 석유 단백의 생산

사용 균주는 거의 *Candida*속의 균주인데 그 특성은 기업마다 비밀로 하고 있다.

배양액의 조성은 원료 탄화수소, 무기 암모늄염, 인산염, 마그네슘염을 주체로 하고 미량의 Fe, K, Na, Mn, Ca, Zn 등의 염류를 함유한다. 여기에 증식 촉진 인자로 효모 추출물extract 또는 옥수수 침지액corn steep liquor이 소량 가해진다. 이렇게 배합한 원료는 물과 함께 배양조에 넣고 25~30°C로 통기 배양한다.

배양이 끝나면 원심분리로 균체를 회수하고 수세한다. 수율은 *n*-파라핀에 대하여 70~100%이다.

4) 석유 단백의 영양가

미생물 균체의 일반 성분을 생산 원료별로 살펴보면 표 7-13과 같다. 표에서 보면 가스오일보다 *n*-파라핀을 원료로 한 효모가 우수한 성분임을 알 수 있는데 단백질 중의 아미노산은 라이신이 대단히 많은 대신 황을 함유한 아미노산은 부족한 결점이 있다.

현재 석유 단백은 사료로는 충분히 좋은 것이라 여겨지지만 인체에 대한 안전성 문제는 아직 완전하게 검증되지 않아서 석유 단백의 대량 보급에 지장을 주고 있다.

표 7-13 세균 및 효모 균체의 일반 성분(%)

균종	기질	단백질	지질	탄수화물	회분
세균	탄수화물	40~80	1~30	10~30	1~4
세균	메탄	59.2	6	-	-
세균	*n*-파라핀	62~73	40~15	10	6~12
세균	가스오일	70.5	0.45	-	7.9
빵효모	탄수화물	40~50	1~2	32~40	6~10
토루라효모	아황산 펄프 폐액	47	4.8	32	9.1
효모	*n*-파라핀	54	10	26	10
효모	가스오일	40~50	1~2	12~20	6~12
대두분		37~53	15~23	3~12	4~6
어분		80			

6. 버섯

1) 버섯의 성분

식용 버섯의 조성은 70~95%가 수분이며 5~30%가 고형물이다. 버섯의 성분은 종류에 따라서 각기 다른데 어떤 버섯은 특수 성분을 함유하여 분류의 지표가 되기도 한다. 버섯 중의 단백질은 20% 내외(건물 대비)이며 그 소화율도 대체로 좋은 편이나 송이버섯은 약간 뒤떨어진다.

2) 버섯의 생산

식량으로 이용되는 버섯은 과거에는 주로 야생 버섯에 의존하였으나 지금은 상당량이 인공 재배로 공급된다. 우리나라에서도 양송이 재배로 1963년경부터 외화를 벌기 시작했으며 느타리나 표고도 많이 재배한다.

균사에서 버섯이 발생하는 메커니즘에 관해서는 아직까지 해명되지 않았으므로 버섯 재배는 경험에 의존할 수밖에 없다. 버섯 재배에서 가장 중요한 것은 좋은 균상을 준비하는 일이다. 양송이는 볏짚을 주원료로 한 퇴비를 균상으로 이용하는데 그 제조 과정은 그림 7-2와 같다.

이와 같이 해서 완숙된 퇴비가 준비되면 재배사栽培舍로 옮겨 15~20 cm 두께로 고르게 펴서 2~3일간 후발효를 시킨다. 후발효가 끝나고 품온이 27°C 이하가 되면 종균을 심는다. 밤알 크기의 종균 덩어리를 균상에 3 cm 깊이로 심고 약 10일이 지나면 균상 위에 얇게 흙을 덮어 준다. 품온을 20~26°C로 20~30일 유지하면 버섯 발생 시기가 되므로 이때는 버섯 발생에 알맞은 온도인 10~20°C를 유지해 준다. 버섯의 수확량은 20~30 kg/m²이다.

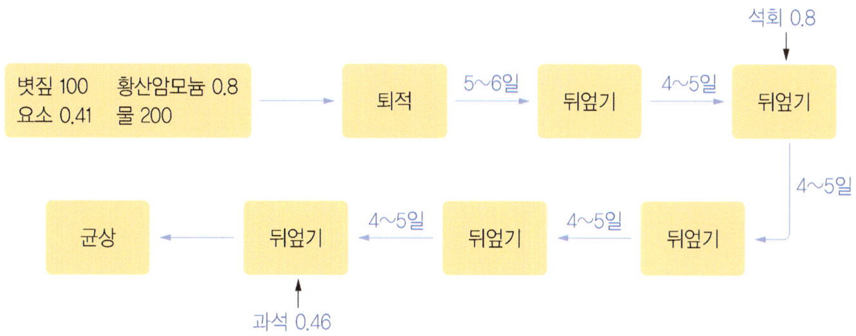

그림 7-2 양송이의 제조 과정

7. 균체의 대량 생산

1) 배양 조건

빵효모나 식사료용 미생물을 다량 배양할 때는 일반적으로 산소 공급 상태에서 액침 배양submerged culture을 하게 된다. 배지의 주원료인 탄소원으로는 전분질이나 당밀 기타 농산물 폐액이 있으나 이 중에서 당밀이 가장 많이 쓰이고 아황산 펄프 폐액도 좋은 원료가 된다.

배양관리에서 가장 중요한 것은 배지의 조성이지만 그 밖에 온도와 더불어 산소의 공급 조건이 중요하다. 산소가 부족하거나 과잉되면 미생물의 대사 전환이 생겨서 원료 손실이 많아지는데 특히 산소가 부족한 경우에 더욱 심하다. 배양액에 산소를 공급하는 방법은 실험실에서는 진탕 등의 방법도 쓰이지만 공장 규모의 경우에는 통기 또는 통기와 교반을 병행하는 방법 등이 이용된다.

버섯균의 탱크 배양도 연구되고 있다. 이 경우 버섯의 형태는 만들어 낼 수 없으므로 기호성의 문제가 있지만 건강식품 등으로 이용하는 경우는 고려의 대상이 될 수 있다.

2) 배양 장치

(1) 표준형 배양 장치

그림 7-3에서 보는 것과 같은 원통형의 탱크에 교반기, 방해판baffle plate, 공기 취입 장치

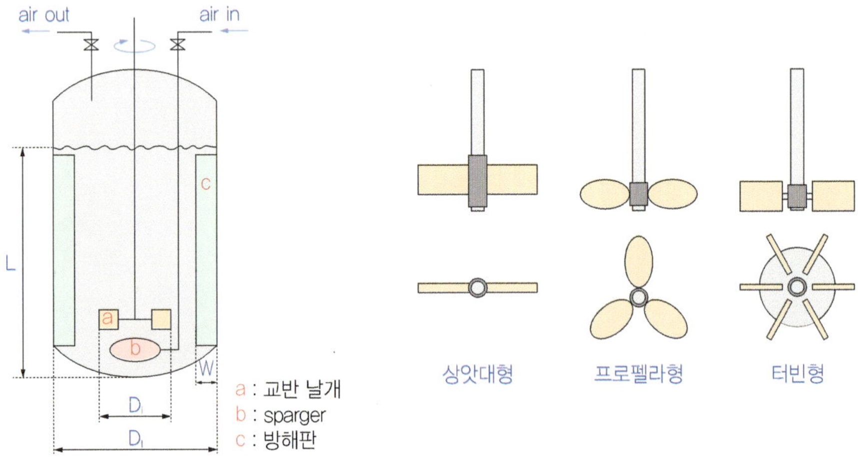

그림 7-3 표준형 배양 장치와 교반 날개

가 달린 배양 장치가 가장 많이 이용된다. 그림에 표시한 것 외에도 종균 접종구, pH 전극, 자동 소포 전극, 용존산소 농도 측정용 전극 등의 삽입구, 산·알칼리·소포제 등의 첨가구, 온도계 삽입구, 시료 채취구, 액 송입구, 배출구 등이 부착되어 있다.

(2) 발드호프형 배양 장치

산소 공급 속도를 빠르게 하기 위해서 통기 속도를 빠르게 하거나 기포를 세분화하면 배양액에 거품이 많이 생겨 어려움이 따른다. 기포 제거에는 약제 사용도 가능하지만 다른 악영향도 끼칠 수 있으므로 기계적으로 처리하는 것이 좋다. 이와 같은 요구를 만족시킨 것이 발드호프Waldhof형 발효 탱크이다.

이 배양 장치(그림 7-4)는 독일에서 고안된 것으로 지금은 세계 각국에서 널리 이용되고 있다. 공기는 중앙의 축으로 들어가서 통기 회전원판aeration wheel으로 배출되며, 이 장치는 연속 배양용으로도 사용할 수 있다.

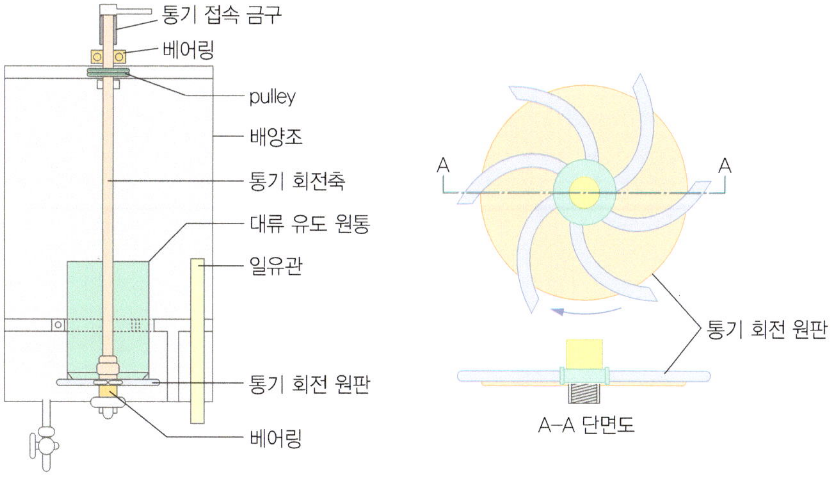

그림 7-4 발드호프형 배양 장치

요약

1. 미생물은 생육 속도가 빠르고, 세포 구성 성분 중의 단백질은 영양학적으로 동식물의 단백질과 손색이 없으므로 식품이나 동물 사료로 이용한다. 이용 분야는 미생물 균체로부터 핵산, 유지 등 다양한 균체 성분을 추출해 이용하거나, 자낭균류나 불완전 효모를 배양하여 동물 사료로 이용한다. 또는 발효 효모 균체를 생산하여 제빵용으로도 이용한다.

2. 식사료용 균체 생산을 위한 원료로는 폐당밀, 농산물 폐액, 목재 당화액, 낙농 폐액 등의 각종 당을 함유한 폐액, *n*-파라핀, 메탄, 알코올류 같은 석유계 탄화수소 등이 있고, 이산화탄소를 탄소원으로 하는 수소 세균을 이용한 미생물 균체도 생산되고 있다.

3. 식사료용 균체로 생산되는 것은 주로 효모이며 기타 버섯과 녹조류의 클로렐라와 남조류의 스피룰리나가 대표적이다.

연습문제

1 미생물을 이용한 균체 생산의 장점이 무엇인지 설명하시오.

2 균체 생산에 사용되는 배양 원료에는 어떠한 것들이 있는지 답하시오.

발효식품

CHAPTER 8

1. 장류
2. 주류
3. 식초
4. 우유 발효 제품

발효식품이란 미생물의 생리적 작용을 이용해서 제조한 식품을 말한다. 발효는 주로 세균, 효모, 곰팡이류의 미생물에 의해서 이루어지며, 일반적으로는 단일 종류의 미생물이 관여하는 경우보다는 여러 종류의 미생물이 복합적으로 작용해서 만들어지는 경우가 많다.

1. 장류

장류라 하면 대두를 주원료로 해서 만든 간장류, 된장류, 고추장, 청국장, 춘장 등을 통틀어서 이르는 말이다. 이들은 주로 우리나라를 중심으로 한 동양권에서 이용하는 발효식품으로 식품학적으로도 대단히 높이 평가할 만한 식품들이다. 대두의 성분인 단백질은 발효 과정에서 분해되어 펩타이드나 아미노산 형태가 되어 소화 흡수가 용이하며 영양학적 성분도 우수하다. 장류를 제조할 때 첨가되는 염분의 성분 때문에 저장성이 뛰어나 대두를 저장하는 형태로 장류가 발달했다는 학설도 있다.

간단한 제조법은 증자한 대두를 성형하여(메주) 미생물을 번식시킨 후 소금물에 담가서 2~3개월 발효시킨 다음 액체 부분과 고체 부분으로 분리하여 액체 부분을 끓인 후 웅고 침전물을 제거해 간장을 만들고, 고체 부분은 따로 모아서 항아리에 담아 두면 더 발효되어서 된장이 된다.

1) 간장

간장soy sauce은 크게 조선간장과 일본식 간장(왜간장)으로 나누며 다음과 같이 세분할 수 있다.

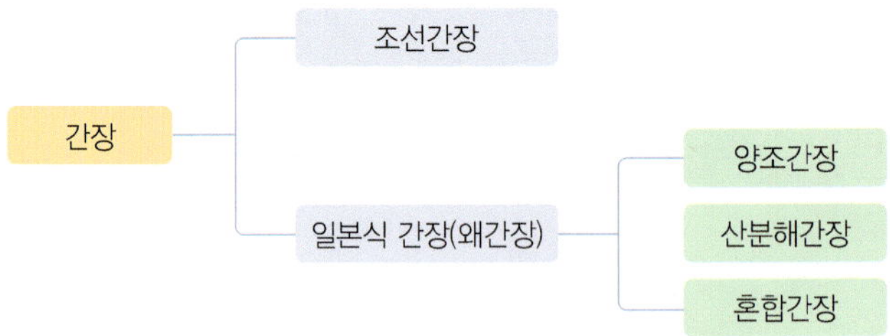

(1) 조선간장(재래식)

우리나라 전래 간장으로 원료는 대두만 사용한다. 대두를 충분히 수침한 다음 증숙하거나 수침하지 않고 그대로 삶아서 절구에 찧거나 마쇄기로 갈아서 파쇄하고 목침만 한 크기로 뭉쳐서 그늘에 매달아 두면 *Mucor*, *Rhizopus*, *Aspergillus* 등의 곰팡이와 *Bacillus* 등의 세균이 증식하게 된다. 이것을 메주라 하는데 가정에서는 메주 만들기를 보통 가을에 한다. 공업적인 경우는 보통 5~10일 동안 메주의 겉을 말린 후 10~20일 동안은 실내에 쌓아 놓고 발효시킨 후 서늘한 곳에 한 달 정도 둔다. 가정에서 만든 메주는 겨울을 지나고 다음해 봄에 염수에 장을 담근다. 구전에는 음력 삼월삼짇날이나 그 무렵의 말날午日에 담는 것이 좋다고 하며, 신일申日은 신자辛字로 통하여 이날 장을 담그면 장이 시어진다고 한다.

담금에서 중요한 것은 염수의 농도를 조절하는 일이다. 염수가 너무 묽으면 간장이 부패할 염려가 있고 산막 효모의 증식이 심해져 품질이 저하된다. 반대로 염도가 너무 높으면 효소 작용의 저해로 메주 분해에 지장을 받는다. 가장 알맞은 염분 농도는 약

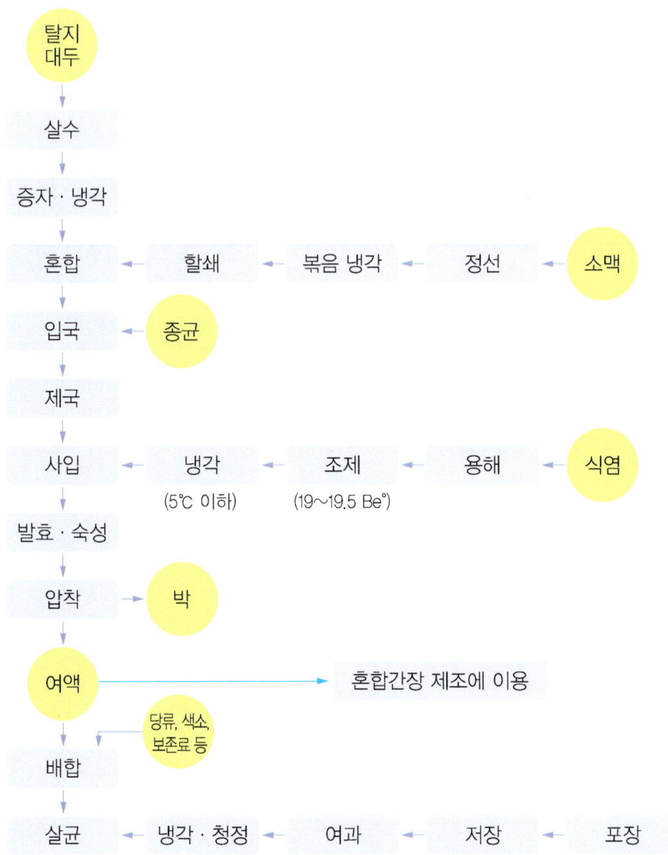

그림 8-1 개량식 간장 제조 공정

20%(베링거 19°)로 하는 것이 좋고 여기에 메주를 띄워 놓는다. 1~2개월이 지난 후에 메주를 분리하여 된장으로 이용하고 즙액은 달여서 간장으로 완성한다(그림 8-1).

조선간장의 품질은 일정하지가 않다. 염수에 담그는 메주덩어리의 수에 따라서도 질이 달라지지만 장이 오래 묵어서 자연 농축된 것도 있기 때문이다.

(2) 일본식 간장(왜간장)

일본식 간장의 제법은 그림 8-2와 같다. 주원료는 대두(또는 탈지 대두), 밀, 식염이다. 대두는 하룻밤 침수해서 증자하고 여기에 미리 준비한 밀(밀을 볶아서 5~6쪽 정도 되게 롤러로 타갠 것)을 반반씩 섞고 황국균의 종국(*Aspergillus*의 순수 배양물) 0.1~0.3%를 고루 섞은 다음 국실에 넣어서 30~40°C에서 48시간 정도 발효시킨다. 발효되는 동안에 곰팡이가 자라면서 아밀레이스amylase, 프로테이스protease, 라이페이스lipase 등이 생성된다. 이렇게 해서 된 것을 간장 코지soy koji라 한다. 코지를 발효 탱크에 옮겨서 원료량의 1.2배 정도의 소금물(염도 20% 정도)과 혼합해서 간장을 담근다. 담가 놓은 상태의 것을 간장덧(일본어로는 '모로미諸味')이라 하는데, 간장덧은 가끔 저어 주고 온도를 25~30°C로 유지하며 6~12개월 숙성시킨다.

성숙된 간장덧은 자루에 넣고 압착기로 짠다. 유출된 액을 생간장이라 하는데 이것을 80°C로 20~30분 달여서 정치해 두면 앙금이 생기고 그 상징액을 간장으로 완성한다.

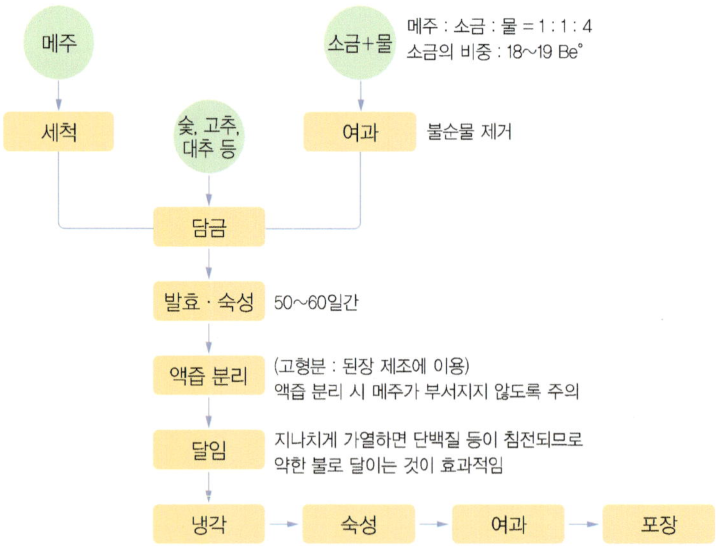

그림 8-2 왜간장의 제조 공정

조선간장의 제조 과정과 비교해 보면 메주 띄우는 과정(여기서는 코지 띄우는 과정)이 단축되고 메주에서는 많은 종류의 야생균이 번식하는 반면 여기에서는 순수균을 첨가해서 다른 야생균의 번식을 가급적 억제한다는 점이 다르다. 일본식은 담근 기간이 길다는 것도 차이점이다.

간장은 발효 중 생육하는 미생물에 의하여 젖산lactic acid, 인산phosphoric acid, 타르타르산tartaric acid, 아세트산acetic acid 등이 생기고 이로써 pH가 낮아진다. 감칠맛의 주성분은 글루탐산glutamic acid, 아스파르트산aspartic acid, 트레오닌threonine 등 10여 종의 아미노산이며 이들 아미노산의 양에 의하여 품질이 좌우된다. 또 밀의 전분은 코지의 β-아밀레이스에 분해되어 당분이 되고 다시 알코올로 변하여 풍미 성분이 된다. 간장덧에 작용하는 미생물 중 효모의 대부분 *Torulopsis*속이고, 젖산균은 내염성을 가진 *Pediococcus*속 등으로 간장의 독특한 풍미에 관여한다.

간장 제조에 관계된 미생물을 종합하면 다음과 같다.

① 곰팡이 : *Asp. oryzae*나 *Asp. sojae* 등으로 콩의 단백질 분해력이 강하다.

② 효모 : 간장 제조 중기에 들어서면 주로 내염성 효모가 덧 중에 증식하게 되는데 *Zygosaccharomyces soya*, *Zygosacch. major* 등이 잘 알려져 있으며 이들 효모는 주로 알코올 발효 등으로 간장의 풍미에 관여한다. *Zygosacch. salsus*와 *Zygosacch. japonicus*는 간장에 산막을 형성하는 유해균이다.

③ 세균 : 중요한 것은 내염성을 가진 젖산균으로 *Pediococcus soja*이다. 간장덧의 pH 강하에 큰 역할을 하며 pH 4.5 부근으로 유지하게 하고 간장 풍미에 다른 균과 호혜적인 작용을 하는 것으로 알려져 있다. 간장덧은 질소질이나 탄수화물 등이 용해되어 있을 뿐만 아니라 식염도 18% 정도 되므로 여기에서 사는 미생물은 내염(내삼투압)성인 것들뿐이며 주로 젖산균과 효모들이다. 젖산균으로는 *Pediococcus soja*가 있는데 최고 10^8/mL에 이른다. 이 외에 *Tetracoccus sojae*도 있는데 이들은 덧 중에서 젖산을 만들면서 특유한 향미를 부여해 준다.

(3) 산분해간장

양조식 간장은 풍미는 좋으나 시간이 너무 많이 걸리는 단점이 있는데, 이에 비해 단시일 내에 제조 가능한 것이 산분해간장이다. 제조는 12시간 내에 완료할 수 있으나 풍미가 좋지 않으므로 양조간장 덧을 소량 혼합해서 단시일 동안 발효시켜서 산분해간장의 단점을 다소 완화시키는 방법도 있다. 제법을 간단히 살펴보면 단백질 원료(대두박 등)에 염산을 넣고 10시간 정도 가열하면 단백질이 분해되므로 이를 소다회(Na_2CO_3) 등의 알칼리로 pH 5.0으로 중화해서 여과하면 바로 산분해간장이 얻어진다.

드물게는 염산 대신 황산을 쓰는 경우도 있다. 염산인 경우는 소다회로 중화하면 $2HCl + Na_2CO_3 \rightarrow 2NaCl + H_2CO_3$로 소금이 생성되지만, 황산을 고석회(탄산칼슘)로 중화하는 경우는 $H_2SO_4 + CaCO_3 \rightarrow CaSO_4 + H_2CO_3$로 되어 염분이 생기지 않으므로 당뇨 환자 등을 위한 무염간장을 만들 때 응용된다.

2) 된장

된장도 간장과 마찬가지로 동양적 조미식품으로 콩을 주원료로 하고 여기에 쌀이나 보리 등을 부원료로 해서 제조한다. 조선된장의 기본 재료는 메주이고 이를 이용해서 막된장, 토장, 막장, 집장 등을 만들며, 한국의 지방마다 특색 있는 장류 문화가 발달해 있다. 그림 8-3은 조선된장과 막된장의 제조 공정이다.

된장의 숙성은 곰팡이, 효모, 세균 등의 상호작용으로 일어나는데 그 변화는 비교적 느리게 진행된다. 주요 숙성 변화는 미생물이 분비하는 효소가 전분을 덱스트린 및 당분으로 분해하고 이들 당의 일부는 알코올을 생성하며, 분해가 더 진행되어 향기 성분을 생성

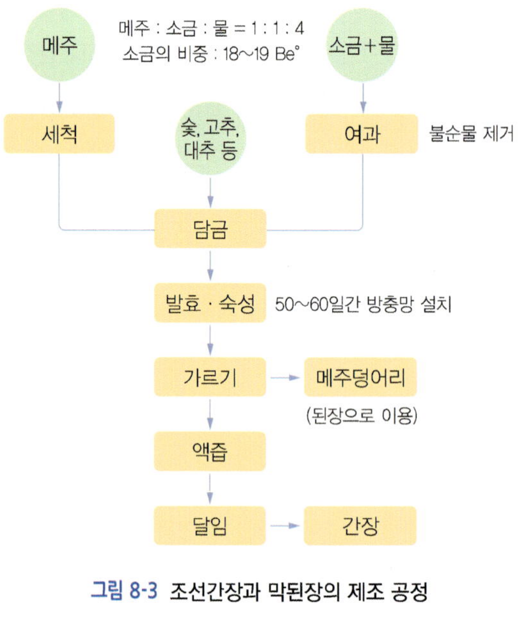

그림 8-3 조선간장과 막된장의 제조 공정

한다. 또 그 일부는 세균에 의해서 유기산과 에스테르가 생성되어 된장의 또 다른 풍미를 낸다.

대두 단백질은 단백질분해효소protease에 의해 펩타이드로 분해되고 다시 아미노산으로 분해되어 감칠맛을 부여하게 된다.

된장 제조에 관여하는 미생물은 다음과 같다.

곰팡이 : 조선된장의 경우는 메주를 띄우는 과정에서 생육된 야생균으로 *Aspergillus*, *Rhizopus*, *Mucor* 등이 주종을 이루고, 왜된장의 경우는 코지를 띄우는 과정에서 첨가된 *Aspergillus oryzae*가 주종을 이루게 된다. 된장의 숙성과정에서 곰팡이류의 작용은 없다. 다만, 이들이 메주 숙성 과정이나 제국 과정에서 생성한 각종 효소가 된장의 숙성에 관여하게 된다.

효모 : 된장의 풍미에 관여하는 것으로 주로 알코올 발효를 하게 되며 *Saccharomyces*, *Zygosaccharomyces*, *Pichia*, *Hansenula*, *Debaryomyces*, *Torulopsis* 등이 관여한다.

세균 : 단백질을 분해하는 *Bacillus subtilis*와 산 생성 능력이 있는 *Bacillus mesentericus* 등이 중요하며 삼투압에 견디는 힘이 강해야 한다. 이들 세균은 원래 야생에서 온 것이며 메주 숙성 과정에서 강력한 아밀레이스와 단백질분해효소를 생산하여 이것이 된장의 숙성에 크게 기여하게 된다. 이들 균체 자체는 된장의 숙성 과정에서는 큰 구실을 하지 않으며, 다만 특유의 향기와 맛을 내는 데 관여한다. 된장을 제조한 후 보관하는

그림 8-4 된장류의 분류

재래식 방법은 질퍽하게 항아리에 꾹꾹 눌러 담고 웃소금을 뿌린다. 빨갛게 달군 참숯과 말린 붉은 고추, 대추 등을 함께 띄워 불순물과 나쁜 냄새를 흡수하도록 하며 빗물이 들어가지 않게 주의하면서 망사 등으로 밀봉하여 곤충 등의 침입을 막고 햇볕을 쬐어 후숙한다. 후숙이 끝난 것은 뚜껑을 닫아 보관한다.

(1) 막된장 제조법

조선된장이라 하면 흔히 막된장을 뜻하는데 이것은 조선간장을 담근 후에 메주를 분리하여 항아리에 다져 넣고 후숙시킨 것을 말한다. 이런 된장은 많은 성분이 간장으로 빠져나갔기 때문에 좋은 된장이 될 수는 없다. 오래 묵을수록 단백질의 분해와 향미 성분의 증가로 좋은 것이 될 수 있으나 산소에 의한 산화로 뚜껑 된장(된장 단지 윗부분의 까만 층)이 생기므로 비닐 등으로 밀봉해서 최대한 산소와의 접촉을 막으면서 보관해야 한다.

(2) 토장 제조법

토장은 막된장처럼 간장을 뺀 부산물을 이용하는 것이 아니라 메주로 곧바로 담근 된장을 이른다. 메주는 곡립 정도의 크기로 분쇄하고 메주 중량의 100%(동량)의 물과 30% 정도의 식염을 균일하게 혼합하여 용기에 다져 넣는다. 이때 가급적 공기가 혼입되지 않도록 꾹꾹 다져 넣어야 한다. 표면에는 두꺼운 비닐(얇은 것은 여러 겹)을 깔고 그 위에 소금을 얹어 가급적 공기 침입을 막아 준다. 이렇게 1년 정도 숙성시키면 훌륭한 맛이 생긴다.

3) 청국장

청국장은 대두를 원료로 해서 청국장균으로 발효시킨 일종의 영양식품이다. 주로 한국과 일본에서 식용한다. 일본에서는 '낫토納豆, natto'라 부르는데 식용 방법도 우리와 차이가 있다. 즉, 한국은 주로 끓여서 찌개 형태로 밥과 같이 먹는데 일본에서는 밥과 같이 또는 별식으로 날로 먹는 것이 보통이다. 우리나라에서 청국장은 가을에서 이른 봄까지 많이 식용되는 콩류 조미식품으로 콩을 삶아 *Bacillus natto*를 번식시켜 콩의 단백질을 분해해 내고 마늘, 파, 고춧가루, 소금 등을 가미한 것으로 소화가 잘되고 특수한 풍미를 지닌 영양식품이다.

1715년 홍만선이 지은 『산림경제』의 「조선두장법」에 '전국장戰國醬'이라는 명칭과 제조법이 소개되어 있는데 이것이 지금의 청국장이다. 속성으로 제조가 가능하고 영양가도 좋으므로 바쁜 전쟁터에서 이용하기 좋은 것이란 뜻에서 전국장이라 이름 붙인 것 같다.

청국장균으로는 1905년에 사와무라Sawamura가 분리 명명한 *Bacillus natto*가 공인 및 실용화되었으나 버지Bergey는 이것을 *Bacillus subtilis*(고초균)에 포함시켰다.

최근의 우리나라 청국장은 대부분 공장에서 야생의 *Bacillus subtilis*에 의존해서 생산하고 있다.

(1) 주요 원료와 제조 공정

청국장의 주요 원료는 볏짚, 청국장균, 메주콩, 설탕, 소금, 마늘, 생강, 고춧가루 등이다. 대두를 충분히 불린 후 증숙하여 뜨거운 상태에서 청국장균을 접종한다. 이것을 적당한 용기(쟁반 등)에 3~4 cm의 두께로 깔고 발효실에서 40~50°C로 18~20시간 발효시킨다. 여기에 식염, 고춧가루, 마늘, 파 등을 넣고 파쇄해서 단지에 다져 넣고 실온에서 며칠간 숙성시키면 청국장이 된다.

청국장균이 없는 경우는 깨끗한 볏짚을 2~3 cm 길이로 잘라서 증두의 군데군데에 섞어 주면 된다. 청국장균은 볏짚에 많이 붙어 있으므로 청국장을 띄울 때 유용하게 쓰인다. 볏짚에는 청국장균뿐 아니라 여러 가지 잡균도 있으므로 이것으로 띄울 때는 제품의 질을 보증할 수 없다. 따라서 재현성이 좋은 양질의 제품을 얻기 위해서는 순수 배양균을 이용하는 것이 좋다.

2. 주류

술은 당질을 발효해 만든 알코올 음료로서 원료와 제조 방법에 따라 그림 8-5와 같이 분류한다. 발효주란 발효 후 직접 또는 여과하여 이용하는 술이며 엑기스분extractives이 많이 함유되어 있다. 단발효주란 당화 과정 없이 바로 효모에 의해 발효되는 주류를 말하며, 포도주, 사과주, 딸기주 등의 과실주가 여기에 속한다.

복발효주란 발효 재료의 주성분이 녹말로 당화 과정을 반드시 거쳐야 하는 주류이며 당화 형태에 따라 단행 복발효주와 병행 복발효주로 구분하는데, 단행 복발효주란 당화 과정과 발효 과정을 구분하는 것을 말하고, 병행 복발효주란 당화 과정과 발효 과정의 구분 없이 당화와 발효가 함께 일어나는 종류를 말한다. 단행 복발효주의 대표적인 술은 맥주이고 병행 복발효주의 대표적인 술은 탁주와 청주 등이다.

그림 8-5 주류의 분류

증류주는 알코올 발효액을 증류하여 알코올 농도를 높인 것으로 위스키, 브랜디 등이 여기에 속하며 엑기스분이 거의 없다. 재제주는 발효주나 증류주 등에 조미료, 향료, 색소, 물 등을 첨가하여 가공한 것이며 우리나라의 시판 소주 등이 여기에 속한다.

1) 일본주

청주는 원래 중국이나 우리나라에서 술독에 용수를 박아 그 안에 고인 맑은 약즙을 가리키는 말이었다. 그런데 오늘날은 일본주sake를 대신 이르는 용어로 사용되고 있다. 역사적으로 볼 때 우리나라에서 건너갔을 것으로 추측된다. 원래는 탁주와 같이 혼탁했으나 일본의 도쿠가와 막부시대에 이르러 오늘날과 같은 맑은 술로 발전하였다. 청주는 쌀과 물을 원료로 하여 병행 복발효식으로 만든다.

(1) 원료

① 양조 용수

청주는 80% 이상이 물water이기 때문에 물의 성질이 청주 품질에 지대한 영향을 미친다. 일반적으로 K, P 등 염류를 다량 함유하는 물이 강한 발효를 일으키며 주조상 양수良水라고 한다. Fe는 청주의 착색을 촉진하고 향미에 지장을 준다.

일반적으로는 용수의 무기질 성분을 중요시하는 주장이 있으나 원료 쌀에서 유래하는 무기질이 많다는 것을 볼 때 그 주장의 신빙성에 문제가 있다.

② 쌀

청주 제조의 주원료는 쌀rice이므로 미질이 청주의 품질에 지대한 영향을 미친다. 일반적으로 곡립이 연하고 알맞게 익어 잘 건조되어 있고 탄수화물 함량이 많으며 단백질과 지방의 함량이 적어야 한다. 단백질과 지방이 많으면 발효 시 퓨젤유fusel oil 등이 많이 생겨 주질을 나쁘게 한다. 현미는 그대로 사용할 수 없고 원료 쌀을 25~30% 도정하여 외층부에 함유된 지방, 회분, 단백질, 비타민 등 주질을 나쁘게 하는 성분들을 제거한 후 사용한다.

(2) 제조 과정

청주 양조의 특징은 코지균 *Aspergillus oryzae*를 사용하여 쌀 코지koji를 만드는 일인데, 코지는 맥주 제조 시 맥아malt에 해당한다. 술덧 속에서 일어나는 변화를 보면 코지의 당화력에 의해서 전분이 당화되면 동시에 효모에 의해서 알코올화가 진행된다. 이 과정은 서서히 진행되므로 이런 발효 형식을 병행 복발효라 한다. 이때 알코올 농도는 18%까지 이를 수 있다(그림 8-6).

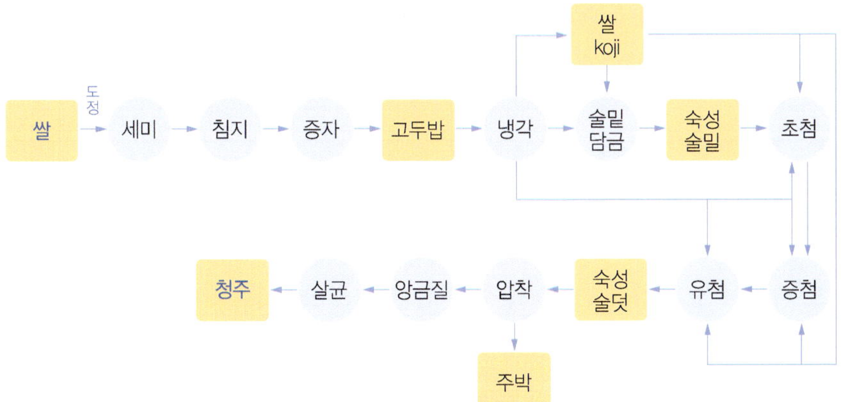

그림 8-6 청주 제조 공정

① 1단계 : 쌀의 도정과 증자

원료 쌀의 중량비가 70~75% 되도록 도정한 다음 쌀에 부착된 겨나 협잡물을 제거하기 위하여 백탁이 없어질 때까지 충분히 씻는다. 깨끗하게 씻은 쌀은 물에 4~5시간 침지하여 25~30%의 수분이 흡수되면 시루에 넣어 찐다. 쌀을 찌는 목적은 쌀을 살균하고 전분을 α화하여 국균의 생육을 도와서 효소를 충분히 분비하게 하기 위함이다.

② 2단계 : 코지 제조

코지란 증미에 *Aspergillus oryzae*(코지균, 국균)을 번식시킨 것이다. 코지 제조의 주목적은 발효 과정에서 절대적으로 작용해 주어야 할 아밀레이스를 생성하는 것이다. 또 청주의 향미, 색택 등에도 중요한 영향을 미치므로 코지의 제조 방법이나 종균의 선택은 매우 중요하다.

보통 증자한 쌀을 35°C 내외로 냉각하여 찐쌀 100 kg당 종국 25~50 g과 나뭇재를 3~5% 정도 혼합한 뒤 국실로 옮겨 25~30°C에서 48시간 정도 띄우고 노르스름하게 포자가 착생될 무렵에 공정을 멈춘다.

③ 3단계 : 술밑 제조

술덧을 발효할 때는 다량의 효모가 필요한데 이에 필요한 효모를 다량 배양한 것이 술밑(주모)이다. 술밑은 발효를 안정적으로 진행하기 위하여 잘 만들어야 한다. 술밑 제조 중 효모의 발육을 돕고 잡균의 발육을 억제하기 위하여 젖산이 필요한데 이 젖산을 인위적으로 첨가하는 경우와 자연 생성에 의존하는 경우가 있다. 주모에 사용되는 쌀의 양은 원료 쌀의 5~9%이다.

청주 효모는 분류상 *Saccharomyces cerevisiae*에 속하며 1895년 일본의 아베Abe가 *Saccharomyces sake* YABE로서 처음 분리, 보고하였다.

④ 4단계 : 술덧 발효

술밑과 코지, 증미(술밥)를 물과 혼합하여 발효가 시작되게 하는 것을 담금이라 하고, 이렇게 걸죽하게 된 것을 술덧이라 한다. 담금은 발효를 순조롭게 하기 위하여 각 원료를 3번으로 나눠서 넣게 되는데 맨 처음에 넣는 작업을 초첨, 두 번째를 중첨, 세 번째를 유첨이라 한다. 유첨 후 20~25일쯤 되면 발효는 정지된다. 발효 온도는 14~16°C가 적당하며 최종적으로 덧의 알코올 농도는 20% 가까이 된다.

⑤ 5단계 : 제성

발효가 완성된 술덧을 포대에 넣어 압착하여 액즙과 찌꺼기를 분리한다. 이때 얻어진 액즙을 생주生酒라 하고 찌꺼기를 주박(지게미)이라 한다. 생주는 아직 혼탁하므로 앙금질하여 맑게 만든다. 앙금질을 위해서 30~40일 정치하면 효소류에 의해 후숙성 작용이 진행되어 맛이 순해지고 색상도 좋아진다. 생주가 완전히 맑아지면 55~60°C로 5~15분간 열처리하여 효모나 젖산균과 함께 청주 화락균을 사멸시킨다. 이후 적당한 후숙 과정을 거쳐 제품화한다.

2) 맥주

맥주는 맥아의 당화력을 이용해서 전분질을 당화한 다음 홉과 효모를 투입해서 발효시키는 단행 복발효주이다. 맥주는 사용되는 효모의 종류에 따라서 상면 발효 맥주와 하면 발효 맥주로 분류된다. *Saccharomyces cerevisiae*를 이용하는 상면 발효 방식은 주로 영국에서, *Saccharomyces carlsbergensis*를 이용하는 하면 발효 방식은 독일을 비롯한 유럽 각국과 미국, 일본, 우리나라 등에서 활용하고 있다.

(1) 원료

① 보리

원료 보리의 품종은 주로 두줄보리(이삭에 씨알이 달리는 모양)가 사용되는데 입자의 형태가 고르고 전분 함량이 많으며 단백질이 적당하고 수분 함량이 11~13%이며, 곡피가 얇고 발아력이 균일, 왕성하며 광택을 띤 황금빛 보리가 적당하다. 우리나라에서는 제주도에서 재배하는 golden melon을 주로 사용한다.

② 홉

홉hop은 맥주의 혼이라고 불릴 정도로 맥주 양조에 없어서는 안 될 중요한 원료이다. 홉은 자웅이주의 덩굴식물이며 맥주 양조에는 수정되지 않은 암꽃만 사용한다. 홉은 맥주에 특유의 향기와 쓴맛을 부여하는 것 외에 거품의 지속성과 향균성 등 유익한 효과가 있으며 청정과 안정화에도 도움을 준다.

③ 양조 용수

다른 술과 마찬가지로 맥주의 양조에도 용수의 영향을 크게 받는다. 무색, 무취, 투명

그림 8-7 맥주 제조 공정

하고 맛이 좋으며 청결한 음료수이어야 한다. 농색맥주dark beer 제조에는 경도가 높고 pH가 낮은 물이 적당하고, 담색맥주light beer 제조에는 염류가 대단히 적고 경도가 낮은 물이 적당하다. 맥주 제조 공정은 그림 8-7과 같다.

(2) 맥아의 제조

맥아 제조의 목적은 강력한 당화 효소와 단백질분해효소를 생성하는 데 있다. 맥주 특유의 향미나 색도 맥아에서 온다. 물을 충분히 흡수시킨 보리를 12~17°C로 8일 정도 배양해서 뿌리가 입장grain length의 1.5~2배, 잎눈이 입장의 3/4 정도 되었을 때 배양을 중지하고 열풍 건조한다. 최후에는 80~85°C로 3~5시간 배소broil해서 수분 3% 이내로 하고 냉각시켜서 20°C 이하로 저장했다가 사용할 때 분쇄한다.

(3) 맥아즙의 제조(담금)

분쇄 맥아로 맥아즙을 만드는 공정에서는 맥아 중의 가용성 물질이 추출되고 동시에 맥아 아밀레이스에 의해서 전분이 당화되며 프로테이스에 의해서 단백질로부터 펩타이드나 아미노산이 생성된다.

전분질과 맥아분을 혼합해서 60~65°C로 당화하고 당화 종료 후 여과한다. 여기에 홉을 넣고 다시 1~2시간 끓인 다음 홉을 분리 제거하고 맥아액은 냉각해서 다음의 발효 공정으로 옮긴다.

(4) 발효

맥주의 발효는 주발효와 후발효로 구별한다. 앞에서 냉각된 맥아즙은 발효 탱크로 옮겨서 효모를 첨가하고 5~7°C로 유지한다. 발효가 왕성해짐에 따라 품온이 상승하는데 최고 8~10°C를 넘지 않도록 한다. 이렇게 8~12일을 관리하면 발효가 약해지는데 여기까지를 주발효라고 한다. 주발효가 끝난 것은 침전된 효모를 제거하고 후발효 탱크로 옮긴다. 후발효는 0~2°C의 품온으로 60~90일(병맥주의 경우) 또는 30~60일(생맥주의 경우) 동안 발효시켜서 여과 제조한다. 이때 CO_2는 0.4~0.5% 함유되어 있다.

(5) 제품

후발효가 끝나고 숙성된 맥주는 저온으로 여과하여 투명한 맥주로 만든다. 여과한 맥주는 압력 탱크로부터 일정한 압력으로 주주기注酒機에 보내어 병 포장한다. 병 포장된 것은 가열 살균하지 않고 출하한다. 이때 살균하지 않은 맥주를 생맥주라 하며, 신선미는 있지만 장기 저장이 어렵다. 그러나 근래에는 무균 포장 기술이 발전하여 살균맥주에 못지않은 보존성을 지니게 되었다. 맥주의 살균은 60°C에서 20분 정도 처리한다.

3) 포도주

(1) 종류

포도주는 과실주의 대표적인 술이다. 주로 유럽 지역에서 많이 발달하였고 종류도 다양하다. 포도 과즙을 효모로 발효시킨 술이며, 원료인 포도의 종류나 제조 방법에 따라 적포도주와 백포도주, 생포도주와 감미 포도주, 발포성 포도주와 비발포성 포도주, 테이블 와인과 디저트 와인 등으로 구별한다.

① 적포도주와 백포도주

적색 또는 흑색 포도를 과피와 함께 발효시켜서 과피의 색소를 용출시킨 것이 적포도주red wine이고 발효 전에 적색의 과피를 제거하거나 청포도를 원료로 사용한 것이 백포도주white wine이다. 적포도주는 발효 중에 과피 중의 탄닌도 용출되기 때문에 떫은맛이 있는 것이 특징이다.

② 저감미 포도주와 감미 포도주

포도주 중의 당분이 1% 이하인 것을 저감미 포도주dry wine라 하고, 그 이상인 것을 감미 포도주sweet wine라고 한다.

③ 발포성 포도주와 비발포성 포도주

발포성 포도주sparkling wine는 포도주에 CO_2를 강압적으로 주입, 용해시킨 것으로서 맥주처럼 거품이 나는 반면, 비발포성 포도주still wine는 CO_2를 함유시키지 않은 것이다. 발포성 포도주로는 샴페인이 유명한데 이것은 백포도주에 당을 가해서 재발효시키고 CO_2를 함유시킨 것이다.

④ 테이블 와인과 디저트 와인

이것은 소비 방법에 의한 분류로 저감미 포도주는 식사 전에 마시기 때문에 테이블 와인table wine이라 하고, 감미 포도주는 식후에 마시기 때문에 디저트 와인dessert wine이라 한다.

(2) 제조 공정

운반해 온 포도를 파쇄기에 넣어 으깨어 발효조로 보내 아황산을 첨가하여 과즙을 개량한 후 술밑을 첨가하여 발효시킨다. 발효된 포도주에서 찌꺼기를 제거하고 후발효 및 숙성한다. 포도주 제조는 적포도주 제조법과 백포도주 제조법으로 나눌 수 있다(그림 8-8).

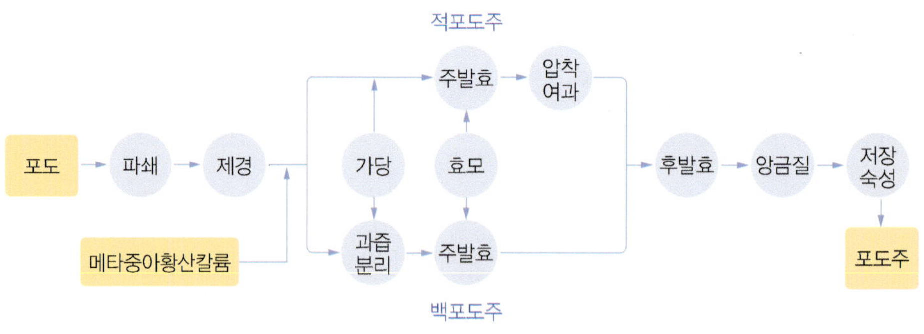

그림 8-8 포도주의 제조 과정

① 으깨기

파쇄기로 으깨어 과즙이 유리되도록 한다. 이때 과피나 씨, 과병의 성분이 용출되지 않도록 주의해야 한다. 파쇄기는 철제품이 아닌 것을 사용하는 것이 좋다.

② 아황산 첨가

포도의 따기, 으깨기, 발효 및 저장이 건전한 상태에서 수행된 경우에는 아황산 첨가가 필요 없으나 일반적으로는 발효 전 과정에 아황산을 첨가하는 것이 안전하다. 아황산은 유해균을 억제하는 동시에 포도주를 환원 상태로 유지하여 산화에 의한 품질 저하를 방지해 준다. 아황산은 메타중아황산칼륨($K_2S_2O_5$)을 사용하며 SO_2로 계산해서 100~200 ppm이 되도록 첨가한다.

③ 발효

적포도주의 경우에는 과피가 들어 있는 상태에서 다음 공정으로 옮겨지지만 백포도주의 경우에는 될 수 있는 대로 과피를 빨리 제거한다. 얻어진 과즙에 설탕을 첨가하여 전체 당 농도를 21~22%가 되게 한 뒤 포도주용 효모*Saccharomyces ellipsoideus*를 중간 배양시킨 술밑을 첨가하여 발효한다. 발효 온도는 20~25°C가 적당하며 발효 중 껍질 등이 캡cap을 형성하여 발효액 표면에 뜨게 되는데 이 덮개를 그대로 방치하면 표면이 건조하여 아세트산균 등 유해균이 번식할 우려가 있으므로 매일 펌프pump로 캡을 발효액 안으로 밀어 넣어서 캡이 떠오르지 못하도록 한다. 주발효는 20~25°C에서 7~10일 걸린다.

④ 후발효 및 숙성

주발효가 끝난 젊은 포도주young wine는 저장실로 보내어 후발효, 청정, 숙성 등의 작업을 시행하여 제품으로 만든다. 청정화한 포도주는 저장실로 보내 1~5년 이상 숙성한다.

Tip

귀부 포도주(botrytised wine)

불완전균의 일종인 *Botrytis cinerea*(회색 곰팡이)가 완숙한 포도의 과피상에 번식하면 과피의 왁스(wax)질을 분해한다. 이 때문에 수분이 증발하고 포도는 수분이 빠진 상태, 즉 쪼글한 상태가 되는데 이것을 귀부(貴腐)라 한다. 귀부 포도는 당분이 농축되어 있을 뿐 아니라 곰팡이의 작용으로 글리세린이나 글루콘산(gluconic acid) 등이 생성되어 있어서 이런 포도로 만든 포도주는 향기가 강하고 맛도 농후하며 부드럽다.

4) 약주·탁주(막걸리)

약주와 탁주는 우리나라 술 중 가장 오래된 전래의 술이다. 쌀이나 보리 등 곡류를 원료로 하여 제조하며, 혼탁한 상태의 것을 탁주라 하고 이것을 여과해서 맑게 한 것을 약주라 한다. 탁주는 입국, 곡자, 분국 등을 사용하여 발효한다. 약주는 가정과 지방에 따라 독특한 제조 비법이 있다. 탁주는 입국 미생물로 *Aspergillus kawachii*를 사용한다. 누룩에는 *Aspergillus, Penicillium, Monascus* 속 등의 곰팡이와 *Saccharomyces coreanus*와 같은 효모가 증식되어 있어 당화와 발효력을 가진다.

(1) 원료

약주와 탁주의 원료는 원래 백미였다. 그러나 우리나라의 식량 사정으로 1963년부터 밀가루로 대치되었다가 한때(1978~1979) 백미를 사용할 수 있었으나 그 후 다시 밀가루를 사용하다가 1990년부터 다시 쌀을 사용할 수 있게 되었다.

(2) 발효제

① 곡자麯子(누룩)

곡자는 밀을 분쇄하고 소량의 물을 넣어 반죽하여 틀에 넣거나 해서 원판형으로 성형해서 그늘에 두면 마르는 과정에서 유용한 곰팡이와 효모가 번식한다. 원료인 밀의 분쇄도에 따라 분곡, 조곡, 추곡 등으로 분류하며, 분곡은 밀가루로 만든 것이고 조곡은 밀기울이 섞인 것이며 추곡은 소주를 제조할 때 증류를 쉽게 하기 위하여 특히 거칠게 만든 것이다.

곡자의 미생물은 *Aspergillus, Rhizopus, Absidia, Mucor* 속 등의 곰팡이와 효모 등이 번식해서 술 원료(쌀이나 밀가루)의 당화와 발효를 하게 된다. 곡자는 그 단면의 내부까지 곰팡이가 충분이 번식되어 있고 색은 황백색 내지 회백색이며 누룩 특유의 향기가 나는 것이어야 한다.

② 입국粒麴(코지 만들기)

입국(알갱이로 된 누룩)과 곡자(덩어리로 된 누룩)는 형태적으로 서로 상대가 되는 용어이지만 술 발효 과정에서는 똑같이 전분질을 당화하고 발효하는 일을 맡게 된다. 그런데 과학적으로는 특이한 차이가 있는데 곡자는 야생균에 의지하게 되므로 미생물상microflora에 따라 주질이 좌우되는 단점이 있으며, 이와 같은 단점을 보완하기 위한 방법으로 배양균

*Aspergillus kawachii*을 써서 입국koji을 만들게 된다.

밀가루를 이용하는 경우는 30% 정도의 물을 넣어 반죽기를 교반하면 과립 상태의 반죽이 되는데 이것을 증숙해서 제국한다. 쌀의 경우는 3~4시간 침수해서 증숙한다. 종국(종균으로 사용하기 위해 곰팡이를 배양해서 제품화한 것)은 *Aspergillus kawachii*(*Aspergillus niger*의 변종)가 이용된다. *Asp. Kawachii* 균은 당화력이 강하고 시트르산 생성 능력이 강한 것이 좋다. 원료는 소형 국상(30×45 cm 정도)에 2 kg 정도씩 담아서 국실에 쌓아 놓고 35~40°C의 온도로 배양한다. 1~2회 손질을 해주면서 35시간 정도 지속하면 국koji이 완성된다. 최근 이 공정은 대형 자동화 기계로 진행하고 있다.

③ 제법

코지를 1.2배 정도의 물과 함께 발효 탱크에 담고 술밑(소량의 국과 물, 효모를 첨가해서 2~3일 발효시켜 놓은 것)을 첨가해서 발효시킨다. 이 과정을 1단 담금이라 하는데 1단 담금 후 온도를 30°C 이하로 조절하면서 1~2일이 지난 다음 2단 담금을 하게 된다. 2단 담금에서는 찐 밀가루(또는 찐쌀)와 물을 투입한다. 2단 담금 후 2~4일이 지나면 발효가 완료되는데 이때 술덧을 채로 걸러서 물을 넣어 주정 도수를 6%로 조정하면 막걸리가 된다. 또 술덧을 자루에 넣고 눌러 짜서 청정시키고 주정 도수를 11%로 조정하면 약주가 된다. 막걸리 발효에 쓰이는 효모는 예전에 *Saccharomyces coreanus*로 동정하였으나 지금은 *Saccharomyces cerevisiae*에 포함시키고 있다.

그림 8-9 약주·탁주의 제조 방법

5) 위스키

(1) 종류

위스키whisky는 원료의 차이나 증류 방법의 차이에 따라 다음과 같이 구별한다.

① 원료에 따른 분류

- 맥아 위스키malt whisky : 맥아만을 원료로 사용한 것
- 곡류 위스키grain whisky : 보리나 옥수수를 맥아로 당화해서 만든 것

② 증류 방법에 따른 분류

- 단식 증류 위스키pot still whisky : 단식 증류기로 증류한 위스키로서 알코올 외에 각종 휘발성 성분을 함유하기 때문에 특유의 방향이 있다. 스카치위스키가 여기에 속한다.
- 연속식 증류 위스키patent still whisky : 연속식 증류기로 증류한 위스키로 각종 휘발성 성분이 제거되어 원료의 특성이 상실되어 있다. 증류 직후의 위스키는 향미가 거칠어서 기호성이 좋지 못하지만 이것을 참나무통에 넣어서 수년간 저장하면 독특한 향미를 갖게 된다. 위스키는 상품화하기 전에 저장한 기간에 차이가 있는 것, 향미가 다른 것을 조합blend해서 품질을 균일하게 한다. 일반적으로 위스키의 경우 블렌드blend한다고 하는 것은 맥아 위스키와 곡류 위스키를 혼합해서 상품화한다는 뜻이다. 위스키의 주정 도수는 보통 40~43%이다.

(2) 제법

위스키의 제법은 스코틀랜드식과 미국식으로 나뉘는데, 여기에서는 스코틀랜드식을 설명한다. 위스키의 원료로는 맥아만을 사용한다. 맥아는 이탄peat으로 훈연해서 독특한 향기를 가지게 한 후 분쇄하고 물을 넣어 당화한다. 당화액은 당분 13% 정도가 된다. 발효는 25°C로 3~4일 지속시키는데 이때의 효모는 *Saccharomyces cerevisiae*를 이용한다. 당액은 맥주와 달리 당화 후 살균하지 않는다. 이 점이 위스키 발효의 특징이며 독특한 위스키 향이 생기게 하는 핵심이 된다. 발효액은 알코올이 6~7% 되는데 이것을 단식 증류기로 증류해서 알코올 농도 62~68%가 되는 것을 참나무통에 담아서 저장, 숙성시킨다.

6) 브랜디

브랜디brandy는 과실의 발효액을 증류해서 만든 증류주의 총칭이다. 여기에 쓰이는 과실

에 따라 포도, 사과, 버찌 등 여러 가지 브랜디가 만들어지는데 가장 대표적인 것은 포도 브랜디grape brandy이다. 포도 브랜디는 그냥 '브랜디'라고도 한다. 브랜디의 신주는 참나무 통에 넣어서 수년간 숙성시킨 후 시판한다. 대표적인 것으로는 프랑스의 코냑cognac이 있으며 알코올 도수는 40~43%이다.

3. 식초

식초vinegar는 4~5%의 아세트산을 주성분으로 한 산성 조미료인데 아세트산 외에도 각종 휘발산 및 불휘발성 유기산류, 당류, 아미노산류, 에스테르류 등을 함유하며, 이들이 있어 식초는 방향과 감칠맛을 내게 된다. 제조 방법에 따라 양조초, 합성초 등으로 나뉘는데 양조초에는 원료에 따라 술지게미초(막걸리초), 쌀초, 과일초 등이 있으며, 이외에도 식초에 다른 조미료나 향신료 등을 가한 가공초가 있다. 양조초에 대한 제법은 다음과 같다.

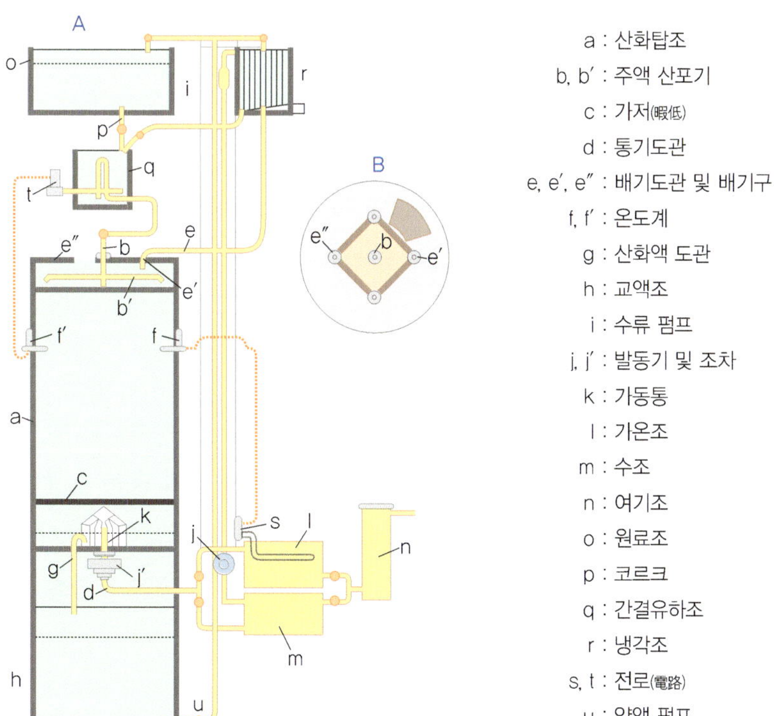

그림 8-10 단식 속초 장치

1) 종초

식초의 제조에는 우선 우량한 아세트산균을 다량 배양해서 종초種醋를 만들어야 한다. 종초용 배지의 혼합 비율은 청주 4, 물 4, 기성초 6을 혼합 살균하고 여기에 플라스크 순수 배양물 1을 넣고 35°C 정도로 유지하면서 정치하거나 진탕한다. 10~20일 후에 산도가 5% 정도 되면 종초로 사용한다. 아세트산균은 호기성 세균이며, 종균으로는 *Acetobacter aceti*, *Acetobacter suboxydans*가 이용된다.

2) 정치법에 의한 제조

옛날부터 이어져 오는 방법으로 지금도 가정에서 주전자 모양의 질그릇 초병을 이용해서 제조한다. 가정에서는 흔히 막걸리를 원료로 이용한다.

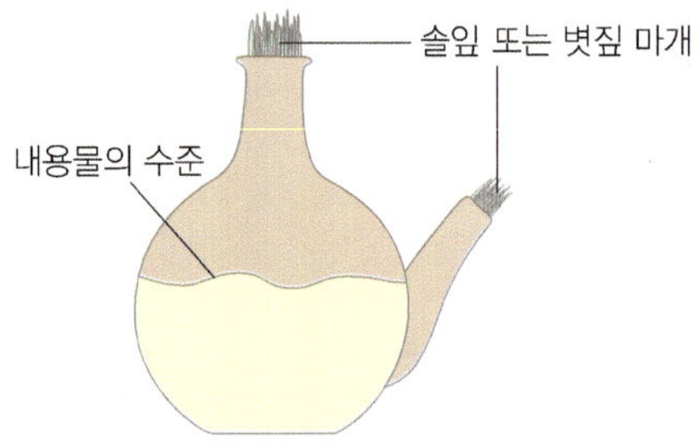

그림 8-11 초병

공업적으로 제조하는 한 예를 보면 다음과 같다. 알코올 약 90%에 $NH_4H_2PO_4$(제일인산암모늄), $Ca(H_2PO_4)_2$(제일인산칼슘), $Mg(HPO_4)_2$(제이인산마그네슘), K_2SO_4 등을 합계 중량 1 g/1 L 알코올의 비율로 넣는다. 또 재강, 맥아즙, 국즙, 물엿 등을 가하는 수도 있다. 마지막으로 물을 가해서 알코올이 5% 정도 되게 하고 70~80°C에서 종초(약 40%)를 넣고 35°C 정도로 냉각해서 30~60일 정치 배양한다.

3) 속양초

널리 쓰이는 것은 Frings가 고안한 발효탑generator이다. 내산성의 재료로 된 탑의 내부에 너도밤나무 대팻밥을 충전하고 종초를 흘려서 대팻밥의 표면에 충분히 균을 증식시켜 놓는다. 여기에 원료액(알코올 10%, 산 1%의 맥즙을 가한 것)을 탑의 상부에서 살포하면서 공기를 탑의 하부에서 보낸다. 액이 충전물 사이를 흘러내리는 동안에 산화가 되어 4~6일 동안에 산도 10% 정도의 식초가 얻어진다.

4) 심부 배양에 의한 제조

이것은 원료와 종초의 혼합액에 통기와 교반을 하면서 급속히 액 내에서 산화시키는 방법이다. 아세테이터acetator 또는 캐비테이터cavitator라는 장치를 이용하면 종래의 속양초보다 더 빠른 속도로 식초화를 진행할 수 있다.

5) 재료별 식초 제조법

(1) 술지게미초

막걸리를 걸러낸 찌꺼기에 물을 넣어 죽 상태로 만든 다음 발효시키고 이것을 여과 살균하여 1/3가량의 찐쌀을 넣고, 30~40°C에서 아세트산 발효를 시킨다. 약 한 달 후에 발효가 끝나며 발효가 끝난 아세트산 액을 맑게 하여 약 6개월 밀폐 저장하였다가 여과하여 제품화한다.

(2) 쌀초

쌀을 이용하기도 하나 일반적으로 싸라기를 이용한다. 원료 쌀을 반은 코지로 만들고 반은 찐 뒤 코지와 찐쌀을 혼합하여 40°C를 유지하면서 당화하고, 당화가 어느 정도 진행되면 술밑을 첨가하여 알코올 발효를 시킨다. 알코올 발효가 끝날 시기에 즈음하여 종초를 넣어 30~35°C에서 아세트산 발효를 시킨다. 1~2개월이면 발효가 끝나며 1~2개월간 방치하여 숙성시킨 다음 사용한다.

(3) 포도주초

프랑스의 오를레앙 지방에서 많이 만들며 나무통을 옆으로 눕혀 놓고 일주일 간격으로 포도주를 조금씩 부어 약 5주 걸려서 나무통의 반 정도까지 차면 포도주 표면에 번식한 아세트산균에 의해서 식초가 생성된다. 나무통에서 일정량씩 빼고 다시 새로운 포도주를 넣어서 연속적으로 만든다.

(4) 사과식초

원료 사과를 파쇄하여 착즙하고 여기에 효모를 넣어 알코올 발효를 한 다음 아세트산균을 접종하여 아세트산 발효한다. 특유의 향미가 있는 식초가 된다.

4. 우유 발효 제품

우유를 유용한 젖산균으로 발효시켜서 저장성과 기호성을 갖게 한 유제품이다. 종류는 다음과 같다.

1) 젖산음료

탈지유를 95~100°C에서 40~60분간 살균하거나 115°C에서 순간 살균하여 40°C로 급랭한 다음 *Lactobacillus bulgaricus* 스타터starter를 2.0~2.5% 접종하고 37~40°C에서 20~24시간 발효시키면 1.0% 전후의 젖산이 생성되며 우유가 응고되어 커드curd가 된다. 이 커드를 풀어 균질화한 다음 여기에 동량의 설탕을 가하여 85°C로 냉각하고 향료를 적당히 넣은 뒤 잘 저어 병에 넣어 포장한다. 보통 칼피스calpis 제품은 5~6배의 물로 희석하여 마신다.

2) 요구르트

탈지유를 2/3 정도로 농축하여 설탕 8% 정도를 넣고 85°C에서 15분간 살균하여 25~30°C로 냉각한 다음 *Lactobacillus bulgaricus*와 *Streptococcus lactis*의 순수 배양액을 1:4로 혼합한 스타터를 2~3% 접종하고 작은 병에 일정량씩 넣어 30°C에서 10시간 배양한다. 젖산이 0.85~0.95%(pH 4.4~4.5) 생성되면 우유는 응고한다. 배양 완료 직전에 냉장고에 넣어 급랭하여 제품화한다. 액상 요구르트는 용량 50~100 mL의 용기에서 요구르트를 제조하고 강한 교반으로 응고물을 부수어 크림 상태가 된 것을 병에 넣은 것이다. 요구르트yoghurt는 풍미가 좋고 상용하면 노화 방지 효과가 있으며 소화도 잘되고, 살아 있는 유산균에 의한 정장 효과도 기대할 수 있다.

3) 치즈

치즈cheese는 우유를 레닛rennet 등으로 응고시킨 후 발효한 것으로 세계적으로 수백 가지 종류가 있다. 발효 숙성의 초기에는 젖산구균이 급속히 번식하고 3~6개월까지는 젖산간균이 번식한다. 숙성 후기에는 갈락토스galactose를 분해하는 세균이 많아진다. *Penicillium*이 번식하면 지방이 분해되고 독특한 풍미를 갖게 된다. 치즈는 경연 및 숙성 방법에 따라 다음과 같이 분류된다.

(1) 자연치즈의 일반 제법

저온 살균한 우유에 젖산균 스타터를 1~2% 첨가하여 30°C에서 젖산 발효를 시킨다. 0.18~0.2%의 젖산이 생성되었을 때 레닛을 첨가하고 두부 모양으로 응고할 때까지 방치한다. 우유 중에 카세인casein이 레닛과 반응하여 커드를 형성한다. 이 커드를 작은 네모꼴로 자르고 교반하면서 38~40°C까지 가열하면 커드에 함유된 유청이 배출되므로 이것을 제거한 후 원료 우유에 대하여 0.2%의 식염을 첨가한 다음 커드를 압착, 성형하여 5~15°C에서 일정 기간 숙성한다. 저온에서 장시간 숙성해야 품질 좋은 치즈를 얻을 수 있다. 숙성할 때 빵가루 등에 배양한 *Pen. roquefortii* 등의 발효 미생물을 인공적으로 접종하기도 한다.

(2) 가공치즈의 일반 제법

자연치즈natural cheese를 가열 용융해 다시 성형한 것을 가공치즈process cheese류라고 하며 품질이 일정하다. 원료 치즈는 주로 세균에 의하여 숙성된 경질치즈가 쓰이는데 고다Gouda, 에담Edam, 체다Cheddar 치즈가 이용된다. 일반적으로 숙성 기간이 다른 2~3종의 치즈를 배합하여 평균 숙성 기간을 4~5개월로 한다.

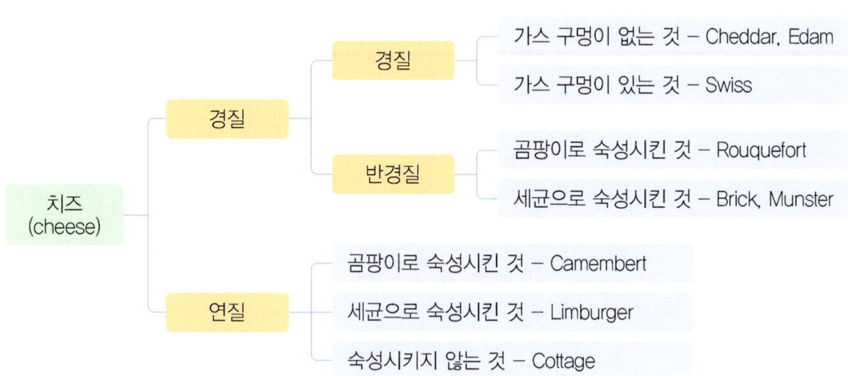

그림 8-12 치즈 분류 방법

4) 버터

버터butter는 우유를 원심분리하여 얻은 크림을 처닝churning하여 지방 입자를 입상으로 융합하고 물로 씻어 낸 다음 소금 1~2%를 섞고 20°C 이하에서 반죽하여 성형한다. 풍미가 좋은 버터를 만들기 위해서는 처닝 전의 크림cream에 젖산균을 가하여 발효하는 방법이 있다. 사용하는 스타터 균주는 *Streptococcus lactis*, *Streptococcus cremoris*, *Streptococcus citrovorum* 등이며 12~16℃에서 2~4시간 발효시킨다. 발효 도중 다이아세틸diacetyl이나 아세틸메틸카르비놀acetyl methyl carbinol 및 기타 방향성 물질이 생성된다. 버터에는 가염버터와 무염버터가 있고, 젖산 발효 유무에 따라 발효버터(산성 크림버터)와 무발효버터(스위트 크림버터) 등이 있다.

요약

발효식품이란 미생물들의 작용에 의해서 생산된 식품을 말한다. 식품 발효에 이용되는 미생물들은 세균, 효모, 곰팡이가 주종을 이룬다. 발효하고자 하는 식품의 원료가 미생물에 어떤 영양원으로 작용하느냐에 따라 발효 생산물은 크게 달라진다. 단독 미생물보다는 복합 미생물의 작용에 의해 발효되는 경우가 많다.

한국의 대표적 발효식품인 장류에는 간장, 된장, 고추장이 있으며, 침채류에는 김치, 수산물을 재료로 하여 만든 젓갈류 등이 있다. 발효식품은 지방마다 특징이 있으며 주류에도 지방적 특색이 있는 것이 많다.

연습문제

1 적포도주와 백포도주의 제조 방법의 차이점을 설명하시오.

2 식초 제조 방법을 설명하시오.

3 당화에 대하여 설명하시오.

4 발효주를 분류하고 설명하시오.

5 치즈 공정에서 레닛rennet의 역할을 설명하시오.

FOOD
MICROBIOLOGY

미생물 대사산물의 이용과 생산

CHAPTER 9

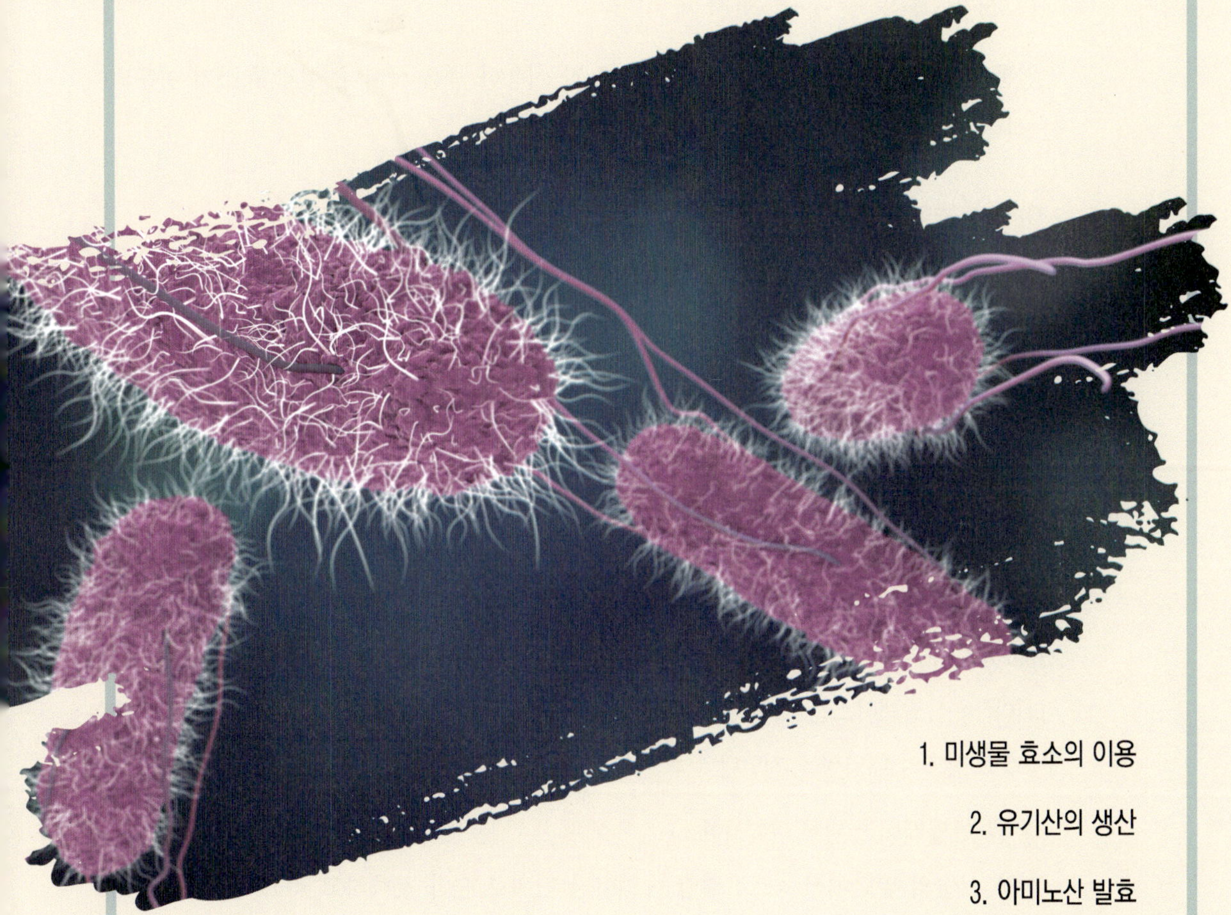

1. 미생물 효소의 이용

효소는 그 종류가 대단히 많다. 즉, 산화·환원, 가수 분해, 전이, 탈탄산, 탈수·가수, 이성화 등 다양한 반응을 촉매하는데, 이 성질은 원료 가공이나 물질 생산 공정에 이용되어 많은 효과를 올리고 있다. 최근에는 유기 합성이나 의약·의료 분야, 화학 분석 등 새로운 용도로도 많이 이용되며 미생물이 생성하는 효소는 동식물이 생성하는 효소에 비해 대량으로 값싸게 얻을 수 있다는 장점도 있다.

1) 식품 가공 및 공업 생산에 이용

전통적인 발효 음식료는 미생물의 효소를 잘 이용한 좋은 예이다. 현재 효소가 이용되는 식품 가공의 예를 보면 표 9-1과 같다.

(1) 전분분해효소

현재 사용되는 효소 중 생산량이 가장 많은 효소이다. 전분은 포도당의 중합체이며 직쇄상(입체적으로는 나선상)으로 길게 늘어진 구조를 가지는 아밀로스amylose와 포도당 분자 사슬의 α-1,6 결합을 하는 곳에서 분기한 구조를 가지는 아밀로펙틴amylopectin으로 구성되어 있다. 전분분해효소amylase는 작용 양식에 따라 몇 가지 종류로 나뉜다.

① α-아밀레이스(액화 아밀레이스)

이 효소는 α-1,4 결합의 군데군데를 가수분해한다. 이 때문에 전분액의 점도는 급속히 저하된다. 반응 생성물은 덱스트린dextrin, 맥아당, 포도당의 혼합물이다. α-아밀레이스는 *Aspergillus oryzae, Bacillus subtilis, Bacillus mesentericus* 등에 의해서 균체 밖으로 분비된다. α-아밀레이스는 내열성이 높아서 곰팡이 효소의 경우 50~70°C, 세균 효소의 경우 80°C 정도의 내열성을 지닌다.

② β-아밀레이스(당화 아밀레이스)

전분 사슬의 말단에서 α-1,4 결합을 맥아당 단위로 순차 분해하고 α-1,6 결합의 분기점에서 반응이 정지한다. 분기점의 안쪽에 있는 α-1,4 결합에는 작용하지 않는다.

아밀로펙틴에 작용하는 경우 약 50%의 맥아당과 약 50%의 덱스트린(β-한계 덱스트린 β-limit dextrin)을 생성한다.

표 9-1 **식품 가공에 이용되는 효소**

식품	효소	작용	효과
맥주	papain(papaya) 그 외의 protease(식물, 곰팡이, 세균)	고분자량 단백의 분해	맥주 중 냉각 응고물(단백질, 탄수화물, 탄난의 복합체)의 침전 방지
	β-glucanase	β-glucan의 분해	맥아당에 기인하는 β-glucan을 분해하고 여과의 막힘을 방지(유럽에서)
청주	amylase(곰팡이)	전분의 분해	4단 덥밥에서 증미의 당화, 엑기스분의 증가
	protease(곰팡이, 세균)	단백질의 응집	단백성 침전의 침강 촉진
된장	protease(곰팡이, 세균)	단백질의 분해	대두 단백의 분해 촉진
간장	protease(곰팡이, 세균)	단백질의 분해	단백 분해 촉진에 의한 속양, 풍미의 개량
빵	α-amylase(곰팡이, 세균, 맥아)	전분의 분해	덱스트린 생성에 의한 빵 반죽의 점도와 경도 조절, 빵의 체적 증가, 발효의 촉진
	protease(곰팡이, 세균)	밀의 gluten 분해	반죽의 신전성 증강, 생성 아미노산의 아미노카보닐 반응에 의한 빵 색조의 개선
	lipoxidase(대두)	carotein, 불포화지방산의 산화	밀가루 중 색소의 산화에 의한 표백 작용
치즈	rennin(곰팡이, 송아지의 위)	casein의 부분 분해	칼슘에 의한 casein의 침전(curd)의 생성
	pepsin, chymotrypsin 그 외의 protease	casein의 부분 분해	rennin의 보조
	lipase, esterase(새끼염소)	지방의 분해	지방산 생성에 의한 치즈향 부여
	catalase(곰팡이)	과산화수소의 분해	우유 살균에 사용한 과산화수소 제거에 의한 치즈 생육균의 증식
과일 통조림, 과즙	pectinase(곰팡이)	pectin질의 분해	과즙 혼탁의 원인인 pectin의 분해와 응집·침강의 촉진, 착즙 효과의 상승, 감귤 육과피의 분해 제거
	naringinase(곰팡이)	naringin의 분해	감귤의 쓴맛 분해
	hesperidinase(곰팡이)	hesperidin의 분해	감귤 통조림 백탁의 원인인 hesperidin의 분해
	anthocyanase(곰팡이)	anthocyanin 색소의 분해	anthocyan 색소를 함유하는 과일을 이용한 잼, 과즙의 탈색

③ 글루코아밀레이스

글루코아밀레이스glucoamylase는 전분 사슬의 말단에서 α-1,4·α-1,6 결합의 양자를 분해하므로 전분의 거의 100%가 포도당이 된다. 공업적으로는 *Rhizopus delemar*의 효소가 주로 쓰인다. *Aspergillus niger*나 *Aspergillus usamii* 또는 어떤 세균에서도 그 존재가 인정되고 있다.

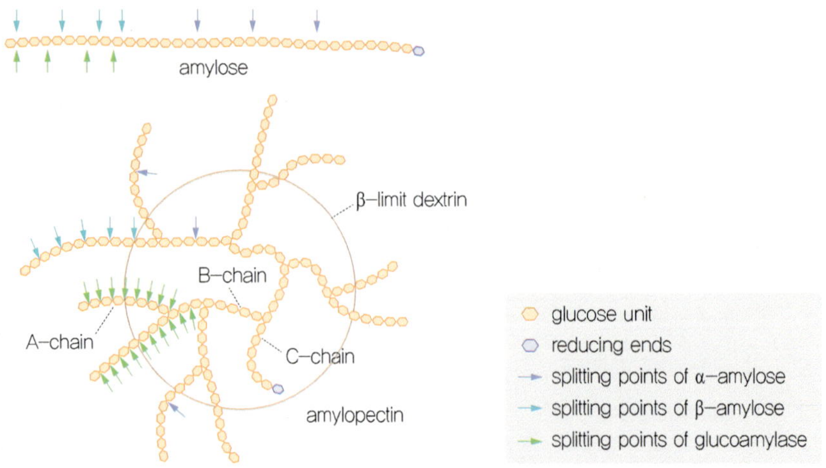

그림 9-1 아밀로스, 아밀로펙틴에 대한 각종 아밀레이스의 작용

④ 이소아밀레이스

이소아밀레이스isoamylase는 아밀로펙틴의 분기점에 있는 α–1,6 결합만을 분해한다. 포도당 제조 시에는 α–아밀레이스와 글루코아밀레이스를 순차적으로 작용시키고 맥아당 생산 시에는 이소아밀레이스와 β–아밀레이스를 병용하면 좋다. 또 식용이나 풀에 필요한 덱스트린을 만들 때는 α–아밀레이스만을 이용한다.

맥아엿 제조에는 세균 아밀레이스(α–아밀레이스)와 맥아 아밀레이스를 이용하고 α–아밀레이스는 제빵이나 청주 양조에도 이용한다. 또 α–아밀레이스는 섬유 공업에서 풀 먹인 실의 호발에도 많이 이용한다.

(2) 단백질분해효소

단백질이나 고분자의 펩타이드 결합에 작용해서 이것을 분해해 주는 효소를 통틀어서 단백질분해효소 또는 프로테이스라고 한다.

① 프로테이스의 종류

a. 작용 최적 pH에 의한 분류

- 산성 프로테이스 : pH 산성에서 작용하는 것들
- 중성 프로테이스 : pH 중성에서 작용하는 것들
- 알칼리성 프로테이스 : pH 알칼리성에서 작용하는 것들

b. 작용하는 펩타이드의 결합 위치에 의한 분류

- 엔도펩티데이스endopeptidase : 단백질 결합의 내부에 있는 결합을 가수분해해 주는 효소로 펩신pepsin, 트립신trypsin, 키모트립신chymotrypsin 등이 있다.
- 엑소펩티데이스exopeptidase : 단밸질 결합의 말단에 있는 결합부터 순차적으로 분해하는데 C말단(carboxyl기 말단)에 가까운 결합에서부터 작용하는 것을 카복시펩티데이스carboxypeptidase라 하고, N말단(amino기 말단)에 가까운 결합에서부터 작용하는 것을 아미노펩티데이스aminopeptidase라고 한다.

c. 프로테이스의 생성 기원에 의한 분류

- 동물 프로테이스 : 동물 기원의 프로테이스로 펩신, 판크레아틴pancreatin 등이 있다.
- 식물 프로테이스 : 식물 기원의 프로테이스로 파파인papain, 피신ficin(무화과의 액즙) 등이 있다.
- 미생물 프로테이스 : 미생물에 의해서 생성된 것으로 미생물계에 광범위하게 존재한다. 필요한 미생물을 고체나 액체에 배양해서 균체 외 효소로서 얻어진다.

② 미생물 프로테이스

a. 곰팡이 프로테이스

*Aspergillus oryzae*는 배지의 pH에 따라서 프로테이스 생산을 달리한다. 즉, pH 4.0에서는 산성 프로테이스를, pH 7.0에서는 중성 및 알칼리성 프로테이스를 잘 생성한다. 그리고 *Aspergillus niger*나 *Aspergillus saitoi*는 주로 산성 프로테이스를 생성한다.

밀기울이나 대두 분말 또는 이들의 혼합물에 살수율 15%, 35°C로 40시간 배양하고, 물 또는 pH 6.5의 완충액으로 추출해서 진공 농축하며 알코올·아세톤·황산암모늄으로 침전시켜서 제품으로 한다.

b. 세균 프로테이스

*Bacillus subtilis*의 프로테이스는 써브틸리신subtillsin이라 하는데 최적 pH가 7.0인 중성 프로테아제와 pH 10.0인 알칼리성 프로테아제 2종류가 있다. 밀기울과 대두 배지에 의한 고체 배양 및 밀기울과 대두분 알칼리 추출액을 이용한 액체 배양으로 생산된다.

c. 방선균 프로테이스

스트렙토마이신 생산에 이용되는 *Streptomyces griseus*는 배지 중에 프로테이스를 다량 생산한다. 배양 여액을 황산암모늄으로 염석해서 얻는다. 최적 pH는 7~8이며 칼슘에 의해 안정화된다. 트립신의 4배 활성이 있으며 액체 통기 배양으로 얻어진다.

프로테이스는 식육 연화, 글루텐의 개질, 제빵, 맥주나 청주의 혼탁 제거, 간장·된장의 속양速釀, 합성주 향미액, 조미액의 재료, 소화제, 소염제, 피혁 공업 등 용도가 다양하다.

(3) 포도당 이성질화 효소

포도당 이성질화 효소glucose isomerase는 포도당을 이성화해서 과당으로 바꾸는 효소이다. 이 효소를 이용해서 감미가 낮은 포도당액을 감미가 강한 전화당액으로 만드는 방법이 공업화되었다. *Streptomyces albus*를 밀기울과 옥수수 침지액corn steep liquor으로 된 배지에 배양해서 균체를 회수, 이용한다. 즉, 이 효소는 균체 내 효소이기 때문에 균체를 그대로 이용한다. 50% 포도당액을 pH 6.8~7.2, 65~70°C로 약 70시간 반응시키면 포도당 약 26%, 과당 약 24%의 전화당을 얻을 수 있다. 이것은 감미가 강하고 감칠맛이 있어서 수요가 해마다 증가하고 있다.

(4) 전화 효소

전화 효소invertase는 자당을 포도당과 과당으로 가수분해하는 효소로, 대개 균체 내 효소로부터 얻는다. 효모의 전화 효소는 자당 분자의 과당 쪽에서 끊어 주는 프럭토시데이스fructosidase이며, 곰팡이의 전화 효소는 포도당 쪽에서 끊어 주는 글루코시데이스glucosidase이다. 공업적 생산에는 *Saccharomyces cerevisiae*가 이용되며, 균체를 톨루엔toluene, 클로로포름chloroform, 아세트산에틸ethyl acetate 등으로 자기 소화시키고 추출한다.

전화당은 자당보다 맛도 좋고 용해도가 높아서 당의 결정이 잘 생기지 않으므로 식품의 당농도를 높이는 데 이용한다.

(5) 락테이스

락테이스lactase는 젖당을 가수분해해서 포도당과 갈락토스로 바꾸는 균체 내 효소이다. 젖당 발효성 효모 *Saccharomyces fragilis*의 균체에서 추출하며, 아이스크림 등에서 젖당의 결정 방지와 감미 증강용으로 사용한다.

(6) 섬유소분해효소

셀룰레이스cellulase는 섬유소를 구성하는 포도당 사이의 β-1,4 결합을 가수분해하는 효소군의 총칭이다. 섬유소를 분해하기 위해서는 복수의 효소가 관여한다. 일반적으로 셀룰레이스라 하면 3.2.1.4 β-1,4-glucan glucohydrolase를 뜻하는 것으로서 이 효소는

β-1,4 결합을 군데군데 끊어 준다.

사상균 *Trichoderma viride*, *Fusarium solani*, *Aspergillus niger* 등에서 강력한 셀룰레이스 활성을 볼 수 있고, 또 이용되고 있다. 고구마나 곡류에서의 전분 제조, 채소나 과실 가공 시 품질 개량 등에 쓰인다. 앞으로 섬유소 자원의 이용을 위해서 셀룰레이스의 용도는 더욱 넓어질 것으로 전망된다. 섬유소의 사료화 또는 일반 미생물 배지로서의 이용, 퇴비의 숙성 등 응용 분야는 넓다.

(7) 펙티네이스

펙틴은 고등 식물의 과실에 널리 분포되어 있고 천연에서는 프로토펙틴protopectin의 상태로 존재한다. 펙티네이스pectinase는 수종의 효소로 되어 있으며 프로토펙티네이스는 불용성의 천연 펙틴을 가용화한다. 그 외에 펙틴에스터레이스pectin esterase, 폴리갈락투로네이스polygalacturonase 등이 있다.

펙티네이스는 *Aspergillus niger*, *Penicillium sclerotinia*, *Coniothyrium diploidiella* 등에 의해서 생산되고 과즙이나 포도주의 청정에 이용된다.

(8) 라이페이스

라이페이스lipase는 지방을 지방산과 글리세린으로 가수분해하는 효소이며 *Candida cylindracea*, *Candida paralipolytica*, *Sclerotinia libertiana* 등에서 생성된다. 소화제, 유제품 향(유제품에 작용하면 밀크 특유의 향이 생성됨), 양피 세정, 클리닝, 지방산 제조 등에 쓰인다.

(9) 나린지네이스

밀감(특히 여름밀감)의 쓴맛 성분은 나린진naringin인데 나린지네이스naringinase는 과즙이나 마멀레이드 제조 시에 쓴맛 제거용으로 쓰인다. *Aspergillus niger*의 밀기울 배양에서 추출하고 용제로 침전시켜서 얻는다.

헤스페리딘hesperidin(비타민 P)은 밀감에 있는데 과즙이나 통조림에서 백탁 물질이 되어 상품 가치를 떨어뜨리므로 *Aspergillus niger*의 헤스페리디네이스를 이용해서 분해하면 효과적이다.

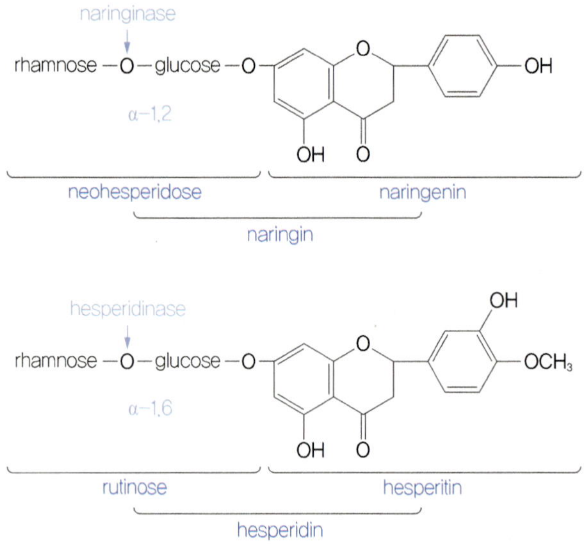

그림 9-2 나린지네이스와 헤스페리디네이스

2) 고정화 효소와 고정화 미생물

1960년대 후반에서부터 효소 또는 미생물 균체를 촉매 활성이 있는 상태로 일정 공간 내에 고정해서 연속 반응이나 재이용을 가능하게 하는 효소 및 미생물 균체의 고정화 immobilization가 많이 연구되고 이용되기에 이르렀다.

고정화 효소immobilized enzyme에는 다음과 같은 이점이 있다.

① 효소의 안정성이 증가한다.

② 효소의 재이용이 가능하다.

③ 반응의 연속화가 가능하다.

④ 반응 생성물의 순도나 수율이 높다.

효소나 미생물의 고정화는 그림 9-3과 같이 운반체결합법carrier-binding method, 가교법cross-linking method, 포괄법entrapping method 등으로 구별된다.

(1) 운반체결합법

① 공유결합법

물 불용성의 운반체와 효소를 공유결합으로 고정화하는 방법인데 결합력이 강해서 안정한 것을 얻을 수는 있지만 활성 중심이나 고차 구조의 변화가 생기기 쉽고 강력한 표

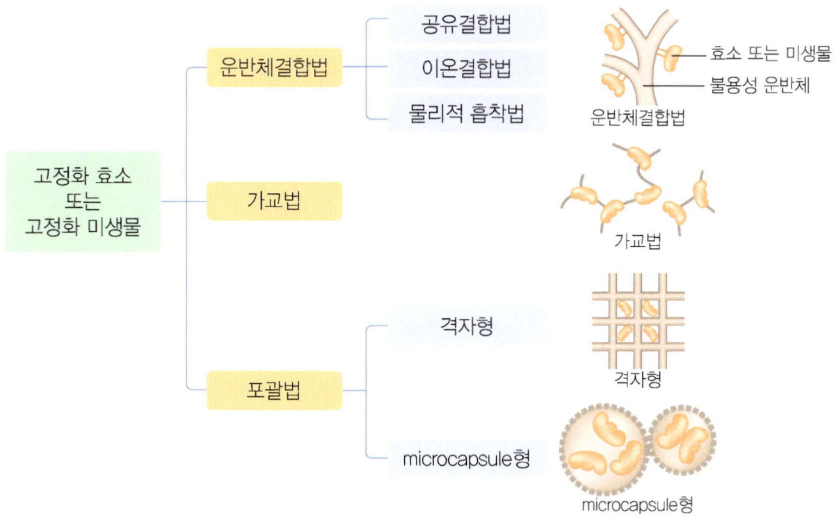

그림 9-3 고정화 효소 및 고정화 미생물의 조정법

품標品을 얻기가 어렵다. 디아조법, 펩타이드법, 알킬법 등이 있다.

② 이온결합법

이온 교환수지 등의 수지에 효소를 이온결합시켜서 고체 촉매화하는 방법이다. 제법은 간단하며 온화한 조건에서 이루어지므로 효소의 구조 변화가 적고 고역가高力價의 것을 얻기 쉬우나 결합이 비교적 약해서 반응 중에 효소가 이탈될 염려가 있다.

③ 물리적 흡착법

활성탄, 산성 백토 등에 효소 단백을 물리적으로 흡착시켜서 고체 촉매화하는 방법이다. 효소 단백의 구조 변화가 적고 가격도 저렴하지만 결합력이 약한 것이 결점이다.

(2) 가교법

작용기가 2개 있는 시약으로 효소 단백을 가교해서 고체 촉매화하는 방법이다. 공유결합과 마찬가지로 안정하지만 고역가의 표품은 얻기 어렵다. 무수 말레산maleic acid과 에틸렌의 공중화물, 글루타르알데하이드glutaric aldehyde, 헥사메틸렌다이이소시아네이트hexamethylene diisocyanate 등이 쓰인다.

(3) 포괄법

효소 자체에는 변화를 주지 않고 겔gel의 작은 격자 속에 효소를 잡아 가두어서 밖으로 빠져나오지 못하도록 하거나, 반투과성의 폴리머polymer 피막으로 효소를 미세 캡슐화microcapsulated하는 방법이다. 폴리아크릴아미드겔polyacryl amide gel법이나 카라기난carrageenan법이 많이 응용된다.

현재까지 공업적으로 실시되고 있는 대표적 응용 예는 표 9-2와 같다. 고정화 효소에 의한 연속 효소 반응은 단독 효소계에 관한 것인데 앞으로 복합 효소계도 고정화해서 유용물질을 생산할 수 있게 될 것이다. 이와 같은 반응 장치를 바이오리액터bioreactor라고 한다.

표 9-2 고정화 효소 및 고정화 미생물의 공업적 응용 예

응용	고정화 표품	공업화 개시 시기(년)
DL-amino acid의 광학 분할	고정화 amino acylase	1969
L-asparaginic acid의 제조	고정화 *E.coli*(aspartase)	1973
6-amino penicillanic acid의 제조	고정화 penicillin amidase	1973
이성화 당액의 제조	고정화 glucose isomerase	1973
L-malic acid의 제조	고정화 *Brevibacterium ammoniagenes*(fumarase)	1974
저젖당유의 제조	고정화 lactase	1977

2. 유기산의 생산

미생물에 의해서 발효, 생산된다는 것이 확인된 유기산은 약 60종에 이르며 그 수는 해마다 증가하고 있다. 이 중에서 산업적으로 용도가 있는 것은 아직 그 수가 많지 않으며 그중 중요한 것은 표 9-3과 같으나 실지로 공업적 생산이 되는 것은 극소수이다.

1) 젖산

젖산은 많은 미생물을 생성할 수 있으나 특히 공업적으로 이용할 수 있는 것은 젖산균 부류에 속하는 세균군과 *Rhizopus*속의 사상균 일부이다. 인체에서 대사되는 것은 L-형뿐이므로 식용으로 이용할 경우에는 L-형 젖산만을 생성하고 효모형 발효를 하는 미

표 9-3 미생물이 다량 생성하는 주요 유기산

유기산	구조식	대표적 균명	수율(원료)
acetic acid	CH_3COOH	*Acetobacter aceti*	이론치의 95%(ethyl alcohol)
propionic acid	CH_3CH_2COOH	*Propionibacterium shermanii*	60%(glucose)
pyruvic acid	$CH_3COCOOH$	*Pseudomonas aeruginosa*	50%(glucose)
lactic acid	$CH_3CH(OH)COOH$	*Lactobacillus delbrueckii*	이론치의 90%(glucose)
succinic acid	$HOOCCH_2CH_2COOH$	*Bacterium succinicum*	57%(사과산)
tartaric acid	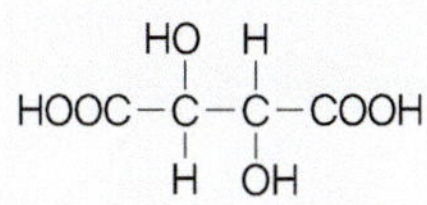	*Acetobacter suboxydans*	27%(glucose)
fumaric acid	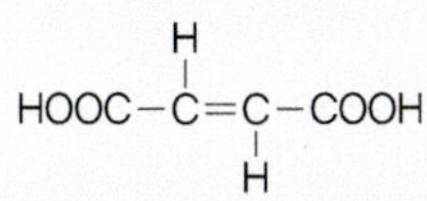	*Rhizopus delemar*	58%(glucose)
malic acid	$HOOCCH_2CH(OH)COOH$	*Lactobacillus brevis*	이론수율(glucose)
itaconic acid	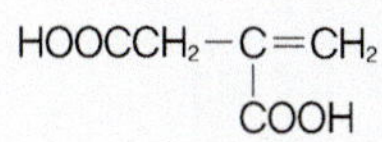	*Aspergillus terreus*	60%(glucose)
α-ketoglutaric acid	$HOOCCH_2CH_2COCOOH$	*Candida hydrocarbofumarica*	84%(*n*-파라핀)
citric acid	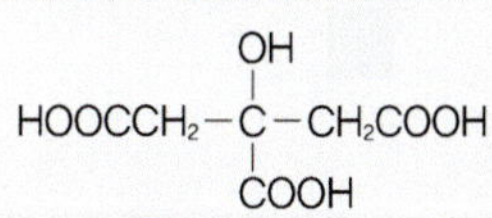	*Aspergillus niger*	85%(설탕)
		Candida lipolytica	140%(*n*-파라핀)
L(+) isocitric acid	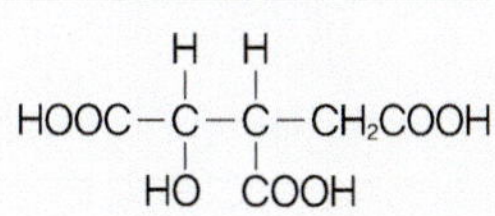	*Candida brumptii*	28%(glucose)
L(+) alloisocitric acid	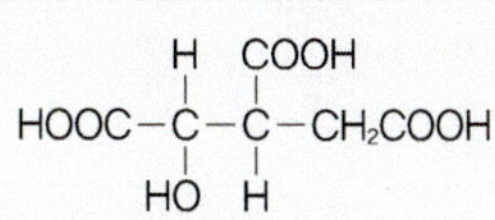	*Penicillium purpurogenum*	40%(glucose)
gluconic acid	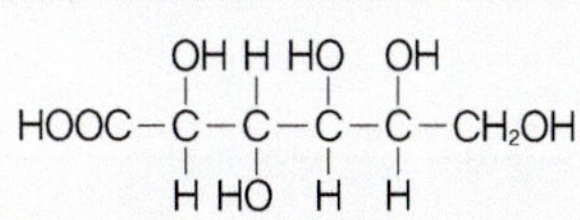	*Aspergillus niger*	95%(glucose)
2-ketogluconic acid	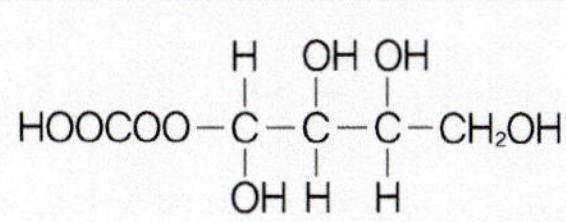	*Pseudomonas fluorescens*	90%(glucose)
5-ketogluconic acid	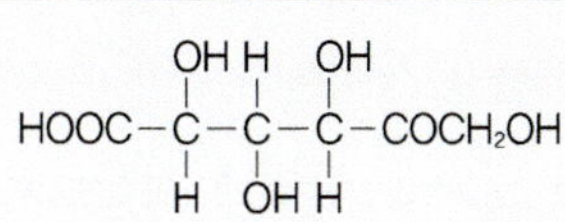	*Acetobacter suboxydans*	90%(glucose)

(계속)

유기산	구조식	대표적 균명	수율(원료)
D-araboascorbic acid	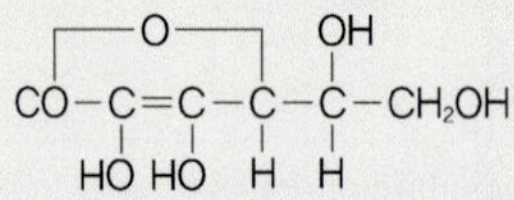	*Penicillium notatum*	45%(glucose)
kojic acid	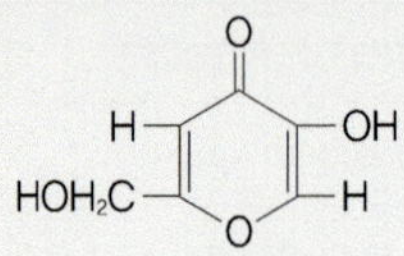	*Aspergillus oryzae*	50%(glucose)
salicylic acid	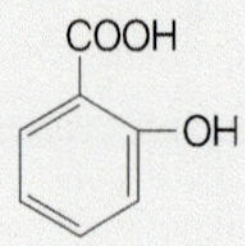	*Pseudomonas aeruginosa*	94%(naphthalene)

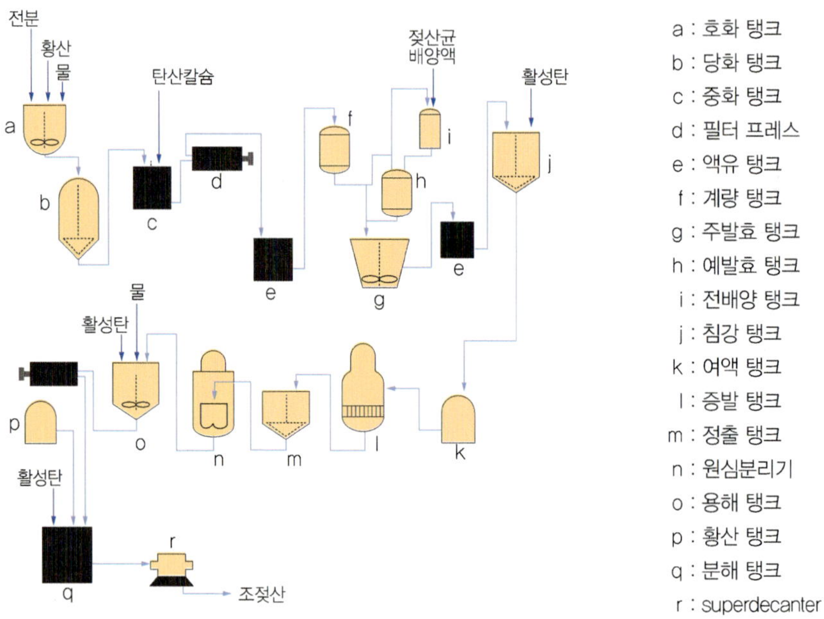

그림 9-4 전분에서 젖산 제조 과정

생물을 이용해야 한다. 실용 균주로는 고온 발효를 하고 산 생성력이 강한 *Lactobacillus delbrueckii*가 있다. 곰팡이로는 *Rhizopus oryzae*가 있는데 이것은 L-형 젖산만을 생성하고 세균의 경우와는 달리 호기적으로 젖산을 생성한다.

공업적으로 쓰이는 원료는 당밀·전분 당화물 등인데 젖산균은 영양 요구가 복잡하기 때문에 당밀은 좋은 원료가 되지 못한다. 전분 당화물을 이용할 경우에는 전분을 산 당화법이나 맥아 또는 미생물 효소를 이용해서 당화하고 전당이 10~15% 되게 한다. 여기에 질소원이 되는 부원료와 $CaCO_3$, 종균Lactobacillus delbrueckii을 넣고 48~50°C로 4~7일간 발효시킨다. 과잉으로 첨가된 $CaCO_3$는 발효 중에 생성된 젖산과 결합해 젖산칼슘을 회수해서 황산으로 처리하여 젖산을 얻어 낸다.

전분질 외의 원료를 이용하는 경우로는 1,2-프로판디올1,2-propanediol이 있다. 30°C, 3일간의 발효로 100% 수율을 올리고 있다.

2) 시트르산

시트르산citric acid은 감귤류에 들어 있는 유기산으로서 곰팡이가 시트르산을 생성하는 사실을 알게 된 것은 꽤 오래된 일이다. 처음에는 *Penicillium*속의 곰팡이가 주목되었으나 그 후에 *Aspergillus*속이나 *Trichiderma*속의 곰팡이가 더욱 우수하다는 것을 알게 되어 그때까지 감귤류에서 추출해서 생산하던 시트르산 생산은 점차로 *Aspergillus niger*를 이용하는 발효법으로 전화되기에 이르렀다.

시트르산 생성 발효에서 곰팡이는 표면 배양되는 경우와 액내 배양되는 경우로 나뉜다. 또 보통의 코지처럼 고체 배양되는 방법도 있으나 액내 배양법이 세계적인 주류로 되어 있다.

배양액은 포도당에 무기 염류를 함유시킨 것이 쓰이지만 공업적으로는 값싼 당밀을 많이 쓴다. 당밀 중의 Fe 성분은 발효에 지장을 주므로 미리 황혈염 등으로 처리해서 제거해 놓는다. 배양액의 pH는 2~3으로 조절하고 고도의 호기 조건으로 배양한다. 당도 15%, 온도 25~28°C로 하여 7일 정도 발효시킨다. 발효가 끝나면 액에서 균체를 제거하고 탄산칼슘을 이용해서 시트르산을 칼슘염으로 침전 회수한다. 칼슘염은 황산으로 처리해서 유리의 시트르산으로 만든다.

한편, 최근 *Candida lipolytica*가 *n*-파라핀에서 원료 대비 140~150%의 시트르산을 생성하는 것이 알려져서 장래가 기대된다. 시트르산은 식품의 산미료로 쓰이는 양이 막대하여 유기산 중에서 생산량이 많은 편이며 그 외에 의약용, 가소제, 킬레이트화제로도 쓰인다.

3) 글루콘산

글루콘산gluconic acid은 포도당의 호기적 대사에서 가장 불완전한 산화물이다. 포도당에서 글루콘산을 생성하는 세균으로는 아세트산균 *Acetobacter oxydans*, *Acetobacter gluconicum* 등이 알려졌는데, 근래에 *Pseudomonas ovalis*가 더 우수하다는 사실이 확인되었다.

곰팡이로는 *Penicillium chrysogenum* 등이 알려져 있으나 *Aspergillus niger*가 가장 우수하다. 세균이나 곰팡이가 다 같이 대당 수율이 95% 정도 되지만 발효액에서 균체 제거 작업 시 곰팡이가 더 편리하므로 곰팡이를 이용하는 경우가 많다.

글루콘산의 발효에서는 전분 당화액에 무기 영양원을 가하고 *Aspergillus niger*를 접종해서 액내 배양한다. 30% 당 농도인 경우 약 40시간으로 발효가 종료된다. 발효 진행 과정에서는 탄산석회와 가성소다로 중화하면서 발효를 진행시킨다. 발효 후에 균체를 제거하고 농축해서 글루콘산의 염을 회수한다.

글루콘산은 좋은 산미를 내지만 산미료로는 별로 이용하지 않는다. 나트륨염은 식품 공장에서 병이나 용기 세척 시에 가성소다액에 5% 정도 혼합하거나 보일러 관석 방지 목적으로 이용한다. 유리 글루콘산은 농축해서 결정시키면 글루코노델타락톤glucono-deltalactone이 되는데 이것은 두부(연두부)의 응고제로 소비량이 급증하고 있으며 빵의 팽창제로도 사용한다.

4) 이타콘산

이타콘산itaconic acid은 시스-아코니트산*cis*-aconitic acid에서 탈탄산되어서 생성되는데 대사경로상의 중간체는 아니다.

1929년 기노시다Ginosida는 *Aspergillus itaconicus*가 이타콘산을 생성하는 것을 발견했으며 그 후 *Aspergillus terreus*가 더 우수한 균종으로 발견되었다. 배양은 표면과 액내에서 할 수 있고 수율은 대당 약 60%이다. 발효 중 마그네슘이 다량 필요하며 pH는

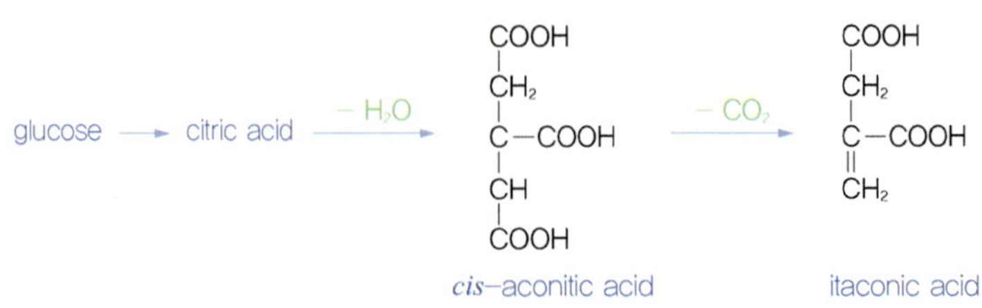

1.8~1.9가 적당하다.

이타콘산은 불포화 결합이 있어서 화학 반응성이 크고 그 에스터류는 중합성이나 가소성이 우수하므로 합성수지의 원료로 유망하다.

5) 말산

말산malic acid은 생물 세포 내의 TCA 회로의 중간체이다. 보통 합성법으로 만들어지나 이것은 DL-형이며 천연의 것과 같은 L-형이 아니다. *Aspergillus flavus* 대당 30% 이상의 수율을 올릴 수 있다. 세균을 이용하는 경우에는 ***Lactobacillus brevis***의 효소 푸마레이스fumarase를 이용하는데 합성법으로 만든 푸마르산fumaric acid에 이 효소를 작용시키면 푸마르산은 100% 말산으로 전환된다. 이 반응은 단시간에 진행되며 고농도로 진행이 가능하다.

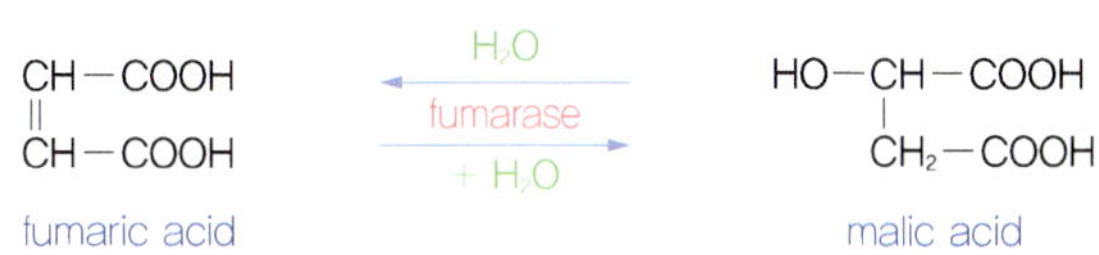

생성된 말산은 L-형이다. 말산도 시트르산과 마찬가지로 식품의 산미료로 이용되며 나트륨염은 식염 대용으로 무염 간장을 만드는 데 이용된다.

3. 아미노산 발효

각종 아미노산은 다음과 같은 방법으로 만들 수 있다.

① 식물성 단백질을 염산으로 가수분해하는 방법

② 화학적 합성 또는 DL-분할법

③ 미생물을 이용한 발효법

최근 약 30년 사이에 미생물을 이용한 발효법이 급진적으로 발달해서 글루탐산모노나트륨monosodium glutamate, MSG이나 라이신lysine 등이 다량 생산되고 있다.

1) 글루탐산

글루탐산 모노나트륨염MSG을 조미료로 1909년에 일본에서 이용하기 시작하였다. 이것은 밀단백인 글루텐gluten을 염산으로 가수분해해서 만들어 왔으나 1959년 기노시다가 발효법을 개발함으로써 값싼 탄수화물을 원료로 하는 발효법으로 생산한다. 글루탐산을 생성할 수 있는 미생물은 곰팡이에서 방선균에 이르기까지 그 분포가 넓고 과학자들에 의해 연구된 것만도 1,900여 종에 이른다(표 9-4). 실제로 공업에 이용되는 미생물은 *Corynebacterium glutamicum*(원래 *Micrococcus glutamicum*), *Brevibacterium flavum*, *Brevibacterium lactofermentum*, *Microbacterium ammoniaphilum*, *Brevibacterium thiogenitals* 등이다.

실제 제조법을 보면 우선 전분질 원료를 당화하고 여기에 황산암모늄이나 요소를 규정량 넣고 바이오틴biotin을 2~5 μg/L의 농도로 첨가한다. 발효액은 pH 중성이나 약알칼리성으로 해서 27~30°C로 2~3일간 발효시킨다. 생산량은 50~100 g/L(수율 50~60%)이다. 글루탐산은 이온 교환 수지에 흡착·용출하는 방법, 발효액을 농축해서 pH 3.2에서 염산염으로 침전시키는 방법, 알코올을 가해서 침전시키는 방법 등으로 회수한다.

탄소원으로 당밀을 이용할 때는 당밀 중에 비오틴이 너무 많으므로 페니실린을 첨가해 균의 생육을 조정하는 방법을 사용한다. 또 탄소원이 에틸렌에서 만들어지는 합성 아세트산을 이용하는 방법이 실용화되어 있는데 수율은 50% 정도이다.

글루탐산의 수율은 배양 조건에 따라서 크게 좌우된다. 그중에서 가장 영향이 큰 것은 비오틴의 양이며, 통기량, pH 등도 중요한 요소로 작용한다. 비오틴이 너무 적으면 균의 생육이 더디고 너무 많으면 균의 생육은 좋으나 축적되는 글루탐산의 양이 극히 적다. 최

표 9-4 글루탐산 생성 균주의 분포

	공식 균수	글루탐산 생산 균주(%)	생산균의 예
세균	650	20	*Escherichia coli* *Bacillus megaterium* *Sarcina lutea* *Micrococcus glutamicus*
방선균	372	30	*Streptomyces tanashiensis* *S. cinamonensis*
효모	468	30	*Rhodotorula glutinis* *Pullularia pullulans* *Sporobolomyces salmonicolor* *Torula utilis*
곰팡이	475	10	*Penicillium chrysogenum* *Aspergillus oryzae* *Rhizopus nigricans* *Mucor racemosus*

적량은 균주에 따라서 다소 차이가 있으나 2~5 μg/L이다.

통기, 즉 산소의 공급도 중요하며 산소 공급 방법이나 양에 따라서 글루탐산 생성에 많은 차이가 있게 된다. 즉, 최소한 7×10^{-10} mol/mL·min 이상이 필요한 것으로 알려져 있다. 이 수치는 배양계에서의 산소 이동 속도로 나타낸 단위biological rab이다.

포도당에서 글루탐산이 만들어지는 메커니즘에 대해서는 대략 다음과 같이 생각된다. 당은 EMPEmbden-Meyerhof-Parnas Pathway(해당 과정) 및 HMPhexosemonophosphate pathway(오탄당인산경로) 경로를 거쳐서 대사되고 포스포에놀피루브산phosphoenolpyruvic acid이 TCA 회로tri-carboxylic acid cycle에 들어가서 α-케토글루타르산α-ketoglutaric acid을 거쳐서 글루탐산이 된다.

글루탐산 발효균의 발효 성립 요인을 간단히 정리하면 표 9-5와 같다.

표 9-5 **글루탐산 발효 성립의 요인**

미생물의 생리적 조건	i) biotin을 요구한다. ii) α-ketoglutaric acid의 산화능이 약하거나 결손되어 있다. iii) glutamic acid dehydrogenase의 활성이 강하다. iv) $NADPH_2$의 재산화 능력이 없다.
미생물 증식의 환경 조건	i) 산소 농도가 적당할 것 ii) 암모니아 농도가 적당할 것 iii) pH가 중성이거나 미알칼리성일 것 iv) 시트르산 농도가 적당할 것 v) biotin의 농도가 생육 최저 농도일 것

2) 라이신

라이신은 쌀이나 밀에 소량 들어 있는 필수 아미노산으로 영양학상 중요한 아미노산이다. 라이신의 발효 생산 방법에는 다음 5가지가 있다.

① 야생 균주를 이용하는 직접법

② 생합성 전구물질을 가해서 대사시키는 방법

③ 변이주를 이용하는 2단법

④ 변이주를 이용하는 직접법

⑤ DL-라이신이나 그 전구물질을 화학 합성해서 효소로 이것을 L-라이신으로 하는 방법

현재 공업적 방법으로 이용되는 방법은 주로 변이주를 이용하는 직접법이다.

Tip

가축용 사료에서 라이신(Lysine)의 중요성

라이신은 염기성 α-아미노산의 하나로 동물성 단백질에 많이 존재하고 식물성 단백질에는 그 함유량이 적으며 체내에서 합성되지 않아서 음식물을 통해 섭취하여야 하는 필수 아미노산이다. 따라서 곡물 섭취량이 많은 동양인에게 부족하기 쉬운 아미노산이며 또한, 최근의 기업화된 가축 사육의 경우 곡물용 사료를 주로 사용하기 때문에 필수 아미노산인 라이신 결핍에 의한 가축의 저성장이 초래되므로 사료에 라이신을 첨가하고 있다.

한편, *Bacillus megaterium*은 수산 가공 부생품인 피시 솔루블fish soluble을 질소원으로 한 배지에서 2.65 μg/mL의 라이신을 생산하는데 이때 아미노뷰티르산을 가하면 생성량이 증대한다.

*Achromobacter delmarvae*는 탄화수소를 탄소원으로 해서 24 μg/mL의 라이신을 생산한 바 있다.

4. 알코올의 생산

미생물이 관계한 식품을 인간이 이용하게 된 역사는 매우 오래되었으며 이들 식품은 주로 에틸알코올, 아세트산, 젖산 등의 발효에 의한 생성을 이용한 것이다. 알코올이나 유기산 등의 대사 생성물만을 추출해서 이용하게 된 것은 비교적 최근의 일이다.

미생물이 당을 이용해 알코올을 생성하는 현상은 혐기적 호흡의 한 형태로 볼 수 있다.

알코올 생산에 이용하는 원료로는 값싼 당밀이나 목재 당화액이 있는데 우리나라에서는 절편 고구마도 이용한다.

1) 전분질의 이용

전분으로 알코올을 생산할 때 효모는 전분을 분해해서 발효성의 당으로 전환해 주는 능력이 없기 때문에 당화(가수분해) 공정이 필요하다. 전분을 가수분해하는 방법으로는 미생물이나 맥아 등의 효소를 이용하는 효소 분해법과, 염산이나 황산 등을 이용하는 산 분해법이 있다. 그런데 실용적으로 효소 분해법을 많이 채택하고 있다.

효소 분해법에는 맥아를 이용하는 방법, 코지를 별도로 만들어서 이용하는 방법, 발효액에 직접 효소 생성 미생물을 배양해서 발효시키는 방법 등이 있는데 이 중 세 번째 방법이 가장 편리하므로 이를 발전시켜서 아밀로법amylo process이란 이름으로 실용화하였다.

아밀로법은 고구마 등의 전분질 원료를 전분 농도가 8~10% 되게 가수해서 100°C 이상으로 증자한다. 이것을 밀폐 발효 탱크에 옮기고 냉각 후 미리 플라스크에 배양해 좋은 *Rhizopus javanicus*의 포자액을 무균적으로 접종하고 37°C로 통기 배양한다. 균사가 증식하면서 아밀레이스가 생성되기 시작하면 통기를 중지하고 온도를 30°C로 내린 후 미리 맥아즙에 배양해 놓은 종효모를 접종하고 때때로 통기한다. 당화와 발효는 병행적으로 진행되어 약 90시간이면 종료된다. 그 후 균사나 기타 고형물을 제거하고 다단 증류기로 알코올을 회수한다.

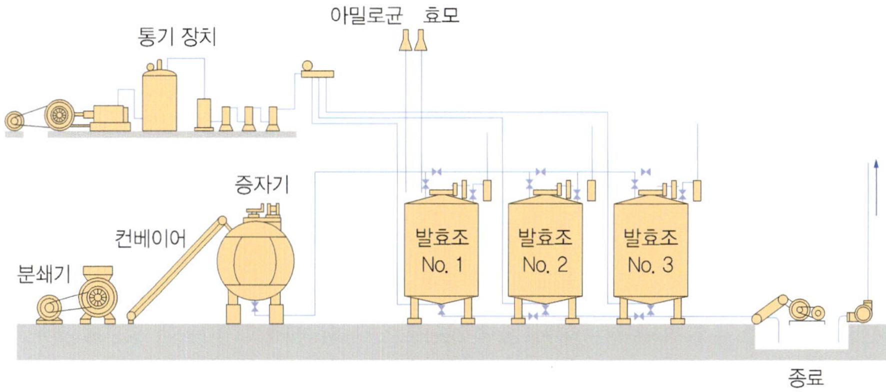

그림 9-5 아밀로법의 설계 모형도

2) 폐당밀의 이용

설탕을 제조한 부산물인 폐당밀(당밀이라고도 함)은 흑색의 점조액으로 50% 이상의 당분을 함유한다. 전분질 원료처럼 당화 공정이 필요 없고 직접 효모로 발효시킨다.

발효액은 당 농도를 15~20% 되게 희석하고 영양원으로 황산암모늄, 과인산석회를 적당량 가하여 pH를 5로 조정, 60°C로 30분간 살균한다. 30°C로 냉각 후 술밑(발효액의 5~10%에 미리 효모를 통기 배양해 놓은 것)을 넣고 30°C 내외로 3일간 발효시킨다. 알코올은 다단 증류기로 회수한다. 여기에서 이용되는 효모는 *Saccharomyces formosensis*(지금은 *S. cerevisiae*로 포함됨)이다.

우리나라에서도 식량이 귀하던 1960~1970년대에는 전적으로 수입 당밀에 의존했으나 발효 폐액의 환경 오염 때문에 지금은 거의 사용하지 않는다.

5. 핵산 관련 물질

천연식품의 정미 성분으로 각종 아미노산, 핵산 관련 물질, 유기산 등이 알려져 있고 이들 성분이 복잡하게 얽혀서 감칠맛이 발현된다. 그동안 감칠맛 물질의 대표 격이었던 글루탐산나트륨 외에 1960년대 새로이 뉴클레오타이드nucleotide가 MSG와는 또 다른 차원의 감칠맛이 있음이 발견되어 오늘날 많이 생산되고 있다.

뉴클레오타이드가 감칠맛을 내기 위해서는 다음과 같은 조건이 필요하다.

① 퓨린purine 핵을 가질 것

② 퓨린 핵의 C_6에 OH를 가질 것

③ 리보스ribose의 C5가 인산화되어 있을 것

이런 조건에 만족하는 것은 5′-구아닐산5′-GMP, 5′-guanylic acid, guanosine-5′-monophosphate, 5′-이노신산5′-IMP, 5′-inosinic acid, inosin 5′-monophosphate, 5′-크산틸산5′-XMP, 5′-xanthylic acid, xanthosin-5′-monophosphate이며 이들이 나타내는 정미의 강도를 비교하면 5′-GMP > 5′-IMP > 5′-XMP의 순서가 된다. 조미료로 이용할 때 이들은 나트륨염의 형태인 것이 좋다. MSG와 5′-뉴클레오타이드 소다를 혼합하면 정미성이 상승적으로 증가하는데 그 비율은 92 : 8 정도가 가장 효과적이라 한다.

정미성 뉴클레오타이드의 공업적 생산법에는 효모 RNA의 분해법, 직접 발효법, 발효법과 화학 합성법의 조합combination 등이 있다.

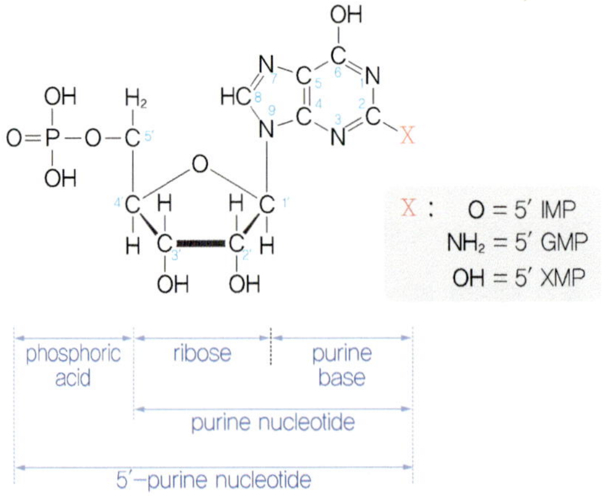

그림 9-6 퓨린 뉴클레오타이드의 구조

1) 효모 RAN의 분해법

목적하는 정미성 뉴클레오타이드인 5′-IMP, 5′-GMP는 효모에서 추출된 RAN를 원료로 얻을 수 있다. RAN를 분해하면 5′-AMP5′-adenylic acid, adenosine-5′-monophosphate, 5′-GMP, 5′-UMP5′-uridylic acid, uridine-5′-monophosphate) 5′-CMP의 4가지 뉴클레오타이드가 얻어지는데 이 중에서 5′-AMP는 탈아미노deamination하면 5′-IMP가 된다(그림 9-7).

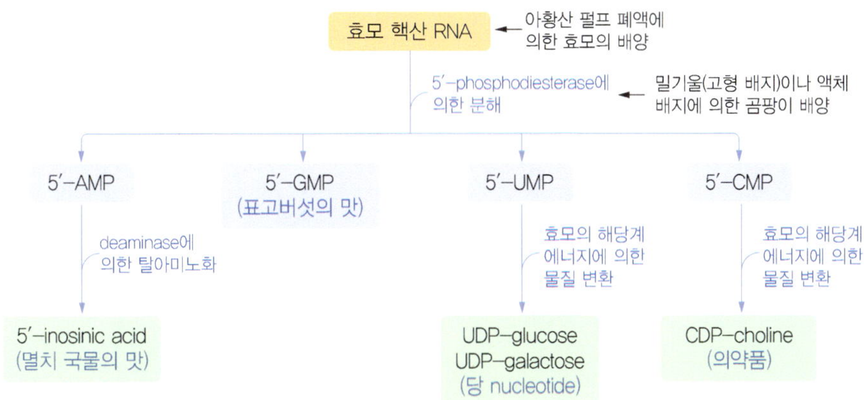

그림 9-7 효모 RNA에서 각종 뉴클레오타이드 유도체의 조제

효모*Saccharomyces cerevisiae*에는 특이적으로 RAN가 많이 있으므로 이것을 열식염수로 추출해서 이용한다. RAN는 그림 9-8과 같이 뉴클레오타이드의 리보스의 3′와 5′ 탄소의 OH기 사이에서 인산이 에스터결합을 하고 있고, 3′ 위치의 인산 에스터결합을 특이적으로 끊어 주는 작용력이 있는 5′-포스포다이에스터레이스5′-phosphodiesterase를 작용시키면 5′-에 인산이 결합한 5′-뉴클레오타이드가 얻어진다. 이와 같은 분해효소는 독사 독, 소장 점막 등에 있으나 공업적으로는 푸른곰팡이*Penicillium citrinum*나 방선균*Streptomyces aureus* 등의 미생물 효소가 이용된다.

2) 직접 발효법

아미노산 발효와 달리 뉴클레오타이드의 직접 발효에는 생성물의 분해가 문제가 된다. 즉, IMP나 GMP를 축적하는 변이주가 육성되었다 할지라도 세포 중에 인산가수분해효소phosphatase가 존재하기 때문에 생성된 IMP나 GMP가 분해되어 배지 중에 실제로 남는 것은 이노신이나 구아노신과 같은 뉴클레오사이드 또는 그보다 더욱 분해된 물질이다.

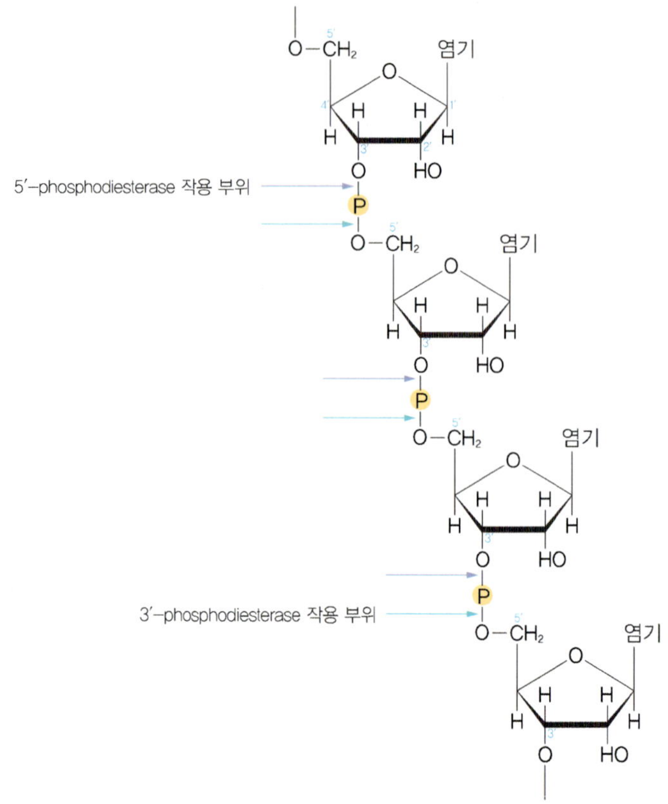

그림 9-8 RNA의 구조와 가수분해효소에 의한 5-nucleotide의 조제

이러한 문제점을 *Brevibacterium ammoniagenes*의 변이주를 이용해서 5′-IMP를 20 mg/mL의 농도로 축적하는 데 성공함으로써 문제를 해결하고 나아가 공업화하였다.

이 발효에서 생산물 축적에 절대 필요한 배지 성분으로 판토텐산pantothenic acid과 티아민thiamin 그리고 미량의 Mn^{2+}와 Zn^{2+}가 있어야 한다.

3) 발효법과 화학 합성법의 짝맞춤

이것은 미생물 균체 내의 비정상적인 대사를 유도(변이주의 육성 등)해서 이노신이나 구아노신 등의 퓨린 뉴클레오사이드purine nucleoside를 생성하게 하고 여기에 적당한 방법으로 인산을 결합해서 뉴클레오타이드로 만드는 방법이다.

아오키Aoki(1963) 등은 *Bacillus subtilis*의 변이주인 *B. subtilis* B-4와 *B. subtilis* C-30이 4.46 g/L, 6.30 g/L의 양으로 이노신을 생성했음을 보고하였다. 이렇게 해서 생성된 이노

신에 인산을 결합해서 5′-IMP로 만드는 방법에는 인산전달효소phosphotransferase를 이용하는 효소학적 방법과 합성 화학적 방법이 있는데 현재는 화학적인 방법이 실용화되어 있다.

6. 항생물질

자연계에서 미생물들은 서로 어떤 관계를 유지하면서 생존해 간다. 길항 작용도 그중 한 가지이며 여기에 관여하는 인자도 복잡하다. 그 인자 가운데 한 가지로는 항생물질을 들 수 있다. 항생물질은 "생물, 특히 미생물에 의해서 생산되고 미생물 기타 생활세포의 기능을 저지하는 물질"이라 정의하고 있다.

항생물질이 처음 발견된 것은 1929년 영국의 플레밍Fleming이 페니실린을 발견하면서부터였으나 그것이 실용화된 것은 1941년(제2차 세계대전 중)이다. 그러나 페니실린은 그람양성균에는 잘 작용하지만 그람음성균에는 전혀 작용하지 않는 단점이 있는 것을 알게 되었다.

미국의 왁스먼Waxman은 1952년 방선균을 이용해서 스트렙토마이신Streptomycin을 얻게 되었고 이것으로 페니실린의 약점을 보완하였다. 그 후 이 방면의 연구는 급진전되어 오늘날 많은 종류의 항생물질이 실용화되어 인류 복지 증진에 크게 기여하고 있으나 그 역기능도 만만치 않게 논의되고 있다. 즉, 항생물질의 오남용으로 인한 내성균 출현은 그중 심각한 문제로 대두되고 있으며 근래에는 어떤 항생물질에도 끄떡없는 슈퍼박테리아가 출현하여 의학계를 당황하게 하고 있다.

1) 대표적인 항생물질

항생물질은 미생물의 생존에 직접 관계하는 대사산물(제1차 생산물)이 아닌 제2차 산물이라고 알려진 물질이며, 그 구조도 천차만별이어서 특이한 구조를 가지는 것이 많다. 그러나 잘 알려진 항생물질들은 기본 골격 구조로 볼 때 다환상 골격으로 되어 있는 것들이 많고, 작용의 특징으로 볼 때는 표 9-6과 같이 몇 가지로 분류된다.

2) 항생물질의 검출과 정량

항생물질의 활성은 대상이 되는 미생물의 생육 저해 정도로 검출되고 활성이 정량된다. 활성의 정량에는 여러 가지 방법이 있으나 비교적 간단한 방법으로는 페이퍼디스크paper disk법이 있다(그림 9-9). 페이퍼디스크법은 피검균을 고체 평판 배지에 도말하고 그

표 9-6 주요 항생물질

작용의 특징	항생물질명	생산균 속	작용 대상
세균 세포벽 합성 저해	Penicillin	*Penicillium*	그람양성균
	Cephalosporin	*Cephalosporium*	그람음성균·양성균
단백질 합성 저해	Streptomycin	*Streptomyces*	결핵균, 그람양성균·음성균
	Kanamycin	*Streptomyces*	Streptomycin 유사 화합물 내성균에 유효
	Chloramphenicol	*Streptomyces*	그람양성균·음성균
	Tetracycline	*Streptomyces*	그람양성균·음성균
	Leucomycin	*Streptomyces*	그람양성균·음성균
세포질막에 장애를 줌	Polymixin B	*Bacillus*	그람음성균
	Colistin	*Bacillus*	그람음성균
	Trichomycin	*Streptomyces*	곰팡이, 효모
에너지 대사 장애	Antimycin A	*Streptomyces*	식물병원성 곰팡이
	Oligomycin	*Streptomyces*	곰팡이
핵산 생합성 장애	Mitomycin C	*Streptomyces*	백혈병, 육종 등의 악성 종양
	Chromomycin	*Streptomyces*	암
식물 병원균에 작용	Polyoxin	*Streptomyces*	벼 도열병
	Kasugamycin	*Streptomyces*	벼 도열병, *Pseudomonas* 세균

위에 피검액을 흡수시킨 지름 5~7 mm의 원형 여지를 놓고 일정 시간 배양하면 피검물(항생물질)이 피검균에 작용할 경우 생육 저해원(투명환)이 생기게 되는데 그 지름의 크기로 항균 활성을 비교하는 비교적 손쉬운 방법이다. 일반적으로 항생물질의 항균력의 강도는 피검균의 생육을 저해하는 데 필요한 배지 1 mL당 최소량(μg)으로 나타내며 이것을 최소 저해 농도minimum inhibitory concentration, MIC라고 한다.

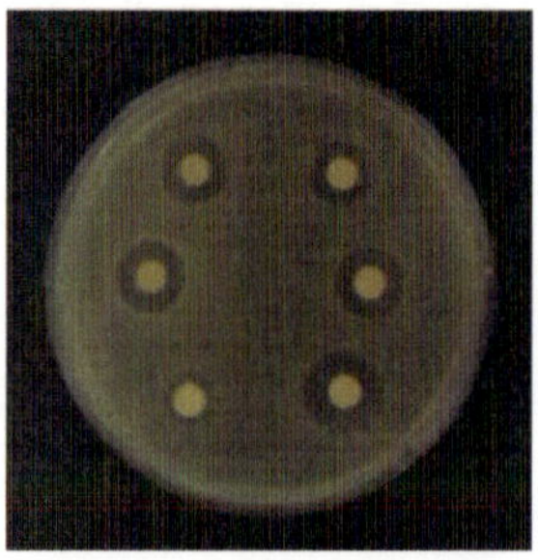

그림 9-9 페이퍼디스크법에 의한 항생물질의 정량

요약

1. 효소는 산화·환원, 가수분해, 전이, 탈리, 이성화 등 다양한 촉매 반응에 관여하며, 이러한 성질을 이용하여 식품 가공과 기타 물질 생산에 이용된다.

2. 효소 또는 미생물 균체를 촉매 활성이 있는 상태로 일정 공간 내에 고정해서 연속 반응을 가능하게 하는 것이 효소 및 미생물 균체의 고정화immobilization이다.

3. 아미노산, 유기산, 핵산, 알코올, 항생물질 등 많은 물질을 미생물 발효를 이용하여 산업적으로 생산하고 있다.

연습문제

1 식품 가공에서 많이 쓰이는 효소와 그 작용에 대하여 설명하시오.

2 효소 고정화의 이점을 설명하시오.

미생물과 자연환경

CHAPTER 10

1. 자연계에서 미생물의 존재
2. 토양 중의 미생물
3. 대기 중의 미생물
4. 수중 미생물
5. 하수 처리와 미생물

1. 자연계에서 미생물의 존재

미생물은 자연계의 거의 모든 곳에 존재한다. 즉, 높은 산의 정상이나 1만 m가 넘는 심해, 남극이나 북극의 얼음 속, 100°C나 pH 0 부근의 악조건에서도 생존하는 미생물이 있으며 심지어 지하 유전에서도 발견된다.

자연계에는 한 가지 미생물이 순수 배양되는 것과 같은 상태로 존재하는 일은 극히 드물고 다른 균종과 혼합된 상태로 존재하는 경우가 일반적이다. 또한 동식물과 상호 관련되어 더욱 복잡한 생태계를 이루고 있다.

이와 같이 미생물과 환경의 관계 또는 다른 미생물이나 동식물의 상호 관계를 다루는 학문을 미생물 생태학microbial ecology이라 한다. 또 특정한 지역이나 장소(식품 등)에 어떤 미생물이 분포되어 있는지를 나타내기 위해서 미생물상microflora이란 말을 쓴다.

2. 토양 중의 미생물

1) 토양 중의 미생물 분포

지구 표면의 흙에는 세균, 방선균, 곰팡이, 효모, 조류, 원생동물 등 거의 모든 미생물이 존재한다. 그러나 그 수는 표 10-1에서와 같이 장소에 따라 차이가 많다. 미생물 중에서도 세균이 가장 많으며 이들은 토양 고유형이라 할 수 있는 질화 세균, 탈질소 세균 등과 유기물의 첨가에 의해서 급속히 증가하는 발효형 미생물로 대별할 수 있다.

표 10-1 몇 가지 토양 중의 미생물 수

(단위 : 1 g당)

토양의 종류	심도(cm)	pH	세균(× 10^4)	방선균(× 10^4)	곰팡이(× 10^4)
밭	0~15	7.2	1960	350	21.4
	15~30	5.0	177	40	3.4
논	0~14	5.8	8030	370	9.7
	14~20	6.2	287	57	0.2
침엽수림	10	5.6	142	33	14.2
	20	5.8	100	29	9.3
광엽수림	10	5.7	1021	80	18.3
	20	5.6	347	70	13.1

이 밖에 효모도 존재하는데 주로 과수원 토양에서 발견된다. 토양의 미생물상은 여기에서 생산되는 농작물(식품)의 미생물 오염과 밀접한 관계가 있으며 식품 위생학적 측면에서도 중요시된다.

2) 토양 미생물의 역할

자연계의 물질 순환에 가장 큰 역할을 담당하는 것이 토양 미생물이라고 할 수 있다. 이들은 작물이나 수목의 생육에 커다란 영향을 끼치며 농림업과도 밀접한 관계를 맺고 있다.

(1) 질소의 순환과 미생물

공기 중의 질소는 *Rhizobium*(근류균)에 의해서 공생적으로, 또 호기성 균인 *Azotobacter* 속이나 혐기성 균인 *Clostridium pasteurianum*, 남조균(*Nostoc*속, *Anabaena*속) 등에 의해서

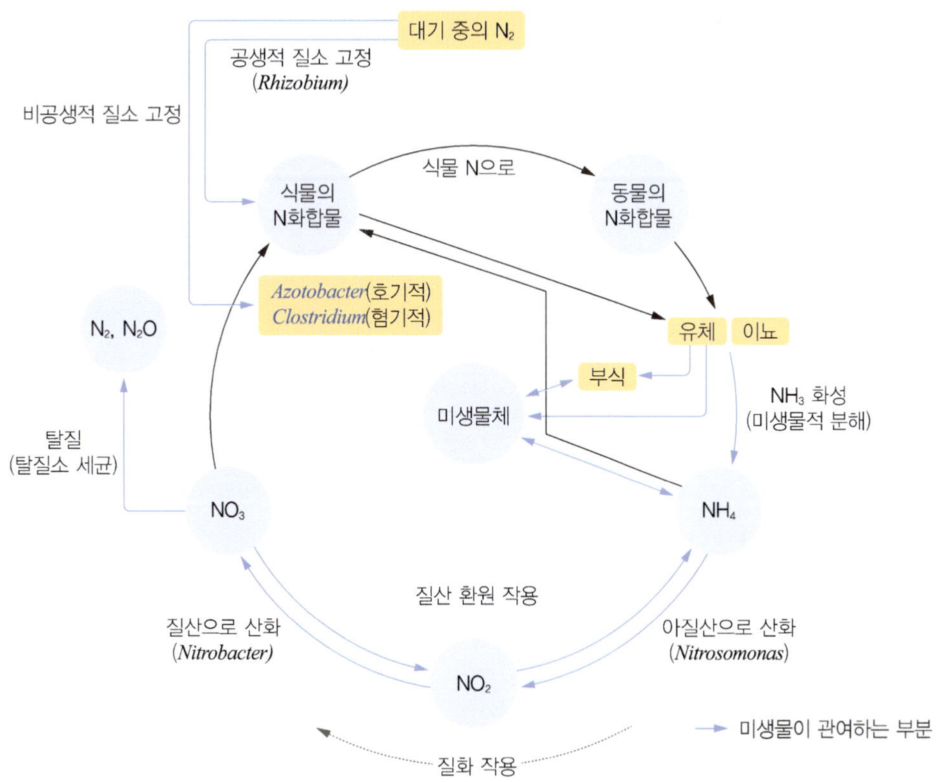

그림 10-1 질소의 순환

비공생적으로 고정nitrogen fixation된다. 이 중에서 남조류는 논에서 질소 고정에 중요한 구실을 하는 것으로 보인다.

고정된 질소는 식물이나 미생물이 흡수해서 유기질소로 만드는데 이것은 동물체의 유기질소로 되기도 한다. 이러한 유기질소는 동물의 사후 미생물에 다시 분해되어 여러 가지 과정을 거치게 되는데 일부는 *Paracoccus denitrificans*Microccus denitrificans 등의 탈질소세균에 의해서 N 가스로 환원(탈질 작용)되기도 한다. 즉, 토양 중의 질소 순환은 여러 종의 미생물이 관여하고 있다.

(2) 탄소의 순환과 미생물

동식물체의 유기탄소 중 일부는 동식물의 호흡(호기적 조건)에 의해서 CO_2를 생성하게 되지만 그보다는 동식물의 유체가 미생물의 분해로 생성하는 CO_2 양이 월등히 많다. 그런데 혐기적 조건에서는 *Methanobacterium*, *Methanococcus* 등의 메탄균에 의해서 유기탄소는 CH_4로 환원되어서 방출되거나 *Methylomonas methanica*Methanomonas methanica 등의 CH_4 산화균에 의해서 CO_2로 산화되어 방출되기도 한다.

식물체 중의 중요 성분인 섬유질도 각종 미생물에 의해서 분해되지만 비교적 분해되기 힘든 리그닌이나 키틴질은 미생물 균체와 섞여서 부엽토humus의 형태로 변하고 이것이 오

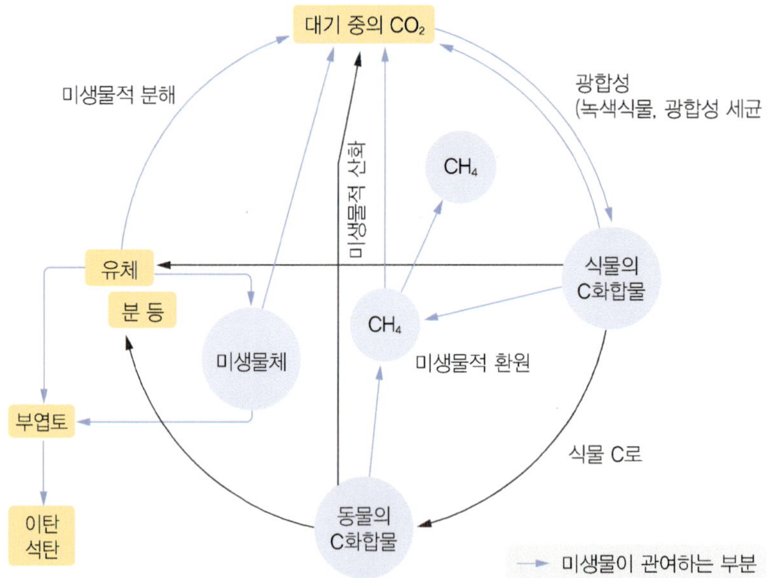

그림 10-2 탄소의 순환

래되면 이탄이나 석탄이 된다.

(3) 황의 순환과 미생물

토양 중 황의 순환도 미생물의 작용으로 일어나는 경우가 많다. 황은 황산염의 형태로 식물에 이용되고 이것이 함황아미노산이나 기타 황화합물로 변화되지만, 동식물 유체 중 이러한 성분들은 미생물 분해로 H_2S로 되기도 하고 또 유리 황으로 환원되거나 다시 산화되어 황산염이 되기도 한다.

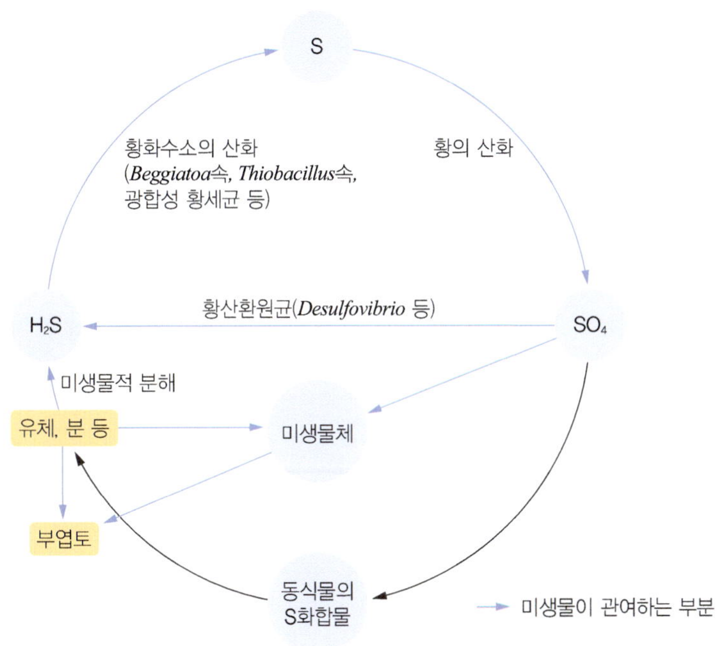

그림 10-3 황의 순환

3) 식물의 뿌리와 관계있는 토양 미생물

식물 뿌리 근처根圈, rhizosphere의 흙은 뿌리의 영향을 받아서 다른 곳(비근권)과는 달리 미생물 수가 월등히 많다(표 10-2). 근권에서는 다른 곳에 비해서 미생물상도 다르다. 즉, 비근권에서는 *Mycobacterium*속이나 *Bacillus*속 등의 그람양성균이 많은 반면 근권에서는 그람음성의 *Pseudomonas*속이 많이 보인다.

이와 같이 근권에서 균 수가 많고 또 특정 균상을 이루는 이유는 뿌리에서 분비되는

표 10-2 루핀(콩과 *Lupine*속의 식물) 뿌리 근처의 미생물 분포

(단위 : ×1000/g)

뿌리로부터의 거리(mm)	미생물의 종류		
	세균	방선균	곰팡이
0*	159,000	46,700	355
0~3	49,700	15,500	176
3~6	28,000	11,400	170
9~12	27,400	11,800	130
15~18	24,170	10,100	117
80**	27,300	9,100	91
R/S 비* **	**5.8**	**5.1**	**3.9**

*근면(勤勉), **비근권 토양(대조)

*** R/S비(근권 효과, rhizosphere effect) = 0 mm의 미생물 수/80 mm의 미생물 수

여러 가지 물질(아미노산, 당류, 비타민, 항균성 물질)의 영향과 근권 미생물의 상호 작용 때문으로 보인다.

이들 미생물이 식물에 도움을 주는 것으로는 영양 흡수의 도움, 병원균의 접근 방지, 식물 생리 활성물질의 생산 등을 들 수 있다.

(1) 근류균

콩과 식물의 뿌리에는 흔히 작은 혹이 생기게 되는데 그 까닭은 근류균*Rhizobium*이라 불리는 미생물이 공생적으로 기생하기 때문이다. 콩과 식물에 관계되는 근류균은 표 10-3에서와 같이 6종이 알려져 있다.

표 10-3 콩과 식물과 관계되는 근류균(Bergey의 분류)

주된 숙주 식물	근 류 균	교호 접종균*
알팔파	*Rhizobium meliloti*	알팔파, 스위트클로버
클로버	*Rhizobium trifolii*	백클로버
완두콩	*Rhizobium leguminosarum*	완두, 잠두
강낭콩	*Rhizobium phaseoli*	강낭콩
루핀	*Rhizobium lupini*	황화루핀, 세라데라
대두	*Rhizobium japonicum*	대두

*교호 접종균(cross inoculation group) : 동일 균이 숙주가 될 수 있는 두 가지 이상의 콩과 식물군

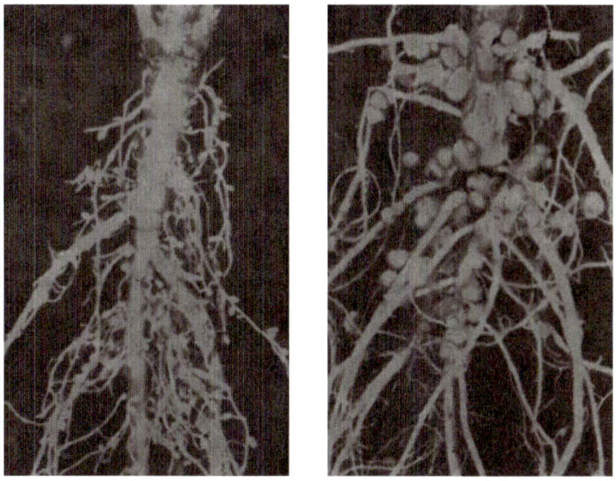

그림 10-4 뿌리혹

뿌리 세포에 침입한 근류균은 활발하게 질소를 고정해서 아미노산으로 만들고 이것이 숙주 식물에 이용된다. 따라서 근류균은 콩과 식물의 영양상 아주 중요하다. 처음으로 콩과 식물을 재배하는 땅에는 이들 균이 없거나 있어도 저성능일 수 있기 때문에 질소 고정능이 우수한 근류균을 인공 살포하면 좋다.

그런데 콩과 식물 이외에도 오리나무, 소귀나무, 보리수나무 등의 수목 뿌리에 근류를 만들고 질소 고정이 되는 예가 있는데 이때의 균은 *Rhizobium*속이 아니고 방선균의 *Frankia*속으로 알려졌다.

(2) 균근

식물 뿌리에 진균류가 공생하는 경우가 있는데 이런 것을 균근mycorrhiza이라 한다. 균근은 외생 균근ectotrophic mycorrhiza과 내생 균근endotrophic mycorrhiza으로 나뉘는데, 외생 균근은 담자균류의 균사가 뿌리 둘레를 조밀하게 둘러싸고 있는 상태이고 균사는 뿌리 세포 내에는 침입하지 않는다. 소나무 뿌리에서 흔히 볼 수 있으며 송이버섯은 적송의 균근에서 발생한다. 한편 내생 균근은 균사가 뿌리의 세포 내부에 침입해서 생성되며, 예를 들어 불완전균인 *Rhizoctonia*속은 녹색 난류에 균근을 만들며 난의 종자는 이 균이 침입해야만 발아할 수 있으므로 일종의 공생관계이다.

지상의 대부분 식물, 즉 송백류, 너도밤나무, 떡갈나무 등이나 깊은 숲 속의 거의 모든 나무의 뿌리는 균근 공생을 하는 것으로 보인다. 균근은 식물의 무기물 흡수를 도와주고

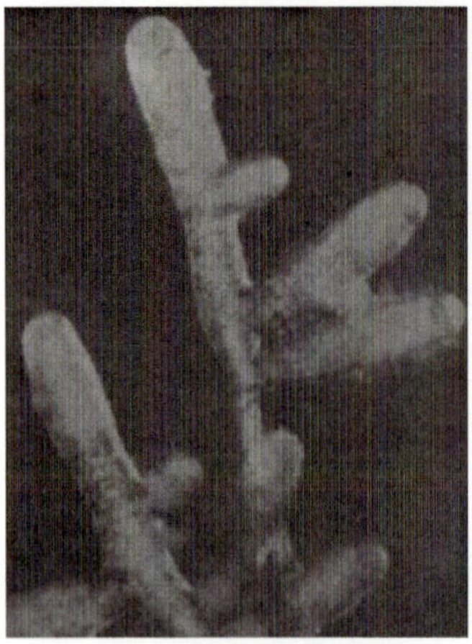

그림 10-5 너도밤나무의 균근

그림 10-6 토양 중 균근의 유무와 소나무의 성장 : 균근이 없는 경우(왼쪽)와 균근이 있는 경우(오른쪽)

식물로부터는 유기 영양분을 공급받는 방법으로 공생하며, 근류균을 이용하는 경우와 같이 식목할 때에 이와 같은 균을 토양에 접종해 주면 수목이 좋은 성장을 이룰 수 있다.

3. 대기 중의 미생물

대기 중에도 각종 미생물이 부유하며 존재한다. 지상 수천 미터 상공이나 대양의 상공에도 존재하나 대기 중에서 증식한다고 할 수는 없다. 이들 미생물은 주로 토양이나 해양에서 유래되므로 대기 특유의 미생물상이란 있을 수 없다.

Tip

HACCP 공장에서 공중 낙하균 검사 기준(예시)

식품 가공 공장에서는 위생관리를 위하여 주기적으로 공중 낙하균 실험을 실시하여 공장 내부의 미생물학적 오염도를 평가하고 문제가 있을 경우 이를 개선하고 있다.

HACCP 관리 구역	일반 생균 수 (CFU/plate.15 min)	대장균군 (CFU/plate.15 min)	진균 (CFU/plate.15 min)	검사 주기
청결 구역	20 이하	음성	10 이하	1회/월
준청결 구역	30 이하	음성	20 이하	
일반 구역	100 이하	음성	50 이하	

표 10-4 **공중 낙하균의 종류(평균)**

(단위 : CFU)

실험 번호	구균	간균	유포자 세균	곰팡이	효모	방선균	총 집락수
1	87.3	61.7	29.7	3.0	5.3	1.0	188.0
2	189.0	63.0	59.0	9.2	5.4	1.4	327.0
3	190.0	12.0	15.0	18.0	1.0	1.0	240.0
4	111.0	18.0	26.6	6.2	3.0	5.0	169.8
계	**577.3**	**154.7**	**130.3**	**36.4**	**8.4**	**8.4**	**924.8**

옛날부터 경험적으로 만들어진 양조 식품 중에는 원료에서 오는 미생물 외에 이와 같은 대기 중의 미생물이 혼입되어 자연 발효된 것도 적지 않다. 한편 대기 중의 미생물은 식품의 부패 원인균으로, 또는 발효 공업이나 의약품 공업에서 유해 오염균으로 작용하는 경우도 많으므로 공기를 제균하거나 살균해야 할 경우도 많다.

4. 수중 미생물

하천이나 늪과 호수 같은 지표의 담수에는 수계 고유의 미생물이 있으며, 그 외에도 플랑크톤과 더불어 토양에서 온 미생물도 존재하는데 그 양상은 영양소의 상태, 주위 환경, 계절이나 기후에 따라 차이가 많다.

하천의 오수汚水는 흐르는 동안 용존 산소와 대기 산소의 도움으로 정화되어서 BOD가 낮아지게 되지만, 너무 심하게 오염된 물에서는 용존 산소의 급격한 감소로 수중이 혐기 상태가 되면 CH_4나 H_2S 등이 발생하게 되어 공해의 원인이 된다.

해양에도 많은 미생물이 존재하는데 해양 세균marine bacteria은 대부분 호염성이며 호냉성인 것이 특징이다.

수계의 공통점으로 *Pseudomonas*속, *Flavobacterium*속, *Alcaligenes*속 등 그람 음성의 운동성 간균이 있는데 이는 토양 중 세균의 대부분이 그람양성균인 점과 대조적이다. 특히 해수에는 *Vibrio*속, *Spirillum*속 등의 나선균도 많다. 해수 중에서는 때때로 *Rhodotorula*속, *Sporobolomyces*속 등의 적색 효모와 *Torulopsis*속, *Cryptococcus*속, *Candida*속 등의 효모도 발견되지만 곰팡이는 드물다. 표 10-5에서 보는 바와 같이 해양 세균은 대부분 수심 0~200 m 정도에 존재하며 이것이 어획물의 오염과도 깊이 관련되어 있다.

표 10-5 해양 수심과 세균 수(태평양 북서부)

수심(m)	세균 수(mL당)	수심(m)	세균 수(mL당)
0~50	125,000	1,000~1,500	1,900
50~100	53,000	3,000~4,000	300
100~200	26,000	6,000~7,000	60
200~500	6,000	8,000~9,000	40

5. 하수 처리와 미생물

하수(오수와 폐수를 통틀어 이렇게 표시하기로 함) 처리 문제는 환경문제와 관련해서 대단히 중요한 문제이다.

하수의 생물학적 처리 방법은 많이 연구되고 있는데 이를 크게 분류하면 호기적 처리법, 혐기적 처리법, 특수 처리법 등으로 구별할 수가 있다. 여기에서는 호기적 처리법 중 활성오니법과, 혐기적 처리법 중 메탄 발효법에 대해서만 소개하기로 한다.

1) 활성오니법

가정 하수나 식품 공장의 폐수는 유기물이 많이 함유되어 있으며 생화학적 산소요구량Biochemical Oxygen Demand, BOD은 수백에서 수천 ppm에 달한다. 이와 같은 하수를 그림 10-7과 같은 장치에 넣고 공기를 연속적으로 주입하면 호기성의 미생물, 즉 *Zooglea*속,

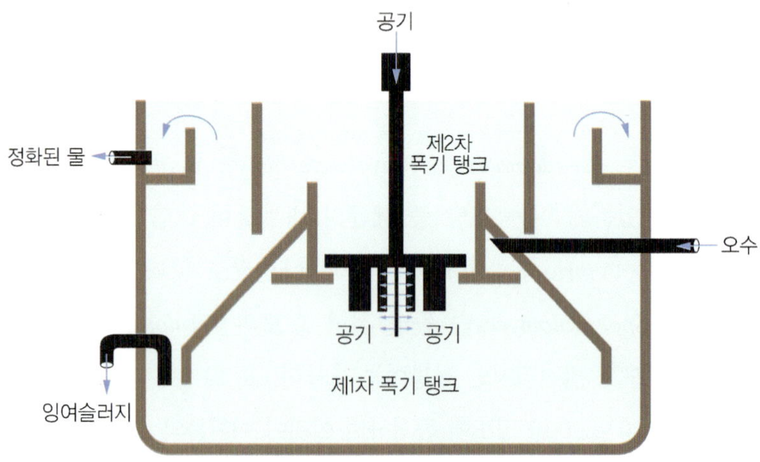

그림 10-7 활성오니 처리 장치

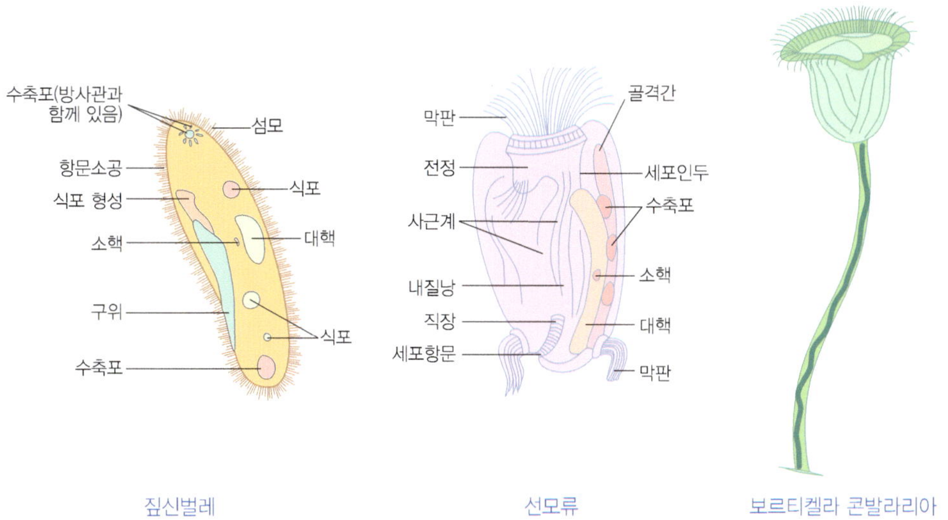

그림 10-8 활성오니 중의 주요 원생동물

*Aerobacter*속, *Pseudomonas*속, *Alcaligenes*속, *Bacillus*속 등의 세균과 원생동물protozoa 등이 번식하여 그것들이 뭉쳐서 플록flock을 형성한다. 이때 유기물은 이들에 의해서 분해되어 최종적으로는 이산화탄소와 물이 되고 하수는 정화된다.

이와 같이 해서 형성된 플록을 활성오니activated sludge라 하며, 이 방법으로 하수를 정화하는 방법을 활성오니법 또는 활성 슬러지법이라 한다. 활성오니 중의 *Zooglea*속은 점질물을 내서 플록 형성에 도움을 주며 다른 세균들은 유기물을 분해하는 역할을 한다. 활성오니 속에는 짚신벌레, 종벌레, 섬모충류 등의 원생동물이 존재하는데 이들이 세균을 포식해서 먹이사슬이 형성된다.

2) 메탄 발효법

식품 공장이나 축산물 가공 공장의 오수에는 BOD가 수만 ppm에 달한다. 이와 같은 높은 BOD의 오수는 혐기적 처리법인 메탄 발효법이 유리하다. 메탄은 석유에 맞먹는 에너지 자원으로 주목받는 물질이며, 오수 처리에서 메탄을 얻을 수 있다는 것은 일거양득이라 할 수 있다.

메탄 발효는 두 가지 과정으로 이루어지는데 그 제1 과정은 유기물에서 유기산을 생성하는 반응이다. 이 과정에는 *Clostridium*속, *Bacillus*속, *Pseudomonas*속, *Staphylococcus*속, *Escherichia*속 세균 등이 관여한다. 제2 과정은 유기산에서 메탄을 생성하는 순서이다. 이

때 관여하는 세균은 절대 혐기성인 *Methanobacterium*속, *Methanosarcina*속, *Methanococcus*속 등이다.

메탄 발효법은 광합성으로 생긴 유기물에 고정된 태양에너지를 메탄이라는 형태로 회수하는 것이기 때문에 큰 의의를 갖는다고 할 수 있다.

요약

1. 미생물은 자연계의 거의 모든 곳에 존재하며 척박한 환경에서도 생명을 유지하고 있다.
2. 자연계에는 한 가지 미생물이 순수 배양되는 것과 같은 상태로 존재하는 일은 극히 드물고 다른 균종과 혼합된 상태로 존재하는 경우가 일반적이며, 서로 관련되어 복잡한 생태계를 이루고 있다.

연습문제

1 생물학적으로 하수를 처리하는 방법에는 어떤 방법들이 많이 이용되는지 설명하시오.

2 근권에 존재하는 미생물들이 식물에 미치는 영향으로는 어떤 것들이 있는지를 설명하시오.

미생물의 유전과 육종

CHAPTER 11

1. DNA의 구조

2. 돌연변이

3. 돌연변이와 미생물의 진화

4. 유전자 재조합

5. 미생물의 육종

미생물도 고등생물처럼 유전 현상이 나타난다. 진핵균은 대부분 자웅의 형을 가지며 원핵균은 그렇지 않지만 이들 미생물은 세대를 거치면서 특수한 메커니즘에 의해서 변종을 얻을 수 있다.

미생물 유전학은 생물의 발병성, 항생물질 내성, 페니실린과 같은 필요한 물질의 생성 등 미생물의 성질이 얼마나 중요한지를 설명해 주는 중요한 분야이다.

1. DNA의 구조

생물의 모양이나 성질이 어버이에게서 자손 대대로 전달되는 것은 바로 유전 정보의 작용 때문이다. 유전 정보를 관장하는 것은 염색체상에 한 줄로 늘어선 다수의 유전자인데 이 유전자의 화학적 실체는 바로 DNAdeoxy ribonucleic acid이다. DNA는 오탄당(deoxy-ribose)과 인산, 염기가 하나씩 결합한 기본 단위(nucleotide)로 구성된다. 인산은 당의 C5 탄소와 또 다른 당의 C3 탄소를 연결하여 하나의 사슬을 이루고(즉, C5→P→C3) 반대쪽의 인산 연결은 이와 반대로 C3→P→C5의 순서로 사슬을 이루며 그 사이에 있는 염기들이 서로 수소 결합되어 사다리꼴을 이룬다. 이것을 알기 쉽게 그림 11-1과 같이 약기하기로 한다. 1953년 왓슨Watson이 제기한 이중 나선형 구조는 그림 11-2와 같다.

유전 정보의 원천이라 할 수 있는 DNA 구조 중에서 가장 중요한 성분은 염기이다. 염기의 종류는 구아닌guanine, G, 사이토신cytosine, C, 티민thymine, T, 아데닌adenine, A 4종이 있으며, 그 배열sequence 순서에 따라서 단백질의 아미노산 순서를 규정하거나 특정한 효소나 단백질 등에 의해 인식되거나 하는 특이성을 지닌다.

유전 정보는 두 가닥의 DNA 사슬 가운데 어느 한쪽 사슬의 염기 배열에 의해서 나타난다.

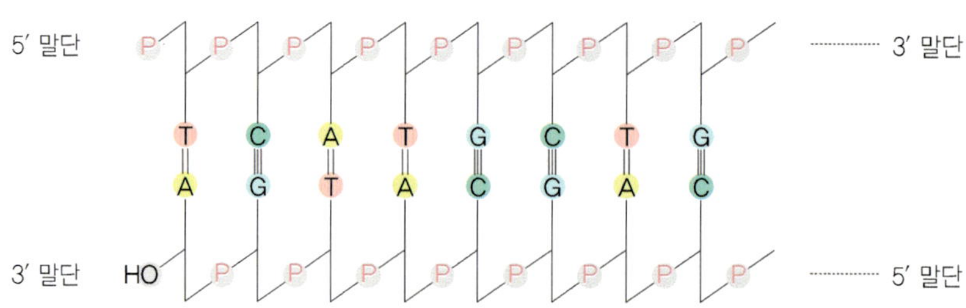

그림 11-1 약기한 DNA 사슬

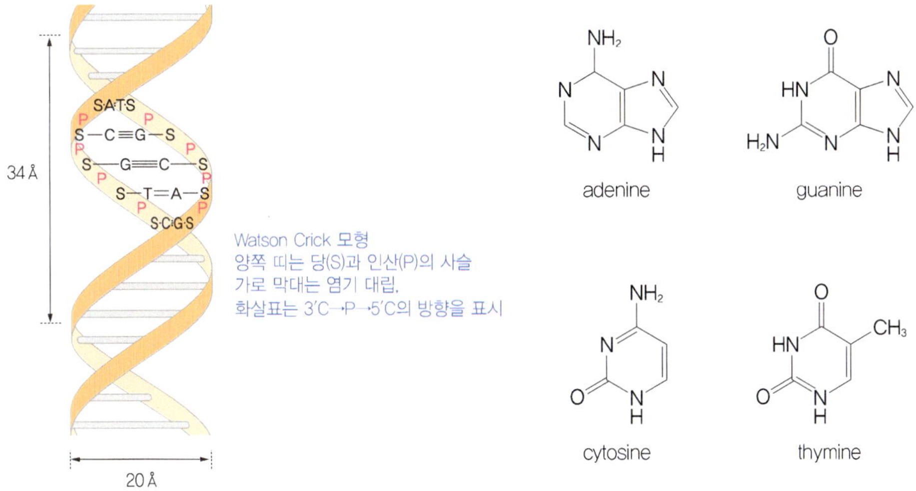

그림 11-2 DNA의 이중 나선 구조

DNA가 두 가닥 사슬을 가진 것은 유전자의 복제나 손상으로부터 복구할 때 등에 염기 배열을 원상태대로 유지 재현하는 데 도움이 된다. 즉, 두 줄기 사슬의 서로 마주하고 있는 두 염기 사이에는 규칙적인 관계(염기쌍pairing)가 있으며 A와 T, G와 C가 수소 결합에 의해 서로 대립하고 있다.

2. 돌연변이

세포가 분열할 때는 핵 속에 있는 DNA도 복제replication된다. 이때 기존 DNA의 두 줄기 사슬double strand은 외줄기 사슬single strand로 쪼개지는데 이들 각 사슬은 새로운 완전한 사슬을 만들기 위한 주형template 구실을 하게 된다. 이 주형에 의해서 새로 생기는 DNA는 원 DNA와 똑같은 염기 배열의 사슬을 이룬다.

돌연변이mutation란 말은 DNA의 염기 배열이 원 DNA의 염기 배열과 달라졌을 때 흔히 쓰는 말이다. DNA의 염기 배열 변화로 일어나는 돌연변이는 대부분의 경우 생물체의 유전학적 변화를 가져오게 된다. 이들 변화는 대부분이 불리한 경우로 나타나지만 때로는 유익한 변화로 나타나는 경우도 있다.

DNA 복제를 모식적으로 표시한 그림 11-3에서 a는 DNA의 복제를 표시한 것이고 새로 생긴 DNA 사슬은 처음의 DNA와 마찬가지의 염기 대립을 이루나 b에서는 돌연변이

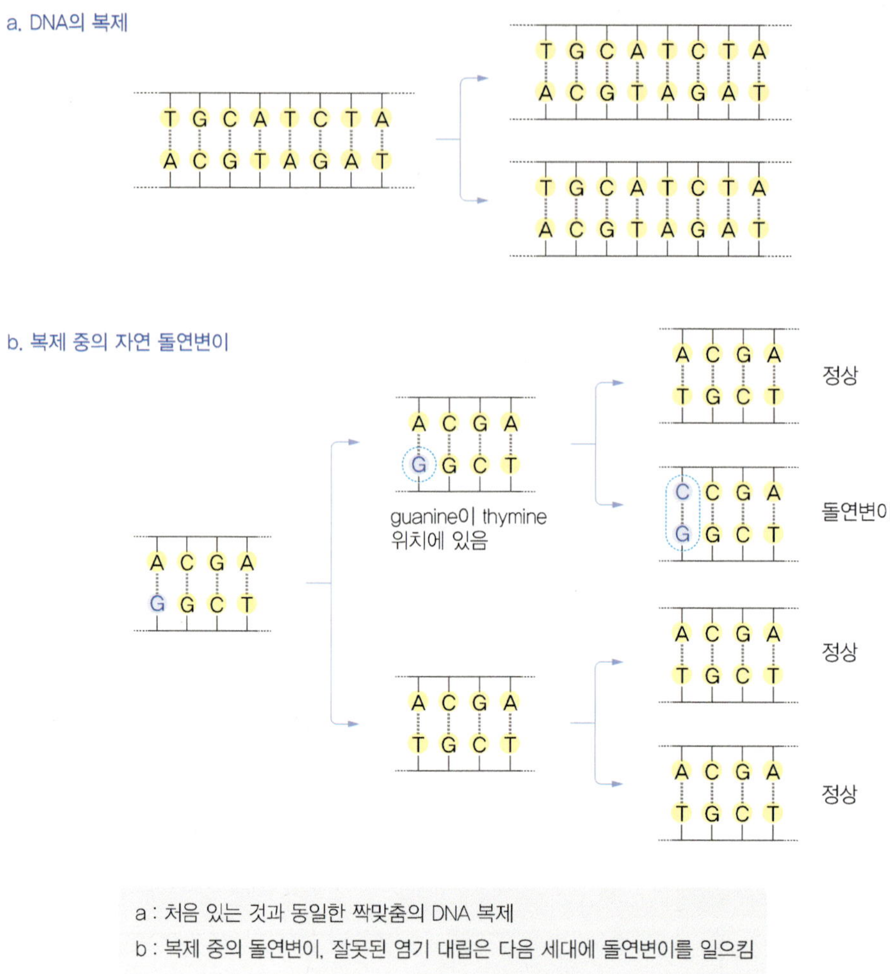

그림 11-3 DNA 복제와 돌연변이

가 DNA 복제 중에 나타난 상태로 부적합한 염기도 대치됨으로써 대립에 오류가 생겨 결국 이로써 잘못된 DNA 사슬을 만들게 된다.

돌연변이는 자연적 돌연변이spontaneous mutation와 유도적 돌연변이induced mutation로 나뉜다. 자연적 돌연변이는 그 빈도가 대단히 낮고 10^6~10^8회의 DNA 복제마다 한 번씩 발생하는 것으로 알려져 있는데 실제로 충분히 배양된 배지에는 10^8 CFU/mL의 세포가 있으므로 여기에는 1 mL마다 한 개 정도의 어떤 돌연변이 세포가 있을 것으로 짐작된다.

1) 돌연변이 유발 인자의 영향

미생물에게 어떤 돌연변이를 일으켜 더욱 실용적인 특성을 가지는 균종을 얻고자 하는 경우에는 빈도가 낮은 자연 돌연변이를 기다릴 수 없으므로 인공적으로 좀 더 빈도가 높게 돌연변이를 유발하고자 노력한다. 이때에 X선, 자외선, 기타 어떤 약품들을 세포에 작용시켜 돌연변이를 인공적으로 일으킬 수 있다. 즉, DNA에 변화를 가져오게 하는데 이때의 결과는 자연 돌연변이 때와 마찬가지지만 빈도는 훨씬 높다. 따라서 어떤 돌연변이주를 얻으려고 한다면 배양에 돌연변이 유발 인자mutagen를 주어서 여기에서 생성된 돌연변이 세포를 골라낼 수 있는 적당한 배지에 배양하면 된다.

돌연변이 유발 인자는 DNA 염기에 직접 작용하여 염기의 모양을 바꾸게 하거나 DNA 복제 과정에서 과오의 기호를 증가시키는 방향으로 작용하게 되는데 그 결과는 마찬가지이다.

자연계에도 자연 생성된 많은 돌연변이 유발 인자가 알려져 있으며 자연 돌연변이는 이들에 의해서 생기는 것으로 알려졌다. 예를 들면 태양의 자외선이나 외계에서 오는 우주선cosmic ray도 X선과 비슷하게 돌연변이 유발 인자로 작용한다. 방사선은 자연적인 것이든 인공적인 것이든 적당한 조건에서 돌연변이 유발 인자로 작용한다.

화학적 돌연변이 유발물질 가운데 몇 가지는 자연산인데 그중 가장 효과적인 것이 아질산이다. 아질산은 DNA의 아데닌의 아미노기에 탈아미노제로 작용하여 이것을 하이포잔틴hypoxanthine 염기로 변화시킨다. 즉, DNA의 염기 배열에 변화를 일으킨다. 다른 화학적 돌연변이 유발물질로 나이트로사민nitrosamine, 질소겨자nitrogen mustard 가스(한때 전쟁에서 독가스로 사용), 항생물질 미토마이신mitomycin, 아크리딘 염료acridine dye 등이 있다. 이 중에서 나이트로사민은 소시지 등의 발색제로 질산염을 사용하는 경우 단백질의 변질 과정에서 생성될 수 있는 2급 아민과 반응하여 식품 중에서 생성될 수 있으므로 주의해야 한다.

2급 아민 아질산 dialkylnitrosamine

또 근래 돌연변이 유발 실험에서 흔히 쓰이는 것으로서 나이트로소구아니딘NTG이 있는데 이것은 강력한 돌연변이 유발력으로 다른 돌연변이 유발물질이 유발하지 못하는 돌연변이도 유발할 수가 있다. 이 물질에 의한 돌연변이체mutant의 DNA에는 1염기대의 간단한 결실缺失이나 때로는 대단히 많은 염기대의 결실까지도 있게 된다. 유전자 내에 발생하는 돌연변이에는 염기 치환substitution, 염기 삽입addition 또는 염기 결실deletion이 있다. 염기 치환은 기존의 뉴클레오타이드가 다른 뉴클레오타이드로 대체된 것으로, 치환된 m-RNA가 어떻게 해독되느냐에 따라 단백질에 아무런 변화를 주지 않을 수도 있고 때로는 치명적일 수도 있다. 치환된 아미노산이 원래 아미노산과 차이가 없어 단백질 기능에 영향을 주지 않을 수도 있지만 대부분 돌연변이는 해로운 형태로 나타난다. 염기의 삽입 또는 결실은 유전자 내에 새로운 뉴클레오타이드가 삽입 또는 결실되면 유전 정보 해독을 위한 틀 전체가 밀리거나 당겨져서 원래와는 다른 코돈으로 다른 아미노산으로 번역되어 원래 기능이 상실된 단백질이 생성된다.

세포의 돌연변이를 유발할 수 있는 인자는 동물이나 사람에게 암을 유발할 수도 있다. 따라서 어떤 물질에 대하여 세균에 대한 돌연변이 유발 인자로서 작용 여부를 알아봄으로써 그 물질의 발암성 여부를 확인할 수가 있다. 세균은 배양하기 쉽고 새로 생긴 변이종을 확인하기 쉽기 때문에 흔히 사용된다.

2) 돌연변이체의 종류

미생물이 지니는 형질은 대부분 돌연변이로 변화시킬 수 있다. 이와 같은 변화는 세포

Tip

대표적인 돌연변이 실험법인 에임스 검사(Ames test)

암을 유발하는 발암원(carcinogen)의 90% 이상이 돌연변이원(mutagen)으로 알려져 있다. 동물 실험을 통한 발암원 실험은 오랜 시간과 많은 비용이 들어 경제적이지 못하다. 따라서 간편하고 적은 비용으로 발암원으로 기능하는 돌연변이원을 *in vitro*상에서 검출할 목적으로 미국 캘리포니아 버클리대학교(University of California, Berkeley)의 에임스(Dr. Bruce Ames) 등이 1971년 개발한 영양 요구성 돌연변이 세균을 사용하는 검출법이다. 에임스 시험에는 *Salmonella Typhimurium* TA98(frame shift 돌연변이원 검출)과 TA100(base-pair substitution을 일으키는 돌연변이물질을 검출)이 가장 널리 사용된다. 돌연변이 검출에 사용되는 *Salmonella Typhimurium* TA98균주는 히스티딘(histidine) 및 바이오틴(biotin) 영양 요구주로 히스티딘이 결핍된 최소 배지에서는 생육할 수 없지만 돌연변이물질에 의하여 Prototroph (His+)으로 복귀돌연변이(back mutation)하면 히스티딘이 결핍된 최소 배지에서도 자랄 수 있게 된다. 간접 돌연변이원은 생체 내 대사 작용에 의하여 돌연변이원으로 전환되기도 하기 때문에 대사 작용의 영향을 보기 위하여 쥐의 간 추출물(S-9)을 병용 처리하여 돌연변이원 검출에 사용하기도 한다. *Salmonella*를 이용한 *in vitro*에서 돌연변이성이 *in vivo*에서 동물 발암 실험과는 85%가 상관관계를 가지는 것으로 알려져 있다.

내의 효소나 구성 단백질의 변화에 기인하는 것으로 볼 수 있는데, 중요한 몇 가지 표현형phenotype의 돌연변이를 보면 형태적 변이, 효소 체계의 변이(합성 경로 효소, 분해 경로 효소의 결함 또는 결손), 내약품성 변이, 파지 저항성 변이, 온도 감수성 변이 들이 있다. 표현형은 개체에 나타나는 형질을 뜻하는 것인 데 비해 유전자형genotype은 개체가 가지는 유전자 구성을 뜻한다.

(1) 형태학적 돌연변이

세균에는 편모를 가지는 것(운동성)이 있는데 여기에서 돌연변이로 인한 비운동성인 것이 분리되기도 한다. 이와 같은 돌연변이종은 집락이 비교적 작기 때문에 분별하기 쉽다. 또 협막capsule을 가지는 것으로부터 협막이 없는 돌연변이체가 생길 수가 있는데 이 구별도 집락의 모양으로 쉽게 알 수 있다. 즉, 협막이 있는 것은 그 표면이 매끈하지만 협막이 없는 것은 표면이 거칠다. 포자나 분생자를 형성하지 않는 돌연변이도 종종 볼 수 있는데 이때는 집락의 색상으로 쉽게 구별된다.

(2) 생합성 경로의 효소 결함에 의한 돌연변이

이 경우의 돌연변이체는 어버이형(야생형wild type)의 균이 증식될 수 있는 보통의 배지에서는 증식되지 않지만 여기에 어떤 영양소를 첨가하면 증식이 가능하다. 따라서 이와 같은 돌연변이체를 영양 요구성 돌연변이체 또는 영양 요구체auxotroph라 한다. 이에 반해서 어버이형의 균을 원영양체prototroph라고 한다.

영양 요구체가 요구하는 영양소로는 아미노산, 염기, 비타민, 당, 유기산 등이 알려져 있다.

(3) 분해 경로 효소의 결손에 의한 돌연변이

젖당을 탄소원이나 에너지원으로서 이용하기 위해서는 β-갈락토시데이스β-galactosidase나 갈락토사이드 투과효소galactoside permease가 필요하게 되는데 때로는 이들 효소가 결손된 돌연변이체가 생길 수 있다. 이와 같은 돌연변이체는 젖당을 유일한 탄소원으로 하는 배지에서는 증식하지 못하므로 쉽게 알아볼 수 있다.

마찬가지로 해서 갈락토스, 자당, 포도당, 맥아당, 전분 등의 분해효소가 없는 돌연변이체가 많이 분리되고 있다.

(4) 내약품성 돌연변이

내약품성 돌연변이체는 쉽게 분리할 수 있다. 즉, 균의 생장 저해 농도의 약제가 첨가된 고체 배지에 고밀도의 균을 접종하면 이 중에 내약품성의 돌연변이체가 있을 경우 집락을 형성하게 된다. 이와 같은 방법으로 해서 각종 항생제에 내성인 돌연변이체가 많이 발견되고 있는데 이것은 임상 병리적으로나 유전학적으로 매우 심각한 문제로 지목되고 있다.

(5) 파지 저항성 돌연변이

고밀도의 균을 파지phage와 동시에 배지에 접종하고 그 속에서 저항성의 균을 검출, 분리하면 된다. 파지 저항성 균은 그 표면막의 파지 흡착 부위에 변이를 일으키거나 흡착 감염된 파지 DNA의 복제를 저해 또는 절단하는 기능을 획득함으로써 일어나는 것으로 알려져 있다.

(6) 온도 감수성 돌연변이

온도 감수성 돌연변이temperature sensitive mutation란 어버이형에서보다 낮은 온도에서만 증식이 가능한 돌연변이체를 뜻한다. 이 기구는 효소 단백질의 아미노산 배열의 뒤바뀜으로 열안정성이 저하되었기 때문으로 보인다.

온도 감수성의 돌연변이는 세포 내의 어느 종류의 효소 변화에 의해서도 생길 가능성이 있으며, 또 실제로 이런 효소를 찾아낼 수도 있다.

3. 돌연변이와 미생물의 진화

돌연변이체는 대부분의 경우 본래(어버이형)의 기능과 형질을 잃게 되거나 반대로 새로운 기능과 형질을 획득하는 수도 있다. 후자의 경우는 중복해서 존재하는 2개의 유전자 중에서 하나가 돌연변이를 일으켰을 경우에 그렇게 되는 것이라 생각할 수 있다.

중복 유전자를 가지는 경우 가령 그중의 하나가 돌연변이를 일으켜서 불활성의 효소를 만든다 할지라도 또 다른 하나의 유전자는 정상적인 효소를 생산하기 때문에 세포가 죽음에 이르지는 않는다. 이와 같이 해서 생활을 영위하는 동안 불활성 효소를 만들고 있었던 유전자가 돌연변이를 일으켜 더욱 활성적이고 기능적인 효소를 생성하게 될 수도 있다.

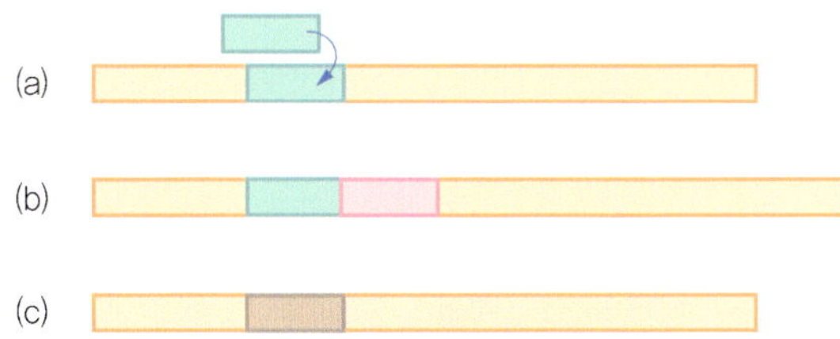

그림 11-4 유전자의 진화
유전자의 중복(a), 삽입(b)에 이어서 두 유전자 중 한쪽이 돌연변이를 일으키면(c) 지금까지의 기능에 새로운 기능이 추가되어 유전자에 진화가 일어난다.

1) 환경의 영향

환경의 변화는 새로운 돌연변이체를 생성하는 데 크게 영향을 미친다. 어떤 환경은 돌연변이 생성에 유해할 수 있지만 환경이 달라지면 유리해지는 경우도 있다. 항생물질의 투여는 세균에 대해서 급격한 환경 변화라 할 수 있지만 자연의 환경 변화는 일반적으로는 완만하게 일어난다. 그러나 이와 같은 완만한 환경의 변화에서도 좀 더 유리한 적응성을 가지는 생물이 선택되고 또한 유리하게 생존해 가는 것은 명백하다.

어떤 균종을 유해한 환경에서 계속 배양하는 동안에 만일 이런 환경에 더 잘 적응할 수 있는 자연 돌연변이체가 발생했다면 친형(야생형)의 집단은 점차 소멸되고 이 새로운 돌연변이체 집단으로 대치되게 된다. 이와 같은 유전적 자연변이는 균주를 보존하고 연구하는 데 하나의 큰 장애 요소가 되고 있다. 따라서 이와 같은 변이를 예방하기 위해서 균을 증식시키지 않는 상태에서 보존하는 방법, 즉 동결이나 동결건조 등의 방법이 개발되고 있다.

2) 환경의 적응성

세균은 다세포 생물에 비해서 환경의 변화에 대한 적응성이 빠르다. 그 이유는 세균이 단세포이므로 돌연변이를 일으킨 세포가 분열로 똑같은 자손 세포를 만들 수 있기 때문이다. 이는 효모와 같은 단세포 미생물에서도 마찬가지이다. 그러나 다세포로 되어 있는 고등생물에서는 생식세포에 돌연변이가 생겼을 때만 그 변이가 자손에게 전해진다.

세균은 염색체가 1배체이기 때문에 생성된 돌연변이체는 즉시 그 형질이 발현된다. 이때 발현된 형질이 그 생존에 부적합한 환경이라면 머지않아 도태되고 말지만 유리한 것이면 즉시 증식해서 친형균에 대치되게 된다. 또 세균은 크기가 작고 한정된 장소에서 고밀도로 증식하기 때문에 돌연변이체가 생길 가능성이 크고 그 분리도 용이하다.

4. 유전자 재조합

유전자 재조합genetic recombination이란 서로 다른 두 개체의 유전자가 재조합되어 새로운 게놈genome(하나의 세포가 가지는 유전자군)을 생성하는 것을 뜻하며, 이렇게 해서 생긴 세포는 양친에게서 받은 복잡한 유전 정보를 지니게 된다.

유전자 재조합을 진핵생물에서는 유성 생식의 일환으로서 볼 수 있으나, 원핵생물에서는 조건에 따라서는 빈번하지만 일반적으로는 드물게 볼 수 있는 현상이다.

원핵생물에서는 공여donor 세포의 유전자가 별도의 유전자형의 수용acceptor 세포 내에 들어가서 수용 세포의 게놈에 휩싸이게 됨으로써 유전자 재조합이 일어난다. 그 방법에는 형질 전환, 형질 도입, 접합 3가지가 있다.

1) 유전적 형질 전환

형질 전환transformation은 세포가 다른 세포의 DNA 조각을 끌어들여서 이것을 자기의 게놈에 끼워 넣음으로써 일어난다. 이는 세균에서 흔히 볼 수 있는 현상으로 ***Streptococcus pneumoniae***(폐렴쌍구균), ***Bacillus***, ***Hemophilus***, ***Pseudomonas***, ***Neisseria*** 등의 세균에서 그 예를 볼 수 있다.

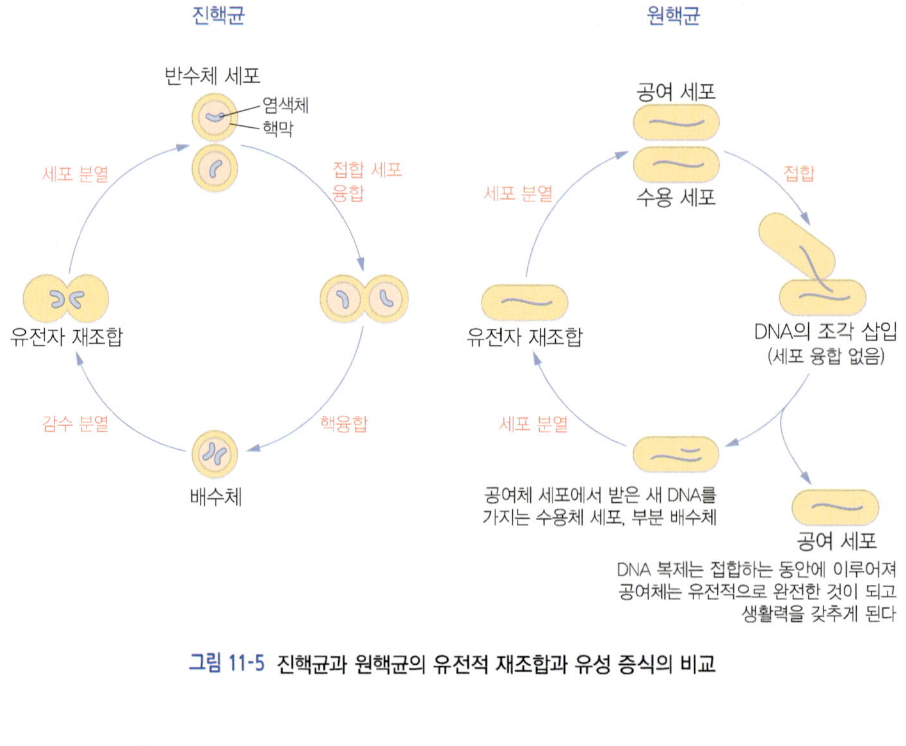

그림 11-5 진핵균과 원핵균의 유전적 재조합과 유성 증식의 비교

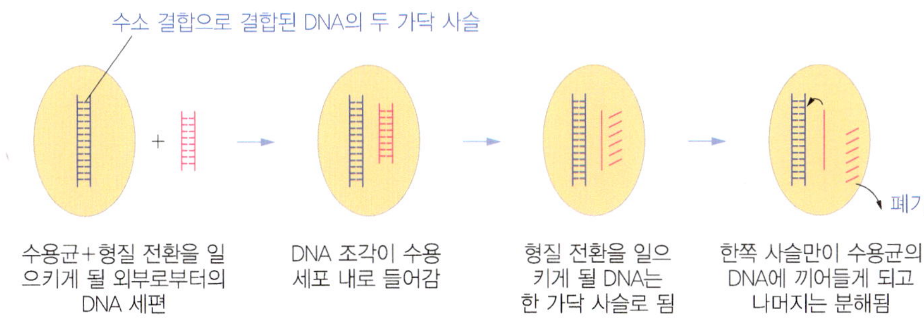

그림 11-6 DNA 조각이 수용 세포 내에 들어가서 형질 전환이 되는 모식도

외부에서 DNA 분자를 끌어들여 형질을 전환할 수 있는 세균은 특정한 속 계통의 세포에서만 볼 수 있다.

2) 형질 도입

형질 도입transduction은 용원성 바이러스의 중개에 의해서 DNA가 한쪽 세포에서 다른 세포(수용균)로 이행하는 현상을 말한다. 어떤 조건에서는 용원성 바이러스가 세포에 감염되면 용원화가 일어나고 바이러스 DNA는 숙주 세포의 게놈에 합쳐지게 된다. 따라서 용

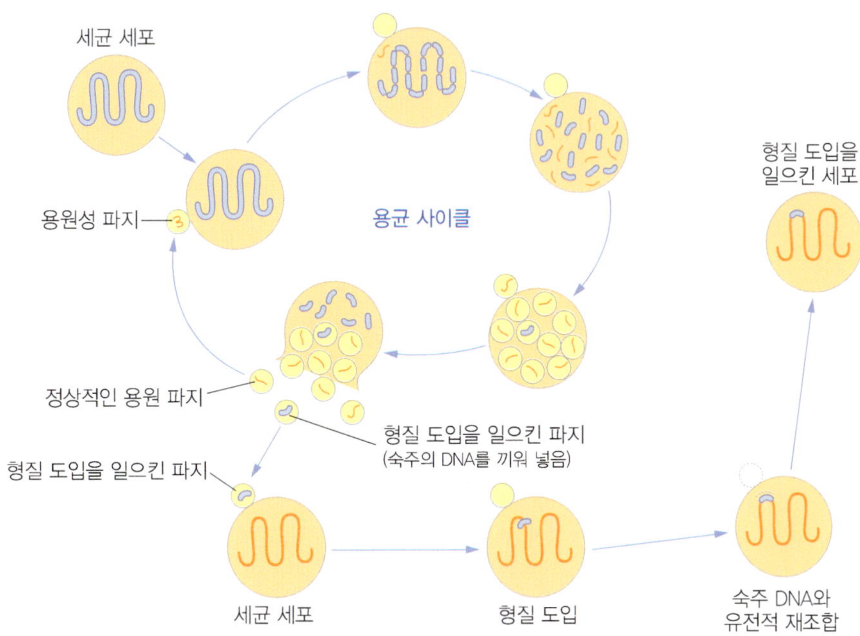

그림 11-7 형질 도입 방법

원균의 유전 형질은 원래 세포와는 달라진다. 용원성 바이러스는 바이러스 자신의 유전자뿐 아니라 이전에 감염했던 숙주의 유전자까지도 도입하는 경우가 있다.

3) 세균의 접합

세균은 서로 접합conjugation해서 유전자 재조합을 한다. 접합 시에 한쪽 세포(공여균)는 다른 세포(수용균)에 유전자 대부분을 넘겨 준다. 형질 전환 또는 형질 도입 시에는 DNA의 작은 조각(단편)이 넘겨졌을 뿐인 데 반해 여기에서는 세균 게놈의 대부분이 이행하게 되는 점이 다르다.

공여균[雄性]과 수용균[雌性]은 유전적으로 정해져 있으며 수용 균주로는 F^-, 공여 균주로는 F^+와 Hfr의 두 종류가 있다. Hfr는 F^-와 고빈도로 접합해서 유전자 재조합체를 생성한다.

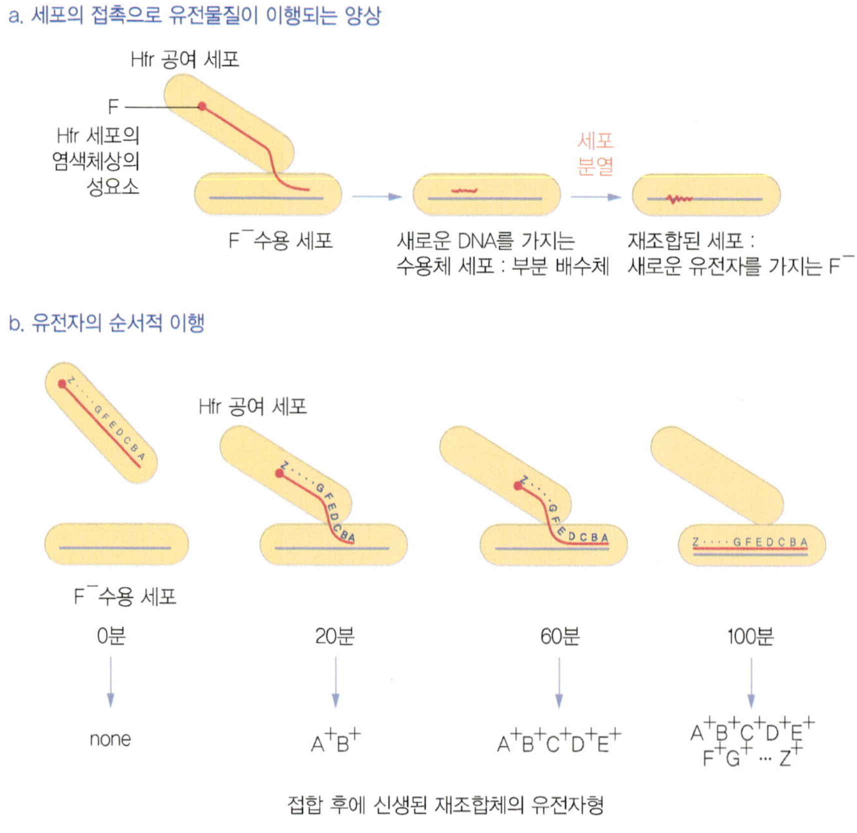

그림 11-8 세균의 접합

접합은 대장균 외에 *Shigella*, *Salmonella*, *Pseudomonas*, *Serratia*, *Vibrio* 등의 세균에서도 볼 수 있다. 자연계에서 세포 밀도가 높고 서로 용이하게 접촉할 수 있는 조건(1×10^7 cell/mL)에서는 접합이 가능한 것으로 짐작한다.

5. 미생물의 육종

일반적으로 육종이라 하면 유전학의 원리를 응용해서 생물에서 좀 더 양질의 생물 품종을 얻기 위한 조작을 이르는 말이다. 그런데 이러한 조작은 미생물에도 응용되며 좀 더 형질이 좋은 균주를 얻기 위해서 많은 시도를 하게 된다. 예를 들면 *Aspergillus niger*는 검은색이어서 양조 공장에서 다루기에 퍽 거북스러웠으나 이것을 육종해서 엷은 황갈색 균종을 얻어 냈다. 이 균은 일본인 연구자의 이름을 따서 *Aspergillus niger* mut. *Kawachii*(흔히 *Aspergillus kawachii*로 약기)라 했는데, 우리나라의 막걸리 공장에서 코지용 종균으로 절대 불가결의 존재가 되고 있다.

1) 세포 융합에 의한 육종

2개 이상의 세포질이 합쳐져서 하나의 세포 모습으로 되는 현상을 세포 융합cell fusion이라 한다. 세포 융합이 되면 이어서 핵이 융합되고 유전자가 조합되면 완성된 새로운 세포가 탄생하는데 이를 잡종세포hybrid cell라 한다.

미생물에서의 세포 융합은 세포벽을 제거한 원형질체protoplast에서 이루어지므로 원형질체 융합이라고 한다. 이렇게 해서 실제로 전분에서 직접 알코올 발효를 하는 효모나 고온에서 오염균의 침입을 방지하면서 알코올 발효를 하는 효모 등이 얻어진다.

2) 유전자 재조합에 의한 육종

이 기술은 1970년대 초반에 개발되었으며 자연계에서 유전자 재조합 현상이 있음을 발견하고 이것을 인공적으로 야기시켜서 생물에게 새로운 유전 형질을 부여하는 소위 유전자 재조합 기술이 확립되었다. 이 방법에 의해서 미생물에 새로운 기능을 부여할 수 있게 되므로 미생물 육종의 수법으로 널리 응용되고 있다.

유전자 재조합의 수법에는 특정한 유전자를 분리해서 증폭시키는 클로닝cloning과, 그 유전자를 특정의 미생물에 도입해서 새로운 형질을 발현시키는 단계의 방법으로 되어 있다.

3) 유전자 조작에 필요한 물건들

유전자 재조합에는 DNA의 어떤 특정 염기 배열의 부위를 끊어 주는 제한효소restriction enzyme, DNA를 연결해 주는 연결 효소ligase, 유전자의 운반체vector 구실을 하는 플라스미

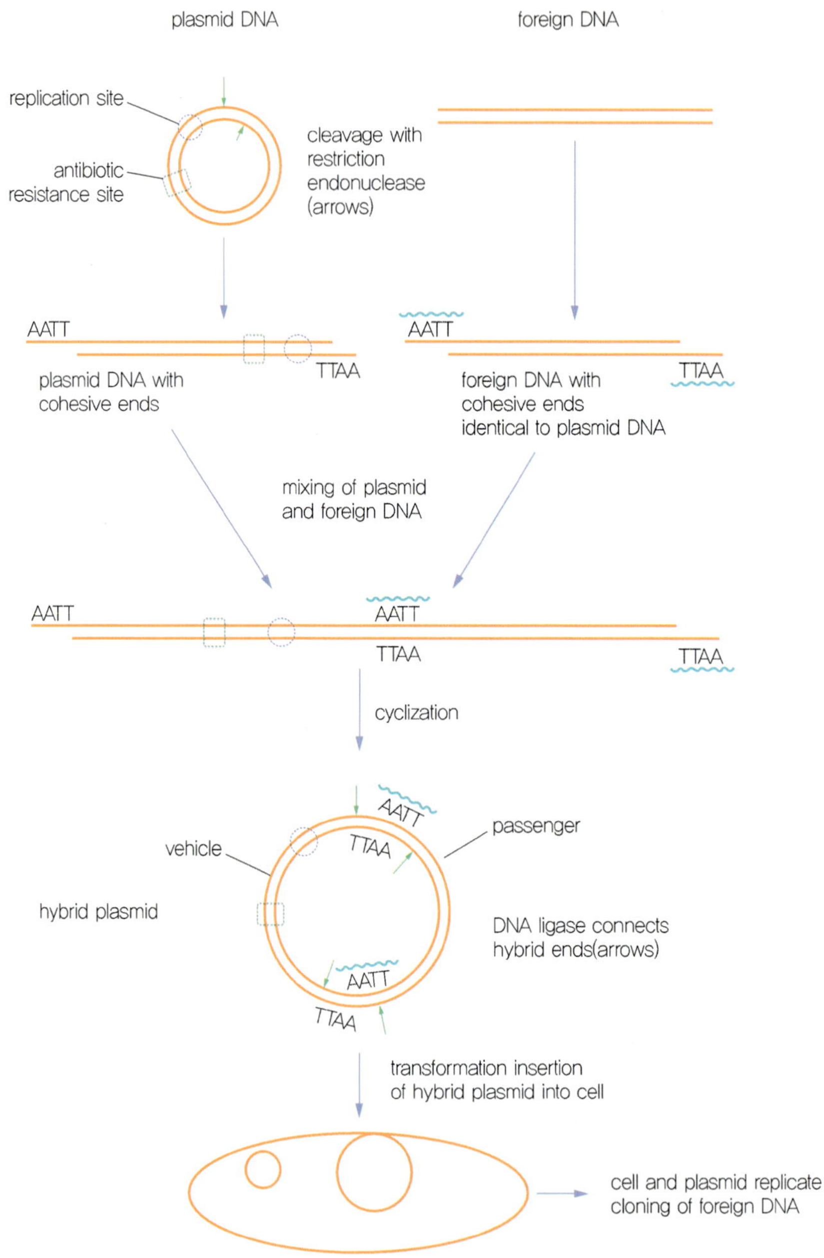

그림 11-9 글루코오스에서 뷰티르산을 생성하는 과정

드plasmid와 유전자를 증폭시키는 숙주 생물 등의 구색이 필요하다. 제한 효소란 특정한 염기 순서를 인지하여 DNA를 절단할 수 있는 효소를 말한다.

숙주로는 여러 가지 생물이 이용되나 유전적 성질이 많이 연구되어 있는 대장균을 이용하는 경우가 많다. 제한 효소는 메틸화에 의해서 수식되는 자신의 DNA는 분해하지 않지만 외래의 DNA에 대해서는 특정 부위를 끊어 주는 효소이다. 이 효소는 미생물이 바이러스 등의 공격을 받을 때 자신을 방어하기 위해서 필요한 무기 구실을 하는 것으로 짐작한다. 제한 효소에는 많은 종류가 있다는 것도 알려져 있으며 정제해서 시판되는 것도 있다.

특정 유전자의 단편을 분리해서 증폭시키는 일을 클로닝이라 한다. 우선 제한 효소를 이용해서 끊어 내고 연결 효소를 이용해서 클로닝벡터cloning vector에 실어서 숙주로 옮기게 된다.

요약

1. 1. DNA는 4개의 다른 뉴클레오타이드(dATP, dGTP, dCTP, dTTP)가 순서에 관계없이 연결되어 있고 뉴클레오타이드는 염기, 데옥시리보스(deoxyribose) 및 인산으로 구성되어 있다. 염기는 아데닌(adenine, A)과 구아닌(guanine, G), 사이토신(cytosine, C)과 티민(thymine, T) 4종류가 있다. 2개의 사슬 사이에는 A와 T, G와 C가 수소 결합으로 짝을 이루고 있으며 이를 염기쌍이라 부른다.

2. 세포의 유전 정보가 있는 DNA는 핵에서 단백질과 결합된 실 모양의 염색질(chromatin)로 세포가 복제되면서 코일이 감긴 모양의 염색체(chromosome)가 되는데 염색체는 DNA가 이중나선으로 꼬여 있다. 두 가닥의 DNA에서 한 가닥을 선택하여 DNA가 가지고 있는 유전 정보를 m-RNA로 복사하는 전사(transcription)는 진핵세포의 경우 핵에서 일어나며 RNA에 있는 정보를 단백질로 전환시키는 번역(translation)은 리보솜에서 일어나게 된다.

3. 유전 정보의 전사가 잘못되어 다른 형질이 자손에게 나타나는 것을 돌연변이라 하는데, 유발 원인에는 DNA 복제가 재조합되는 과정에서 효소의 잘못으로 발생되는 자연 돌연변이가 있고, 물리적·화학적 요소로 돌연변이원(mutagen)에 의한 돌연변이가 있다.

4. 유전자 내에서 일어나는 변이는 염기 치환(substitution), 염기 삽입(addition), 염기 결실(deletion)로 구분된다.

5. 잡종 세포(hybrid cell)는 '혼성세포(hybridoma)'라고도 하며 2개의 다른 종류의 세포를 인공적으로 융합시켜 만든 세포로, 폴리에틸렌글리콜 등 세포 융합을 일으키게 하는 물질이나 어떤 종의 바이러스를 사용하여 둘 이상의 동종 세포나 이종 세포를 융합시킨 것이다. 잡종 세포는 1개 세포 내에 2개의 핵을 갖게 되므로, 이를 2핵세포 또는 쌍핵세포라고도 한다. 서로 다른 종의 잡종 세포는 2가지 세포의 유전 형질을 동시에 나타내게 되므로 토마토 세포와 감자 세포를 융합시키면 줄기 위에는 토마토가 열리고, 땅 밑에는 감자가 달리는 이른바 포마토(pomato : potato와 tomato의 합성어)도 만들어 낼 수 있게 된다.

6. 관심이 있는 DNA 조각을 얻어서 벡터(vector)라고 부르는 운반 DNA 분자에 연결한 후에 세포에 도입하면 새로 도입된 DNA를 지닌 세포가 분열을 거듭하여 클론(clone)을 생성한다. 클론 내의 세포들은 모두 동일하며 도입된 DNA 사본을 포함하고 있다. 이 세포들을 대량으로 배양한 뒤 DNA를 추출하면 연구하거나 조작하기에 충분한 만큼의 원하는 DNA를 얻을 수 있다. 이처럼 연구 등의 목적으로 동일하고 무수히 많은 DNA를 얻는 일을 DNA 클로닝이라 한다.

연습문제

1 DNA와 RNA의 구조를 그리시오.

2 돌연변이를 일으키는 원인에는 어떠한 것들이 있으며, 돌연변이 유발 인자를 확인하는 실험에서 미생물을 사용하는 이유를 설명하시오.

FOOD
MICROBIOLOGY

미생물 실험법

CHAPTER 12

1. 미생물 실험의 기초

1) 미생물 실험의 자세

미생물은 크기가 너무 작아서 손으로 만질 수도 없고 눈으로 볼 수도 없다. 또한, 살아 있는 생물이기 때문에 가만히 두어도 어떤 작용이 진행된다. 어떤 미생물은 사람과 가축에 가벼운 해를 주거나 치명적인 타격을 주는 것도 있으므로 이와 같은 것들을 다룰 때는 특별히 주의해야 한다.

어떤 미생물에 대해서 실험할 때는 그 순수성을 유지하면서 진행하여야 한다. 예를 들어 잡균에 오염된 것을 모르고 실험을 진행하고 그 실험에서 나온 결과를 새로운 지식으로 받아들이는 잘못을 범해서는 안 된다. 따라서 무균 조작의 기법을 원칙대로 철저히 지키고 기구 사용법도 바르게 지켜야 한다. 특히 사람과 가축에 해가 될 수 있는 균을 다룰 때는 미생물이 흩어지지 않도록 하고 손을 머리, 얼굴, 특히 코나 입에 대지 않도록 한다. 실험이 끝나면 손이나 기구, 시료 등을 철저히 살균해서 정리하거나 버려야 한다.

2) 실험 기구

(1) 유리 기구

① 시험관

시험관은 균의 배양이나 보존에 이용된다. 크기는 실험 목적에 따라 여러 가지가 있으므로 알맞은 것을 선택해서 사용한다.

② 페트리접시

페트리접시petri dish, schale는 접시와 뚜껑이 하나의 쌍으로 되어 있고 대개는 원형으로 된 것을 사용하나 때로는 사각형인 것도 사용한다. 원형인 것은 지름이 30 mm에서 240 mm 정도까지 있으나 흔히 쓰이는 것은 지름 90 mm, 높이 15 mm의 것이고 일회용 플라스틱제도 있다.

③ 스프레더

스프레더spreader는 지름 2~4 mm의 유리봉을 그림 12-2와 같이 구부린 것으로 균의 현탁액을 평평한 배지상에 고르게 펼 때 사용한다.

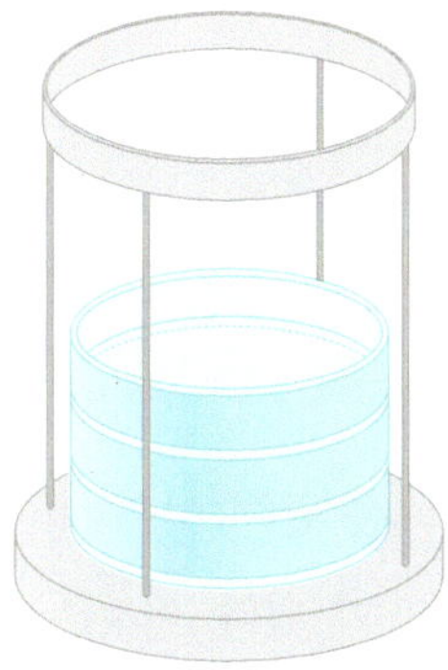

그림 12-1 틀에 담긴 페트리접시

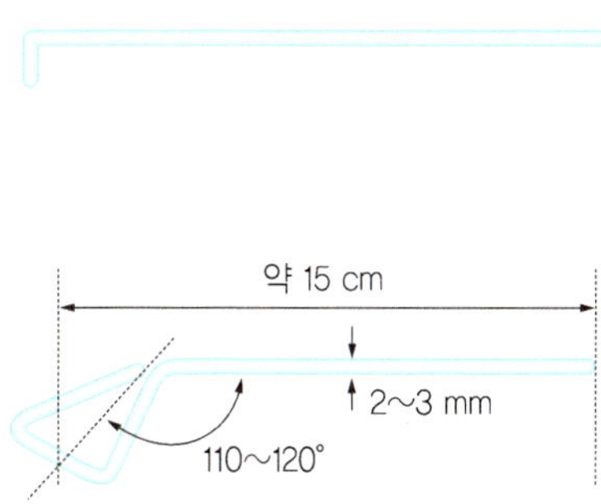

그림 12-2 스프레더

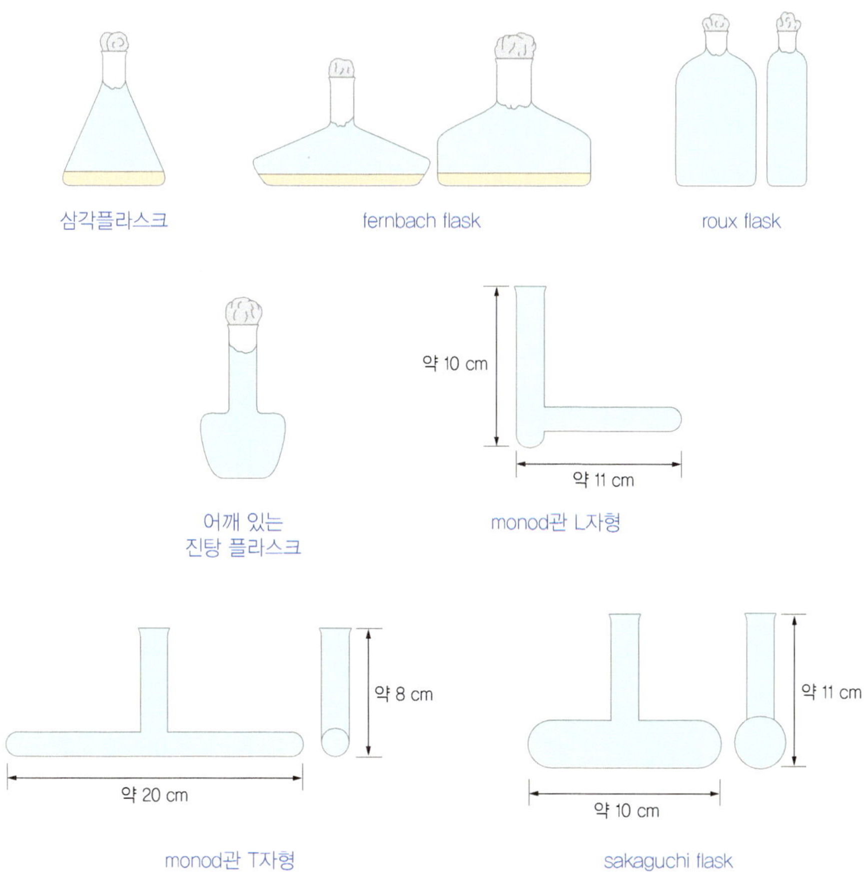

그림 12-3 각종 배양용 플라스크

④ 기타 유리 기구

기타 피펫, 실린더, 플라스크 등 일반 실험용 각종 유리 기구도 필요하다.

(2) 유리 기구 외의 기구와 기기

① 백금이·백금선

그림 12-4와 같이 백금이platinum loop나 백금선platinum needle은 끝이 약 5 cm 길이의 백금 철사(굵기 약 0.5~1 mm)로 되어 있고 20 cm쯤 되는 손잡이가 있다. 이것은 균을 옮길 때 사용하는 것으로 백금 재질을 이용하는 사유는 불에 빨리 달구어지고 빨리 식으며 녹이 슬지 않고 수명이 길기 때문이다. 일반적으로는 니크롬선이나 보통 철사를 사용해도 무방하지만 금속 이온의 혼입이 엄격히 금지되는 등의 실험에서는 사용하면 안 된다.

② 무균상

무균상kasten은 균을 개방적으로 취급할 때 공기 중의 잡균 침입을 방지하기 위하여 사용하는 기구이다(그림 12-5). 그 모양은 여러 가지이나 보통 가로 60~80 cm, 세로 50~70 cm, 높이 50~80 cm의 상자이며 사방을 투명 유리로 하고 전면이나 양측 면에는 상하로 여닫는 문이 있어서 이 문으로 손을 넣고 조작할 수 있게 되어 있다.

그림 12-4 각종 백금선류

그림 12-5 Hansen 무균상

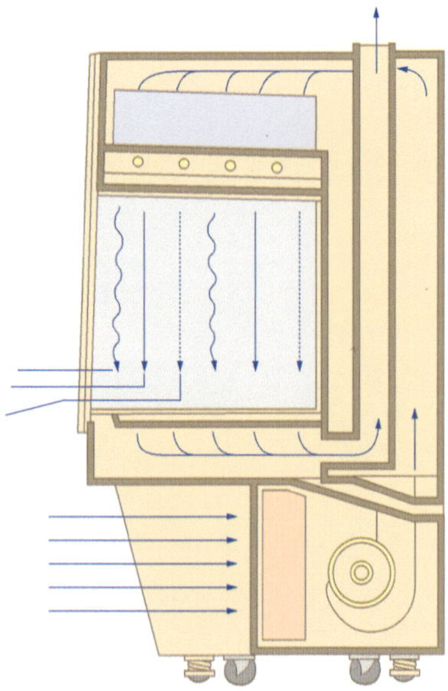

그림 12-6 클린 벤치

③ 클린 벤치

클린 벤치clean bench도 무균상과 같은 목적으로 쓰이는 기기로서 여과된 무균 공기를 내부에 불어 넣어 외부의 나쁜 공기가 내부로 들어가지 못하게 설계되어 있으며 내부에 자외선 등이 설치되어 있다.

④ 항온기

항온기incubator는 일정한 온도로 균을 배양할 때 필요하며 온도 조절 범위는 보통 10~50°C로 되어 있다. 내부 온도는 밖에서 볼 수 있도록 온도계가 설치되어 있고 크기는 작은 것은 30×30×15 cm에서부터 큰 것은 45×45×45 cm 되는 것도 있다. 큰 것은 내부 공기가 부위에 따라 온도차를 보일 수 있으므로 소형 선풍기를 장치해서 온도 균일화를 도모한 것도 있다. 항온기는 온도 조절이 정확하고 보온이 잘되어야 한다.

⑤ 냉장고

균주의 보존이나 생육을 저지하려 할 때 냉장고를 이용한다. 냉장고는 보통 가정용이면 충분하며 크기는 실험의 작업량에 따라 선택한다.

⑥ 건열기

건열기dry oven는 고온(50~150°C)에서 항온을 유지하는 고온 항온기라고 할 수 있다. 유리 기구나 기타 시료 등을 건조할 때 또는 건열 살균할 때 쓰인다.

크기는 항온기처럼 여러 가지가 있는데 온도 조절이 정확하고 보온이 잘되는 것이 좋다. 최근에는 항온기와 건열기 두 기능을 모두 갖춘 것도 시판되고 있다.

⑦ 고압 살균기

고압 살균기autoclave은 밀폐된 용기 내부에서 증기를 발생시키고 100°C 이상에서 배지나 기구를 습열 살균하는 기기이다. 이 기기는 고압으로 사용하기 때문에 사용할 때 특히 주의해야 한다.

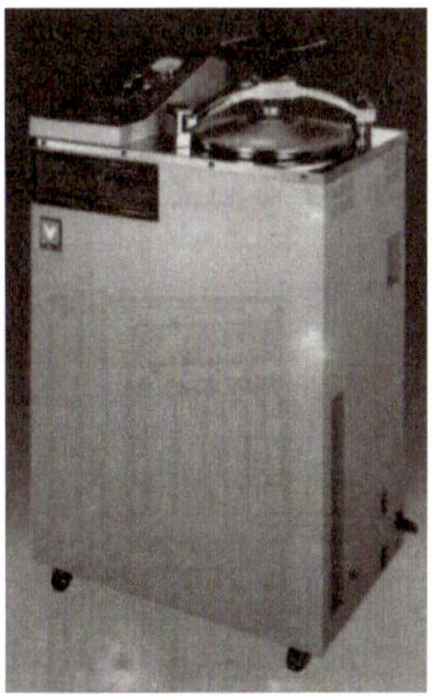

그림 12-7 고압증기살균기

3) 시료의 채취

자연계의 미생물상을 알고자 할 때나 자연물에서 미생물을 분리하고자 할 때 시료 채취 방법은 매우 중요한 문제이다. 즉,

그 방법 여하에 따라서 결과가 달라질 수도 있고 목적 외의 미생물이 분리될 수도 있다.

(1) 발효식품과 기타 식품

곡류나 코지와 같이 쉽게 교반될 수 있는 것은 잘 혼합한 후 일정량씩 여러 부위에서 채취하고 다시 혼합하여 일정량을 채취한다(무작위 채취법random sampling).

시료 채취용 기구(수저·비커 등)는 사전에 충분히 살균한 것을 사용한다.

약제인 경우는 교반 등으로 혼합한 후 즉시 채취하며 난류 상태의 수송관에서 채취할 때는 자동 샘플러sampler를 이용한다.

벨트 컨베이어 위를 지나가는 N개의 물품 중에서 n개의 시료를 취할 때는 N/n=k를 발췌 간격으로 하고, 첫 번째부터 k번째까지의 제품 중에서 적당히 1개를 취한 다음 k번째에서 취한다. 즉, 총 1만 개의 제품 중에서 20개의 시료를 취할 때는(10,000 ÷ 20 = 500) 500개마다 1개씩 취한다(계통 발취법).

숙성통에 들어 있는 된장은 상하의 수분 함량이나 기타 성분 또는 무생물상이 다를 수가 있다. 이럴 때는 파이프를 위에서 밑으로 꽂아서 된장을 채취하고 파이프 내부의 것을 잘 혼합해서 필요한 양을 취한다(집단 발취법).

식품의 표면에서 미생물을 분리하고자 할 때는 그림 12-8과 같은 것을 미리 준비(멸균)하여 철사 끝에 묶은 솜으로 시료 표면의 일정한 구역을 닦아서 균을 취한다.

그림 12-8 채취용 면봉

(2) 식물체

① 잎

잎 표면의 시료는 멸균된 솜뭉치로 일정한 부위를 채취한다. 잎이 시들면 미생물상이 달라질 수도 있기 때문에 바로 실험에 들어가고 부득이한 경우에는 냉장고에 보관한다.

② 뿌리

조심스럽게 뽑아낸 뿌리는 흔들어서 대충 흙을 털어 낸 다음 멸균수에 20분 정도 담갔다가 가볍게 흔들어서 나머지 흙을 제거한다. 그다음 다른 멸균수에 흔들어 그 물을 근권根圈 미생물의 시료로 한다.

완전히 세척한 뿌리는 내부 서식성의 미생물을 검출하는 데 이용한다.

③ 줄기

나무줄기 내의 미생물을 알아보려면 줄기를 쪼개어 적당한 부위에서 살균된 면도칼로 시료를 채취한다.

(3) 공기

공기 중의 미생물은 바람이나 계절, 장소에 따라 차이가 크므로 장소와 조건을 명시한다. 지름 9 cm의 페트리접시에 한천 평판을 준비하고 필요한 장소에서 일정 시간(예 : 5분) 뚜껑을 열고 노출시킨다. 그 후 항온기 내에서 배양한다.

경우에 따라서는 멸균된 포집병에 공기를 채취하여 막여과기membrane filter로 채취된 공기를 여과해서 시료 중의 균을 여과기 막에 고정하고 이 여과막에 얇게 고체 배지를 깔아서 집락을 형성하는 방법도 있다. 이 방법은 공기 중의 균학적 오염도를 알아보는 데도 응용된다.

4) 살균법

미생물 실험에서는 목적으로 하는 미생물 이외의 잡균은 절대로 혼입되어서는 안 된다. 따라서 배지나 기구는 철저히 살균해 무균 상태이어야 하고 실험 도중에도 절대로 외부에서 잡균이 혼입되어서는 안 된다.

(1) 화염 살균

백금선을 알코올램프에 빨갛게 달구고 손잡이도 시험관에 들어가는 부분은 돌리면서 불꽃 속을 몇 번 통과시킨다. 조작이 끝난 후에도 마찬가지 방법으로 살균한다.

솜마개로 막은 시험관이나 플라스크도 조작에 앞서 솜마개를 태워서 살균하고 묻어 있는 불씨는 손가락으로 눌러서 끈다.

(2) 건열 살균

솜마개로 막은 시험관이나 페트리접시, 기타 유리 기구는 일반적으로 건열 살균을 한다. 페트리접시 등은 종이에 싸서 넣고 150°C로 1시간 정도 지속한다. 종이가 약간 누렇게 될 정도면 충분하다.

(3) 습열 살균(증기 살균)

수증기를 이용한 살균법으로 상압법과 가압법이 있다.

① 상압 습열 살균법

평압 포화수증기, 즉 100°C의 수증기로 살균하는 방법이다. 솜마개로 막은 배지를 살균기 안에 넣고 증기를 외부에서 불어 넣거나(보일러 스팀 등) 자체 내부에서 발생(전열 등)시켜 충분히 김이 오른 후부터 40~50분 지속하였다가 끝낸다. 이렇게 할 경우 생활 세포 상태로 있는 균체는 대부분 살균되나 내열성 포자 상태로 있는 것들은 살아남을 수 있으므로 이들이 발아하도록 30°C 정도의 항온 상태로 하룻밤 두었다가 다음날 다시 위 살균법을 되풀이(3회)하여 살균을 완료한다.

완벽히 살균되었는지를 확인하기 위해서 항온기 내에서 2~3일 두고 변화 여부를 살펴본다. 이 방법을 간단 살균법이라고도 한다.

② 고압 살균법

압력을 가할 수 있는 고압 살균기에서 단시간 내에 처리할 수 있는 방법이다(그림 12-7 참조).

상압 살균법이 3일 필요한 데 비해 이 방법은 단시간에 처리할 수 있는 장점이 있으나 위험한 압력 기기를 다루어야 하는 단점도 있다.

표 12-1은 포화수증기와 공기가 혼합(50%)된 수증기압과 포화공기의 압력과 온도의 관계를 나타낸 것이다. 표 12-1에서 볼 수 있는 바와 같이 살균기 안에 공기가 남아 있으면 압력과 온도의 관계가 정확하지 않기 때문에 처음에 증기를 충분히 배출(이때 공기도 같이

표 12-1 고압증기살균기의 압력 눈금과 내부 온도의 관계

압력계 눈금 (lbs/in^2)	포화수증기 (공기가 전혀 없음)	수증기와 공기 50 : 50	100% 공기*
5	108°C	94°C	72°C
10	115°C	106°C	90°C
15	121°C	112°C	100°C
20	126°C	118°C	109°C
25	130°C	124°C	115°C
30	134°C	128°C	121°C

* 해당 압력(순 공기) 상태에서 물이 끓는 온도

배출됨)한 후 밸브를 잠그고 압력을 높인다.

압력이 올라서 1 kg/cm²(120°C) 또는 15 Ibs/in²(121°C) (이 조건은 실험 목적에 따라 차이가 있음)가 되면 15분(또는 필요한 시간) 지속한 후 전원을 끄고 자연 냉각으로 압력이 0이 되면 뚜껑을 연다. 압력이 남아 있을 때 밸브를 열고 증기를 배출시키거나 뚜껑을 열면 솜마개가 빠지거나 배지의 액이 분출할 수 있어 위험하므로 주의해야 한다.

(4) 약품 및 자외선 살균

화염 살균, 건열 살균, 습열 살균을 할 수 없는 무균상이나 백금선의 손잡이 그리고 그 외의 기구나 손의 살균에는 약품을 이용한다. 약품으로는 알코올, 승홍수(손 살균 제외), 크레졸액 등이 있다.

자외선 등을 이용하여 공기나 기구 등을 살균할 수도 있다. 무균상이나 무균실에 설치해서 사용한다. 자외선 중 2,000~2,800Å의 파장이 가장 효과적이다. 사람 눈에는 해로우므로 직접 쳐다보지 않도록 하고 그늘진 곳은 전혀 살균되지 않는다는 사실도 알아야 한다.

① 승홍수 $HgCl_2$

1% 용액으로 만들어 놓고 0.1%로 희석하여 사용한다. 약간의 소금을 넣어 수은 분리를 방지하고 액이 유독성이므로 푹신fuchsin 색소를 첨가해서 위험 표시를 해 둔다. 무균상 내부에 분무용으로 쓰거나 기구의 살균에 쓴다.

② 에틸알코올

70%로 희석한 것이 살균력이 가장 강하다. 승홍수와 같은 용도로 쓰일 수 있는데 승홍수는 유독성이고 알코올은 인화성인 것이 단점이다. 승홍수는 금속성 기구에 녹이 슬게 하므로 알코올을 사용하며, 배지에 접촉할 수 있는 기구나 손은 승홍수를 사용할 수가 없으므로 알코올을 쓴다.

이 밖에 알코올 대신 역성비누 3%, 크레졸 비누액 3~5% 등이 이용된다.

5) 제균법

가열 살균이 불가능한 배지(예 : 혈청 배지는 가열하면 응고함)나 무균 공기가 필요한 경우(예 : 클린 벤치)는 여과해서 제균한다.

(1) 액체의 제균

여과기에는 경질 여과기와 연질 여과기가 있다. 경질은 사기로 된 챔버랜드Chamberland 여과기와 규조토로 된 버케펠드Berkefeld 여과기가 있고, 연질로는 세이츠Seitz의 석면 원판과 헤인Hein의 석면 여과기가 있다.

경질 여과기는 사용하기 전에 잘 씻어 물을 여과하고 건열이나 습열로 살균한다. 여과할 때는 펌프의 흡인력이나 압력을 이용하게 되는데 펌프의 힘을 너무 능률 위주로 하거나 장시간 사용하면 균이 통과할 수가 있으므로 주의해야 한다.

원심 분리기도 어느 정도 목적은 달성할 수 있으나 완벽을 보장하기는 어렵다.

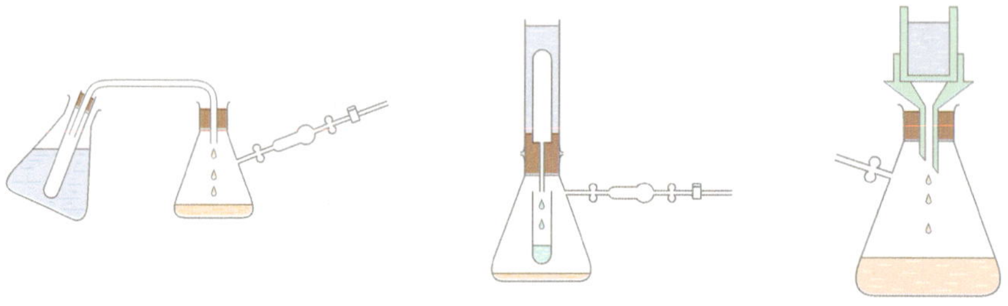

챔버랜드 여과기 / 버케펠드 여과기 / 세이츠 여과기

그림 12-9 각종 제균법

(2) 공기의 제균

공기의 여과용으로는 살균한 솜이나 유리솜이 쓰인다. 이들 재료는 건조된 상태로 쓰는 것이 가장 안전하며 일정한 사용 기간이 지나면 주기적으로 다시 건열 살균해서 사용한다.

2. 배지

미생물을 실험하거나 배양하기 위해서는 먼저 미생물이 생육할 터전이 되는 배지medium를 조제해야 한다. 배지(배양기)에는 미생물에 필요한 영양소와 수분이 함유되고 기타 조건(pH 등)이 적절해야 한다. 배지는 그 모양이나 성분에 따라서 여러 가지 종류로 구별되며 배지 성분의 조성은 미생물의 종류, 성질, 실험 목적 등에 따라 많은 차이가 있다.

1) 배지의 종류

(1) 천연 배지와 인공 배지

배지는 조제에 이용하는 원료에 따라 천연 배지와 인공 배지(합성 배지)로 나누기도 한다. 천연 배지는 동식물체를 이용하므로 그 화학적 조성이 명확하지 못한 것이 많다. 인공 배지는 화학적 성질이 잘 알려진 물질을 배합해서 만든 배지이다.

천연 배지와 인공 배지(합성 배지)의 종류는 표 12-2와 같다.

표 12-2 **배양 및 배지의 종류**

천연 배양		합성 배양	
배지 명칭	적용 미생물	배지 명칭	적용 미생물
고기즙(bouillon)	세균 일반	Uschinsky씨 액	일반 세균
효모 추출물	세균 일반	Frankel씨 액	일반 세균
두부 분해액	세균 일반	Moassen씨 액	일반 세균
펩톤수	세균 일반	Cohn씨 액	일반 세균
맥주	아세트산균	Henneberg(a)씨 액	아세트산균
청주	아세트산균, 젖산균	Takahashi씨 액	글루콘산세균
코지 추출물	효모, 곰팡이	미생물정량용 배지	젖산균
맥아 추출물	효모, 곰팡이 젖산균, 버섯	Henneberg(b)씨 액	세균, 효모
싸라기(찐쌀)	곰팡이	Hayduck씨 액	효모
빵	곰팡이, 효모, 세균	Mayer씨 액	효모
간장	곰팡이, 효모, 버섯	Knopp씨 액	효모
과즙	곰팡이, 효모	Henneberg(c)씨 액	곰팡이
코지수	곰팡이, 효모, 세균	Nägali씨 액	곰팡이
감자	곰팡이, 세균, 버섯	Czapeck-Dox씨 액	곰팡이, 버섯
litmus 우유	젖산균	Riceards	버섯
톱밥 배양기	버섯		

(2) 액체 배지와 고체 배지

배지는 상태에 따라서 액체 배지와 고체 배지로 구별하기도 한다. 원래 고체로 된 천연물(예 : 곡물, 감자, 고구마 등)을 이용한 배지도 고체 배지이지만 원래 액체인 것에 한천을

1.2~1.5%, 젤라틴을 10% 정도 넣어 만든 것도 고체 배지라고 한다.

(3) 보통 배지와 특수 배지

여러 미생물을 기를 수 있는 배지를 보통 배지라 한다. 세균 배양에 일반적으로 쓰이는 육즙 배지와, 곰팡이나 효모 배양에 일반적으로 쓰이는 국즙(또는 맥아즙) 배지는 보통 배지라 할 수 있다.

이에 비해서 특정 균만을 선택적으로 생육시키는 배지를 특수 배지special medium라 하는데, 이것은 다시 증균 배지enrichment medium, 선택 배지selective medium, 확인 배지differential medium 등으로 구별한다.

(4) 완전 배지와 최소 배지

이 분류법은 영양소의 함유 정도에 따른 것으로, 완전 배지complete medium라 함은 펩톤peptone, 효모 추출물 등의 유기 영양원을 풍부하게 함유한 배지로 미생물의 생활에 필요한 모든 성분을 공급할 수 있는 조성을 지닌 배지이다. 예를 들면 육즙 배지nutrient broth는 세균에 대해서, 맥아즙malt extract은 효모나 곰팡이에 대해서 완전 배지가 된다.

최소 배지minimal medium는 위와 반대로 미생물이 살기 위한 최소한의 요구를 충족한 배지이며, 일반적으로는 무기염과 당, 필수 비타민(또는 아미노산)으로 조성되는 합성 배지이다. 최소 배지를 만들 때에는 시약의 순도에 유의해야 한다.

위 두 배지의 중간적인 것으로 보족 배지supplemented medium라는 것도 있다. 이것은 최소 배지에 영양 요구 변이주가 필요로 하는 물질을 보충해서 만든 배지이다.

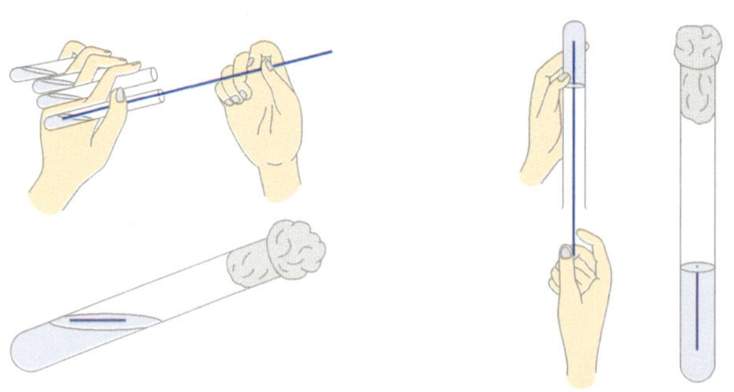

사면 배지법　　　고층 배지법(천자 배양)

그림 12-10 배지 응고 방법

(5) 사면 배지와 고층 배지

시험관에 든 고체 배지는 살균 직후 그림 12-10처럼 놓아 두면 배지가 경사면 모양으로 굳어진다. 이런 모양을 사면 배지slant medium라 하고 보통대로 세워서 굳힌 상태를 고층 배지stab medium라 한다.

사면 배지는 호기성 균의 배양에 쓰이고 고층 배지는 혐기성균의 배양이나 평판 배양용으로 이용된다.

2) 보통 배지의 소재

(1) 펩톤

펩톤은 밀크 카세인, 동물육, 대두 단백질 등을 펩신pepsin, 트립신trypsin, 파파인papain 등의 단백질분해효소로 가수분해한 것으로, 각종의 아미노산, 펩타이드, 프로테오스 등의 가용성 질소 화합물이 주성분이다. 따라서 원료나 효소의 종류에 따라서 그 조성이 달라진다. 미생물의 생육이나 대사산물에 영향을 미칠 수도 있기 때문에 정밀해야 경우는 선택하는 데 신경을 써야 한다.

펩톤은 흡습하기 쉬우므로 밀폐해서 냉암소에 저장해야 한다.

(2) 육즙

육즙(육엑기스meat extract, bouillon, nutrient broth)은 동물 고기의 침출액을 농축한 것으로 고기 중의 가용성 질소 화합물, 비타민 등의 생육 촉진 인자, 무기 염류가 풍부하고 세균 배양에 널리 이용된다.

신선한 쇠고기의 기름기를 제거하고 다진 것 500 g에 물 1 L를 넣어 50°C로 30분 두었다가 1시간 끓여 냉각해 여과한 다음 펩톤 10 g, NaCl 5 g과 물을 가하여 1 L로 한다. 시판되는 분말 제품은 위의 과정을 거친 것을 분무 건조한 것이다.

(3) 효모 추출물

효모 추출물yeast extract은 맥주 효모나 빵 효모를 저온으로 침출하여 그 액을 저온 건조한 것으로 아미노산, 비타민, 무기 염류를 풍부하게 함유하고 있어 미생물 배양에 널리 쓰인다. 육즙의 대용으로도 쓰인다.

(4) 맥아 추출물

맥아 추출물malt extract은 효모나 곰팡이용 배지로 널리 쓰인다. 주성분은 맥아당 등의 당류이다. 맥아 1 kg에 물 4~5 L를 넣어 60°C로 당화하면서 요오드 반응이 소실되면 끓여서 냉각한 후 여과한다. 양이 많을 때는 자루에 담아 매달아 둔다. 처음 나오는 액은 흐리지만 차차 맑아지므로 맑은 것만 따로 받는다. B° 10°(당도) 정도로 물로 희석해서 사용한다.

(5) 코지 추출물

코지 추출물은 일본에서 개발된 것으로 맥아 추출물과 마찬가지 용도로 쓰인다. 제법은 맥아 추출물에 준한다.

(6) 기타 추출물류

감자 추출물은 곰팡이와 효모의 배양에, 토마토 추출물은 젖산균의 배양이나 효모의 포자 형성 배지(V.8. agar)에 쓰인다.

간장肝臟의 자가 소화액에는 생육 촉진 인자가 많아 영양 요구성이 복잡한 미생물의 배양에 적합하고, 토양 추출물은 토양 미생물의 분리에 사용된다.

(7) 한천

한천agar은 우뭇가사리라고 하는 해초를 삶아서 침출시켜 만든 것인데 투명도나 응고성에 차이가 많다. 불순물의 함량이나 그 종류는 미생물의 생육과도 관계가 있으므로 정밀 실험의 경우는 신경을 써야 한다. 액체 배지에 1.2~1.5% 첨가해서 고체 배지화한다.

(8) 젤라틴

젤라틴gelatine은 한천 대신에 배지 응고용으로 사용하기도 하고 세균의 생리 실험에 쓰기도 한다. 액체 배지에 대한 첨가량은 계절에 따라 10~20%로 조정한다. 고압 살균의 경우는 응고력이 심하게 떨어지므로 평압 살균을 해야 한다. 젤라틴의 응고성을 돕기 위해서 한천을 0.5~0.75% 보충할 수도 있다.

3) 배지 조제의 유의 사항

배지의 화학적 조성이 충분하다고 하더라도 이것을 조제할 때 몇 가지 주의를 태만히

하면 미생물 생육에 지장을 주게 되어 좋은 실험 결과를 얻을 수가 없다.

(1) 조성분

배지의 성분이 %로 표시되어 있을 때는 보통 w/v %를 뜻하며, 액체 배지인 경우는 용질이 20%를 넘으면 삼투압 때문에 균 생육에 지장을 줄 수 있다.

(2) pH

미생물의 배양이나 실험에서 pH를 도외시하는 일은 거의 없으며 균의 종류나 배양 목적에 맞는 pH를 유지해 주어야 한다. pH의 조정용으로는 3~4% HCl, 10% Na_2CO_3, 4% NaOH가 이용된다.

(3) 배지의 투명도

어떤 때는 배지를 아주 투명하게 조제해야 한다. 배지를 투명하게 하는 방법에는 여러 가지가 있으나 간단히 할 수 있는 방법은 플란넬·탈지면·거즈·유리필터glass filter 등으로 여과하는 방법, 달걀흰자를 배지에 풀어서 가열하고 냉각해 여과하는 방법, 규조토와 같은 여과 보조제를 써서 여과하는 방법 등이 있다.

(4) 분주

한꺼번에 많이 만든 배지는 시험관이나 작은 플라스크에 나누게 되는데 이를 분주라고 한다. 분주할 때는 그림 12-11과 같은 장치를 이용하거나 깔때기를 대고 직접 붓기도 한다. 이때 특히 시험관이나 플라스크 입구에 배지가 묻지 않도록 주의해야 한다. 또 솜마개에도 절대로 배지가 묻어서는 안 된다.

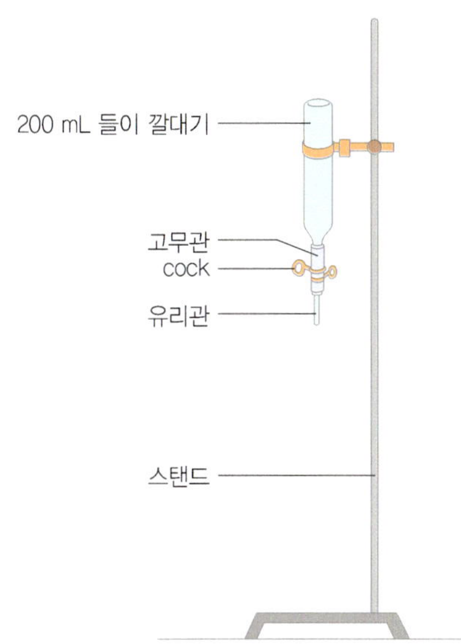

그림 12-11 배지 분주 장치

(5) 솜마개(면전)

배지가 담긴 시험관이나 플라스크는 솜마개를 한다. 배지의 분주에 앞서 깨끗하게 씻은 빈 시험관이나 빈 플라스크에는 솜마개를 하고 건열기에서 건열 살균을 해 둔다. 이때 보통 목화솜을 쓰는 것이 좋고 탈지면이나 화학사, 인조솜 등은 사용하지 않는 것이 좋다.

솜마개를 하는 목적은 기체는 통과시키면서도 잡균은 통과하지 못하게 하는 데 있으므로 너무 딱딱해서도 안 되고(기체 통과 지장) 너무 물러서도 안 된다(잡균 통과 우려).

면전의 요령은 그림 12-12와 같이 머리가 알맞게 둥글고 단단하며 보기도 좋아야 한다. 보통 시험관 속으로 2~3 cm 꽂히게 한다. 먼저 솜을 적당히 오려 가장자리에서 조금씩 뜯어 중심에 놓아 심을 만들고 이것을 에워싸는 것처럼 하여 비틀면서 용기의 입구에 꽂는다.

그림 12-12 솜마개의 요령

4) 각종 배지

미생물의 배양이나 연구를 위한 배지는 수없이 보고되어 왔고 연구자가 스스로 새로운 처방으로 조제할 수도 있다. 앞의 표 12-2는 천연 배지와 인공 배지 몇 가지를 정리한 것이며, 그중에서 가장 기본적이고 흔히 쓰이는 것을 골라 설명한다.

(1) 세균용 배지

① 육즙 배지

고기 추출물 10 g, 펩톤 10 g, NaCl 5 g, 증류수 1 L, pH 7.2로 조제하며 세균 증식용 배지로 흔히 쓰인다. 육즙은 Difco사, Oxoid사에서 공급하는 분말 형태의 것이 있다.

② 펩톤수

펩톤 10g, NaCl 5~10 g, 증류수 1 L, pH 7.0으로 조제하고 세균을 동정할 때 또는 생리 실험을 할 때 쓰인다.

③ 젖산균용 배지

효모 추출물 10 g, 펩톤 10 g, 글루코오스 10 g, Na-acetate 3 g, 증류수 1 L, pH 0.5로 조제한다. 일반 젖산균의 배양에 이용하며 한천을 넣은 것은 보존 배지로 사용할 수 있다. 보존 배지에는 $CaCO_3$를 0.1% 정도 추가할 수도 있다.

④ 아세트산균용 배지

글루코오스 30 g, 효모 추출물 5 g, 펩톤 3 g, 증류수 1 L, pH 6.8로 조제하며, 멸균 후 알코올 3%를 무균적으로 첨가한다.

(2) 곰팡이 및 효모용 배지

① 맥아 추출물 배지

맥아 추출물 20 g, 글루코오스 20 g, 펩톤 1 g, 증류수 1 L, pH 6.0 전후로 조제한다. 곰팡이나 효모가 잘 자라며 생리 실험이나 보존 배지(한천 첨가)로 이용한다.

② 코지 추출물 배지

맥아 추출물 배지와 마찬가지로 조제하며 용도도 거의 같다.

3. 배양

1) 순수 분리

많이 있는 미생물 균체 중에서 단 한 개의 균체(단일 세포)를 골라내는 것을 순수 분리 pure isolation라 한다. 순수 분리 방법은 균의 종류, 즉 호기성 균인가 통성 균인가 혐기성 균인가에 따라 달라진다.

(1) 평판 배양법(편평 배양법)

가장 흔하게 사용하는 방법이다. 평판 배양법은 선 도말법, 전면 도말법, 희석법의 3가지로 나뉘며 조작은 무균상 내에서 한다.

① 선 도말법

선 도말법은 미리 준비하여 표면을 말려 놓은 평판(페트리접시에 펴 놓은 고체 배지)에 문자 그대로 시료액을 백금이(백금선이 아님)로 바르는 방법이다. 적당히 희석해 놓은 시료약을 백금이로 한 번 찍어서 그림 12-13과 같이 평판 위에 선을 긋는 것처럼 바른다(배지가 긁히지 않도록 주의). 평판을 3개쯤 준비하고 백금이는 처음에 한 번 시료를 찍은 그대로 두 번째 평판, 세 번째 평판의 순으로 마지막까지 바른다. 이렇게 해서 콜로니colony를 발

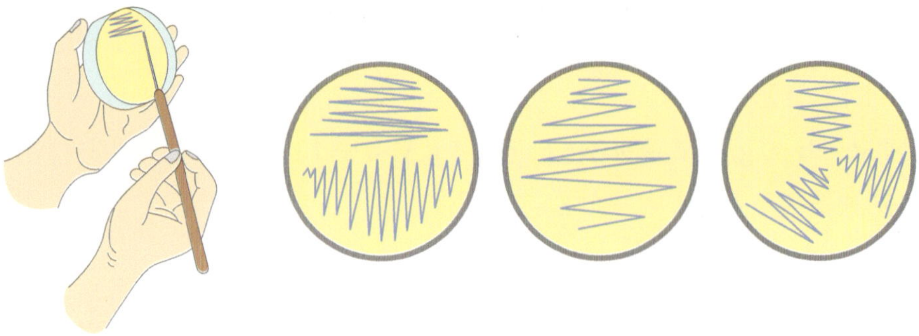

그림 12-13 도말법에 의한 미생물의 분리

생시키면 백금이가 처음 닿은 곳은 균이 너무 많아서 독립된 콜로니 없이 범벅이 되게 균이 자라지만 뒤로 갈수록 뚜렷한 독립 콜로니가 있게 되므로 적당한 것을 조균해서 사면 배지나 고층 배지로 옮긴다. 이 콜로니는 단일 세포에서 출발한 것으로 가정한다. 그리고 선에서 멀리 있는 콜로니는 외부에서 들어간 오염균일 수도 있으므로 택하지 않는 것이 좋다.

여기에서 선택된 콜로니는 단일 세포에서 출발한 것으로 단정할 수는 없다. 즉, 2~3개의 세포로부터 출발한 콜로니일 수도 있다. 따라서 조균된 것을 시료로 하여 위의 조작을 2~3회 되풀이하면 신뢰도를 더욱 높일 수 있다.

② 전면 도말법

시료의 희석액 한 방울을 평판 위에 떨구고 살균된 스프레더로 평판 위에 고르게 바른다. 여기에서도 선 도말법과 같이 평판을 2~3개 준비하여 한 번 사용한 스프레더를 그대로 둘째 또는 셋째 평판 위에 고르고 가볍게 문지른다. 콜로니 발생 후 선 도말법에서처럼 조균한다.

③ 희석법

적절히 희석된 시료, 한천 고체 시험관 배지 3개 그리고 살균된 페트리접시 3개를 준비한다. 시험관 고체 배지는 물을 담은 비커에서 끓여 녹이고 비커의 수온을 50~60°C로 식혀 놓는다. 시료를 1 백금이로 취해서 그림 12-14에서처럼 희석용 멸균수로 희석을 하거나, 또는 희석하지 않고 직접 제1 시험관 배지에 접종하고 잘 흔들어 차례로 그림 12-14처럼 제2, 제3 시험관에 접종하여 잘 흔들어서 각각을 페트리접시에 부은 뒤 접시를 이리저리 기울이면서 배지를 고르게 편다.

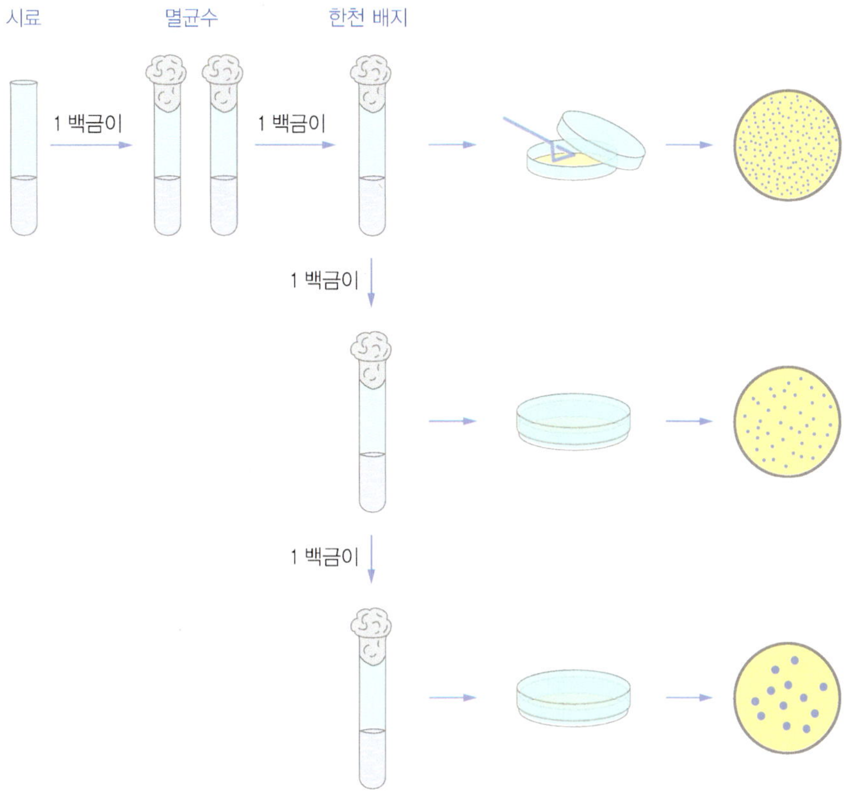

그림 12-14 희석법에 의한 미생물의 분리

배지가 너무 뜨거우면 조작 중에 균이 죽을 염려가 있고, 너무 차가우면 한천이 굳어서 균이 고르게 섞이지 않으며 접시에 고르게 퍼지지도 않으므로 손 빠른 조작으로 기술적으로 진행해야 한다.

(2) 린드너의 소적 배양법

린드너Lindner가 개발한 소적 배양법은 단일 세포체를 확실하게 분리하는 방법으로 효모나 곰팡이의 순수 분리에 적합하다. 화염 살균된 커버글라스에 화염 살균된 펜으로 적절히 희석된 시료를 취해서 그림 12-15처럼 점을 찍는다. 오목 슬라이드글라스hole slide glass의 오목한 곳에 멸균수 한 방울을 놓은 후 커버글라스를 찍힌 점이 밑으로 가게 놓고 바셀린으로 사방을 밀폐한다. 검경해서 세포가 하나만 들어 있는 점을 찾아서 그 점에 표시를 하고 페트리접시에 담아서 보온 배양한다. 다음날 표시된 점을 다시 검경해서 증식이 확인되면 살균된 멸균지로 이것을 흡수시켜서 배지에 투입하고 증식시킨다.

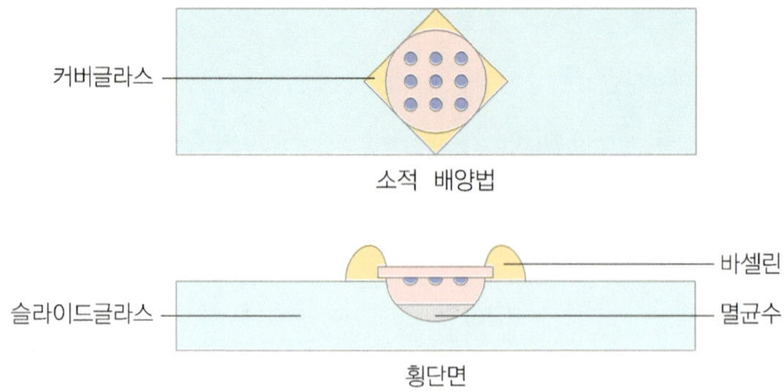

그림 12-15 린드너의 소적 배양

세균의 경우는 먹물을 푼 액체 배지를 이용해서 위와 같이 하면 검경 시에 균체 확인이 용이하다. 이런 방법을 묵즙 배양법이라 한다.

(3) 현미 해부기 이용법

앞에서 설명한 평판 배양은 단일 세포에서 출발했다는 신뢰도에 한계가 있고, 린드너 방법의 신뢰도는 100%에 가까우나 하나의 소적 중에 하나의 세포만 있는 것을 찾기가 힘들고 있다고 하더라도 목적하는 균이 아닐 수도 있어서 조작하기가 매우 힘들다. 이에 비해서 현미 해부기micromanipulator를 이용하면 많은 균체 중에서 마음에 드는 형태의 단일 세포를 골라낼 수 있고, 여러 개를 골라내는 데도 크게 힘들지 않아 편리하다.

현미 해부기는 현미경과 해부가대 및 마이크로피펫(또는 microneedle)으로 구성된다(그

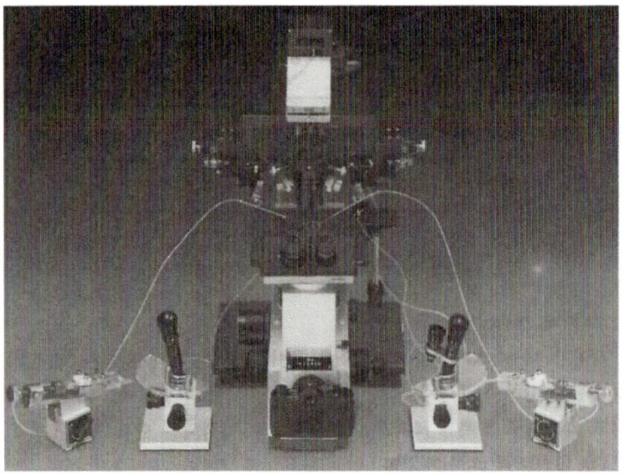

그림 12-16 de Fonbrune식 현미 해부기

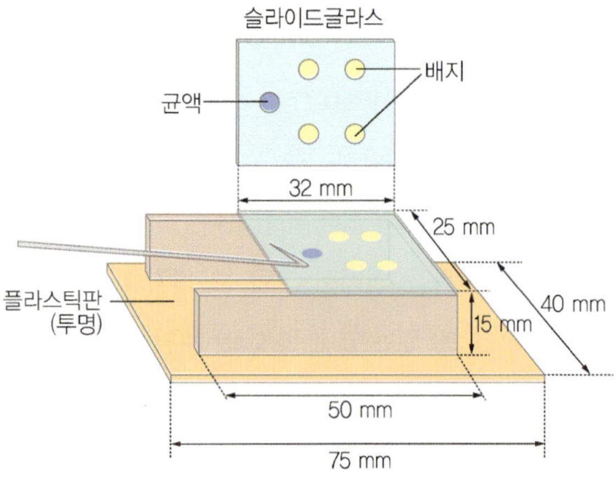

그림 12-17 해부 가대에 해부침을 장착한 상태

림 12-16, 12-17).

적절히 희석된 시료를 살균된 마이크로피펫으로 빨아들여 현미경 시야에서 슬라이드 판 위에 배출하고 여기에서 세포 한 개만을 다시 흡인하여 고체 배지 위에 놓는다. 마이크로 니들도 마이크로피펫과 동일하게 사용할 수 있다.

(4) 통성 및 혐기성 세균의 순수 분리

혐기성 균은 산소가 있으면 살지 못하므로 배지 중에 산소가 들어가지 못하도록 차단해야 한다.

① 중층법

중층법에는 뷰리관Burri tube법과 이중접시 평판 배양법이 있다. 깨끗하게 씻은 뷰리관 2개에 한쪽은 고무마개, 다른 한쪽은 솜마개를 하여 120°C에서 20분 동안 살균한다. 한편, 육즙 한천과 포도당 육즙 한천을 시험관 배지에 각 3개씩을 녹여서 평판 배양 때와 같이 순차로 시료를 희석하는데 뷰리관 밑에서 희석이 많이 된 것부터 배지별로 붓는다. 부을 때는 한 시험관에 붓고 냉수에서 응고시킨 후 다음 것을 붓는 순서로 한다. 1~2일 동안 항온 배양한 후 살펴보면 그림 12-18과 같이 배지 내부에 점점의 콜로니가 발생하는데, 균종에 따라서는 포도당 육즙 한천에서 가스가 발생하여 고체 배지에 균열이 생기기도 한다. 콜로니가 발생한 배지는 살균된 접시나 거름종이에 꺼내서 살균된 칼로 적당한 곳을 잘라 백금선으로 조균한다.

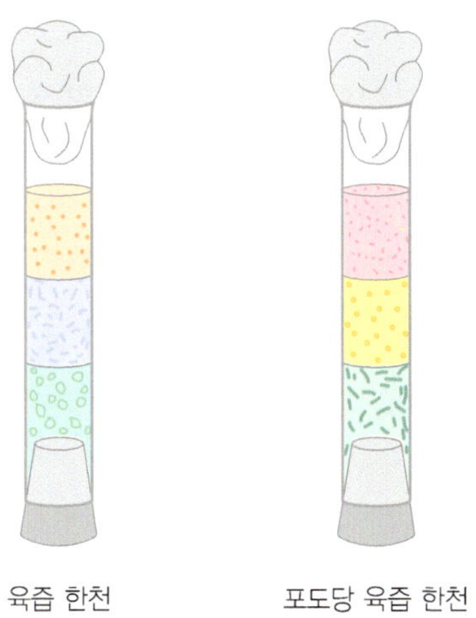

그림 12-18 뷰리관

② 이중 접시법

이중 접시법은 살균된 페트리접시를 사용하며 그림 12-19와 같이 뚜껑과 밑짝을 반대로 이용한다. 뷰리관법에서처럼 조작된 용융 배지를 페트리접시 뚜껑에 붓고 즉시 밑짝을 거꾸로 해서 배지에 밀착시켜 산소의 접촉을 막는다. 필요하면 접시가 포개진 사이를 용융 파라핀이나 유동 파라핀으로 채워서 산소를 완벽하게 차단한다. 이것을 더 큰 접시에 담아서 항온기에 넣는다.

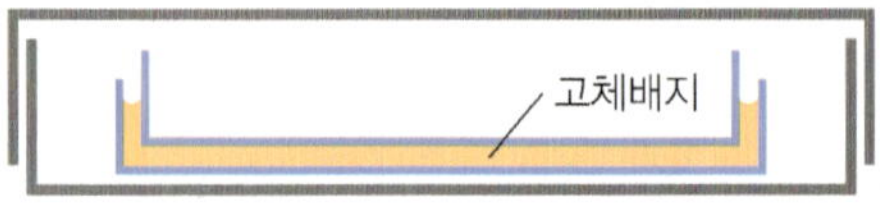

그림 12-19 이중 접시 평판 배양법

2) 순수 배양법

(1) 고체 배양

균주를 보존하거나 상태와 생리 관찰에 이용하며, 사면 배양법과 천자 배양법이 있다.

① 사면 배양

사면 배양streak culture, slant culture은 효모나 곰팡이 또는 호기성 세균의 배양에 사용한다. 백금선이나 백금이로 취한 균을 사면에 직선으로 긋거나 파상으로 긋는다.

② 천자 배양

천자 배양법stab culture은 혐기성 균의 배양에 이용한다. 백금선으로 균을 취해서 그림 12-10에서처럼 배양관 입구를 아래로 하고 고체 배지의 중앙을 바닥까지 찔러 준다. 이렇게 하면 혐기성 균은 시험관의 아래쪽, 즉 고체 배지의 가장 깊은 곳에서 자라게 된다.

(2) 액체 배양

균의 상태나 생리를 관찰할 때, 어떤 물질을 생성시킬 때, 균체를 많이 얻고자 할 때 또는 기타 목적으로 액체 배양을 한다.

① 정치 배양

정치 배양에 쓰이는 용기는 가장 작은 것으로는 시험관이 있고 그 외의 목적에 따라 여러 가지 모양과 크기의 용기가 있다(그림 12-3 참조).

② 통기 배양

효모나 곰팡이를 배양할 때 균의 호흡을 촉진하거나 그 밖의 목적으로 액체 배지 내에 면려관棉濾管을 통과시킨 무균 공기를 불어 넣으면서 배양하는 방법을 통기 배양이라 한다.

배지에 통기를 하면 산소 공급과 교반 두 가지 효과를 내는데, 실험관과 같이 소규모일 경우는 용기를 진탕기에 고정하고 모터를 구동해 계속 흔들면서 배양하는 진탕 배양법도 통기 배양법과 같은 효과를 낼 수 있다.

③ 자 발효기에 의한 배양

자 발효기jar fermentor 배양은 통기 교반 배양을 할 수 있는 시험 장치로 보통 1~5 L들이 정도이다. 이것은 공업용 발효 탱크를 축소한 것과 같은 구조와 기능을 하는데 대량 배양에서 여러 가지 배양 조건의 검토나 기초 연구에 이용한다. 자 발효기의 배양조는 보통 원통형으로 유리나 스테인리스로 되어 있으며, 교반기, 공기 여과 송입 장치, 온도 조절 장치, 자동 pH 조절 장치, 온도·공기량·pH 등의 경시적 자동 기록 장치 등 기종에 따라서 여러 가지 기능을 갖추게 된다.

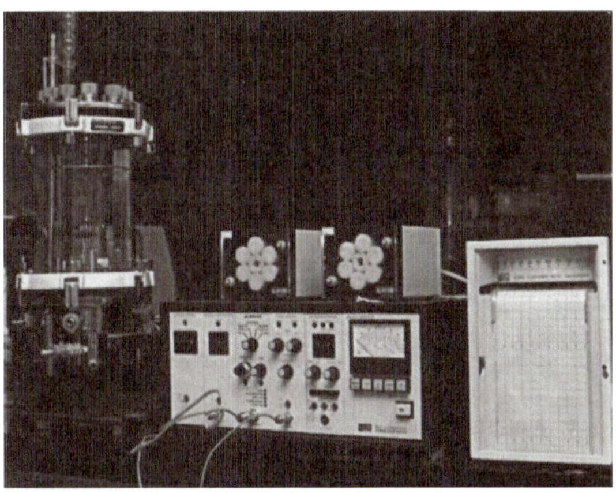

그림 12-20 자 발효기

(3) 혐기성 균의 배양

① 진공 배양법

보통의 진공 건조기 내에 배양 용기를 넣고 펌프로 진공시킨 후 진공 건조기를 항온기 내에 수용하여 배양한다.

Tip

선택적 증균 배양(Selective Enrichment)

자연계에서 미생물은 독립적으로 존재하는 것이 아니라 다른 미생물과 함께 섞여 있으며 최소한 자신들이 생존, 생육할 수 있는 조건에서 존재한다. 따라서 시료 중에 특정 미생물(예 : 식중독 미생물)의 존재 여부를 분석하기 위해서 특정 미생물만이 선택적으로 잘 자라는 조건에서 배양해야 할 필요가 있다. 이를 위하여 특정 미생물의 배양에 유리한 선택 배지(selective medium)로 증균 배양(enrichment culture)하여 다른 균보다 우선적으로 생육시키는 선택적 증균 배양 방법을 사용한다.

식중독 세균	선택 배지
Salmonella sp.	MacConkey agar Desoxycholate Citrate agar Xylose Lysine Desoxycholate(XLD) agar *Salmonella Shigella*(SS) agar Bismuth Sulfite agar Brilliant Green Sulfa agar Brilliant Green agar Brilliant Green agar Modified Hektoen Enteric agar CHROMagar *Salmonella* SM ID2 agar Desoxycholate Citrate Lactose Sucrose(DCLS) agar
Bacillus cereus	Mannitol-Egg Yolk-Polymyxin(MYP) agar Chromogenic *Bacillus cereus* agar base *Bacillus cereus* selective agar base
Listeria monocytogenes	Oxford medium base Lithium chloride-Phenylethanol-Moxalactam(LPM) agar PALCAM medium base CHROMagar Listeria Ottaviani Agosti agar(OAA)
Vibrio parahaemolyticus	Thiosulfate Citrate Bile Salts Sucrose(TCBS) agar CHROMagar *Vibrio*
Staphylococcus aureus	Mannitol Salt agar with Egg Yolk Mannitol Salt agar Baird-Paker agar Baird-Paker RPF agar(RPFA) CHROMagar *Staph aureus* Staphylococcus Medium 110 Vogel and Johnson(VJ) agar

② 산소 흡수 또는 수소 치환법

보통의 화학용 건조기 바닥에 피로갈롤pyrogallol과 KOH를 고체 상태로 넣고 뚜껑을 닫으면 피로갈롤이 산소를 흡수해서 무산소 상태가 된다. 진공 펌프로 공기를 흡인, 제거한 후 수소를 치환해서 무산소 공간을 만드는 방법도 있다. 그 외에 환원성 물질을 배지에 첨가해서 산소를 흡수시키는 방법도 있다.

4. 균체의 관찰

1) 현미경과 그 종류

균체는 크기가 매우 작아서 눈으로는 직접 볼 수 없다. 하물며 균체 내부의 각 부분은 더욱 그렇다. 이런 경우에는 현미경을 이용해서 관찰하게 되는데 더욱 효과적인 관찰을 위해서 균체를 전처리하기도 한다.

현미경은 크게 광학 현미경light microscope과 전자 현미경electron microscope으로 구별한다. 광학 현미경은 밝은 시야 현미경bright field microscope과 위상차 현미경phase-contrast micrpscope, 형광 현미경fluorescence microscope으로 구별하고, 전자 현미경은 투과 전자 현미경transmission electron microscope, TEM과 주사 전자 현미경scanning election microscope, SEM으로 구별한다.

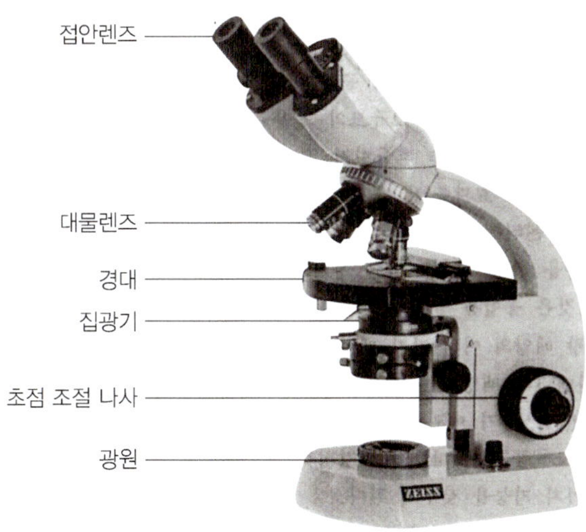

그림 12-21 광학 현미경

(1) 밝은 시야 현미경

가장 흔하게 쓰이는 현미경으로 경통, 접안렌즈, 대물렌즈, 경대, 집광기condensor, 조이개, 조정나사, 손잡이 등으로 구성되어 있다. 접안렌즈나 대물렌즈에는 4×, 10×, 100× 등의 기호가 있는데 위아래 렌즈의 숫자를 곱한 것이 그때의 배율을 나타낸다. 또 HI의 기호는 유침oil immersion에 쓰일 수 있는 렌즈임을 나타낸다.

(2) 위상차 현미경

밝은 시야 광학 현미경을 사용하여 세균 등을 관찰할 때는 염색을 해야 하는 불편이 있으나 위상차 현미경은 그럴 필요 없이 관찰할 수 있다. 구조는 밝은 시야 현미경과 비슷하나 집광기 아래에 환상 조리개annular stop가 있고 대물렌즈 바로 위쪽에 상환phase ring이라는 작은 부품이 끼워져 있다.

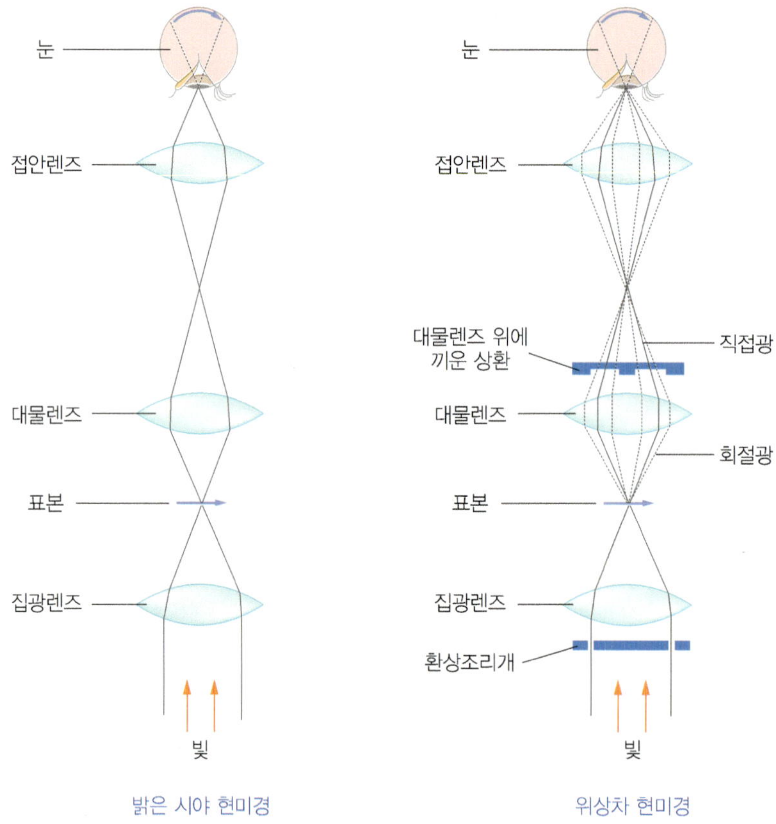

그림 12-22 밝은 시야 현미경과 위상차 현미경의 원리

(3) 형광 현미경

미생물에 특별하고 친화력이 높은 형광물질을 미생물에 결합시켜서 형광 현미경으로 검출할 수가 있다. 예를 들면 로다민 Brhodamin B와 오라민 Oauramine O를 써서 결핵균을 검출할 수가 있다.

(4) 전자 현미경

전자 현미경은 광선 대신 전자선을 이용하고 유리 렌즈 대신 전자 렌즈로 되어 있으나 상 형성 원리는 광학 현미경과 같다. 시료를 통과한 전자선이 전자 렌즈를 통과해서 상이 형성되는 것을 투과 전자 현미경이라 하고, 전자선이 시료 표면을 주사scan하여 여기에서 생기는 정보를 브라운관에 영상으로 나타내는 것을 주사형 전자 현미경이라 한다. 즉, 이는 입체감이 있는 영상을 볼 수 있는 장점이 있다. 투과와 주사 두 기능을 한꺼번에 갖춘 최신형도 나와 있다.

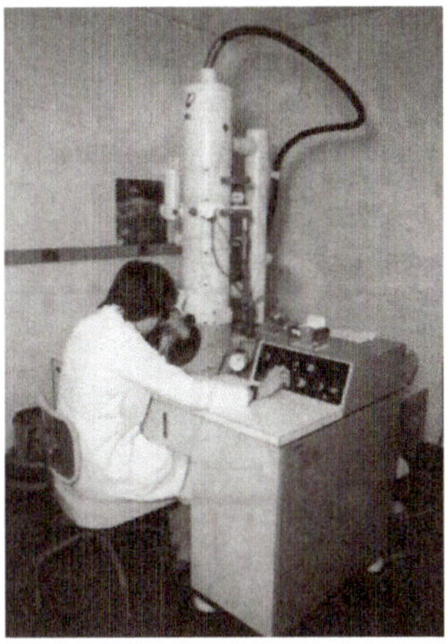

그림 12-23 전자 현미경

2) 광학 현미경의 검경법

(1) 광원

현미경에 따라서 외부의 빛을 집광해서 이용하는 것과 자체에 전광 장치가 되어 있는 것으로 나뉜다. 청색 필터를 이용하면 눈에 피로를 덜어 주고 빛의 밝기는 배율의 정도에 따라 조절된다. 너무 밝거나 너무 어두우면 정확하게 관찰할 수가 없다.

(2) 일반 검경

검경microscopy용 시료는 슬라이드글라스에 얹어서 그대로 또는 커버글라스로 덮어서 검경한다. 특별한 경우는 시료를 염색해서 검경한다.

초점을 맞추기 위해서 경통을 올리고 내릴 때는 조동나사와 미동나사를 이용한다. 우선 옆에서 보면서 조동나사로 대물경을 시료에 근접(접촉해서는 안 됨)시킨 뒤 접안경으로 들여다보면서 서서히 경통을 올려 상을 찾는다. 상이 찾아지면 이번에는 미동나사로 상을 더욱 명확하게 조절한다. 빛은 관찰하기 좋도록 조리개로 조절한다.

시료 표본을 전후좌우로 움직일 때는 경대 미동나사로 한다.

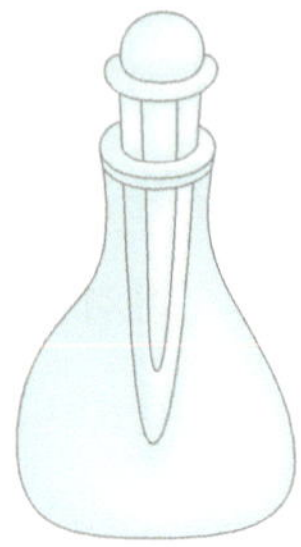

그림 12-24 시더유병

유침으로 검경할 때는 시더유cedar oil나 아니솔anisol, phenyl methyl ether 한 방울을 커버글라스 위에 떨어뜨리고 대물경(HI 표가 있는 것)을 커버글라스에 접근시켜 기름에 젖게 한다. 시더유는 점성이 커서 커버글라스를 움직이게 하는 단점이 있고, 아니솔은 점성이 작아서 좋으나 휘발성이기 때문에 장시간 사용하기 어렵다. 사용 후에 대물경에 묻은 기름은 부드러운 거즈로 닦은 다음 다시 크실롤xylol로 닦고, 마지막으로 마른 거즈로 닦는다. 고배율로 관찰하고자 할 때 유침법을 이용한다.

(3) 세포의 크기 측정

세포의 크기를 측정할 때는 마이크로미터micrometer를 사용한다. 마이크로미터는 접안용

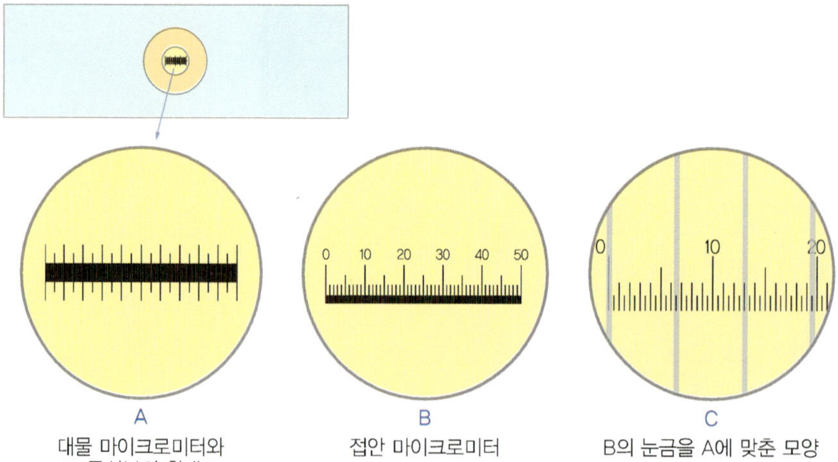

그림 12-25 마이크로미터

과 대물용 두 개로 되어 있다(그림 12-25).

접안 마이크로미터는 지름 17.5 mm의 유리 원판 가운데에 작은 눈금(0.1 mm 간격)이 새겨져 있다. 접안렌즈의 나사를 열고 그 속에 이것을 넣고 나사를 잠근다. 세포의 상대적 크기를 비교할 때는 이것만으로도 가능하나 절대적 크기를 알고자 할 때는 대물 마이크로미터를 같이 사용한다. 대물 마이크로미터는 슬라이드글라스 중앙에 원형 유리가 부착되어 있고 그 중앙에 작은 눈금이 새겨져 있다. 이 눈금은 1/100 mm=10 μm이다.

관찰하고자 하는 배율로 상하 렌즈를 맞춘 후 현미경의 경대에 대물 마이크로미터를 놓고 그 눈금에 초점을 맞추면 그림의 C처럼 보이는데, 굵은 눈금은 대물 마이크로미터의 눈금이고 작은 것은 접안 마이크로미터의 눈금이다. 따라서 접안 눈금 하나는 몇 μm에 해당하는가를 알 수 있다. 즉, 그림 12-25의 경우는 접안 7눈금이 10 μm이므로 접안 1눈금은 10/7 μm이다. 상하 렌즈(대물렌즈, 접안렌즈)의 짝을 바꿀 때에는 다시 계산한다. 실지 측정에서는 접안 마이크로미터만으로 하고 균체의 폭이나 길이에 맞게 접안렌즈를 돌리면서 계측한다.

(4) 세포 수의 측정

① 혈구 계수기 이용법

토마Thoma의 혈구 계수기haematometer를 이용한 전균 수(생균 수+사균 수) 측정법은 주로 효모나 곰팡이의 포자 수 계수에 쓰인다.

혈구 계수기는 다소 두꺼운 슬라이드글라스인데 중앙부에 두 줄의 홈이 있고 그 사이에 미세 눈금판이 있다. 이 위에 커버글라스를 놓으면 눈금판과 커버글라스의 간격이 0.1 mm가 된다(Tiefe 0.100 mm라 쓰여 있음). 눈금판의 눈금은 0.05 mm의 바둑판으로 되어 있으므로 한 눈금의 면적은 0.05×0.05=0.0025 mm^{2}가 된다(1/400). 여기에 커버글라스의 간격이 0.1 mm이므로 한 눈금의 용적은 0.00025 mm^{3}이 된다.

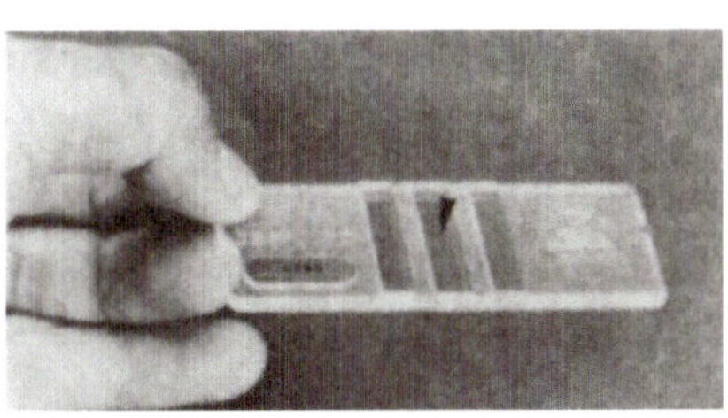

그림 12-26 토마의 혈구 계수기

배양액의 세포 농도를 적절히 희석(한 눈금 공간에 5개 정도 되게)해서 커버글라스 사이에 주입시킨다. 이때 커버글라스 사이에 기포가 생기지 않도록 주의한다. 5~10분간 정치하여 세포의 움직임이 멈추면 검경하여 계측한다. 100칸 이상을 계측해서 평균하여 1 mL 당 세포 수로 계산한다. 선상에 있는 것은 중복이 안 되게 한다. 예를 들면 ㄱ자 선상의 것은 세지 않고 ㄴ자 선상의 것만 센다.

3) 검경 표본의 제작

(1) 그람 염색 표본

주로 세균 관찰에 이용한다. 세균의 염색법에는 편모 염색 등 부위별 또는 특수 목적의 여러 방법이 있는데 여기서는 그람 염색법Gram stain에 대해서 설명한다. 그람 염색은 세균의 분류, 동정 작업에서 필수적인 조작이다. 대부분의 세균은 그람양성(염색됨)과 그람음성(염색 안 됨)으로 구별되는데 극소수의 어떤 세균은 그람 부정Gram variable인 것도 있다.

그람 염색 방법은 다음과 같다.

① 도말 : 적절히 희석된 배양액을 슬라이드글라스 위에 백금이로 얇게 바른다.

② 풍건 : 잡균이 오염하지 없도록 무균상 내에서 풍건air dry한다.

③ 고정 : 화염(알코올램프 등) 위를 몇 번 왔다 갔다 하면서 고정한다.

④ 제1액으로 염색 : 제1액 1~2방울을 고정된 표면에 떨어뜨리고 1분간 염색한다.

제1액의 조성 ··· (crystal violet 2g + 95% alcohol 20 mL)
+ (수산암모늄 0.8g + 증류수 80 mL)

증류수로 염색액을 씻어내고 물기를 지운다. 이때 모든 세포는 자색으로 염색되어 있다.

⑤ 제2액으로 처리 : 제2액을 가해서 1분간 지속한 후 증류수로 씻어 내고 물기를 지운다. 아직도 모든 세포는 자색으로 있다.

제2액 조성 ··· 요오드 1 g + KI 2 g + 증류수 300 mL

⑥ 탈색 : 5% 알코올에서 슬라이드글라스를 천천히 흔들면서 30초간 있다가 꺼내서 물기를 지운다. 이때 그람양성균은 자색으로 그대로이나 기타 균은 무색으로 탈색되어 있다.

⑦ 대비 염색 : 제3액으로 2분간 지속하고 수세 후 건조해 검경한다. 그람양성균은 자

색으로, 그람음성균은 담적색으로 염색되어 있다.

제3액 조성 … Safranin O(2.5% alcohol 용액) 10 mL + 증류수 100 mL

(2) 슬라이드 배양

미생물의 분열이나 증식은 슬라이드 배양slide culture으로 관찰한다. 슬라이드 배양 방법은 대상이나 연구 목적에 따라 다르지만 여기에서는 호기성 세균이나 효모의 증식, 곰팡이 관찰에 대한 것을 설명한다.

① 한천 필름법

살균된 페트리접시에 목적하는 균에 알맞은 한천 배지를 0.6 mm 정도 두께가 되게 펴서 굳힌다. 살균된 면도날로 이것을 약 0.5 cm^2 되게 오려서 살균된 슬라이드글라스 위에 놓는다. 관찰하고자 하는 균액(적당히 희석된)을 백금이로 접종, 도말한다. 그런 다음 살균된 커버글라스로 덮고 사방을 녹인 파라핀으로 완전히 봉한다. 적당한 시간 동안 배양하고 관찰한다.

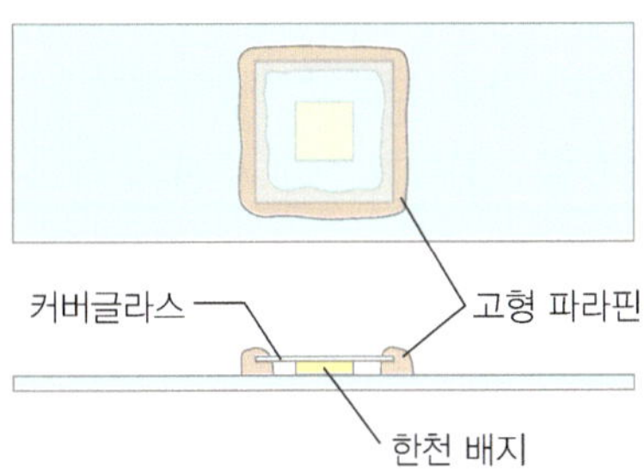

그림 12-27 한천 필름법에 의한 슬라이드 배양

② 곰팡이의 슬라이드 배양

페트리접시에 거름종이를 놓고 그 위에 U자의 유리막대와 슬라이드글라스, 커버글라스를 놓고 뚜껑을 닫은 뒤 건열 살균해 놓는다.

50°C 정도로 식은 한천 배지에 관찰하려는 곰팡이 포자를 접종하고 흔들어서 잘 섞는다. 이것을 소량(1~2방울 정도) 살균된 슬라이드글라스 위에 놓은 후 커버글라스의 한쪽을 그 위에 놓고 핀셋 등으로 살짝 눌러서 그림 12-27처럼 배지가 한쪽에 있게 한다. 슬라이드글라스와 커버글라스의 간격은 0.5 mm 정도 되게 하고 3면을 녹인 파라핀으로 봉한다.

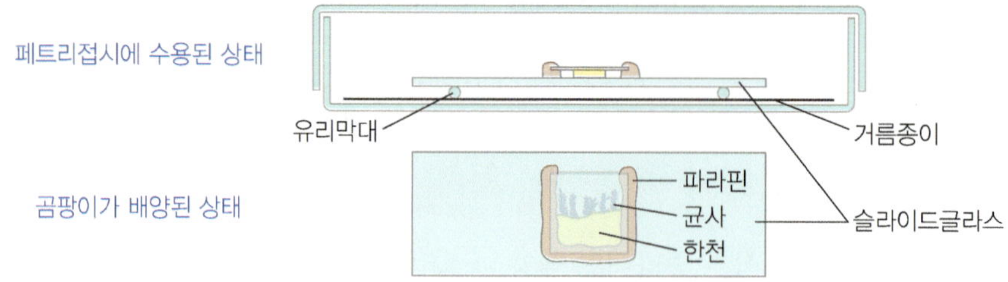

그림 12-28 곰팡이의 슬라이드 배양

페트리접시의 거름종이에는 물을 적시고 U자 막대 위에 준비된 슬라이드글라스를 놓고 건조를 방지하면서 배양한다.

5. 균체량의 계측

세균이나 대부분의 효모와 같은 단세포 미생물에서는 그 세포의 수가 증가한다는 것은 곧 증식한다는 것을 의미한다. 그러나 곰팡이나 일부 효모처럼 균사의 모습으로 증식하는 것들은 세포 수의 증가보다는 균체량의 증가를 증식의 의미로 봐야 할 것이다.

이와 같이 균종의 특성이 각기 다르므로 균체량의 측정도 그 특성에 맞는 방법을 택해야 한다. 여기에 몇 가지 방법을 소개하겠으나 사실은 그 어느 것도 완전무결한 방법은 아니라는 것을 미리 알아 두어야 한다.

1) 건조 균체 중량의 측정

미생물의 균체를 원심분리법이나 여과법으로 모아서 씻고 100°C 부근 또는 데시케이터desiccator 내에서 항량이 될 때까지 말려서 중량을 잰다. 이 방법은 곰팡이처럼 개체 수를 측정하기 곤란한 경우에 흔히 이용한다. 대체로 건조 중량은 생균체의 10~20% 수준이다.

2) 균체 단백질(질소)량의 측정

미생물의 생물 활성을 지배하는 것은 세포 내의 단백질이며 세포 수의 증가는 단백질량의 증가와 비례한다고 보고 단백질을 측정함으로써 균체량을 어림하는 방법이다.

단백질 중의 질소 함량은 대략 일정 비율인 것을 이용해서 질소 함량을 측정해 기준으로 삼을 수도 있다. 그러나 균체 중의 단백질 함량은 배양 조건이나 균종에 따라 다를 수가 있으므로 절대적인 비교는 어렵다는 단점이 있다.

3) 광학적 방법

세균이나 효모와 같은 단세포 미생물에서는 액체 배지 중에서 배양될 때 균체 수와 그 탁도 사이에는 어떤 일정한 관계가 성립하는데 이때의 탁도를 광학적으로 측정해서 증식 정도를 판단하는 방법이다. 이 방법은 단시간에 많은 시료를 처리할 수 있고 연속적인 작업도 가능하다는 장점이 있다.

이 방법에는 비탁법turbidimetry과 비색법colorimetry 두 가지가 있으나 일반적으로 비색법이 사용된다. 이때 빛의 파장은 600 nm 부근의 것이 좋고 대략 이런 파장에서는 균체의 건조 중량과 균체 수와는 거의 비례하는 결과를 보여 준다.

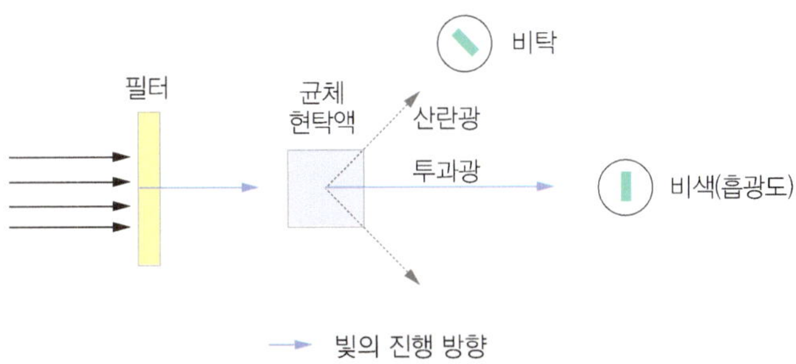

그림 12-29 광학적 방법에 의한 균체량 측정

4) 생균 수의 측정

생균 수를 측정하는 방법에는 여러 가지가 있으나 그중에서 비교적 흔히 이용되는 것은 평판 배양법이다. 이 방법에서는 시료 현탁액을 적당히 희석하고 그 일정량(예 : 1.0 mL)을 고체 평판 배지에 혼합하거나 배지상에 도말한 후 일정 시간 배양해서 생성된 콜로니 수를 콜로니 카운터colony counter를 이용해서 계측한다. 콜로니 수가 너무 많으면 계측하기 어려우므로 지름 9 cm의 페트리접시라면 콜로니 수가 30~300 정도 되게 적절히 시료를 희석한다. 콜로니 수에 희석 배수를 곱해서 배양액 1 mL당의 균 수로 나타낸다. 이 방법에는 다음과 같은 제약이 있다는 것도 미리 유념해야 한다.

① 모든 미생물에 공통적으로 적합한 배지는 존재하지 않으므로 어떤 특정 배지에 생

육되는 미생물은 극히 제한된 종류에 지나지 않는다.

② 각 미생물은 생육 속도가 일정치 않으므로 빠르게 생육된 것들이 콜로니는 생성했더라도 다른 것들은 아직 가시적인 콜로니 생성을 하지 않았을 수도 있다.

③ 세균이나 효모는 두 개 이상의 세포가 붙어 있는 경우가 있으므로 하나의 콜로니가 반드시 하나의 세포에서 출발했다고 단정하기 어렵다.

④ 항생물질을 생산하는 미생물이 공존하거나 길항 관계에 있는 미생물이 공존할 때에는 정확한 결과를 얻기 어렵다.

식품 시료 중 대장균 생균 수를 측정하는 한 가지 방법을 그림 12-30에 소개한다.

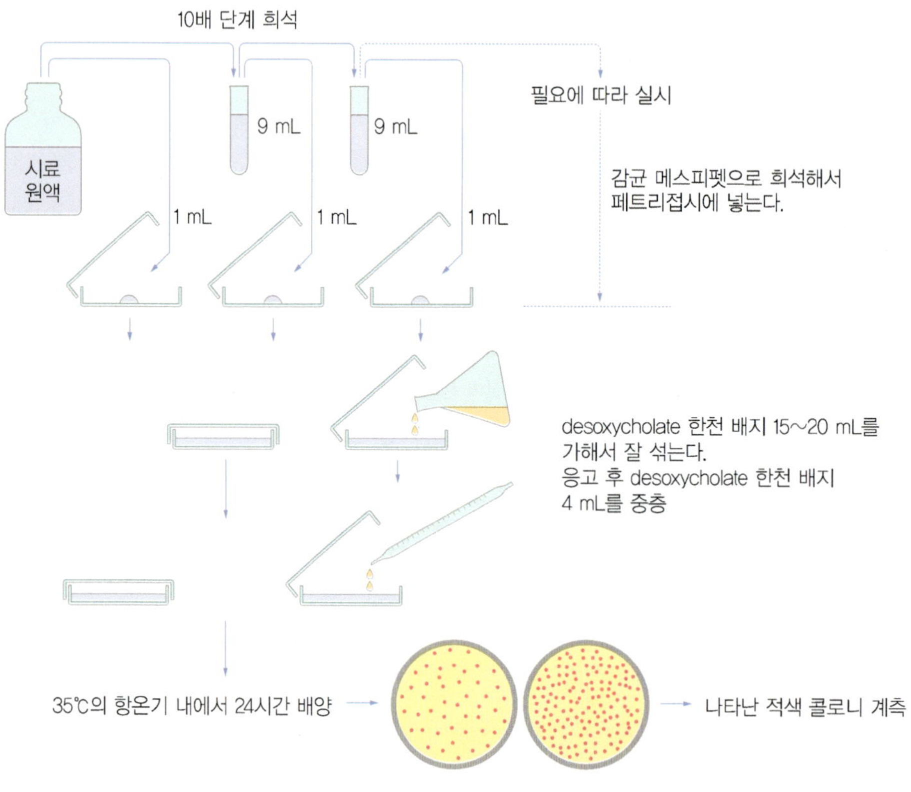

그림 12-30 식품 중의 대장균 생균 수 계측법

5) 용적 측정법

균체의 용적을 측정해서 증식을 알아보는 방법이다. 이 방법은 그림 12-31에 표시된 것과 같은 유리 원심관(원심분리용 관)에 일정량의 배양 현탁액을 넣고 일정 조건으로 원심시킨 후 침전된 균체량을 눈금으로 읽는다. 이 방법은 packed volume법이라고도 알려져 있으며 응용이 간편하다는 것이 장점이다.

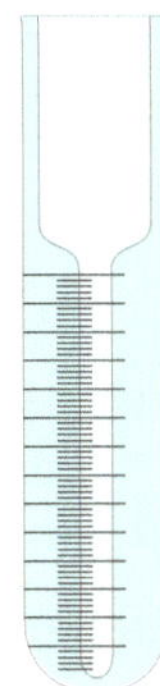

그림 12-31 Packed volume 측정용 원심관

6. 돌연변이 유발 및 변이주 분리

돌연변이를 인공적으로 유발하고자 할 때는 원균의 성상과 변이원, 변이주 선별 방법의 3가지 사항에 대해서 깊이 고려해야 한다. 원균이 세균인 경우 그 성상, 즉 생활사, 증식 방법, 생리적 성질 등에 대해서 충분히 알아 두어야 한다. 포자를 만드는 세균은 포자를 이용하는 것이 좋다. 포자는 염색체가 간단하나 영양세포는 한 세포에 2개의 핵을 가지는 경우도 있어서 복잡하다.

다음은 변이원으로 무엇을 선택할 것인지가 문제이다. 변이원에 대한 보고가 많으나 요약해서 정리하면 물리적 인자와 화학적 인자가 있다.

① 물리적 인자 : 열, 산, 방사선(자외선, X선, γ선)

② 화학적 인자 : NTG 등의 화학 약품

위의 각 인자는 미생물 세포에 대한 작용 메커니즘이 각각 다르기 때문에 변이주의 출현 빈도나 종류가 다를 수 있다. 그러나 아직까지는 이것에 대한 확실한 원칙을 발견되지 못했으며, 관습상 사용하는 균종에 따라서 변이원을 선택하게 된다.

1) 변이주의 선별

일반적으로 변이 유발원은 미생물에게는 치명적이며 1~0.1%의 세포만이 살아남을 정도로 처리한다. 그러나 실제로 살아남은 세포 수는 100만~1억 개가 되므로 이 중에서 원하는 형으로 변이된 세포를 골라내는 일은 쉽지 않다.

변이주의 선별 방법은 크게 직접법과 농축법으로 나뉜다.

(1) 직접법

이 방법은 변이의 출현 빈도가 클 때 이용한다. 즉, 처리된 세포를 한천 평판 배지상에 펴서 배양한 후 나타나는 콜로니를 취해서 그 각각에 대해 실험하여 목적하는 변이주 여부를 확인한다. 그러나 이 방법은 많은 노력과 시간이 필요하므로 흔히는 복제법replica을 이용해서 능률적으로 처리한다.

복제법은 세균, 방선균, 효모 등에 이용할 수 있는 편리한 방법이다. 우선 12×12 cm 정도의 벨벳(털이 좀 길고 깨끗하게 빨아 말린 것)을 페트리접시에 넣어서 가압 살균한다. 사용하는 페트리접시(보통 지금 9 cm)보다 지름이 5 mm 정도 작은 원통형 목형에 천의 겉이 바깥으로 되게 씌워서 그림 12-32처럼 고무줄이나 철사로 꼭 묶는다(이것을 벨벳 목형이라 하기도 함).

예를 들어 지금 영양 요구 변이주를 얻고자 한다면 변이 처리균의 평판 배양(완전 배지) 콜로니가 생성된 페트리접시의 뚜껑을 열고 벨벳 목형의 벨벳 부분을 살짝 대고 가볍게 누르면 각 콜로니가 벨벳에 찍힌다. 이것을 별도로 준비된 최소 배지minimal medium, 보족 배지supplemented medium, 완전 배지complete medium는 평판(한천)에 도장 찍듯 차례로 찍는다. 각 페트리접시와 벨벳 목형에는 방향을 알 수 있게 표시를 해 둔다. 이들 평판을 배양하면 원판과 같은 위치에 콜로니가 생기는 것과 생기지 않는 것이 있다. 생기지 않는 콜로니는 그 배지에는 필요한 영양소가 없다는 것을 뜻하므로 이 콜로니를 완전 배지상(처음 배양한 평판)에서 조균한다.

그림 12-32는 리신lysin 요구 변이주를 골라내는 방법을 나타낸 것이다.

(2) 농축법

변이의 빈도가 대단히 낮은 경우 이 방법을 이용한다. 예를 들어 어떤 독성에 저항력이 강한 변이주를 얻고자 한다면 변이 유발 처리된 세포를 그 독성 아래에서 배양해 본다.

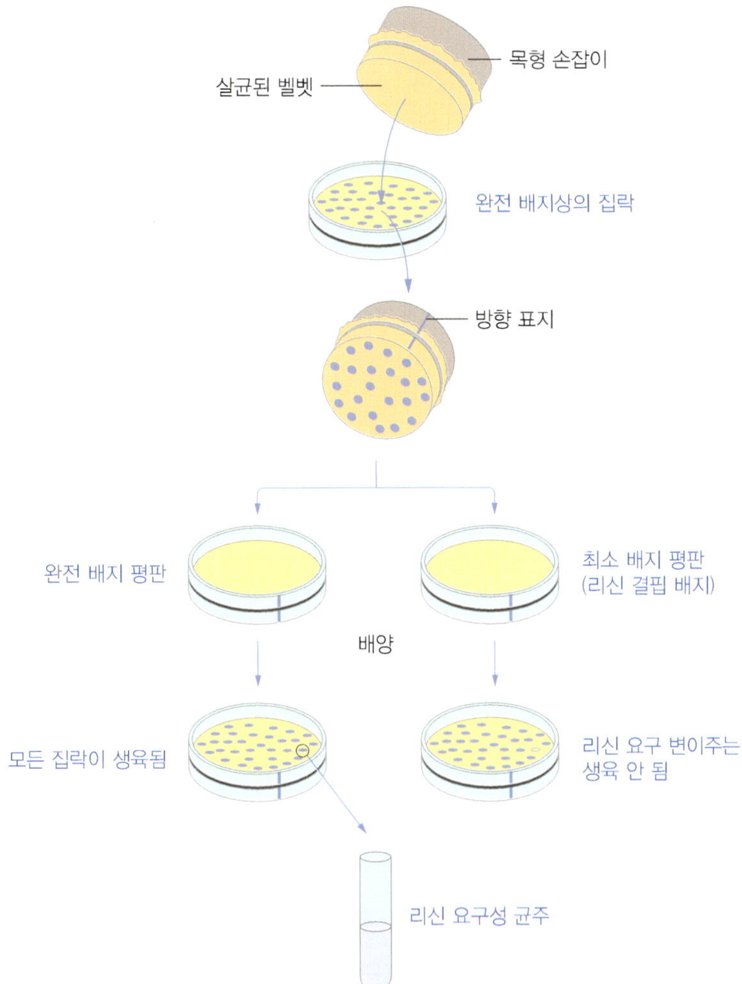

그림 2-32 복제법에 희나 리신(lysin) 요구성 변이주의 분리 방법

이 경우 만일 목적하는 변이세포가 생겼다면 이것만이 살아남고 다른 것들은 전부 사멸할 것이므로 그 후 과정은 적절한 방법으로 분리하면 된다.

농축법의 한 가지 응용으로 약물 내성주의 선별법을 보면 다음과 같다. 10 mL의 한천 배지를 녹여서 페트리접시에 붓고 접시를 기울여서 굳힌다. 접시를 바로 놓고 약물이 든 한천 배지를 부어서 굳게 한다. 접시의 뒷면에 경사의 방향을 표시하는 화살표를 표시해 둔다. 변이 처리 균액을 표면에 발라서 배양하면 그림 12-33처럼 약물층이 낮은 곳에서부터 콜로니가 생기는데 먼 곳(약물층이 두꺼운 곳)에 생긴 것일수록 내약품성이 강한 것들이다.

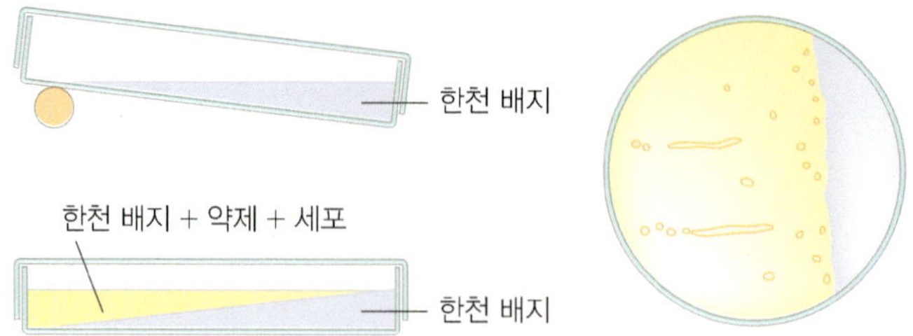

그림 12-33 Szybalski 농도 기울기 평판의 조제와 내성주의 분리

2) 변이 유발 방법

(1) 자외선의 이용

대장균의 경우 하룻밤 육즙 배지에 진탕 배양한 것을 원심분리하여 멸균 생리식염수에 현탁한다(10^8/mL 이하의 균 수가 되도록). 현탁액을 5 mm 이하의 두께가 되도록 페트리 접시에 담아서 15 W 자외선등으로 40 cm 정도의 거리에서 접시를 가볍게 흔들면서 조사한다. 각 조사 시간 간격(예 : 0, 1, 2, … 분)으로 시료를 취해서 적절한 방법으로 변이주를 골라낸다.

(2) NTG의 이용

NTG N-methyl-N-nitro-N-nitrosoguanidine는 진핵 또는 원핵 미생물에 다 같이 강하게 변이 유발성이 있다. 한 예로 *Neurosporacrassa*에 대한 처리 방법을 살펴보면, 삼각 플라스크 내의 완전 배지에 배양한 균에 0.05 M 인산 완충액(pH 7.0)을 넣고 진탕하여 분생자 현탁액을 만든다. 이것을 거즈에 싼 탈지면으로 걸러서 균사를 제거한다. 분생자 액에 NTG 용액(200 μg/mL 농도)을 NTG 농도가 20 μg/mL 정도 되게 계산한 양을 넣어 25°C로 2시간 처리한 후 멸균수로 씻은 후 여기에서 변이주를 분리한다.

(3) 질소 머스터드의 이용

비스형 질소 머스터드(bis형 nitrogen mustard)를 pH 6.0의 아세트산 완충액 acetate buffer에 0.1~0.5%가 되게 넣고 여기에 *Neurospora*의 분생자를 현탁시켜 30분 처리한 후 원심분리로 분생자를 회수하여 수세한 후 변이주 분리 작업을 한다.

(4) EMS의 이용

대형 시험관에 0.2 M 인산 완충액(pH 8.0) 9.2 mL를 담고 4% 포도당액 0.5 mL EMSethyl methane sulfonate(원액, 무멸균) 0.3 mL를 추가한다. 영양 배지에서 48시간 배양한 *Saccharomyces cerevisiae* 콜로니를 백금이로 취해서 위의 액에 현탁시킨다. 가볍게 진탕하면서 30°C로 유지한다. 적당한 시간에 시료 0.2 mL를 취해서 9.8 mL의 차아황산 소다액에 넣고 10분간 두면서 EMS를 중화한 후 분리 조작한다.

미생물도 일종의 생물이기 때문에 잘못 다루면 죽는다. 또 보존 기간에 잡균이 혼입되거나 형태 및 생리적 변화가 있어서도 안 되므로 균주 보존에는 특별한 지식과 노력이 필요하다.

7. 균주 보존법

(1) 사면 배양법

고체 배지 사면 시험관 배지에 접종해서 보존한다. 배지는 곰팡이나 효모의 경우 맥아 추출물 한천이나 코지 추출물 한천을 이용하고, 세균은 일반적으로 육즙 한천을 이용한다. 곰팡이나 세균은 6개월에 한 번, 효모는 3~6개월에 한 번씩 이식하고 2~4°C로 보존한다.

(2) 천자 배양법

혐기성 균이나 통성 혐기성 균에 응용한다. 젖산균은 2주마다 이식하고 냉장고에 보존한다.

(3) 당액 중 보존법

10% 자당액에 효모 소량을 넣고 밀봉해서 냉암소에 두면 10년 이상도 보존이 가능하다.

(4) 모래 배양법sand culture

아세톤부탄올균처럼 건조에 강한 세균이나 곰팡이의 보존에 쓰인다. 깨끗한 바닷모래를 알칼리, 산, 물로 번갈아 씻고 시험관에 2~3 cm가량 넣어 충분히 건열 살균한다. 아세톤균은 배양 3~4일 되는 것을 1 mL 취해서 넣고 잘 혼합한 후 데시케이터 내에서 완전히 건조시킨 다음 시험관을 밀봉해서 보존한다. 곰팡이도 그 포자 현탁액을 가해서 마찬가지로 보존한다. 몇 년간 보존이 가능하다.

(5) 토양 보존법 soil culture

곰팡이, 세균, 효모의 장기 저장에 쓰인다. 풍건한 흙에 수분이 20% 되게 물을 가하고 시험관에 분주하여 120°C로 3시간 살균한 후 다음날 다시 한 번 살균한다. 여기에 배양액이나 포자 현탁액 1 mL를 가해서 실온으로 보존한다.

(6) 유중 보존법 preservation in oil

곰팡이 보존에 쓰인다. 고체 배지에 충분히 생육한 균체 위에 살균된 광유鑛油를 약 1 cm 두께가 되게 중층한다. 이렇게 하면 배양기의 건조를 막을 수 있으며 3~4년 동안 보존이 가능하다.

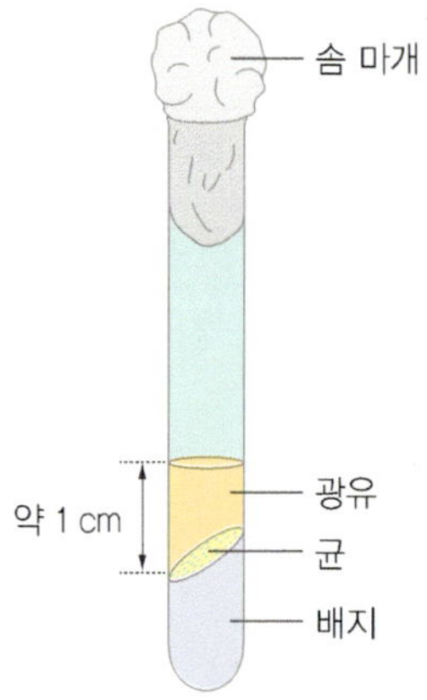

그림 12-34 유중 보존법

(7) 동결 건조법 lyophile preservation

곰팡이, 효모, 세균에 다 같이 쓰이는 방법으로 곰팡이는 몇 년, 세균은 몇 십 년 보존이 가능하다. 이 방법의 장점은 다음과 같다.

① 보존에 사용된 포자가 직접 발아하기 때문에 형태나 생리적 변화가 없다.

② 잡균 오염의 염려가 없다.

③ 저장이 용이하고 간편하다.

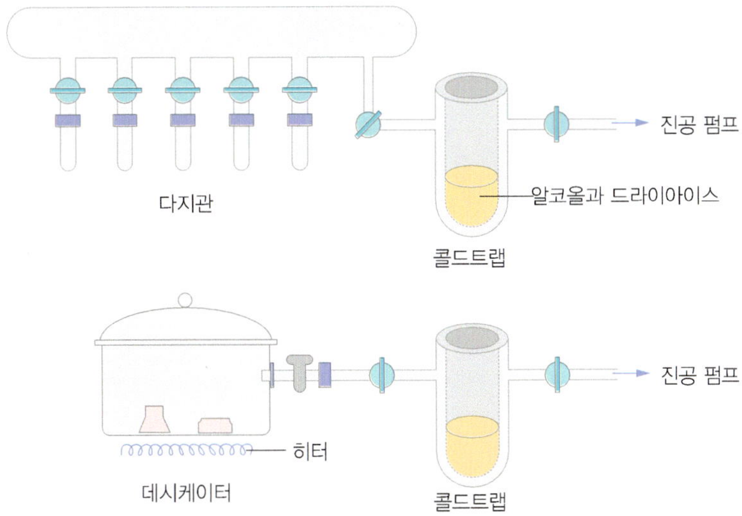

그림 2-35 동결 건조 장치

조작법을 보면 살균된 소나 말의 혈청에 포자나 균체를 현탁하고 이것을 0.05~0.1 mL씩 살균된 작은 시험관에 분주하여 급속 동결(-30~-50°C)한 후 진공 장치로 흡인해서 얼음을 승화시키고 그대로 시험관을 밀봉한다.

이렇게 만든 앰플ampoule은 냉장고에 저장하면 10~15년 저장할 수 있어 균주의 장기 보존법으로 널리 이용된다.

8. 균주의 보존 기관

앞에서 설명한 바와 같이 균주의 보존에는 특별한 지식, 노력, 경비가 요구된다. 따라서 연구자 각자가 필요한 균주를 보존하는 일은 개인적으로나 국가 사회적으로 중복되는 일이기 때문에 나라마다 준국가 기관 또는 공공의 균주 보존 기관이 있다.

우리나라에는 생물자원센터Korean Collection for Type Cultures, KCTC가 한국생명공학연구원 내에 있어 여기에서 표준 배양을 보존하고 필요한 사람에게는 실비로 분양해 준다. 미국에는 The American Type Culture CollectionATCC과 Northern Utilization Research and Development Division, U.S. Department of AgricultureNRRL가 유명하고, 네덜란드의 Centralbureau voor Schimmelcultures BaarnCBS, 일본 도쿄 대학의 일본 미생물 균주 보존 연맹, 타이완의 타이완 대학 OUT도 권위 있는 기관이다.

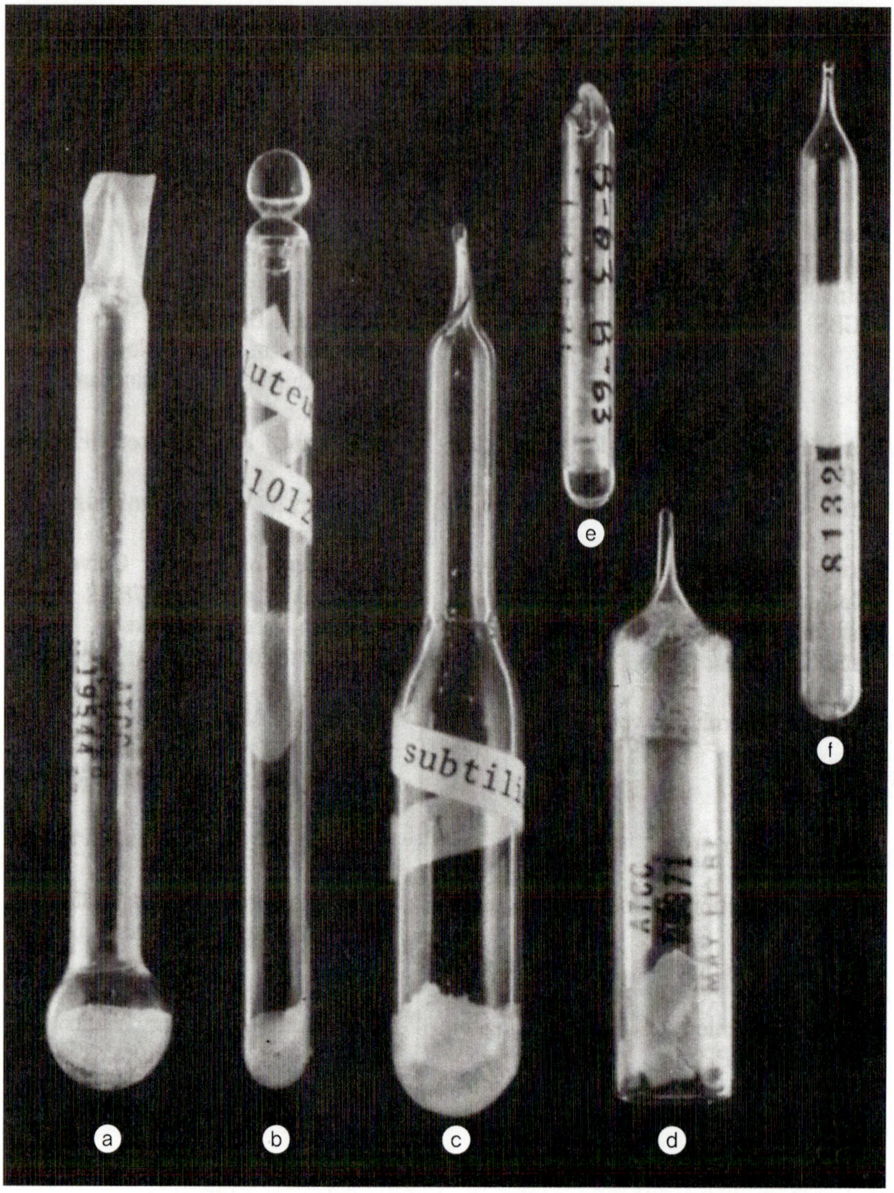

(a) ATCC(single vial) (b) IAM(전기 밀봉) (c) IAM
(d) ATCC(double vial) (e) NRRL (f) NCIB 및 NCTC

그림 12-36 균주 보존에 쓰이는 앰플의 실례(실물 크기)

국제적으로는 세계생물자원은행World Federation for Culture Collection이 있어서 균주 보존 정보 교환에 중추적 역할을 하고 있다.

국내외의 주요 균주 보존 기관은 표 12-3과 같다.

표 12-3 세계의 주요한 미생물 보존 기관

기관명	소재지
Agricultureal Research Service(ARS) Culture Collection(NRRL)	Northern Utilization Research and Development Division, U.S. Department of Agriculture, Peoria, Illinois 61604 U.S.A.
The American Type Culture Collection(ATCC)	12301 Parklawn Drive, Rockville, Maryland 20852 U.S.A.
Centralbureau voor Schimmelcultures Baarn(CBS)	Oosterstraat 1, Baarn, The Netherlands Yeast DIvision: Laboratory of Microbiology, Technological University, Julianalaan 67A, Delft, The Netherlands
Commonwealth Mycological Institute(CMI)	Ferry Lane, Kew Surrey, England
Culture Center of Algae and Protozoa	36 Storey's Way, Cambridge, CB3ODT, England
Culture Collection if Algae at Texas University	Department of Botany, University of Texas, Austin, Texas 78712 U.S.A.
Czechoslovak Collection of Microorganisms(CCM)	J.E. Purkyne University, Trida, Obrancumiru 10, Brno, Czechoslovakia
Deutsche Sammlung von Mikroorganismen(DSM)	Institut fur Mikrobiologie der Gesellschaft fur Strahlenforschung, Griesebachstr. 8, D-34 Göttingen, West Germany
Institut Pasteur	25, Rue du Dr. Roux, Paris 15, France
National Collection of Industrial Bacteria(NCIB)	Torry Research Station, 135 Abbey Road, Aberdeen, Scotland
National Collection of Marine Bacteria(NCMB)	Torry Research Station, 135 Abbey Road, Aberdeen, Scotland
National Collection of Plant Pathogenic Bacteria (NCPPB)	The Plant Pathology Laboratory, Ministry of Agriculture, Fisheries and Food, Hatching Green, Harpenden, Hertfordshire England
National Collection of Type Cultures(NCTC)	Central Public Health Laboratory, Colindale Avenue, London NW9 5 HT, England
NLABS Culture Collection of Fungi(QM)	Department of Botany, University of Massachusetts, Amherst, Massachusetts 01002 U.S.A.
Sammlung von Algenkulturen	Pflanzenphysiologisches Institut der Universitat Gottingen, Nikolausbergerweg 18, 34 Gottingen, West Germany
USSR All-Union Collection of Microorganisms	Department of Type Cultures, Institute of Microbiology, Academy of Sciences of The USSR, Profsouznaya 7, Moscow, B-133, U.S.S.R.
생물자원센터(Korean Collection for Type Cultures)	전라북도 정읍시 입신길 181 한국생명공학연구원 전북분원 생물자원센터

요약

1. 미생물을 배양하기 위한 배지에는 여러 종류가 있으며 배지 성분 및 조성은 미생물의 종류, 성질, 실험 목적 등에 따라 차이가 많다.

2. 미생물 배양법은 목적으로 하는 미생물의 특성과 목적에 따라 다르며 다양한 배양법이 있다.

연습문제

1 미생물 실험을 하기 위해 필요한 기기와 기구로는 어떤 것들이 있는지 답하시오.

2 미생물 균 수를 측정하는 방법들과 각각의 차이점을 설명하시오.

3 순수 분리의 중요성이 무엇인지 답하시오.

부록

APPENDIX

1. 식품제조기사 관련 실기 실험법

2. 미생물 실험

부록 1.

식품제조기사 관련 실기 실험법

제1과제 미생물 판독

1. *Penicillium*속

- 치즈의 숙성, 페니실린의 생산에 이용

배양 사진	현미경 사진 및 도해
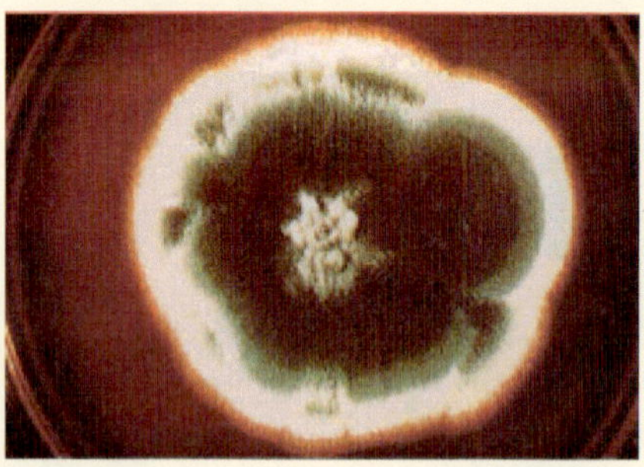	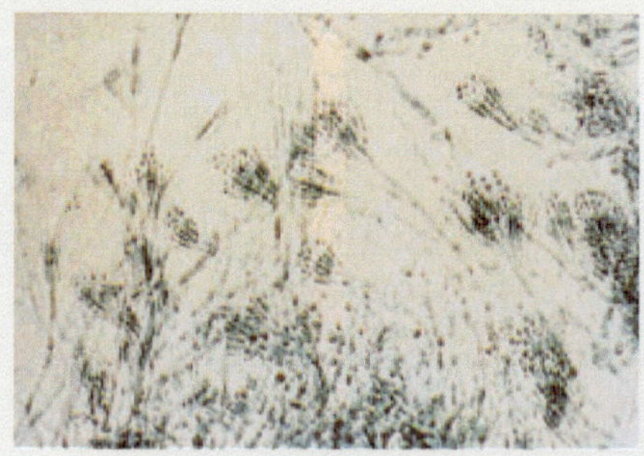

2. *Escherichia coli*(대장균)

- 젖당을 분해하여 가스를 생산

배양 사진	현미경 사진 및 도해
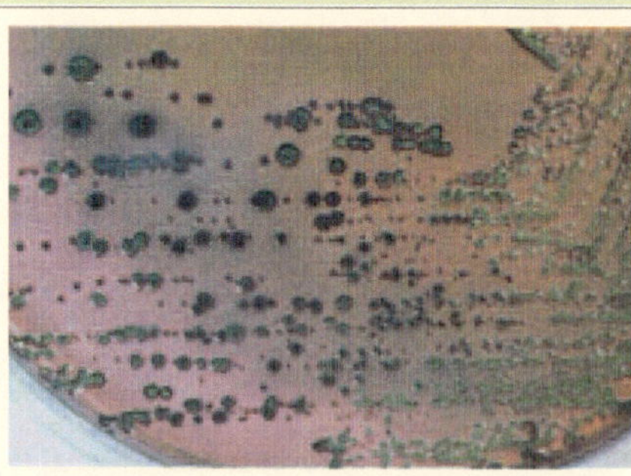	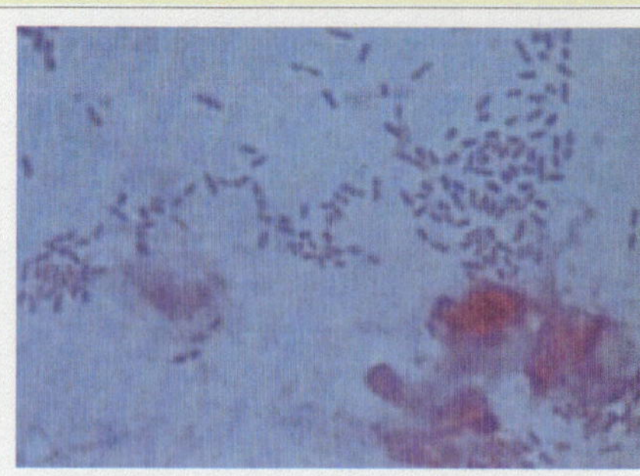

3. *Aspergillus oryzae*

- 장류나 주류 제조용, 코지 제조에 이용되는 대표적인 곰팡이

배양 사진	현미경 사진 및 도해
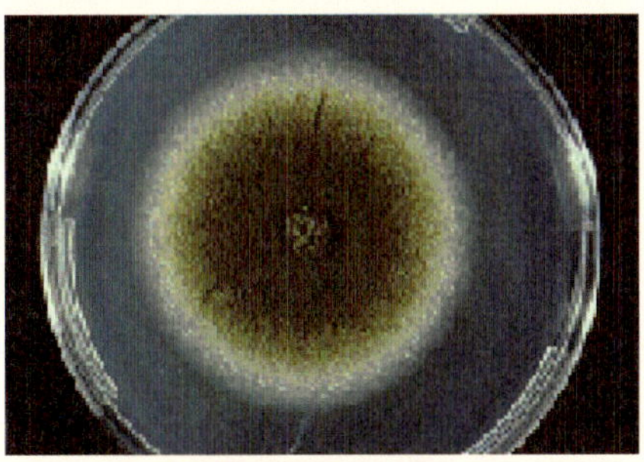	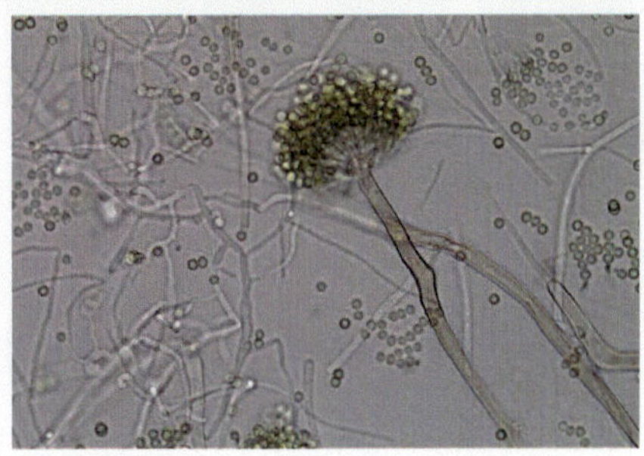

4. *Aspergillus niger*

- 시트르산 등의 유기산 제조에 이용되는 곰팡이

배양 사진	현미경 사진 및 도해
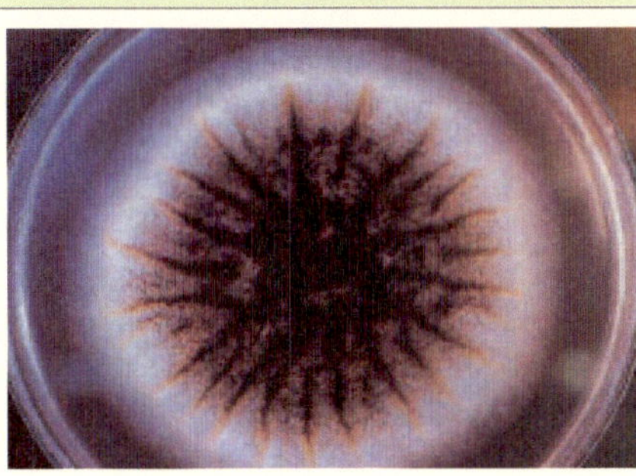	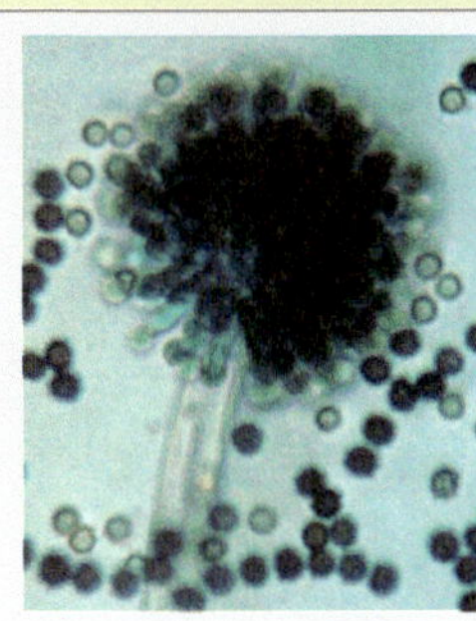

5. *Saccharomyces cerevisiae*

- 빵, 술, 알코올 등의 양조에 사용되는 대표적인 효모

배양 사진	현미경 사진 및 도해
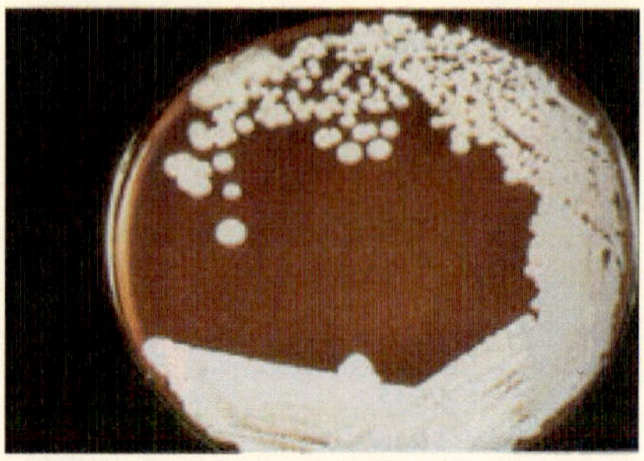	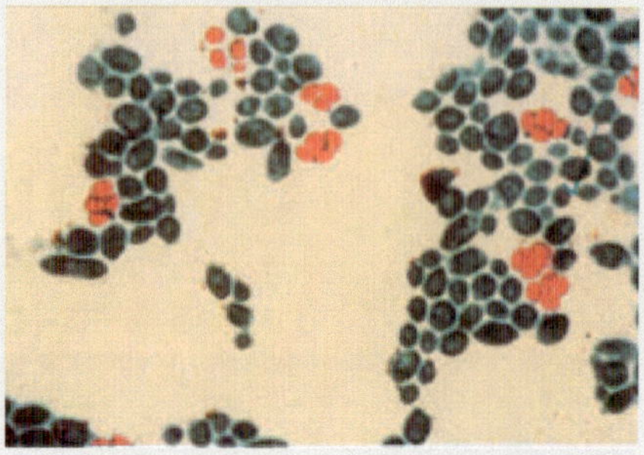

6. *Bacillus subtilis*

- 가수분해효소의 생산에 이용되며 내열성이 강한 포자를 형성하는 대표적인 세균

배양 사진	현미경 사진 및 도해
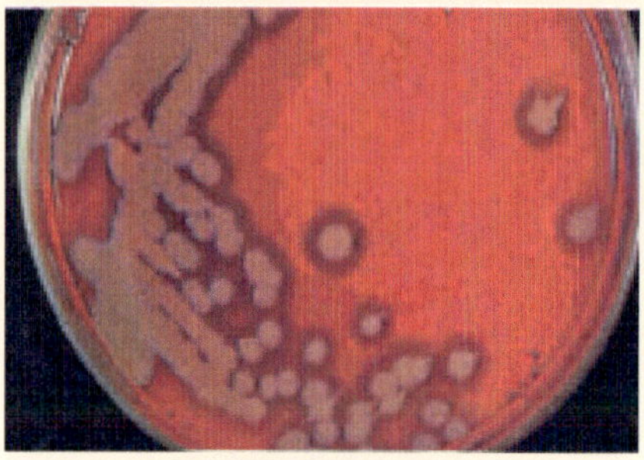	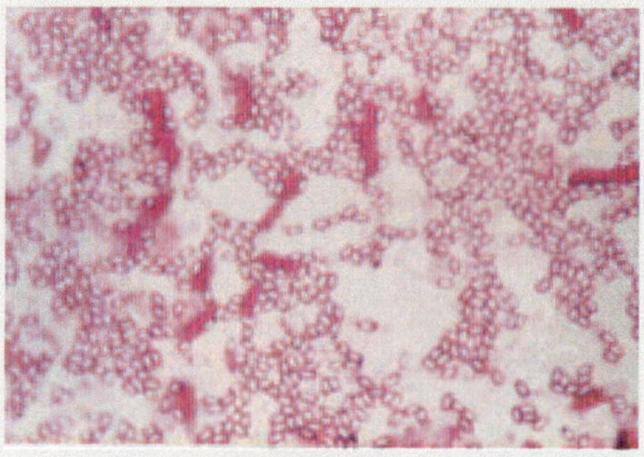

7. 기타 미생물

배양 사진	현미경 사진 및 도해
	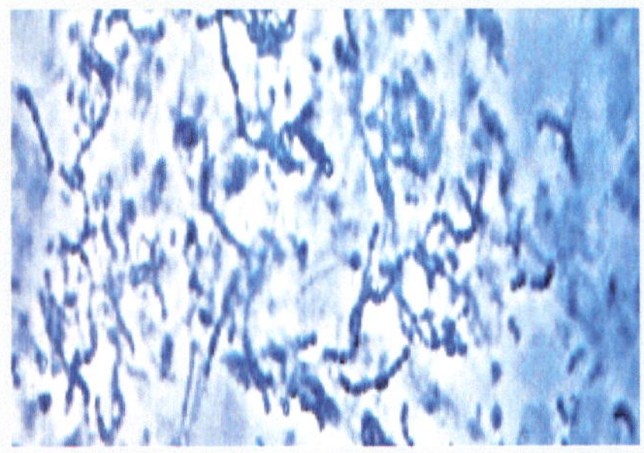

배양 사진	현미경 사진 및 도해
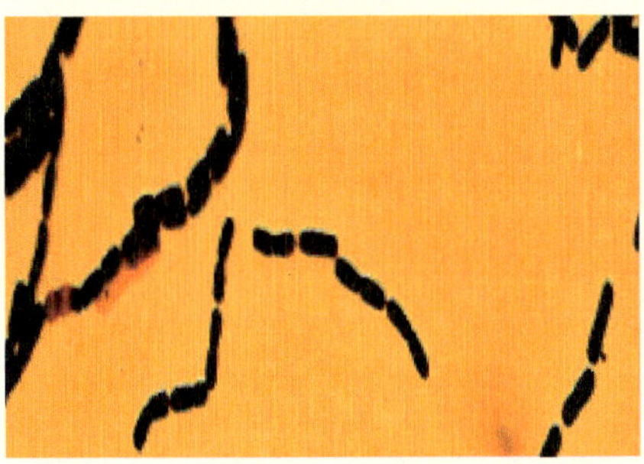	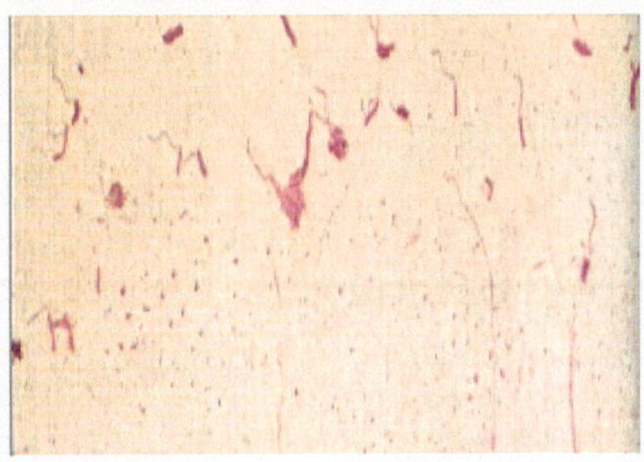

제2과제 미생물 작업형

1) 세균 수(일반세균 수)

(1) 표준 평판법

표준 평판 균 수는 검체 중에 존재하는 세균 가운데 표준 한천 배지 내에서 발육할 수 있는 중온균의 수를 말한다. 수질 검사 시에는 이 균 수를 일반 세균 수라고 한다. 특히 이 방법은 보통 검체와 표준 한천 배지를 페트리접시에서 혼합 응고해 배양한 후 발생한 세균의 집락 수로부터 검체 중의 생균 수를 산출하는 방법이다.

① 시험 조작

검체의 채취 및 취급 후의 시험 용액 1 mL와 각 단계 희석액 1 mL씩을 멸균 페트리접시 2개 이상에 무균적으로 취하여 약 43~45°C로 유지한 표준 한천 배지(배지 1) 약 15 mL를 무균적으로 분주하고 페트리접시 뚜껑에 부착하지 않도록 주의하면서 조용히 회전하여 좌우로 기울이면서 검체와 배지를 잘 섞어 냉각 응고시킨다.

특히 확산집락의 발생을 억제하기 위해서는 다시 표준 한천 배지 3~5 mL를 가하여 중첩시킨다. 이 경우 검체를 취하여 배지를 가할 때까지의 시간은 20분 이상 경과해서는 안 된다. 냉각 응고시킨 페트리접시는 거꾸로 하여 35±1°C에서 24~48시간(검체에 따라서는 35°C에서 72±3시간) 배양한다. 이때 대조 실험으로 검액을 가하지 아니한 동일 희석액 1 mL를 배지에 가한 것을 대조로 하여 페트리접시, 희석 용액, 배지 및 조작이 무균적이었는지를 확인한다. 또한 배지는 배양 중에 그 중량이 15% 이상 감소해서는 안 된다. 시험에 사용하는 페트리접시는 지름 9~10 cm, 높이 1.5 cm의 것을 사용한다.

배양 후 즉시 집락 계산기를 사용하여 생성된 집락 수를 계산한다. 부득이할 경우에는 5°C에 보존시켜 24시간 이내에 산정한다. 집락 수의 계산은 확산집락이 없고(전면의 1/2 이하일 때에는 지장이 없음) 1평판당 30~300개의 집락을 생성한 평판을 택하여 집락 수를 계산하는 것을 원칙으로 한다. 전 평판에 300개 이상 집락이 발생한 경우 300에 가까운 평판에 대하여 밀집평판 측정법에 따라 안지름 9 cm의 페트리접시인 경우에는 1 cm^2 내의 평균 집락 수에 65를 곱하여 그 평판의 집락 수로 계산한다. 전 평판에 30개 이하의 집락만을 얻었을 경우에는 희석 배수가 가장 얕은 것을 측정한다.

② 세균 수의 기재 보고

표준 평판법에서 검체 1 mL 중의 세균 수를 기재 또는 보고할 경우에 그것이 어떤 제한된 것에서 발육한 집락을 측정한 수치인 것을 명확히 하기 위하여 1평판에서의 집락 수는 상당 희석 배수로 곱하고 그 수치가 표준 평판법에서 1 mL 중(1 g 중)의 세균 수 몇 개라고 기재 보고하며 동시에 배양 온도를 기록한다. 이 산출법에 의하지 않을 때에는 '표준'이란 문자를 사용해서는 안 된다. 숫자는 높은 단위부터 3단계를 반올림하여 유효 숫자를 2단계로 끊어 이하를 0으로 한다.

2) 대장균군

대장균군은 그람음성, 무아포성 간균으로 젖당을 분해하여 가스를 발생하는 모든 호기성 또는 통성 혐기성 세균을 말한다. 대장균군 시험에는 대장균군 유무를 검사하는 정성 시험을 한다.

(1) 정성 시험

① 젖당 배지법

대장균군의 정성 시험은 추정 시험, 확정 시험, 완전 시험의 3단계로 나눈다. 검체의 채취 및 취급 후 시험 용액 10 mL를 2배 농도의 젖당 배지(배지 2)에, 시험 용액 1 mL 및 0.1 mL를 젖당 배지(배지 2)에 각각 3개 이상씩 가한다.

a. 추정 시험

젖당 배지를 가한 발효관에 검체를 넣어 35±1°C에서 48±3시간 동안 배양하여 가스가 발생하면 대장균군의 존재를 추정한다. 시험에 사용하는 발효관은 듀람Durham 발효관 또는 스미스Smith 발효관으로 희석액을 가하여 젖당 배지의 농도가 되도록 한다. 즉, 검액을 10, 1, 0.1 mL씩 접종하여 35±1°C에서 24±2시간 배양하여 발효관 내에 가스가 발생하면 추정 시험 양성이고, 만약 24±2시간 내에 가스가 발생하지 않으면 배양을 좀 더 계속하여 48±3시간까지 관찰하는데 이때까지 가스가 발생하지 않았을 때에는 추정 시험 음성이다. 가스가 발생했을 때에는 추정 시험 양성이므로 다음의 확정시험을 실시한다.

b. 확정 시험

추정 시험에서 가스 발생이 있는 발효관으로부터 BGLB 배지(배지 3)에 이식하여 35±1°C에서 48±3시간 동안 배양하였을 때에 가스 발생을 보인 BGLB 배지로부터 Endo 평판 배지 또는 EMB 한천 평판 배지(배지 6)에 분리 배양한다. 평판 배양의 경우에는 35±1°C에서 24±2시간 배양 후 전형적인 집락이 발생되면 확정 시험 양성으로 한다. BGLB 배지에서 35±1°C로 48±3시간 동안 배양하였을 때 배지의 색이 갈색으로 되었을 때에는 완전 시험을 해야 한다.

c. 완전 시험

대장균군의 존재를 완전히 증명하기 위하여 위의 평판상의 집락이 그람음성, 무아포성의 간균임을 확인하고, 젖당을 분해하여 가스 발생 여부를 재확인한다. 확정 시험 때 Endo 평판 배지나 EMB 평판 배지상에서 전형적인 집락을 인정하였을 때에는 1개 또는 비전형적인 집락일 경우에는 2개 이상을 따서 각각 젖당 부이온 발효관과 보통 한천 사면 배지(배지 8)에 이식하여 35±1°C에서 48±3시간 동안 배양한다. 이때 가스를 발생한 발효관에 해당되는 한천 사면 배지의 집락에 대하여 그람 염색을 실시하였을 때에 그람음성, 무아포성 간균이 증명되면 완전 시험은 양성이며, 대장균군은 양성으로 판정한다.

(2) IMVIC Test

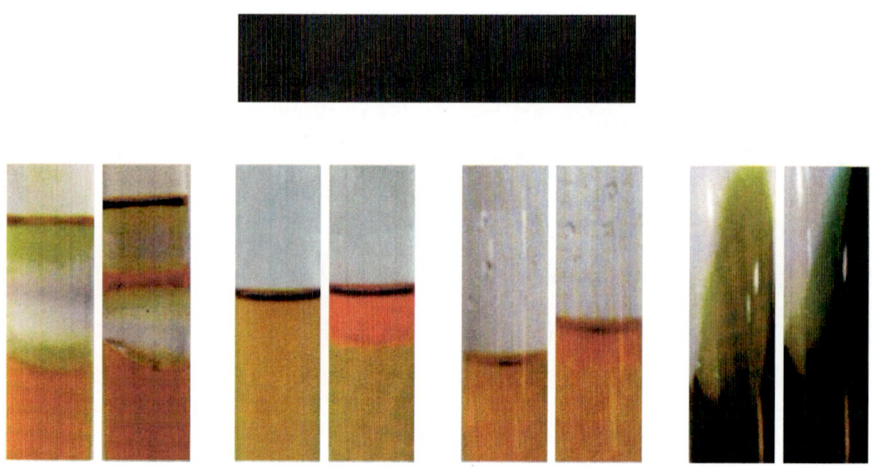

A B
indol test

C D
methylred test

F E
Voges–Proskauer test

G H
citrate test

제3과제 이화학 일반 성분

1) 수분 정량

(1) 상압가열건조법

이 시험법은 식품의 종류, 성질에 따라서 가열 온도를 ㉮ 98~100°C, ㉯ 100~103°C, ㉰ 105°C 전후(100~110°C), ㉱ 110°C 이상으로 한다. 즉, ㉮는 동물성 식품과 단백질 함량이 많은 식품, ㉯는 자당과 당분을 많이 함유한 식품, ㉰는 식물성 식품, ㉱는 곡류 등의 신속법으로 쓰인다.

① 기구

a. 칭량접시

상부 지름 55 mm, 하부 지름 50 mm, 높이 25 mm 또는 상부 지름 75 mm, 하부 지름 70 mm, 높이 35 mm로 뚜껑이 있으며 중량은 전자가 약 25 g, 후자가 약 35 g의 알루미늄으로 만들어진 것을 사용한다.

b. 유리 막대

바닷모래(정제) 20 g을 칭량접시에 옆으로 삽입했을 때 적어도 1.5 cm 이상 바닷모래로부터 나와 있어야 하며 뚜껑을 닫을 수 있을 정도의 길이여야 한다.

c. 자동 조절기가 달린 건조기

적어도 ±1°C 이내의 온도 조절이 가능해야 한다.

(2) 조작법

미리 가열하여 항량으로 한 칭량접시에 검체 3~5 g을 정밀하게 달아(건조가 어려운 검체인 경우에는 20메시 정제해서 20 g과 유리 막대를 넣어 항량이 되게 하고 이에 검체를 넣어 잘 섞은 후 유리 막대는 그대로 넣어 둠), 뚜껑을 약간 열어 넣고 식품마다 규정된 온도의 건조기에 넣어 3~5시간 건조한 후 데시케이터desiccator에서 약 30분간 식히고 무게를 단다.

다시 칭량접시를 1~2시간 건조하여 항량이 될 때까지 같은 조작을 반복한다. 일반적인 것은 1회에 4시간(우유 및 유제품 등은 3시간) 건조하여 수분량을 측정한다.

$$\text{수분(\%)} = \frac{b-c}{b-a} \times 100$$

a : 칭량접시의 무게(g), b : 칭량접시와 검체의 무게(g), c : 건조 후 항량이 되었을 때의 무게(g)

2) 조회분 정량

(1) 회화용기의 항량

깨끗한 회화용기를 전기로 또는 가스버너에서 600°C 이상으로 여러 시간 강하게 가열한 후 데시케이터에 옮겨 실온으로 식힌 다음 곧 화학천칭으로 칭량한다. 다시 2시간 강하게 가열하여 건조 칭량하고 이 조작을 항량이 될 때까지 반복한다.

(2) 검체의 전처리

검체를 회화용기에 정밀하게 달아 넣는다.

(3) 회화

위와 같이 전처리가 끝나면 용기를 그대로 회화로에 옮겨 550~600°C에서 여러 시간 백색~회백색의 회분이 얻어질 때까지 계속 가열한다. 회화가 끝난 후 가열을 멈추고 그대로 식혀 온도가 약 200°C로 되었을 때 데시케이터로 옮겨 식힌 후 칭량한다. 만일, 회화에서 대량의 탄소가 남아 회백색의 회분을 얻을 수 없는 검체일 경우에는 얻은 흑회색의 회분을 식힌 다음 약 15 mL의 물을 넣어 탄 덩어리를 유리 막대로 부수어 수욕상에서 잘 가온하여 가용분을 침출한 뒤 정량 여과지로 작은 비커에 여과하고, 잔류물은 다시 물로 씻는데 씻은 액은 비커에 넣는다. 여과지상의 잔류물은 여과지와 같이 앞의 회화용기에 옮겨 건조한 후 550~600°C에서 회화시킨다. 비커의 액은 수욕상에서 농축하여 잔류물을 회화한 먼저의 회화용기에 옮기고 소량의 물로 비커를 씻으며, 씻은 액도 회화용기에 넣는다. 다시 회화용기를 수욕상에서 증발 건조하고, 500~600°C에서 2시간 가열하면 탄소가 함유되지 않은 회분을 얻는다.

회화한 다음 데시케이터에 옮겨 식히고 실온으로 되면 곧 칭량하여 검체의 회분량(%)을 다음 식에 따라 산출한다.

$$\text{회분(\%)} = \frac{W_1 - W_0}{S} \times 100$$

W_0 : 항량이 된 회화용기의 무게(g), W_1 : 회화 후의 회화용기와 회분의 무게(g), S : 검체의 채취량(g)

3) 조단백질 정량

(1) 세미마이크로 킬달법Semimicro Kjedahl

① 장치 및 시약

그림과 같은 장치를 쓴다. 전체가 경질유리를 사용하여야 하며, 접속 부위는 갈아 맞춘 것으로 해도 된다. 장치에 쓰는 고무는 수산화나트륨(NaOH) 시액에서 10~30분간 끓이고, 이어서 물에서 30~60분간 끓인 다음 물로 충분히 씻어서 사용한다(다만, 동시험법의 원리를 이용한 기타의 장치 또는 자동·반자동 기기를 사용할 수 있음).

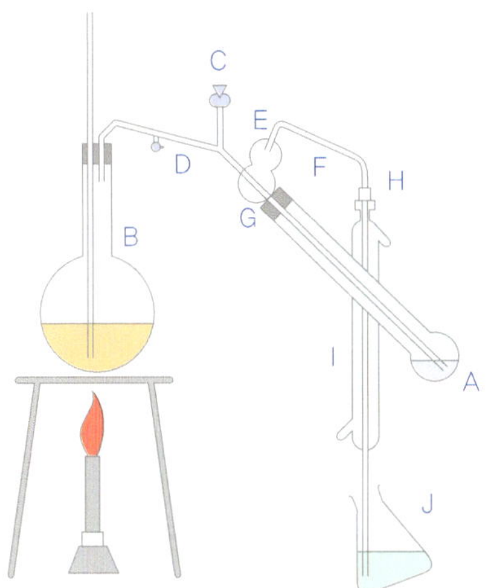

A : 킬달 플라스크(Kjedahl flask)
B : 수증기 발생기로 황산 2~3방울 넣은 물을 넣고, 갑자기 끓는 것을 막기 위하여 비등석을 넣는다.
C : 알칼리 용액을 넣는 깔때기
D : 수증기 유도관
E : 내용물이 튀어 올라오는 것을 막는다.
F : 작은 구멍(관의 안지름과 거의 같음)
G, H : 갈아 맞춘 접속 부위
I : 냉각기(바깥지름 200 mm, 안지름 350 mm, 아래 끝은 약 5 mm)
J : 흡수용 플라스크

세미마이크로 킬달 장치

② 분해 촉진제 : $CuSO_4$, K_2SO_4(1 : 4)

부런스위크Brunswik 시액 메틸레드Methyl red 0.2 g 및 메틸렌블루Methylene blue 0.1 g을 에탄올 300 mL에 녹여서 여과하여 사용하며 갈색병에 보존한다.

③ 조작법

a. 검체의 분해

- 통상적으로 질소(N) 함량이 2~3 mg에 해당하는 양의 검체를 정밀히 취하여 킬달 플라스크에 넣고 여기에 분해촉진제 약 0.5 g을 넣은 후 플라스크 내벽을 따라 황산 3~5 mL를 넣은 다음 플라스크를 흔들어 주면서 30% 과산화수소 1 mL를 조금씩 조심하여 넣는다.

플라스크를 금망상에서 천천히 가열하고 검체의 탄화물이 보이지 않을 때까지 온도를 높여 끓인 뒤 분해액이 투명한 담청색이 되면 다시 1~2시간 가열을 계속한다. 분해액을 냉각시킨 후 물 20 mL를 주의해서 넣은 후 이 플라스크를 증류 장치에 연결한다.

- 비교적 많은 검체(예 : 건조된 식품류)를 취할 필요가 있는 경우에는 질소(N) 함량이 약 20~30 mg에 해당하는 양의 검체를 정밀히 취하여 250~300 mL 킬달 분해 플라스크에 넣고 분해촉진제 1~2 g, 황산 20~30 mL를 추가하여 가열 분해한다. 분해액을 냉각시킨 후 물 약 100 mL를 넣고 200 mL 메스플라스크에 옮겨서 냉각한 후 물을 넣어 전량을 200 mL로 채워 그 20 mL를 세미마이크로 킬달 분해 플라스크에 취하여 증류 장치에 연결한다.
- 질소(N) 함량이 적어서 다량의 검체(예 : 사탕류, 엿류 등)를 취할 필요가 있는 경우에는 질소(N) 함량 2~3 mg에 해당되는 검체를 정밀히 취하여 바로 위의 조작과 같이 가열 분해하고 냉각 후 물 20 mL를 조심해서 넣고 킬달 분해 플라스크를 증류 장치에 연결한다.

b. 증류 및 적정

증류 장치의 흡수플라스크에 0.05N 황산Sulfuric acid 10.0 mL를 취하여 여기에 부런스위크 시액 2~3방울을 떨어뜨려서 냉각기의 끝부분을 액면 밑에 담그고 작은 깔때기로부터 30% 수산화나트륨 용액 25 mL를 넣는다.

이어서 수증기 발생기로부터 수증기 증류를 하여 증류액 약 100 mL를 받은 후 냉각기의 끝을 액면에서 조금 떼어 다시 유액 몇 mL를 유취하여 냉각기의 끝을 소량의 물로 씻어 넣는다. 물속의 관에 들어 있는 유액을 0.05N 수산화나트륨액으로 부런스위크 시액이 녹색으로 변할 때까지 적정한다. 따로 같은 방법으로 공시험을 한다.

$$0.05\text{N 황산 } 1\text{ mL} = 0.7003\text{ mgN}$$

[계 산]

$$\text{질소(\%)} = \frac{0.7003 \times (a-b)}{\text{검체의 채취량(mg)}} \times 100$$

a : 공시험에서 중화에 소요된 0.05N 수산화나트륨액의 mL수, b : 본시험에서 중화에 소요된 0.05N 수산화나트륨액의 mL수

계산식은 검체의 분해액을 전부 사용해서 적정했을 때의 식이므로 분해액의 일부를 사용할 때는 그 계수를 곱한다.

여기서 얻은 질소량은 질소 계수를 곱하여 조단백질의 양으로 한다.

$$조단백질(\%) = N(\%) \times 질소\ 계수$$

4) 조지방

(1) 뢰제 고트리브법 Rose–Gottlieb method

이 방법은 유제품, 지방질 함량이 비교적 많은 액상 및 우유와 같은 식품 또는 물을 가하여 액상 및 우유와 같은 모양으로 할 수 있는 식품에 적용한다.

검체 1~10 g을 정밀히 달아 뢰리히관, 마조니어관 또는 지방 추출관에 넣어 물을 가하여 약 11 mL로 하고 40~50°C로 가온한 후 흔들어 완전히 혼화한 다음 암모니아수(NH_3) 1.5 mL(액이 산성인 경우 2.0 mL)를 가하여 혼화하고 나서 알코올 10 mL를 가하여 잘 섞는다.

다음 에테르($C_2H_5OC_2H_5$) 25 mL를 넣어 가볍게 섞고 마개를 열어 에테르 증기를 날려 보낸 후 다시 마개를 닫고 약 1분간 세게 흔든다. 필요하면 냉각 후 석유에테르 25 mL를 넣고 다시 1분간 격렬히 진탕한다. 이를 600 rpm에서 원심분리하거나 방치하여 상층액이 완전히 투명하게 되면 상층액을 미리 항량으로 한 삼각플라스크에 옮기고 관 내의 남은 액에 에테르 및 석유에테르 각 15 mL씩을 가하여 위와 같은 조작을 한다.

다시 석유에테르 및 에테르 15 mL씩으로 3회 추출한다. 다음 관의 마개 유출구 및 깔때기를 에테르, 석유에테르의 같은 양 혼액으로 깨끗이 씻고 여액 및 씻은 액을 삼각플라스크에 합쳐 수욕상에서 용매를 날려 보낸 후 100±2°C의 건조기에 넣고 항량이 될 때까지 건조하고 조지방의 항량을 산출한다.

제4과제 이화학 품질관리

1) 비중

비중병(용량 10~100 mL의 병으로 온도계를 붙이는 갈아 맞춘 마개와 눈금 및 갈아 맞춘 뚜껑을 가진 측관이 있는 것)을 미리 깨끗하게 씻고 건조하여 그 무게(W)를 단 다음 마개와 뚜껑을 빼고 검체를 가득 넣은 후 따로 규정이 없는 한 규정 온도(25°C)보다 1~3°C 낮게 하고 거품이 남지 않도록 주의하며 마개를 막는다.

천천히 온도를 올려 온도계가 표준온도를 나타낼 때 눈금보다 상부의 검체를 측관으로부터 제거하고 측관에 뚜껑을 닫고 외부를 잘 닦은 다음 무게(W_1)를 단다. 다시 같은 비중병으로 증류수를 사용하여 위와 같이 조작하고 그 무게(W_2)를 달아 다음 식에 따라 비중(d)을 구한다.

$$d=\frac{W_1-W}{W_2-W}$$

2) 내용량

검체의 내용물을 메스실린더Measuring cylinder에 완전히 옮겨 측정한다. 다만, 점성 등이 있어 내용물을 완전히 옮기기 어려운 검체는 내용물이 들어 있는 용기에 물을 가득 넣어 채웠을 때의 양을 측정하고, 용기의 내용물을 완전히 제거하고 물 또는 적당한 용매로 용기 내부를 깨끗이 씻어 말린 후 물로 용기를 가득 채웠을 때의 양을 측정하여 전후의 용량차로 계산한다(검체 3개를 가지고 시험하여 평균값을 내용량으로 함).

3) 식염 정량

(1) 회화법

식염 약 1 g을 함유하는 양의 검체를 취하여 필요한 경우 수욕상에서 증발 건고한 후 회화시켜 물에 녹이고 다시 물을 가하여 500 mL로 한 다음 여과한다. 여액 10 mL에 크롬산칼륨(K_2CrO_4) 시액 2~3방울을 가하고 0.02N 질산은액($AgNO_3$)으로 적정한다.

$$식염 = \frac{b}{a} \times f \times 5.85(w/w\ \%,\ w/v\ \%)$$

a : 검체 채취량(g, mL), b : 적정에 소비된 0.02 N 질산은액의 양(mL), f : 0.02 N 질산은액의 역가

4) 당도

당도계를 이용하여 당도를 측정한다(측정 전에 영점을 맞출 것).

출처 : 영양사도우미(www.kdclub.com)

부록 2.

미생물 실험

1) 그람 염색법

(1) 실험 목적

미생물의 그람양성균과 그람음성균의 판정

(2) 실험 기구 및 준비물

세균(음성, 양성균), 슬라이드글라스, 크리스털바이올렛 염색 시약, 요오드 용액, 사프라닌, 증류수가 담긴 세척병, 95% 에틸알코올, 여과지, 유침 오일

(3) 실험 순서

① 슬라이드글라스 위에 지름 1 cm로 도말한다.

② 염색 1(바이올렛 용액) : 세척은 증류수로 한다.

③ 염색 2(요오드 용액) : 탈색은 95% 에틸알코올로 한다.

④ 염색 3(사프라닌 용액) : 세척은 증류수로 한다.

⑤ 유침 오일을 도말한 위에 정확히 드롭drop한 후 슬라이드글라스를 덮고 현미경 관찰한다.

도말

① 슬라이드글라스를 알코올에 담근 후 화염 멸균한다.

② 슬라이드글라스를 3등분하여 중앙 부위에 0.85% 생리 식염수(또는 증류수) 1방울을 떨어뜨린다.

③ 균을 화염 멸균한 백금이로 조균하여 부드럽게 도말, 희석시킨다.

건조

알코올램프로 서서히 건조시킨다(가열 시 슬라이드글라스 위의 물방울이 끓으면 균이 타므로 매우 주의하여야 함).

❙ 염색

① 0.5%의 크리스털바이올렛 용액을 떨어뜨려 1분간 염색한다.

② 염색 후 슬라이드글라스를 약하게 흐르는 물에 뒤집어서 씻고 물기를 건조시킨다.

③ 요오드Iodine 용액으로 1분간 염색하고 약하게 흐르는 물에 뒤집어서 씻고 물기를 건조시킨다.

④ 알코올에 5~15초간 탈색시킨 후 건조시킨다.

⑤ 대비 염색액(0.1%~1% 사프라닌Safranin 용액)을 떨어뜨려 20초간 염색 후 수세한다.

⑥ 유침 오일을 도말한 위에 정확히 드롭한 후 슬라이드글라스를 덮은 후 검경한다.

2) 미생물의 배양

(1) 실험 목적

미생물을 배양하고 원하는 미생물을 분리한다.

(2) 실험 기구 및 준비물

평판 배지, 백금이, 알코올램프, 인큐베이터

(3) 실험 원리

▮ 미생물의 생육

미생물의 생육growth이라는 말은 세포의 구성 성분이 늘어나는 과정으로 정의할 수 있다. 엄밀히 말하면 미생물의 세포 내용물이 증가하는 것으로, 세포 내 성분의 증감을 뜻하는 것은 아니다. 그러므로 미생물의 증식은 세포 수가 증가하는 것을 뜻하지만, 생육은 전체적인 세포 용적reproduction의 확대까지 포함하여 사용하는 말이다.

미생물이 출아이분법으로 번식하는 경우 생장하는 과정에서 세포 수가 증가하지만, 생육은 개별 세포의 크기가 커진 다음 거의 같은 크기를 지닌 두 개의 세포로 나뉜다. 생장은 또한 세포가 단순히 길어지거나 커지는 것을 의미하기도 한다. 만일 미생물이 핵분열한 다음에 세포질 분열이 일어나지 않은 다세포성인 경우라면 생장으로 세포 수는 늘어나지 않고 세포의 크기만 커지게 된다. 미생물은 크기가 작아서 개별 세포의 생장이나 번식 과정을 측정하기가 쉽지 않다. 그러므로 생장 과정을 연구할 때에 미생물 학자는 보통 전체 집단의 세포 수가 어떻게 변하는지를 추적한다.

미생물 중 대부분의 세균에서 보는 바와 같이 단세포생물은 세포 수(개체 수)의 증가가 증식의 기준이 된다. 곰팡이나 일부의 효모에서 보는 바와 같이 단세포생물의 경우, 세포 수만으로는 증식을 판정할 수 없을 뿐만 아니라 세포 수의 측정도 곤란하다. 따라서 다수의 세포를 연결하거나 또는 덩어리로 되어 증식하는 형태의 미생물은 세포량cell mass(건조 균체)의 증가를 증식의 기준으로 한다.

▮ 증식의 세대 시간

세균은 증식 환경이 적당하면 끊임없이 분열을 계속한다. 하나의 세포에서 세포가 생장하여 세포 두 개로 분열할 때까지 걸리는 시간을 세대 시간generation time, doubling time이라고 한다. 세대 시간은 번식 속도를 나타내는 척도가 되며, 미생물의 종류에 따라서 많은 차이가 있다. 세대 시간이 짧으면 미생물의 증식이 빠르고 길며, 반대로 길면 증식은 늦다. 대장균이나 젖산균의 세대 기간은 20분이지만, 특별히 생육 조건이 좋으면 15분 정도로 단축되기도 한다. 대부분 세균의 경우 세대 기간은 1~3시간이지만, 콜레라균 20분, 고초균은 30분이다. 짧게는 10분, 길게는 며칠씩 걸리는 균도 있다. 세대 수와 세대 시간은 일정한 배양 조건하에서는 균종마다 일정하며, 세대 시간은 대수기의 균에 대하여 일정 기간 동안 최초 시간 및 최종 시간의 생균 수를 측정함으로써 다음과 같이 계산할 수 있다. 세균은 대부분 이분법으로 증식하며 내생 포자를 형성하는 것도 있다. 세균은 이분법binary fission에 의하여 무성생식으로 증식한다.

지금 한 개의 균이 증식을 시작했다고 하면 세포 수는 세대가 바뀔 때마다 2배가 되므로, 각 세대의 균 수는 $1\times2^0 \rightarrow 1\times2^1$(제1세대) $\rightarrow 1\times2^2 \rightarrow 1\times2^3 \rightarrow 1\times2^4\cdots\ 1\times2^n$(제n세대, n은 세대 수)이 된다. 이때 세균 배양액에 함유되어 있던 처음 세균 수를 a라고 하고 세균이 n번 분열하면 최종 세균 수 b는 $b=a\times2^n$으로 표시된다. 이 수식에 log를 취하면 $\log b=\log a+\log 2$가 된다.

따라서 세대 수(n)는 다음과 식과 같다.

$$n=\frac{\log b-\log a}{\log 2}$$

이때 세대 시간(g)은 다음 식과 같다.

$$g=\frac{t}{n}=\frac{t\log 2}{\log b-\log a} \quad \text{(t는 배양 시간)}$$

예를 들어, 10^3 세균 수를 지닌 현탁액을 10시간 동안 배양한 후에 세균이 10^3개로 증식하면 세대 시간은 다음과 같다.

$$g=\frac{0.3010\times10}{\log 10-\log 10^3}\fallingdotseq\frac{3}{6}=0.5$$

동일한 균주와 배양 조건에서는 세대 시간(g)과 초기 세포 수의 대수(log a)가 일정하므로 세포 수의 대수(log b)와 시간(t)은 직선 관계에 있다.

1개의 세포로 시작하여 30분의 세대 시간을 갖는 미생물의 처음 30분 동안의 증가율은 1cell/30min이지만, 4시간에서 4시간 30분 동안에는 256cell로 상당한 증가를 보인다. 이와 같은 결과는 실제로 완전히 멸균되지 않은 우유와 같은 식품을 실온에서 방치했을 때, 식품은 시간의 경과에 따라 균의 수가 큰 증가를 보일 수 있다는 것을 의미한다.

미생물의 순수 분리

자연계에 존재하는 모든 미생물은 각종 미생물과 함께 섞여 존재하며, 최소한 각각 자신들이 원하는 생육 조건이 갖추어진 데서 자라고 있다. 따라서 원하는 유용有用 미생물뿐만 아니라 식품 오염원이 되는 미생물을 분별하기 위해서도 목적하는 미생물을 우선적으로 순수 분리하게 된다. 보통 시료를 그대로 사용하거나 적당히 희석하여 고체 배지의 표면에 독립된 콜로니colony를 형성시켜서 순수하게 분리하게 된다.

a. 집식 배양

목적하는 미생물이 있을 가능성이 있는 천연물을 선택한 후 그것을 미생물이 가장 잘 자랄 수 있는 배지에 넣어서 최적의 배양 조건을 조성함으로써 다른 균들보다 우선적으로 생육시키는 집식 배양enrichment culture 방법을 사용한다. 일반적으로 다른 잡균이 동반 증식되는 것이 상례이므로 순수 분리법을 되풀이함으로써 목적하는 미생물을 순수 분리하여 순수 배양pure culture으로 많이 얻을 수 있다.

b. 순수 분리법

미생물의 생육은 물리화학적 주위 환경, 즉 온도, 산소의 유무, pH, 염농도, 영양물질 등의 인자들에 영향을 받는다. 따라서 목적하는 미생물의 성질에 따라 배지나 배양 온도 등의 분리 조건을 잘 선택해서 분리하여야 한다. 집식 배양된 배양액 등은 아직 순수하지 못하고, 각종 잡균이 함께 혼재하므로 순수 분리법의 조작을 반복해야 한다.

c. 평판 배양법

배양액 중에 무수히 존재하는 미생물도 이것을 적당히 희석하면 하나의 평판에 소수의 독립된 큰 콜로니를 형성시킬 수 있으며, 이는 육안으로 볼 수 있을 정도의 집단까지 증식된 것이라 생각할 수 있다. 그러므로 이 집락을 따서 순수하게 분리하는 것이 평판 배양법plate culture의 원리이며, 순수 분리뿐 아니라 식품 중의 오염 미생물 등을 조사할 때에도 사용하는 가장 초보적인 미생물 취급법이다. 모든 미생물 실험과 마찬가지로 필요한 모든 기구나 균을 다루는 무균 상자 등은 완전히 살균하여 무균 상태로 조성한 다음 시작한다.

① 우선 건열 멸균한 페트리접시의 포장지를 풀어서 무균 상자에 넣는다.

② 항온 수조water bath에서 가열 용해한 한천 고층 배지(한천 농도는 약간 낮게 하는 것이 조

작에 유리함) 3개와 솜마개 시험관에 분주한 희석용 멸균 수 1개를 승홍수, 역성 비누 등의 멸균액으로 외부 유리 부분을 닦고 또 솜마개의 겉부분을 불꽃으로 살균하여 균을 다룰 무균 상자 내의 스탠드에 세워 둔다.

③ 3개의 페트리접시 중 콜로니가 적당히 분산되어 있는 접시에서 형태나 색깔로 비교해 보아 같은 종류의 콜로니가 가장 많은 콜로니를 하나 선택하여 균체를 한 백금이로 액체 배지에 접종하고 배양한다.

④ 이렇게 하여 얻어진 배양은 반드시 순수하다고 할 수 없으므로, 다시 평판 배양을 2~3회 반복한 후 현미경으로 관찰하여 순수 여부를 확인한다.

(4) 실험 방법

① 균이 배양된 시험관을 안쪽으로, 새 배지가 든 시험관을 바깥쪽으로 하여 왼손으로 가볍게 쥔다.

② 솜마개 부위를 가볍게 알코올램프로 화염 멸균한다.

③ 백금이를 오른손에 쥐고 화염 멸균한다.

④ 솜마개를 오른손으로 가볍게 돌리면서 빼내어 오른손 손가락 사이에 끼운다. 이때 시험관 내에 있던 솜마개 부위는 절대로 손이나 의류 등에 닿아서는 안 된다.

⑤ 시험관 입구를 화염 중에 넣어 회전하면서 살균한다.

⑥ 백금이를 먼저 새 시험관에 넣어 냉각시킨 후 배양된 시험관의 균을 한 백금이로 따서 새 시험관에 접종한다.

⑦ 시험관 입구를 화염 중에서 잘 살균하여 솜마개를 약 3/2 넣고 솜마개와 시험관 입구를 가볍게 살균한다.

3) 미생물 성장 곡선

(1) 실험 목적

시간의 흐름에 따라 미생물의 생장을 분석으로 알아보고, 미생물 생장 과정의 특성을 파악해 본다.

(2) 실험 기구 및 준비물

무균실험대clean bench, 진탕배양기shaking incubator, 분광광도계spectrophotometer, 미생물 배양 배지

(3) 실험 원리

① 회분 배양에서 미생물의 성장 곡선

배양액의 성장 곡선을 분석하여 미생물 집단의 생장 과정을 알 수 있다. 미생물을 액체 배지에서 배양할 때 보통 회분 배양batch culture 방식을 이용한다. 이는 일정한 양의 배양액이 담긴 배양 용기에 미생물을 첨가하여 배지medium에 처음 넣어 준 영양분이 모두 소비될 때까지 미생물을 계속 배양하는 폐쇄적인 배양 방법으로, 배양하는 동안 새로운 배지가 첨가되지 않으므로 영양물질은 감소하고 노폐물의 양은 증가한다. 미생물의 증식에 따라 기질substrate이 소비되고 대사 생성물이 축적되어 미생물의 환경 조건(균체 농도, 기질 농도, 용존산소 농도, 대사 생성물 농도, pH 등)은 배양 시간의 경과에 따라 계속적으로 변화되며 기질이 소진되면 배양은 끝난다.

이와 같은 닫힌계에서 이분법으로 번식하는 미생물의 생장 과정을 시간에 따라 그래프로 그리면 전형적인 성장 곡선이 나타난다. 이때 생균 수에 로그를 취해 배양 시간에 따라 그래프에 기록한다.

a. 단세포미생물

세균 또는 효모를 액체 배지에 접종하고, 시간의 흐름에 따라 그 세포 수 또는 세포 중량의 변화를 세미로그그래프semi-log graph 용지에 기입하면 미생물의 증식 곡선growth curve을 얻을 수 있다. 이때 생장 과정을 다음과 같이 4시기로 구분한다.

새로운 배지에 균을 접종한 후 급격한 증식이 시작되지 않고 얼마 동안 일정한 생균 수가 유지되는 시기를 유도기라고 한다. 이어서 증식이 가속되어 세포가 활발하게 증식하는 시기인 대수기를 거쳐, 증식 속도가 점차로 감소되고 생균 수의 변화가 거의 없는 시기인 정상기가 되었다가 마침내 생균 수가 감소하는 사멸기로 된다.

(a) **유도기** lag phase, induction phase

미생물이 최초로 식품에 오염되거나 새로운 배지에 접종 배양되어 균이 그 배지에 적응하는 시기이다. 미생물을 처음 새로운 배양액에 접종하면 세포 수가 즉시 증가하지는 않는다. 세포 분열이 일어나지 않아서 세포 수의 증가는 없지만 이 시기 동안 세포에서는 새로운 구성 성분이 합성되어 세포가 새로운 환경에서 증식하는 데 필요한 각종 효소 단백질을 생합성하는 시기이다. 세포 분열이 일어나기 전까지의 유도기는 여러 가지 이유에서 반드시 필요한 시기이다. 새로운 배지에 접종된 세포는 대개 ATP, 필수적인 보조인자, 리보솜 등이 부족하다. 생장을 시작하려면 이러한 성분을 합성해야만 한다. 또한 새로운 배지는 미생물이 이전에 생장하던 배지와 다를 수도 있다. 배지가 다른 경우 다른 영양물질을 사용하는데 필요한 새로운 효소를 합성해야 한다. 또한 손상을 회복하는 데에 시간이 필요할 수도 있다. 세포는 새로운 도구를 합성하고 DNA를 복제하여 세포의 질량을 늘린 다음 최종적으로 분열한다. 또 세포 내의 RNA량은 현저하게 증가하며 다음의 대수기로 진행됨에 따라서 RNA량은 감소한다. 이에 비해서 DNA량은 변화하지 않고 전 기간을 통해서 일정하다. 접종균이 정상기 이후의 것이었거나 이전의 배지와 배지 조성이 바뀌었을 경우에는 유도기가 길어지게 되지만, 활발히 증식하는 대수기의 균을 유사한 배지에 접종하거나 접종량을 증가시키면 단축할 수 있다. 그 밖에 배양 온도, 발육 배지의 구성 성분, pH와 산화환원 전위 redox potential, 그리고 접종균의 물리적 상태에 따라 유도기의 기간이 달라진다. 예를 들어, 새로 접종된 미생물이 오래된 배지에서 자라고 있었거나 냉장 보관되었던 경우 유도기가 길어지고, 대수기의 미생물을 조성이 같은 새로운 배지에 옮기면 유도기는 아주 짧거나 거치지 않는다.

(b) **대수기** logarithmic phase, log phase, logarithmic growth phase, exponential phase

대수기 동안 미생물은 종의 유전적 특성, 배지의 조성 및 생장 조건 아래에서 분열할 수 있는 최고의 속도로 성장하고 분열하며, 생장 속도는 일정하게 나타나서 일정한 시간 간격으로 숫자가 두 배로 증가한다. 모든 세포가 동시에 분열하는 것이 아니기 때문에 성장 곡선은 비연속적으로 증가하지 않고 부드러운 곡선을 그리며 증가한다. 유도기에서 새 환경에 대한 적응이 끝나면 세포는 로그적으로 증식하며 사멸균은 거의 볼 수 없다. 이 기간의 세포 합성 및 증식은 배양 조건이 적당하면 일정하게 반복되므로 이때의 세대 시간과 증식 속도는 일정하고, 세포질의 합성 속도와 세포 수의 증가가 거의 일치하는 평형 성장 balanced growth을 보인다. 이 시기의 증식 속도는 배지의 영양, pH, 온도, 산소 분압 등의 환경 인자에 의해서 결정된다. 일반적인 액체 배양에서는 대수기의 미생물은 다른 시기의 미생물에 비하여 활성이 강하고 집단의 모든 화학적, 생리적 특징이 가장 균일하다. 그러므로 발효 공업에서 종배양 및 생화학이나 생리학적 연구에는 주로 대수기의 것을 사용한다. 또한 대수기의 균은 다른 시기의 균에 비하여 물리적, 화학적 처리에 대해서도 감수성이 높다. 대수기의 생장 속도는 최고 생장 속도를 보이며 증식 곡선의 기울기로 측정할 수 있다. 대수기에 세균은 평형 생장을 한다. 이것은 모든 세포 구성 성분이 일정한 비율로 합성된다는 뜻이다. 영양물질의 양이나 다른 환경 조건이 바뀌면 비평형 생장unbalanced growth이 나타나고, 다시 평형 상태에 이를 때까지 여러 세포 구성 성분이 합성되는 비율이 달라진다. 이런 반응 세균을 영양물질이 부족한 배지에서 풍부한 배지로 옮기는 전환 실험을 통해 잘 관찰할 수 있다. 세포는 처음 새로운 리보솜을 합성하여 단백질 합성 능력을 높인다. 그 다음 단백질과 DNA 합성이 증가한다. 마지막으로 분열된 것을 볼 수 있다. 세균 콜로니를 영양분이 풍부한 배지에서 부족한 배지로 옮기는 경우에도 비평형 생장이 나타난다. 영양분이 많은 배지에서 자라던 미생물은 여러 종류의 세포 구성 성분을 직접 배양액에서 얻을 수 있었는데, 영양분이 부족한 배지로 옮겨지면 세포는 배지에서 얻을 수 없는 영양분을 생합성하는 데 필요한 효소를 만들 시간이 필요하다. 그 결과 세포 분열과 DNA 복제가 계속 되더라도 단백질과 RNA 합성 속도는 느려진다. 세포의 크기가 작아지고 다시 생장할 수 있을 때까지 대사 과정을 재조정한다. 그런 후에 다시 평형 생장이 재개되면 배양액은 대수기로 접어든다. 이렇게 영양분이 더 많은 배지로 또는 더 부족한 배지로 옮긴 다음 세균의 생장을 연구한 결과, 미생물의 생장은 아주 정교하게 제어되고 환경 조건의 변화에 빠른 속도로 반응한다는 사실을 확인하였다. 필요한 영양분이 부족하여 생장이 억제된 미생물 배양액에 부족한 영양분을 첨가하면, 영양분을 첨가한 초기에 세포의 생장이 증가한다. 이런 현상을 이용해 비타민이나 다른 생장 요소에 대한 미생물학적 분석이 이루어지고 있다. 성장 속도는 영양물질의 양이 증가함에 따라 증가하지만, 효소의 반응에서처럼 첨가한 물질의 양이 일정 농도 이상이 되면 더 이상 증가하지 않는다. 이때 보이는 성장 곡선의 모양은 미생물의 수송 단백질이 영양물질을 흡수하는 비율을 반영하는 것으로 생각된다. 영양물질의 농도가 아주 높은 경우 수송계가 포화되어 영양분의 농도가 아무리 증가하더라도 생장률은 더 이상 높아지지 않는다.

(c) **정상기**maximum phase, stationary phase(**정체기**)

미생물 집단의 생장이 멈추면 성장 곡선은 수평선을 이룬다. 이 시기는 배양 기간을 통해서 최대의 세포 수를 나타내는 시기로, 대부분의 회분식 배양batch culture에서는 미생물이 1 g 또는 1 mL당 10^8~10^{10} cfu로 존재할 때 세포는 정체기에 도달한다. 다른 미생물은 세균처럼 높은 집단 밀도에 이르지 않는 것이 대부분이다. 원생동물이나 조류의 배양액에서 얻을 수 있는 최대 농도는 1 mL당 10^6세포 정도이다. 물론 최종 집단의 크기는 영양분이나 배양 방식 등 그 밖의 요인에 따라 다르다. 정체기에서 미생물의 총 생균 수는 일정하다. 이는 세포 분열과 세포의 사멸이 평형을 이루거나, 또는 집단의 세포가 대사적인 활성을 유지한 채로 단순히 분열을 멈추는 경우에 나타난다. 미생물 집단이 정체기로 접어드는 이유는 여러 가지인데, 대략 영양물질의 고갈, 대사 생산물의 축적, 배지 pH의 변화, 산소 공급의 부족 등으로 인하여 생육에 적당하지 않은 환경이 되면 생균 수는 증가하지 않게 된다. 가장 확실한 요인은 영양물질의 고갈이다. 만일 필수 영양물질이 고갈되면 집단의 생장 속도는 느려질 것이다. 호기성 생물은 산소 공급이 제한될 때 성장이 억제된다. 산소는 물에 잘 녹지 않아 배양액의 표면 쪽에만 산소 농도가 충분하게 유지된다. 표면 아래에 있는 세포는 배양액을 흔들어 주거나 다른 방법으로 산소를 공급해 주지 않는 한 성장하기 어렵다. 독성 노폐물이 축적되어도 콜로니의 생장은 억제된다. 이것은 혐기적 배양(산소 공급이 없는 배양)에서 생장을 제한하는 주된 원인이 된다. 연쇄상구균은 설탕을 발효하여 젖산이나 다른 유기산을 생성하는데 그 결과 배양액이 산성화되어 생장이 억제된다. 연쇄상구균은 당분의 공급이 부족할 때 정체기에 들어간다. 마지막으로 집단이 임계 밀도에 이르면 생장이 억제된다는 증거가 제시된다. 그러므로 정체기에 돌입하는 것은 이런 여러 가지 요인이 함께 작용하기 때문이다. 회분 배양을 할 때 세균은 영양분이 고갈되어 정체기에 들어간다. 자연 상태에서는 대부분의 경우 영양분 농도가 낮기 때문에 이와 같은 상황은 자연 상태와 비슷할 것이라 생각된다. 영양분의 부족 현상은 세균에 긍정적인 효과를 나타낼 수도 있다. 영양분이 부족할 때 내생포자를 형성하는 것과 같이 급격한 형태적 변화를 나타내는 세균도 있지만 대부분은 원형질이 축소되고 핵양체가 응집하여 전체적인 크기가 좀 작아지는 정도의 변화만을 나타낸다. 더 중요한 변화는 유전자 발현과 생리적 측면에서 나타난다. 기아 상태의 세균은 여러 가지 기아 단백질starvation proteins을 생성하여 세포가 여러 가지 손상을 입더라도 잘 견딜 수 있게 한다. 기아 단백질이 많이 합성되면 펩티도글리칸의 중간연결부위가 많아져

세포벽의 강도가 증가한다. Dps 단백질DNA-binding protein from starved cells은 DNA를 보호한다. 샤프론chaperone은 단백질의 변성을 막고 손상된 단백질을 재생한다. 이 밖에 여러 가지 과정이 일어나 기아 상태의 세포는 파괴하기가 더욱 어렵고 기아 상태 자체를 더 잘 견딜 수 있게 된다. 또한 온도 변화에 의한 손상, 산화 반응이나 삼투 현상에 의한 손상, 염소와 같은 독성 화학물질 따위에도 더 잘 견딜 수 있다. 이런 변화는 아주 효율적이어서 어떤 세균은 기아 상태로 수년간을 생존할 수 있다. 이런 현상은 분명 의학미생물학이나 산업미생물학 분야의 실용적인 측면에서 중요하다. *Salmonella typhimurium*이나 그 밖의 병원성 세균은 기아 상태에 있을 때 더 독성이 강해진다는 증거도 있다. 정상기는 보통 수 시간 내지 수일간 계속되고 내생포자를 형성하는 세균은 일반적으로 이 정상기에 포자를 형성한다.

(d) **사멸기**death phase, phase of decline :

영양분의 고갈, 독성 노폐물의 축적과 같은 불리한 환경의 변화가 일어나면 생균 수가 줄어드는 사멸기에 이른다. 미생물 집단의 사멸은 대수기의 성장과 마찬가지로 로그적이다. 즉, 매시간 일정한 부분이 사멸한다. 이런 현상은 생균 수를 측정해야 알 수 있다. 총균 수를 측정하는 경우 세포가 죽은 다음에도 파괴되지 않는 한 생균 수의 감소를 알 수 없기 때문이다. 때때로 세균 세포가 죽었는지를 확인하는 유일한 방법은 새로운 배양액에 옮겨서 키워 보는 것이다. 만일 새 배양액에서 성장하여 분열하지 않으면 죽은 것으로 간주할 수 있다. 따라서 사멸이란 분열하는 능력을 비가역적으로 잃어버리는 것으로 정의한다. 대부분의 미생물 집단이 로그적으로 성장한 다음에는 대개 사멸하지만 콜로니의 수가 현격하게 감소한 다음에는 사멸되는 비율이 줄어든다. 이는 특별히 내성을 지닌 세포가 오래 생존하기 때문이다. 이런 여러 가지 이유로 인해서 사멸기의 곡선은 아주 복잡하게 나타날 수 있다. 세포가 사멸하는 원인은 균주나 배양 조건에 따라 다르지만, 미생물의 증식이 정지됨으로써 발생하는 효소에 의한 세포 구조의 파괴, 이를테면 핵산분해효소에 의한 DNA 및 RNA의 분해, 단백질분해효소에 의한 단백질의 분해, 세포벽 분해효소에 의한 세포벽의 분해, 그리고 효소 단백질의 변성이나 실활 등에 의해서 사멸하는 것으로 생각된다. 사멸균은 이들 효소 작용으로 자기소화autolysis를 일으켜 용해된다. 자기소화 작용으로 세포는 다양한 구성 성분들을 배지로 다시 방출시키게 되어 다른 세포들에 영양분을 제공하게 된다. 자가소화하지 않고 영양분이 고갈된 상태에서 세포가 생존하는 능력은 세포 내 저장물질들의 유형과 양, 그리고 이들이 고갈되는 속도에 달려 있다. 영양분의 고갈은 스트레스 단백질을 생성하는 조건 중의 하나이며, 기아의 결과로 세포는 생존은 가능하지만 배양 불가능한 상태viable but nonculturable condition에 이르게 되기도 한다.

(4) 실험 방법

① 배지가 든 삼각플라스크를 준비한다.

② 600 nm에서 배지의 흡광도를 측정한다.

③ 배지에 균을 접종한다.

④ 큐벳cuvet에 피펫pipet을 이용하여 접종된 배지를 23 이상 넣고 흡광도를 측정한다.

⑤ 접종한 삼각플라스크는 진탕배양기에서 배양한다(37°C, 24시간).

⑥ 30분마다 흡광도를 측정한다.

⑦ 엑셀을 이용하여 미생물 성장 곡선을 그린다.

참고문헌

강국희, 유산균식품학, 성균관대학교 출판부, 1990.

김동신, 식품발효미생물학, 유한문화사, 1988.

김병홍, 미생물리학, 아카데미서적, 1988.

김상순, 요설식품미생물학, 수학사, 1990.

김찬조 외, 신고식품미생물학, 수학사, 1990.

문범수 외, 식품위생학, 수학사, 1985.

유주현, 식품미생물학, 개문사, 1985.

유태종, 식품미생물학, 문운당, 1973.

이갑상, 도해식품미생물학개론, 세진사, 1988.

이한창·이계호·김상순·유태종, 식품미생물학, 수학사, 1975.

이한창·임종필, 식품미생물학, 수학사, 1980.

정동효, 식품미생물학, 선진문화사, 1977.

하덕모, 최신식품미생물학, 신광출판사, 1991.

홍순우 외, 기초응용 미생물학, 광림사, 1986.

高木康敬, 遺傳子操作實驗法, 講談社, 1980.

橋谷義孝, 酵母學, 岩波書店, 1967.

根井外喜男, 微生物의 保存法, 東京大學出版部, 1979.

木村 光 外, 食品微生物學, 培風館, 1980.

木下祝郎, 醱酵工業, 大日本圖書株式會社, 1970.

飯塚廣 外, 酵母の分類と同定, 東京大學出版部, 1972.

山口辰良, 一般微生物學, 技報堂, 1974.

山口浩一, 微生物利用學概論, 地球社, 1976.

相田 浩 外, 新版應用微生物學 I·II, 朝倉書店, 1985.

植竹久雄 外, 微生物遺傳學, 朝倉書店, 1974.

植村定治郎, 微生物生態學, 學會出版 センター, 1978.

宇田三後一 外, 菌類圖鑑 上·下, 講談社 サイエンテイフイク, 1978.

長谷川武治, 微生物の類と同定, 學會出版 センター, 1979.

增井正幹 外, 好鹽微生物, 醫齒藥出版株式會社, 1981.

秋山裕一, 酵母の利用と開發, 學會出版 センター, 1979.

好井久雄 外, 食品微生物學, 技報堂, 1973.

A. G. Moat, Microbial Physiology, John Wiley & Sons, 1979.

A. H. Cook, Chemistry and Biology of Yeast, Academic Press, 1958.

A. H. Rose, J. S. Harrison, The Yeasts, Vol. 1~3, Academic Press, 1970.

Ainsworth, G. C., F. F. Sparrow et al., The Fungi(IVA, IVB), Academic Press, 1973.

Alexopoulos, J., Inductory Mycology, John Wiley & Sons, Inc., 1962.

Buchanan, R. E. & N. E. Gibbons, Bergey's Manual of Determinative Bacteriology, 8th Ed., The Williams & Wilkins Co., 1974.

D. Freifelder, Microbial Genetics, Jones and Bartlet Publishers, Inc., 1987.

J. I. Pitt and A. D. Hocking, Fungi and Food Spoilage, Academic Press, 1985.

J. Webster, Introduction to Fungi, Cambridge University Press, 1977.

L. R. Beuchat, Food and Beverage Mycology, 2nd Ed., Van Nostrand Reinhold Co., Inc., 1987.

M. D. Pierson and N. J. Stem, Foodbone Microorganisms and Their Toxins, Developing Methodology, Marcel Dekker, Inc., 1986.

N. J. W. Kerger-Van Rjj(ed.), The Yeasts, A Taxonomic Study, 3rd ed., Elsevier Science Publ., 1984.

Paul Singleton B. Sc., M. Sc. Diana Sainbury B. Sc., Dictionary of Microbiology, John Willey & Sons, 1970.

Phaff, H. J., Miller, M.W., and Mark, E. M., The Life of Yeasts, Harvard Univ. Press, 1975.

P. H. B. Talbot, Principle of Fungal Taxonomy, The Macmillian Press Ltd., 1978.

Roger Y. Stanier et al., The Microbial world, Prentice-Hall, 1986.

T. D. Brock and M. T. Madigan, Biology of Microorganisms, 4th Ed., Prentice-Hall, 1988.

W. A. Volk and M. F. Wheeler, Basic Microbiology, 6th ed., Harper & Row, Publishers Inc., 1988.

W. Frazier and D. C. Westhott, Food Microbiology, 4th ed., MaGraw-Hill Book Co., 1988.

찾아보기

저자 소개

감수

이한창

서울대학교 농화학과 졸업

전 동덕여대 연구교수

식품기술사, 이학박사

조좌형

건국대학교 축산대학 축산가공학 박사

전북대학교 환경생명자원대학 바이오식품공학과 교수

저자

강옥주

Canada Quebec, Laval University, Dept. Food and Nutrition 박사

현재 경남대학교 식품영양학과 교수

김영목

Okayama University, Japan 미생물학 박사

현재 부경대학교 식품공학과 교수

김정목

University of Florida 식품공학 박사

현재 국립 목포대학교 공과대학 식품공학과 교수

엄성환

부경대학교 식품공학과 식품공학 박사

현재 동의대학교 식품공학과 교수